全国水利行业规划教材　高职高专水利水电类
中国水利教育协会策划组织

市政工程概论

（第2版）

主　编　黎洪光　崔　瑞
副主编　何　江　张可峰　吴　萍
主　审　张思梅

黄河水利出版社
·郑州·

内 容 提 要

本书是全国水利行业规划教材，是根据中国水利教育协会职业技术教育分会高等职业教育教学研究会组织制定的市政工程概论课程标准编写完成的。全书共分为 8 个项目 31 个任务，内容包括认识城市与市政工程，城市道路工程，城市桥梁工程，城市给水排水工程，城市消防、防洪、防灾工程，城市燃气、供热工程，城市电力通信工程和城市环境卫生及其他公用设施工程等。

本书适用于高职高专城市水利专业、市政工程专业以及道路桥梁工程技术等专业市政工程概论课程教学，亦可作为从事市政工程设计、施工、项目管理的工程技术人员和概预算人员的参考书。

图书在版编目(CIP)数据

市政工程概论/黎洪光，崔瑞主编．—2 版．—郑州：黄河水利出版社，2019．4

全国水利行业规划教材

ISBN 978 - 7 - 5509 - 2325 - 6

Ⅰ．①市…　Ⅱ．①黎…②崔…　Ⅲ．①市政工程 - 高等职业教育 - 教材　Ⅳ．①TU99

中国版本图书馆 CIP 数据核字(2019)第 062669 号

组稿编辑：王路平　电话：0371 - 66022212　E-mail：hhslwlp@163.com

出 版 社：黄河水利出版社　网址：www.yrcp.com

地址：河南省郑州市顺河路黄委会综合楼 14 层　邮政编码：450003

发行单位：黄河水利出版社

发行部电话：0371 - 66026940、66020550、66028024、66022620(传真)

E-mail：hhslcbs@126.com

承印单位：河南承创印务有限公司

开本：787 mm × 1 092 mm　1/16

印张：20.75

字数：480 千字　印数：1—3 100

版次：2008 年 9 月第 1 版　印次：2019 年 4 月第 1 次印刷

2019 年 4 月第 2 版

定价：50.00 元

第2版前言

本书是贯彻落实《国家中长期教育改革和发展规划纲要(2010～2020 年)》、《国务院关于加快发展现代职业教育的决定》(国发〔2014〕19 号)、《现代职业教育体系建设规划(2014～2020 年)》和《水利部 教育部关于进一步推进水利职业教育改革发展的意见》(水人事〔2013〕121 号)等文件精神,在中国水利教育协会指导下,由中国水利教育协会职业技术教育分会高等职业教育教学研究会组织编写的第三轮水利水电类专业规划教材。第三轮教材以学生能力培养为主线,体现出实用性、实践性、创新性的教材特色,是一套理论联系实际、教学面向生产的高职教育精品规划教材。

本书第 1 版自 2008 年 9 月出版以来,因其通俗易懂,全面系统,应用性知识突出,可操作性强、与执业资格考试结合等特点,受到全国高职高专院校城市水利、市政工程技术专业师生及广大市政从业人员的喜爱。随着我国市政工程建设实践和理论水平的不断发展,为进一步满足教学需要,应广大读者的要求,编者在第 1 版的基础上对原教材内容进行了全面修订、补充和完善。

本次再版,根据课程的培养目标和当前市政行业的发展状况,力求紧跟市政工程建设领域发展,拓宽专业面,扩大知识面,反映先进的理论水平以适合发展的需要;力求综合运用基本理论和知识,以解决工程实际问题;力求理论联系实际,以应用为主,内容上尽量符合实际需要。

本书突出高等职业技术教育的特点,为适应行业发展和教学改革的要求,对《市政工程概论》内容进行了一定的调整,引入市政、道桥、给排水等行业的最新理论、技术和工艺,按项目导向、任务驱动方式进行内容编排,更新了行业规范和参考文献,补充了学习目标、项目小结、项目自测题等,使教材更加便于教学,而且更加注重结合工程实例。在编写过程中,注重对内容删繁就简,使教材更适合学生的认知水平。书中还注重基本概念、基本理论和基本计算方法在解决实际工程问题中的应用,强化学生工程意识的培养。本书编写力求做到内涵丰富、外延准确,概念清晰、用词专业,依托规范标准、典型例题、习题,紧密结合生活及工程实际,以便于读者理解和掌握。

本书共分 8 个项目 31 个任务,每个项目开篇指明学习目标,中间按任务逐步展开,项目后附有项目小结和一定数量的项目自测题,有助于读者掌握有关市政工程知识。本书引入最新规范标准和规定,以使它能紧跟新技术时代的步伐,让读者更容易适应行业的变化。

本书编写人员及编写分工如下:重庆水利电力职业技术学院黎洪光编写项目 1、项目 7 任务 7.1;重庆水利电力职业技术学院董壮壮、张可峰编写项目 2;重庆水利电力职业技术学院李柱编写项目 3;重庆水利电力职业技术学院贺婷婷编写项目 4;河南水利与环境职业学院何江编写项目 5;辽宁生态工程职业学院崔瑞编写项目 6;重庆水利电力职业技术学院刘福玉编写项目7任务7.2;广西水利电力职业技术学院吴萍编写项目8。本书由黎洪光、崔瑞担任主编,黎洪光负责全书统稿;由何江、张可峰、吴萍担任副主编;由安徽水利水电职业技术学院张思梅担任主审。

由于编者水平有限,错误与不当之处在所难免,恳请广大读者批评指正。

编　者

2019年1月

目 录

项目1 认识城市与市政工程

【学习目标】

掌握城市、市政和市政工程的含义，城市的类型及设立标准；熟悉市政主要特征及职能，市政工程的研究范围、研究对象、研究内容；了解城市的起源、发展及影响因素，城市发展与市政的关系，市政工程与相关学科的关系，市政工程概论的学习方法。

任务1.1 城 市

1.1.1 城市的起源

到目前为止，人类在居住方式上已大致经历了三次重大变革。第一次是前农业化时代，人类由居无定所、散若星辰的存在方式发展到使用半永久性居舍，并小规模聚合，最终过渡到定居于乡村聚落；第二次大的变动是在农业化时代，固定城市的出现，城市设施不断完善，城市规模不断扩大；第三次是在工业化时代，城市星罗棋布，城市化浪潮势不可挡，居住于城市成为人类生存方式的主流。

根据考古学的研究成果，人们普遍认为，城市产生的历史在西方最早可以上溯到公元前3500年两河流域古巴比伦人的筑城历史。印度河流域的城市则形成在公元前3000～公元前2500年。在中国，可以上溯到夏王朝（公元前2000～公元前1600年）的筑城作邑。

“城市”一词，属“城”与“市”连用。“城”“市”二字连用，最早见于《韩非子·爱民》，有“是故大臣之禄虽大，不得藉威城市；党羽虽众，不得臣士卒”之语。

城字最初指城墙，内者称城，外者称郭；后引申为有城垣环卫之都邑，再后来又引申为筑城。早期城市作为国家政治中心和防御体系的功能，尤其在中国古代城市上体现得最为明显。我国在西周以前，城镇体系尚未形成，众多的奴隶主建设各自的政治经济中心城邑。春秋战国时代奴隶主的互相兼并，促进了城市的发展，战国七雄的首府已是较大的城市，其城市职能主要是政治中心兼经济中心。秦始皇统一中国，建立了中央集权制的封建王朝，开始有了全国性的城镇体系。封建王朝的首都，成为全国的城镇体系中心。秦都咸阳、汉都长安均位于现在的西安附近，西汉末年，长安人口已达40万人。到了唐代全盛时，人口已达百万，而且有国外的使臣和商人云集于此，长安已是闻名于世的国际性大都市了。这种以行政职能为主的封建性特大城市和由诸侯割据的中心城市组成的城镇体系模式，在中国一直延续到19世纪中叶。

市字之本义，乃聚集货物进行买卖，后引申为相对固定的商品交易场所。市，还有大市、早市、晚市之分。因市多在城内，也可用以代表城邑。城市也可专指城中之市。

随着社会经济的发展,城与市的功能联系日趋紧密,作为城最初本义的城墙多已不存在,即使存在亦早已不是城市外围边界,市的地位和作用却直线飙升,更加突出强化;城市的数量越来越多,规模越来越大,距离也越来越近。到如今,城市的定义也变为"人口集中、工商业发达、居民以非农业人口为主的地区,通常是周围地区的政治、经济、文化中心"。

根据对城市的考古发掘和研究,学术界对城市起源大致有四种说法。第一种是"防御说"。《吴越春秋》有云:"筑城以卫君,造郭以卫民。"过去的城市皆有城墙,且大多不止一重,因而有内城、外城之别。内城皇帝和高官居之,外城则居住平民百姓。建筑城郭的主要目的是防御外敌侵犯,同时兼有防御水患之意义,这是从军事和安全角度阐释城市的起源。第二种是"集市说"。此说突出"市"的功能,认为随着社会生产发展,人们手里有了多余的农业、畜牧业、手工业产品,需要集市进行交换,后逐渐固定,聚集者越来越多,就先有"市",后来将周围建墙围起,便又有"城",则城市就此形成。这是从经济学角度阐释城市的起源。第三种是"分工说"。认为生产力的发展导致社会大分工的发生、发展和商品交换的产生,继而小商品生产出现和发展。人们相互交换劳动的活动,以商品交换的方式实现,需要有交换的时间和场所即市场,于是"日中为市,贸通有无,日落而散"。某些处于交通枢纽,或人口相对集中、交换较为方便频繁的村落,便成为周围十余里,数十余里小生产者约定俗成的交易市场,年深日久,这些村落便发展成为集镇—城镇—城市。城市和城镇成为某一地区商品交换的集散地和需求信息的发布地,它逐渐吸纳着外来的小商品生产者定居,扩大着自己的规模,与周围农村形成明显的不同的产业特色和环境特色,成为区域性的某类商品的专业市场或多类商品的综合市场,同时又通过商品集散与周围农村经济形成千丝万缕的联系,逐渐成为某一地区的经济中心。这是从社会学角度阐释城市起源。第四种是"庙宇说"。认为如果没有对权威的尊重、对某种场所的依附及对他人权力的服从,城市就不可能存在。能够使远比一个家族更大的社会群体凝聚在一起的力量就是宗教崇拜。比如中东地区伊斯兰教城市就是靠清真寺的出现发展而来的。先有庙宇,然后拱卫之而出现其他设施,包括市场、居所,再筑城,这便是"庙宇说"。这是从宗教学角度解释城市的出现。以上四种理论都有事实依据,但城市的出现与发展往往是以上几个因素综合作用的结果。

当然,城市的产生也有客观方面的条件。其一,要有充足的水源。春秋时,齐国大政治家管仲在《管子·乘马》中指出,"凡立国都,非于大山之下,必于广川之上,高毋近旱而水用足,下毋近水而沟防省。因天材,近地利。"就是说,凡营造国都,不建在大山之下,也一定要建在大河的近旁。高的地方不可近于干旱地区,以保证用水的充足;低的地方不可近于水洼地带,以节省沟堤的修筑。一定要依靠自然资源,凭借地势之利建设城市。管子阐明了建设国都、建设城市的基本原则,这也是历史上建设城市经验的总结。其二,交通要便利。货物交换、市场运作离不开运输,而运输效率则明显受制于地理因素。所以,城市或建立于平原开阔地带,或依山而建,但有通路与外界联系,大型城市必是交通枢纽,四通八达。其三,周边地区物产状况。城市人口一般不直接从事农业生产,生活资料需要周边人口提供。所以,周边物产状况直接决定了城市是否能够存在、存在规模和发展极限。最后,就是人口因素。没有人,城市便会变为死城而消失。城市周边地区的人口和城内人口要在合理比例的范围之内。人口的稠密度决定乡村能否养活城市。当然,生产力越发达,科学技术越先进,人类克服客观困难的能力越强,人类建立城市所受上述某种因素制约的程度就会越小。但人类也绝非万能,因为克服自然因素的过程无疑会增加成本,破坏自然生态系统,近则承受不起经济的压力,远则招致大自然的惩罚。

随着生产力和生产关系的逐步发展,中西方早期城市的两大功能互相渗透,中国城市沿着先有城、后设市的道路发展,西方城市沿着先有市、后设城的方向发展,终于城市具有某一国家或某一地区政治、经济以及文化中心的综合功能于封建社会中期在东西方的城市都具备了。

城市成为聚集经济和信息能量,聚集人力资本的聚合中心,同时又是不断扩散能量与信息,带动周围广大腹地发展的裂变中心。纵观世界近现代史,城市建设与城市体系的形成,即城市化的发展水平便成为衡量一个国家或地区发展程度的重要标志。

1.1.2　城市的含义与功能

1.1.2.1　城市的含义

城市是人类社会发展到一定历史阶段而在特定的地理空间上形成的功能综合体。城市是生产发展和人类第二次劳动大分工(即商业与手工业从农业中分离出来)的产物,是私有制和阶级分化的产物,是经济发展、科技进步、人类生活需求提高的必然结果。

系统辩证论认为,城市是指以有组织的人的群体为主体,以一定空间和自然环境为实践客体,以集聚经济社会效益为目的,以集约人口、经济、科学文化为特点,并与周围环境进行物质、能量、信息交流的空间地域开放的大系统;城市是一定空间地域内经济社会发展的系统核心。

城市的生存和发展离不开农村,但城市与农村又是两个相对立、相区别的人类生活的区域,两者在产业结构、人口数量、生产方式、生活方式及行政管辖等方面呈现出重大差异。城市是一个地区、甚至是全国的政治、经济和文化的中心,处于领导或支配的地位,对整个社会经济的发展起着巨大的推动作用。

我国1955年曾规定市、县人民政府的所在地常住人口数大于2 000人、非农业人口超过50%以上,即为城市型居民点;工矿点常住人口如不足2 000人,但在1 000人以上,非农业人口超过75%,也可定为城市型居民点。

1986年4月,国务院批转了民政部《关于调整设市标准和市领导县条件的报告》,确定了新的设市标准。其规定:"非农业人口6万人以上,年国民生产总值2亿元以上,已成为该地区经济中心的镇,可以设置市的建制。少数民族地区和边远地区的重要城镇、重要工矿科研基地、著名风景名胜区、交通枢纽、边境口岸,虽然非农业人口不足6万人、年国民生产总值不足2亿元,如确有必要,也可以设置市的建制。"同时,也规定了整县改市的标准及市领导县的条件。

1993年5月17日,国务院批转了民政部《关于调整设市标准的报告》,对设市标准再次做出调整。具体规定如下:

(1)设立县级市的标准,见表1-1。

(2)设立地级市的标准:①市区非农业人口25万人以上,其中市政府驻地具有非农业户口人口20万人以上;②工农业总产值30亿元,其中工业产值所占比重为80%以上;③国内生产总值25亿元,第三产业产值占其比重为35%以上,并大于第一产业产值;④地方本级预算内财政收入2亿元以上;⑤已成为若干市县范围内中心城市的县级市。

表1-1 设立县级市的标准

序号	人口密度达到下列指标,可设市撤县		
1	400人/km^2以上的县	县政府驻地镇	非农业人口(指从事非农产业的人口,包括县属企事业单位聘用的农民合同工、长年临时工、经工商行政管理部门批准登记的有固定经营场所的镇、街、村和农民集资或独资兴办的第二、三产业从业人员,城镇中等以上学校招收的农村学生,以及驻镇部队等单位的人员,以下同)不低于12万人,其中具有非农业户口的人口不低于8万人;城区公共基础设施较完善,排水系统较好,其中自来水普及率达65%以上,道路铺装率达60%以上
		全县	非农业人口不低于15万人,非农业人口所占人口比重不低于30%;乡镇以上工业产值不低于15亿元(经济指标均以1990年不变价格为准,按年度计算,下同),占工农业总产值比重不低于80%;国内生产总值不低于10亿元,第三产业产值占国内生产总值比重不低于20%;地方本级预算内财政收入不低于人均100元,总收入不低于6 000万元,并承担一定的上解支出任务
2	100~400人/km^2的县	县政府驻地镇	非农业人口不低于10万人,其中具有非农业户口的人口达7万人;自来水普及率达60%,道路铺装率达55%,城区基础设施较完善,排水系统较好
		全县	非农业人口不低于12万人,所占比重不低于25%;乡镇以上工业产值不低于12亿元,占工农业总产值比重为70%;国内生产总值不低于8亿元,第三产业产值占其中比重不低于20%;地方本级预算内财政收入人均不低于80元,总收人不低于5 000万元,并承担一定的上解支出任务
3	100人/km^2以下的县	县政府驻地镇	非农业人口不低于8万人,其中具有非农业户口的人口不低于6万人;城区基础设施较完善,排水系统较好,自来水普及率不低于55%,道路铺装率不低于50%
		全县	非农业人口不低于8万人,所占比重不低于20%;乡镇以上工业产值不低于8亿元,占工农业总产值比重不低于60%;国内生产总值不低于6亿元,第三产业产值占其中比重不低于20%;地方本级预算内财政收入人均不低于60元,总收入不低于4 000万元,承担一定的上解支出任务

对于一些特殊地区,设市条件和指标作了具体规定。

从上述规定可以看出,我国城市是按一定的地区人口密度、非农业人口规模、国民经济产值并经过一定的审批手续而加以划分的。在1989年出台的《中华人民共和国城市规划法》中规定,我国城市按人口规模可分为四类:100万人以上为特大城市,50万至100万人为大城市,20万至50万人为中等城市,20万人以下为小城市,具有10万人的城镇才能升格为城市。按市政体制,我国的建制市又可分为4个层次,即直辖市、副省级市、地级市和县级市。

2007年10月28日第十届全国人民代表大会常务委员会第三十次会议通过新颁布的《中华人民共和国城乡规划法》,自2008年1月1日起施行,《中华人民共和国城市规划法》同时废止。

2014年10月29日,国务院颁发了《国务院关于调整城市规模划分标准的通知》(国发〔2014〕51号),对原有城市规模划分标准进行了调整,明确了新的城市规模划分标准以城区常住人口为统计口径,将城市划分为五类七档,见表1-2。

表1-2　城市规模划分标准

城市类型	城区常住人口	
小城市	Ⅱ型小城市	$P<20$ 万
	Ⅰ型小城市	20万 $\leqslant P<50$ 万
中等城市		50万 $\leqslant P<100$ 万
大城市	Ⅱ型大城市	100万 $\leqslant P<300$ 万
	Ⅰ型大城市	300万 $\leqslant P<500$ 万
特大城市		500万 $\leqslant P<1\,000$ 万
超大城市		$P\geqslant 1\,000$ 万

表1-2中,城区是指在市辖区和不设区的市,区、市政府驻地的实际建设连接到的居民委员会所辖区域和其他区域。常住人口包括:居住在本乡镇街道,且户口在本乡镇街道或户口待定的人;居住在本乡镇街道,且离开户口登记地所在的乡镇街道半年以上的人;户口在本乡镇街道,且外出不满半年或在境外工作学习的人。P 表示人口数量。

1.1.2.2　城市的功能

城市作为不断发展演变的复杂综合体,具有多种作用或功能。如防御功能、政治功能、经济功能、文化教育功能、能源聚集和输送功能、信息传播功能等。在不同的历史时期和不同的地域,它的功能会有所侧重。比如,在生产力发展水平较为低下的奴隶社会和封建社会,统治阶级为了维护自己的利益,便以武力建立国家,划分权力范围,设立城池,修筑宫殿、城墙,驻扎军队。这时其主要功能就是防御和政治功能。中国古代的许多城市都是国都或地方的政治中心,以防御和政治功能为主。而在海港、码头和运河沿线的城市,大多以经济功能为主。以文化教育功能为主的城市,在当时还没有真正形成。而在国外,很多早期城市的功能是以经济功能为主。

城市的功能也会随着生产力发展水平、国家政策、城市规模、城市人口、产业结构、资源、能源、交通等因素的变化而变化。比如,我国在革命战争时期,国内大多数城市主要作为政治中心,政治功能占主导地位。而在改革开放后的经济建设时期,在政策指引和经济快速发展的客观要求下,我国各地的城市都在不断加快城市化(或都市化)进程。城市不仅成为地区的政治中心、经济中心和文化中心,而且还成为农村人口转移和安置中心。城市增加了人口转移、安置功能,并提升了土地价值。

1.1.3 城市的发展

1.1.3.1 古代的城市发展

古代城市的产生迄今已有5 000年的历史。由于生产力发展水平较低,古代城市系统结构和功能很不完善、很不齐全。城市首先是在水利、农业、产品、交通等城市要素较为优越的社区或居住点形成和发展的。据历史记载和考证,在古埃及,从公元前3200年到公元322年,在尼罗河流域出现了孟菲斯、底比斯、法雍等城市;在古西亚的底格里斯河与幼发拉底河两河流域先后形成了巴比伦、马尔、马鲁克、尼普尔、加拉什等城市;在古希腊与古罗马于地中海沿岸建立了马西里亚、叙拉古、拜占廷、斯巴达、雅典和罗马等城市。在我国,在黄河流域形成了商城、殷城等城市。

古代城市在几千年的历史长河中能够缓慢持续地发展,主要受以下几个因素的作用和影响:

(1)野兽的侵袭和原始部落之间的战争。为了防止野兽的侵袭和原始部落之间的战争,人们在原始居民点的周围挖深沟、垒石墙、装木栅栏等防御设施。防御设施的不断增加和完善就成了世界各地早期城市发展的主因。

(2)社会大分工和商品交易的发展。从古代城市的产业结构来看,手工业和商品交换的发展,使手工业者和商人首先在交易场所聚集起来,形成早期城市。从功能来看,一方面商品交换使早期城市成为流通与生产的中心;另一方面它又是统治阶级的政治统治中心——奴隶主对周围区域进行剥削和压迫的中心。从城市系统整体来看,凡是生产力比较发达的地区,城市就比较集中,商业与手工业也比较繁荣,城市的规模也就越大。我国历史上的齐国都城临淄,在齐宣王时期已发展成拥有7万户、10万人口的都市,是当时齐国鱼、盐、文彩、布帛生产与贩运中心。据考证,临淄古城总面积达60 km^2,并发现有冶铁、炼铜、铸钱和管器作坊的大量遗址。

早期城市除了手工业商品与剩余的农副产品的交换功能外,还是社会、宗教、政治、军事、科学、文化、手工业作坊的中心。

(3)社会形态的发展深深地影响着城市的发展。在中国的古代城市中,统治阶级的宫城居于城市的中心位置并占据很大的面积,而奴隶和自由民的住所则位于近宫及外围。公元前2500年前,古埃及为修金字塔而建的卡洪城就把城市分为东、西两部分,东部为贵族居住区,西部为贫民居住区。罗马帝国时期,奴隶主用掠夺来的财富驱使奴隶建造了罗马城及豪华的宫殿、寺庙、浴池、斗兽场等。

(4)政治体制对城市的发展有着直接影响。我国古代,实行中央集权的各朝各代都把城市的政权中心(即政治中心)作为建设的重点,不顾百姓疾苦,大兴土木,广建宫殿、官府衙门等。而欧洲早期城市的政治中心是城堡或庄园,经济中心则是城市。

(5)经济制度对城市的发展有着重要影响。在君主专制制度下,中国古代的城市不重视经济和贸易的发展,多数城市一直维持着小农经济和简单的手工业生产。因此,只在很少的商路交通要地、河流交汇点形成了一些商业都会,如苏州、扬州、杭州等。而欧洲很多沿海城市很早成为了商旅交通繁荣的中心，如意大利的威尼斯、法国的马赛、德国的汉堡等。

1.1.3.2 中世纪城市的发展

中世纪是指欧洲各国的封建社会时期，年代大致是公元476～1640年，前后约11个世纪。这一时期的城市叫做中世纪城市。

封建社会的生产力比奴隶制社会有了巨大进步。社会分工不断扩大和完善，商品生产和交换愈加频繁，交通运输手段增多并广泛利用，交通条件更加方便。这时在一些主要河口和海岸出现了一些以商业为中心的城市。中世纪城市的主要特征：一是商品市场和贸易中心；二是初步成为政治、经济和文化中心；三是对城市管理的法律条文开始产生；四是生产以手工业为主，规模小、产量低、技术落后；五是城市人口增长缓慢。这一时期，由于商品经济的多样化发展，逐渐出现了不同类型和不同性质的城市，如以贸易为主的城市、以消费为主的城市、消费与生产兼有的城市、以农业为主的居民城市等。这几类城市在中世纪的欧洲出现，说明了城市内部结构和功能逐步完善。

我国封建社会大约从公元前5世纪到1840年鸦片战争，共计2 300多年时间。在这漫长的封建统治时期，城市也随朝代的更替经历了不同的历史发展阶段。在不同的历史发展阶段中，城市与城市经济的发展具有以下几个特点：

一是城市的分布由北向南转移。城市兴于黄河流域，逐步向淮河流域、汉水流域、长江流域、钱塘江流域转移。随城市布局的南移，我国的经济重心也由北向南转移。

二是城市的行政职能比较突出。因诸侯争霸、封建割据，王都与郡县大都是统治阶级为了统治和掠夺的需要而兴建的，城市经济表现出对行政的依附性。

三是南方城市出现相当规模的商业城市。随着海上贸易的发展，水路对经济发展的重要性显现出来，广州、扬州、武昌、南京、长沙等城市都成为具有一定规模的商业中心城市。

四是以手工业和工业为主的城市发展比较薄弱。

五是多次出现政治中心与经济中心分离的局面。

以上特点，说明了我国封建社会城市和城市经济的发展同欧洲中世纪城市的发展相比，具有明显的落后性和局限性。这种落后性主要表现在城市经济对行政的依附性，这样经济发展就失去了积极性和主动性，而表现出封建闭守的僵化性。至今不难看出。在我们的现有经济发展过程中，封建社会城市的特性仍在影响着现代城市经济的发展。

1.1.3.3 近代城市的发展

所谓近代城市，是指从1640年英国资产阶级革命开端到1917年俄国社会主义革命这一历史时期的城市。随着资本主义生产关系的确立与发展，以蒸汽机发明、大规模工业生产和推广应用为基础的城市工业迅速崛起。大工业城市的数量急剧增加，城市人口迅速膨胀，形成了近代城市的巨大变化。英国是第一个走上工业化道路的国家。随后，德、法、美、葡等国家也相继完成了工业革命。城市的数量和规模有了空前的发展。

中国历史上的近代，是指1840年鸦片战争到1919年的五四运动，为半殖民地半封建时代。在这一时期，帝国主义列强的侵略和掠夺，严重地摧残和扼杀了处于萌芽状态的中国资本主义近代工业。中国没有爆发工业革命，整个经济与城市经济呈现出极度复杂的混乱状态。这时的近代中国城市没有得到正常的发展。

港口城市如大连、天津、青岛、上海等已成为帝国主义进行政治、军事、经济侵略的基地,这些城市是按侵略者的意图来发展的。并且这些城市的结构发展也极不合理,近代工业得不到应有的发展,基础工业极其落后,而商业、服务业都过分膨胀,一个城市变为几个帝国主义的租界,被分割得支离破碎,不成体系。当时靠民族工业支撑起来的城市,生产力落后,力量薄弱,规模不大,对帝国主义统治的大城市表现出很大程度上的依附性。由以上可以看出,近代的中国城市,在全国政治经济社会发展的不平衡规律驱使下,布局不合理,体系结构失稳,资本主义经济没有生成,许多城市依然保持着封建时代的城市面貌。

随着资本主义在世界范围内的迅速发展,近代城市也得到了较为充分的发展。其具体特征表现在以下几个方面。

1.人口向城市迅速聚集

工业革命带来了城市革命,带动了商业和贸易的发展,大量农民失去土地、流入城市,城市人口迅速膨胀。

2.资源的高度集中

近代城市出现了生产力的高度集中,社会财富的高度集中,规模企业的高度集中,人口消费的高度集中,城市建设规模的高度集中。城市成为整个国民经济和地区经济的中心。

3.城市布局发生变化

工业化的不断发展,使城市里形成了不同的功能分区。如:在工厂区外围形成了生活区、服务区、仓储区、商业区等,还形成了公共建筑、金融机构、铁路、车站、码头等。城市的功能分区日益明确,城市的类型也逐渐增加,形成了港口贸易城市、矿业城市、交通枢纽城市等不同的城市类型。

4.改变了周围的自然环境

一方面,随着城市面积的扩展,市民与城郊田野的距离增加,城市愈大,市民接触自然环境的距离愈远。另一方面,工业生产中排放的废气、污水以及其他有害物质等,对居民的生活环境产生不利的影响。城市居民生活水平的提高也会产生大量的生活污水及固体废弃物,致使城市物质生活提高的同时,伴生了对环境的负面效应。

5.科学技术的发展带来了城市的聚集效应和高质量的城市生活

工业的发展、工业门类的增加、科技的进步、多种产业的协作、科技的交流使城市产生了巨大的聚集效应和规模效益。商品的交流和聚散、信息的发达、人口的集中和流动使城市成为物流、人流、信息流的中心。科技的发展,也促进了城市基础设施和公用事业得到明显改善。例如道路、供水、排水、供电、供热、供气、通信达到了集中化的程度。防洪、排涝、防火都已成为城市内部结构不可分隔的一部分。自来水、电灯、电话、煤气、公共汽车、电车、地铁、污水处理系统等技术上的不断改进,使城市的物质生活达到很高的水平。学校、剧院、图书馆、博物馆、娱乐设施的集中也使城市的文化生活水平不断提高。

综上所述,近代城市的兴起与发展,使人类社会的物质文明与精神文明进入到一个新的历史阶段.并为现代城市的产生提供了雄厚的物质基础和丰富的精神前提。

1.1.3.4 现代城市的发展

19世纪末和20世纪初,特别是第二次世界大战后至20世纪50年代中,自由资本主义进入到帝国主义阶段,世界进入了现代城市的发展阶段。这是整个城市发展历史过程中极为重要的时期。在这个时期内,世界范围内经济复苏,工业再度快速发展起来,城市人口规模不断扩大,城市化进程不断加快。并且,出现了前所未有的特大都市、大都市区、都市带和都市系统等。

目前,世界城市人口已超过总人口的50%。与此同时,城市发展和建设也出现了以下特点。

1. 城市对外交通发生了很大变化

航空、汽车取代了火车及轮船的地位,机场与火车客运站成为城市的“大门”。国际经济全球化的趋势使很多港口城市结构布局更具个性特色。

2. 老城中心地区出现衰退现象。

由于人口过于集中于老城中心,居住环境恶化,加上汽车交通的发达,部分经济条件较好的城市居民选择城郊购房置业,造成城市中心衰退。

3. 外延扩展成为大城市发展的主要形式

为了分散、化解不断加快的城市化进程所带来的人口激增、土地紧张、房价高涨、资源紧缺等问题,城市的外延扩展已成为城市发展的主要形式,并呈现不同的发展形态。其形态有:大城市呈中心向外圈层式扩展的形态、单中心沿交通干线的放射发展的形态、中心城与周边卫星城的发展形态、多中心开放组合式发展形态、以中心为核心形成紧密联系的城镇群的形态等。

4. 特色产业群已成为城市规划发展所考虑的重点

由于世界经济一体化以及跨国公司、企业集团的发展,一些发达的城市、城镇形成了特色产业密集的地区。为了促进特色产业的发展,很多城市、城镇都已把特色产业产品的生产、销售、运输等过程统一纳入城市规划中,使城市的发展更具有了产业特色。

5. 可持续发展已成为人们的共识

由于经济的高度发展,人类对自然的改造以及对地球资源的过度开发利用,造成了生态环境的严重恶化。人们已在严酷的事实中认识到“只有一个地球”的现实。在1996年巴西里约热内卢的联合国政府首脑会议上,各国首脑联合宣言,提出了可持续发展的号召。城市规划中也已普遍引入了这一思想,如对自然资源的保护、对历史文化遗产的保护和继承等。

6. 信息化是现代城市的突出特点

以计算机技术为代表的信息产业的发展,很多国家已进入后工业社会,即信息社会。计算机进入了社会的各个方面,城市中办公、教育、医疗、购物等方面的信息化、远程化,居住建筑的智能化等,都将促使城市发展形态、发展模式的更大变化。

现代城市是日益扩展着的现代经济活动中心,它拥有现代化的工业生产系统、商业贸易系统、交通运输系统、科技文化系统、公共服务系统、信息传输系统等。现代城市结构复杂、层次合理、功能多样而齐全,它集约着物质、能量和信息等要素。现代城市通过强有力的政权机构、雄厚的经济实力和各种先进的设施来实现对其他地区的统治和联系,成为一个地区、一个国家的政治、经济和文化中心。

1.1.3.5 城市的衰亡

城市是一个系统的动态发展的整体。在城市系统发展过程中,它已经走过了古代城市、中世纪城市、近代城市、现代城市等不同的系统过程和阶段。随着社会生产力的发展,现代城市的发展方向就是城市化,最终达到城市衰亡。

1. 城市化的概念

所谓城市化是指城市系统的发展壮大,分散的乡村人口转变为城市集中的不同结构层次的人口的社会进步过程。

2. 城市化的具体特征

(1)城市人口的迅速增加和城市人口比重的迅速提高。包括原有城市人口的增长,农村人口向城市的转移,新兴城市的建立与出现,原有城市的扩大,行政区的调整,农村成为城市的一部分。这里核心的问题,是变农村人口为城市系统的人口,引起城市人口绝对数量的增加,增加了城市人口占总人口的比重。这个过程的快与慢取决于社会生产力的发展,取决于宏观城市与城市经济发展规律。

(2)城市规模的急剧扩大和新兴城市的大量出现。目前在世界范围内,城市化的进程已大大加快。在美国与英国的东海岸,出现了沿海区域的城市带,这一区域内已实现了城市化;在我国长江三角洲地区,正在逐渐形成以上海为中心,包括苏州、无锡、常州、南京在内的城市群体;还有以某一个特大都市为中心,在其周围建有不同层次的城区与城镇,使城市系统的结构层次不断地向周围区域传输物质、能量、信息,使周围镇、区、村的生产与生活都纳入中心城市的辐射环内,协同运转。这种城市化现象,我们称之为城市环,不论是城市带、城市群体、城市环的出现,还是城乡一体化道路,都是加速城市化进程的可行模式。

(3)城市与乡村之间在生产方式和生活方式方面的差距正在逐渐缩小。广大农村实现通水、通电、通信及城市化,手工农业生产方式转变为机械化生产方式,农村生活方式转变为城市生活的方式。从事农业生产的人数比重很小,而从事工业性生产和服务行业的人数比重占据70%以上。如果农村逐步加快这一进程,即农村城市化,那么这一天的到来将是城市化的彻底实现,也是城市衰亡的日子。

城市化是世界性人类社会发展的必然规律,它为人们的生产和生活提供了方便,推动了社会经济的进步,这是有利的一个方面。同时,我们还应当看到许多城市出现了土地紧张、水源缺乏、住房拥挤、交通堵塞、环境污染等社会问题。在这方面资本主义社会已有深刻教训,中国作为社会主义国家,城市化的路子怎么走,这要在宏观控制指导下进行,避免重蹈覆辙。

3. 城市衰亡就是乡村城市化

城乡分离对立运动的过程,是城市与城市经济不断发展、城市系统不断完善、功能不断强化的过程。城市占据主导地位,以其独特的条件,在城乡之间起着经济、政治、文化的纽带作用,对周围地区起着凝聚力的作用,人口、知识、技术、资金、财富等不断向城市集中,城市本身就是一种生产力。城市的衰亡,就是城市和乡村的对立"消灭",农业与工业的差异将协同并存,工农将成一体,城市和乡村将"融合",这就是城市发展的历史趋势与规律,也就是城市与城市化的最终衰亡。

任务1.2 城市与市政

1.2.1 市政的含义与主要特征

1.2.1.1 市政的含义

市政,即市政主体作用于市政客体及其过程,可以从广义和狭义两方面来理解。

广义的市政是指,城市的政党组织和国家政权机关为实现城市自身和国家的政治、经济、文化和社会发展而进行的各项管理活动及其过程。

狭义的市政是指,城市的国家行政机关对市辖区域内的各类行政事务和社会公共事务所进行的行政管理活动及其过程。

市政是相对于乡政而言的,严格意义的市政是城市与乡村分治、城市管理机构与乡村管理机构分设之后的产物。

从一般意义上讲,自从产生了城市,便相应产生了对城市的行政管理活动,但当时城市与乡村是合治的,也没有专司城市事务的城市政府,因此严格意义上的市政是在城市政府产生后,城乡分治、市政与乡政明确分开后才出现的。

综上所述,我们给市政下的定义为:市政是指国家在城市区域设置的政权机关,特别是行政机关,为实现城市自身和国家整个政治经济的发展,以各种手段对城市有关公共事务进行有效的管理活动。

1.2.1.2 市政的主要特征

(1)政治性。市政实质上是一种国家管理活动,或者说它是国家管理活动的重要组成部分。

(2)历史性。市政也是个历史概念,有一个长期历史发展的过程。

(3)整体性。市政是一个由各系统、各要素、各环节组成的有机整体。

(4)综合性。现代城市作为经济、政治、文化中心,具有集中、开放、多元、有机等特点。

(5)动态性。市政不仅是组织、制度、体制等方面的静态结构,而且也是一个有序运行的动态过程。

1.2.2 市政的职能

市政职能是指城市政府在依法管理城市公共事务中所承担的职责和具有的作用,从动态来看,它是行使职权、发挥作用的一系列活动的总称。

在我国,广义的市政职能包括国家在城市内的政治、经济、文化和社会管理事务方面的重要职责和功能,在市政管理过程中体现为法律、法规和上级政府决定的执行。而狭义的市政职能主要是指城市政府在城市环境、城市规划、城市建设、城市服务和城市管理等方面的职责和功能,同时也包括组织本市的政治、经济、文化和社会活动,管理地方公共事务,为城市居民提供优质高效的公共服务。

市政职能的履行是以城市政府为主体,通过法制化、科学化、现代化的途径和方式,对城市公共事务这个客体进行管理。

市政职能也随着城市的发展而不断发展变化,在不同国家和同一国家的不同历史时期,市政职能具有不同的内容和特征。

在我国,就狭义而言,城市政府的基本职能主要有规划职能、建设职能和管理职能。

(1)规划职能,即城市政府制定一定时期的城市建设和社会经济发展蓝图的职能。规划既是城市建设和管理的基本依据,也是城市建设和经济社会发展的指南。它包括城市规划和城市国民经济、社会发展中长期规划。

(2)建设职能,即城市政府促进经济和其他各项事业发展的职能。建设既是城市规划的落脚点,也是满足城市人民物质文化生活的基本手段。从整体上来说,建设职能可分为城市物质文明建设和精神文明建设。

(3)管理职能,有广义和狭义之分。广义管理职能指城市政府对城市各项事业进行规划、决策、监督、指挥等,包括决策管理、运营管理、效益管理、法制管理等。狭义管理职能指城市政府对城市政治、经济、文化等各项秩序的维护,对各项建设事业的保障,对各类建设成果的保护和对混乱秩序、灾害的治理,包括城市环境管理、市容卫生管理、道路交通安全管理、市政工程和设施管理、市场秩序管理等。

在现代社会,城市政府的管理职能已从根本上压倒了统治职能,成为城市政府的根本职能之一。管理职能使城市政府更好地维护社会秩序,为社会经济的发展提供保障,促进社会经济的发展,提高市民社会生活的质量。

城市的经济职能,在计划经济时代主要表现为政府对经济的计划式管理,市场的作用微乎其微。随着改革开放的推进和市场经济的确立,市场调节变成了经济领域的最主要手段。在市场经济条件下,政府不直接干预经济,主要是利用财政、金融、法律和一定的行政手段,从宏观上对城市经济进行调控,维护经济秩序的良性发展,促进社会经济的繁荣。

社会服务职能主要是指城市政府为社会发展提供公共服务,以维护良好的社会公共秩序,促进社会的良性发展,为市民提供良好的公共安全、社会保障、科教文卫等方面的公共服务;改善市民生活质量,提高市民素质,建立良好的社会秩序与健康的社会道德风尚。

1.2.3 城市发展与市政的关系

市政与现代城市息息相关,或者说,正是城市的发展形成了市政。生活在城市中的人们要求获得更好的生活环境和从城市生活中得到满足,城市的各方面要正常运转就必然要求市政府有一套专门的管理制度和管理模式,城市现代化程度的不断提高要求市政设施等方面也同步跟上。因此,作为市政主体的政府的功能就相应地凸显出来。

政府在对市政进行管理过程中的作用主要有以下几个方面:

(1)城市作为一种新兴的生活方式,需要政府对其进行规范和协调。当代市政研究在城市体制、城市管理的一些基本问题方面仍显不足。因此,当城市这种生活方式在很大程度上必须通过人的管理来实现时,政府便理所当然地挺身而出,参与到制定适当的管理制度和管理模式的过程中去。

(2)政府的介入有助于人们自觉地参与到市政管理中。在城市管理的实践中,人们对于市政及其相应的管理措施还不够重视,更没有积极参与的意识。在这种情况下,需要政府带头,做好属于公共方面的社会事务,并且通过政府的权威性效应,或多或少地提高人们的自觉程度,把市政管理提高到与现代化都市相适应的发展水平。

(3)对于市政工程和市政建设等专业领域,也需要政府成立相关机构,吸纳具有专业知识和技能的社会精英参与到这些工作当中。政府对城市的管理大部分是城市的公共管理,如城市物业管理(包括交通设施、通信设施、供水、供电、供气等日常生活设施管理)、城市生活秩序管理、城市公共环境管理等。政府会以符合现代化城市标准作为其服务的准则。市政管理的最终目标就是最大限度地满足民众的要求。

从以上可以看出,政府在当代市政和市政管理中发挥着重要的作用,如何更好地对城市加强指导和关注,如何在工作中进一步强调公平和责任,将直接影响到市政的发展和前景。

任务1.3　市政工程

1.3.1　市政工程的含义

市政工程又称市政公用设施或基础设施。基础设施又称基础结构,原属军事用语,指后方军事工程中的固定设施或永久性基地,如导弹基地、机场、军事物资仓库等。随着经济社会的发展,基础设施获得新的含义,泛指国家或各种公益部门建设经营,为社会生活和生产提供基本服务的一般条件的非盈利性行业和设施。基础设施又可分为国民经济基础设施和城市基础设施。前者的服务对象是整个国家或地区的国民经济范围,后者的服务对象是城市区域的生产和生活范围。城市基础设施是区域基础设施在城市市区内的具体化,是地区或区域基础设施的组成部分。它包括城市交通、给水、排水、供电、燃气、集中供热、邮政电信、防灾等分布于城市地区并直接为城市生产生活服务的基础设施。在城区中,这些基础设施是由城市政府及其职能部门进行筹划、组织设计、施工并实施管理,故通常称之为市政公用设施或市政工程。

市政工程是一个相对的概念。随着社会经济的发展和城市化的推进,城市的功能日益增加,市政工程也在不断拓展着内涵和外延。市政工程与建筑工程、安装工程、维修工程一样,都是以工程实体对象为标准来互相区分的,都属于建设工程的范畴。市政工程设施已经成为城市赖以生存和发展的基础。

1.3.2　市政工程的研究范围和研究对象

市政工程的内涵和外延在不断发展,市政工程的研究范围也在不断扩展。目前,凡是与城市基础设施工程(如城市交通、给水、排水、供电、燃气、集中供热、邮政电信、防灾工程等)有关的内容都是市政工程的研究范围。其研究对象主要是城市基础设施工程的规划、设计和施工等。

1.3.3 市政工程的研究内容

市政工程也称为市政公用设施或城市公共设施,其内容十分广泛,有广义与狭义之分。广义的市政工程基础设施包括给水工程、排水工程、污水处理工程、内外交通、道路桥梁工程、电力工程、燃气工程、集中供热工程、消防、防洪工程、抗震防灾、园林绿化、环境卫生以及垃圾处理等。狭义的市政工程基础设施主要指城市建成区以及规划区范围内的道路、桥梁、给水、排水、电力、燃气、供热、环卫设施等工程,是城市基础设施最主要也是最基本的内容。这里,狭义的城市市政工程基础设施即是城市市政工程。

城市市政基础设施是建设城市物质文明和精神文明的重要保证。城市市政基础设施是城市发展的基础,是持续地保障城市可持续发展的一个关键性的设施。它主要由交通、给水、排水、燃气、环卫、供电、通信、防灾等各项工程系统构成。

根据市政工程投资主体和服务范围的不同,我们也经常把市政工程分为大市政与小市政。大市政是指规划道路及其地下综合市政管线(如电信、雨污水、给水、中水、热力、煤气、电力等),是为城市某区域服务的,是整个城市路网、管网的组成部分,它的宽度、位置、埋深、管径、路由等必须经规划部门批准。大市政一般由政府投资,由政府(建委)或其委托的开发商组织实施。小市政是指用地红线内的道路和地下综合市政管线,是为某地块或小区或某单一建筑服务的,如小区、庭院内管线,小市政是由开发商自行设计和投资建设的。

城市公用设施和城市基础设施、城市的发展规划、城市卫生、城市的环境保护等方面都属于市政,都需要市政府把这些事务综合起来,设立各个不同的市政部门、运用各种法律规章和行政手段对其进行管理和规范,保证社会公共事务的正常运行,促使市政以及市政管理、城市进步朝良性运行的方向发展。

1.3.4 市政工程与相关学科的关系

1.3.4.1 市政工程与建筑工程的关系

建筑工程是指由具体建筑材料制作的满足人们生产、生活和工作需要的工业和民用的建筑物和构筑物。建筑工程在城市和农村都存在,而市政工程主要是在城市中存在。建筑工程和市政工程都是城市的一个组成部分,两者存在着城市功能上的互补关系。

1.3.4.2 市政工程与土木工程的关系

土木工程泛指各种用建筑材料制作的工程,包括水利工程、机场、港口、码头、道路、桥梁、隧道、建筑等各种类型的工程。市政工程与土木工程在概念上有一定的交叉关系。

1.3.4.3 市政工程规划与城市规划的关系

市政工程规划是城市规划的有机组成部分,其规划必须以城市规划为依据,服从和服务于城市规划。市政工程规划在目标、规模、年限等方面必须和城市规划一致,并且在功能、技术等方面将城市规划进行延伸和细化,补充城市规划,使城市规划更加完善,更具可操作性、实用性,更加有利于城市的全面建设。

城市的健康快速发展离不开城市的生命线工程——完善、便捷、高效的市政基础设施的建设。如何科学地进行城市基础设施工程的规划设计和建设,保证城市建设的使用性质,不仅与城市、城镇建设中的建筑、结构等专业的规划、设计、施工有密切的关系,而且直接决定着人民生产、生活的质量。

1.3.5 市政工程概论的学习方法

(1)理论联系实际。本课程涉及的知识面较广,对于没有工程实践经验的在校学生来说比较抽象。因此,一方面要系统学习本专业的相关课程,形成系统化的理论知识;另一方面还要多参加实习和工程实践,不断积累丰富的感性认识。

(2)认真学习相关规范。本课程中很多知识都来自于市政工程方面的法律、法规、规范、标准,因此只有把书本知识与规范、标准等结合起来,才能弄清知识的来龙去脉。

(3)经常浏览专业网站与论坛。目前,城市发展日新月异,市政工程的发展速度也很快,新材料、新设备、新工艺、新理论等层出不穷。因此,经常浏览专业网站与论坛,时时关注最新信息,能够使自己走在市政发展的最前沿。

(4)阅读重要的学术刊物。当前,市政学、市政管理及市政工程等方面的研究越来越深入,很多市政方面的刊物刊登了最新的研究成果和工程经验。通过阅读,可以使自己的理论更扎实、更系统、更实用,使自己的眼界更开阔。

(5)阅读市政工程方面的专业书籍。通过阅读市政工程方面的书籍,有助于加深对本课程的理解,形成全面、系统的市政工程知识。

(6)关注市政工程方面急需解决的问题,设身处地地研究、分析和解决问题,提出自己的观点与解决办法。即把自己设想成市政工程施工与管理人员,面对存在的问题,全身心投入其中,进行认真而深入的思考和学习,并最终解决问题,取得学习成果和研究成果。这是研究型的学习方法,是最有效的方法之一。

项目小结

本项目主要介绍了城市的起源、发展及灭亡规律,归纳了城市的概念、功能,阐明了城市的类型及设立标准;分析了城市发展与市政的关系,明确了市政的含义、主要特征及职能;重点介绍了市政工程的含义、研究范围、研究对象、研究内容,市政工程与相关学科的关系以及市政工程概论的学习方法。

项目自测题

1. 学术界对城市起源大致有哪四种说法?
2. 城市的产生有哪几方面的客观条件?
3. 什么是城市? 我国城市是怎样分类的?
4. 现代城市有哪几种功能?
5. 我国封建统治时期,城市与城市经济的发展具有哪几个特点?

6. 什么是近代城市？近代城市的特征有哪些？
7. 现代城市发展和建设出现了哪些特点？
8. 什么是城市化？城市为什么最终会衰亡？
9. 什么是市政？其主要特征有哪些？
10. 现代城市的市政职能有哪些？
11. 什么是市政工程？其研究内容有哪些？
12. 什么是大市政？什么是小市政？二者的联系与区别是什么？
13. 简述市政工程规划与城市规划的关系。
14. 谈谈如何学习市政工程概论课程。

项目2 城市道路工程

【学习目标】

掌握城市道路的组成、道路网分类、道路分类,道路横断面形式、交叉口类型,道路的构造层次、路面等级及路面类型;熟悉城市交通对道路的基本要求,道路宽度确定方法,道路施工程序、施工方法及技术要点;了解城市道路的作用、性质,道路平面设计、纵断面设计方法,路基路面的作用与基本要求,不同路基和路面的特点,道路施工的技术要点。

任务2.1 城市道路的性质、作用与组成

2.1.1 城市道路的性质

城市道路是城市中组织生产、安排生活所必需的车辆、行人交通往来的道路;是连接城市各个组成部分,包括市中心、工业区、生活居住区、对外交通枢纽以及文化教育、风景游览、体育活动场所等,并与郊区公路相贯通的交通纽带。

2.1.2 城市道路的作用

城市道路是组织城市交通运输的基础。城市道路是城市的主要基础设施之一,是市区范围内人工建筑的交通路线,主要作用在于安全、迅速、舒适地通行车辆和行人,为城市工业生产与居民生活服务。同时,城市道路也是布置城市公用事业地上、地下管线设施,街道绿化,组织沿街建筑和划分街坊的基础,并为城市公用设施提供容纳空间。城市道路用地是在城市总体规划中所确定的道路规划红线之间的用地部分,是道路规划红线与城市建筑用地、生产用地以及其他用地的分界控制线。因此,城市道路是城市市政设施的重要组成部分。

2.1.3 城市道路的组成

城市道路由车行道、人行道、平侧石及附属设施四个主要部分组成。

2.1.3.1 车行道

车行道即道路的行车部分,主要供各种车辆行驶,分快车道(机动车道)、慢车道(非机动车道)。车道的宽度根据通行车辆的多少及车速而定,一般常用的机动车道宽度有3.5 m、3.75 m、4.0 m(设计车速高的用较宽的车道);无路缘者,靠路边的车道要适当放宽;每条非机动车道宽度为2～2.5 m,一条道路的车行道可由一条或数条机动车道和数条非机动车道组成。

2.1.3.2 人行道

人行道是供行人步行交通所用,人行道的宽度取决于行人交通的数量。人行道每条步行带宽度为0.75 ~1 m,由数条步行带组成,一般宽度为4 ~5 m,但在车站、剧场、商业网点等行人集散地段的人行道,应考虑行人的滞留、自行车停放等因素,适当加宽。为了保证行人交通的安全,人行道与车行道应有所分隔,一般高出车行道15 ~17 cm。

2.1.3.3 平侧石

平侧石位于车行道与人行道的分界位置,它也是路面排水设施的一个组成部分,同时又起着保护道路面层结构边缘部分的作用。

侧石与平石共同构成路面排水边沟,侧石与平石的线形确定了车行道的线形,平石的平面宽度属车行道范围。

2.1.3.4 附属设施

(1)排水设施。包括为路面排水的雨水进水井口、检查井、雨水沟管、连接管、污水管的各种检查井等。

(2)交通隔离设施。包括用于交通分离的分车岛、分隔带、隔离墩、护栏和用于导流交通和车辆回旋的交通岛和回车岛等。

(3)绿化。包括行道树、林荫带、绿篱、花坛、街心花园的绿化,为保护绿化设置的隔离设施。

(4)地面上杆线和地下管网。包括雨污水管道、给水管道、电力电缆、煤气等地下管网和电话、电力、热力、照明、公共交通等架空杆线及测量标志等。

(5)其他。附属设施还包括路名牌、交通标志牌、交通指挥设备、消火栓、邮筒以及为保护路基设置的挡土墙、护栏、护坡以及停车场、加油站等。

任务2.2 城市道路系统与分类

2.2.1 城市道路系统

城市道路系统是城市辖区范围内各种不同功能道路,包括附属设施有机组成的道路体系。

城市道路系统的功用不仅是把城市中各个组成部分有机地连接起来,使城市各部分之间有便捷、安全、经济的交通联系,同时它也是城市总平面布局的骨架,对城市建设发展是否经济合理起着重要作用。

城市道路系统一般包括:城市各个组成部分之间相联系、贯通的汽车交通干道系统和各分区内部的生活服务性道路系统。

城市内的道路纵横交织,组成网络,所以城市道路系统又称为城市道路网。常用的道路网大体上可归纳为4种形式:方格式、放射环形式、自由式、混合式。

2.2.1.1 方格式道路网

方格式道路网又称棋盘式道路网,是道路网中常见的一种形式。方格式道路网划分的街坊用地多为长方形,即每隔一定距离设一干路及干路间设支路,分为大小适当的街坊

(见图2-1)。其优点是街坊整齐,便于建筑物布置,道路定线方便;交通组织简单便利,系统明确,易于识别方向等。其缺点是对角线两点间的交通绕行路程长,增加市内两点间的行程。

图2-1 西安市方格式道路网

2.2.1.2 放射环形式道路网

放射环形式道路网,是国内外大城市和特大城市采用较多的一种形式。放射环形式道路网以市中心为中心,环绕市中心布置若干环形干道,联系各条通往中心向四周放射的干道(见图2-2)。其优点是中心区与各区以及市区与郊区都有短捷的道路联系,道路分工明确,路线曲直均有,较易适应自然地形。其缺点是容易把车流导向市中心,造成市中心交通压力过重。

2.2.1.3 自由式道路网

自由式道路网往往是结合地形布置,路线弯曲,无规则的几何图形。此种道路网适用于自然地形条件复杂的城市。其优点是能充分利用自然地形节省道路建设投资,形式自然活泼。其缺点是不规则街坊多,影响建筑物的布置,路线弯曲不易识别方向。我国青岛、重庆等城市的道路网即属于自由式道路网(见图2-3)。

2.2.1.4 混合式道路网

混合式道路网是结合城市的条件,采用几种基本形式的道路网组合而成;目前不少大城市在原有道路网基础上增设了多层环状路和放射形出口路,形成了混合式道路网(见图2-4)。这种形式道路网,既有前述几种形式道路网的优点,也能避免它们的缺点。如北京、上海、天津、沈阳、武汉、南京等均属这种道路网。

2.2.2 城市道路的分类

城市道路就其在城市道路网中的地位、交通功能以及对建筑物服务功能的不同,我国

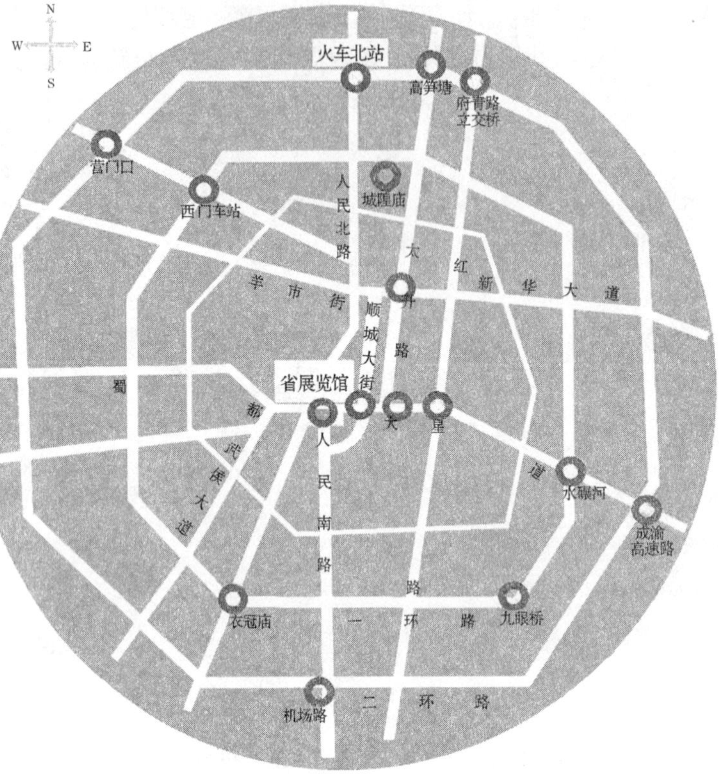

图 2-2 成都市放射环形式道路网

图 2-3 重庆市自由式道路网

《城市道路工程设计规范》(CJ J37—2012,2016 年局部修订)将城市道路分为 4 类 10 级,即快速路(一般为汽车专用路)、主干路(指全市性干道)、次干路(指地区性或分区干道)、

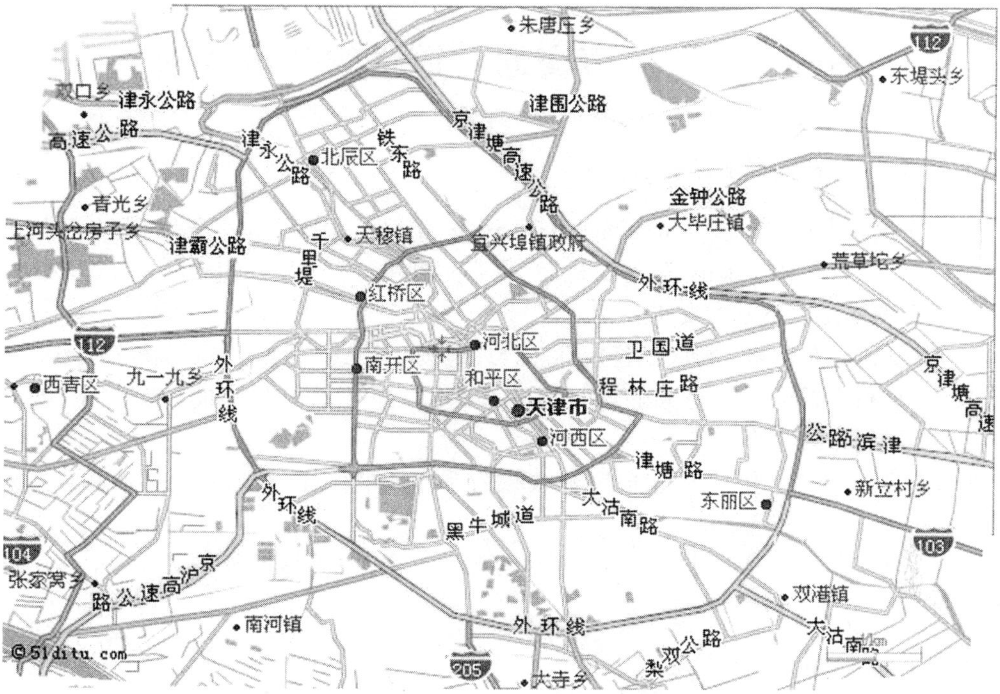

图 2-4 天津市混合式道路网

支路(指居住区道路与连通路)4 类,除快速路外的每类道路按所在城市的规模、设计交通量、地形等的不同又分为 3 级,4 类共 10 级。

2.2.2.1 **快速路**

快速路系为较高车速较长距离而设置的道路。快速路对向车道之间应设中间带以分隔对向交通,当有自行车通行时,应加设两侧带。快速路的进出口应采取全控制或部分控制,快速路与高速公路、快速路、主干路相交时,都必须采用立体交叉,与交通量很小的次干路相交时,可近期采用平面交叉,但应为将来建立体交叉留有余地,与支路不能直接相交,在过路行人较集中地点应设置人行天桥或地道。

2.2.2.2 **主干路**

主干路是构成道路网的骨架,是连接城市各主要分区的交通干道。以交通功能为主,宜采用机动车与非机动车分流形式,一般均为三幅路或四幅路,主干路的两侧不宜设置吸引大量车流、人流的公共建筑物的进出门。

2.2.2.3 **次干路**

次干路是城市的交通干路,兼有服务功能,次干路辅助主干路构成城市完整的道路系统,沟通支路与主干路之间的交通联系,因此起连接城市各部分与集散交通的作用。

2.2.2.4 **支路**

支路是联系次干路之间的道路,个别情况下亦可沟通主干路、次干路。支路是用于居住区内部的主要道路,也可作为居住区及街坊外围的道路,主要作用是供区域内部交通使用,除满足工业、商业、文教等区域特点的使用要求外,尚应满足群众的使用要求,在支路上很少有过境车辆行驶。

任务2.3　城市交通对道路的基本要求

2.3.1　汽车行驶对道路的要求

汽车在道路上行驶的要求是安全、迅速、经济、舒适,其中行车安全是基本前提,同时对汽车运输,力求做到行车迅速、运价低廉、乘客感到平稳舒适。为达到这些行车要求,道路运营中必须满足以下基本要求:

(1)保证汽车在道路上行驶的稳定性。合理地设置弯道,车轮与路面有足够的附着力。

(2)保证行车畅通。有足够的通行宽度和高度(净空),有足够的行车安全视距,消除、限制或调节交叉性的交通。

(3)提高行车速度和汽车周转率,减少燃料和轮胎的消耗,对道路的平面和纵断面做出合理的布局。

(4)为满足行车舒适要求,应保持路面的平整粗糙,在道路两旁有绿化和适当的雕塑艺术处理。

2.3.2　汽车行驶的稳定性

道路受地形、地物、地质和建筑物等条件的限制,需要恰当地调整。在纵向设置合理的上下坡;在平面上改变路线方向,产生转折的点,该曲线段称为路线转折点(IP)。为适应行车的需要,采用圆曲线形式与直线段连接,称为平曲线。

汽车行驶的稳定性是指汽车行驶时保证不翻车、不倒溜、不侧滑,汽车行驶在坡道上能抵抗纵向倾覆和侧向滑移的能力。

2.3.3　行车视距

为了行车安全,道路应保证驾驶人员在一定的距离内能清楚地看到前面道路,以便遇到障碍物或迎面驶来的其他车辆时能及时采取措施或绕越障碍物,这个必不可少的最短距离,称为安全行车视矩,简称安全距离。

两辆相向行驶的汽车相互发现后,已无法或来不及错车的情况下,双方采取制动刹车保证安全所必需的最短距离,称为会车视矩。

视距长度的依据是以设计行车速度、驾驶人员发现障碍物至采取措施的时间和车辆仍继续行驶的距离。驾驶人员制动刹车直至车辆完全停下来的距离,以及车辆停止后与前方障碍物必须保持的安全距离等组成停车视距,见表2-1。

表2-1　城市道路最小停车、会车视距参考值

道路类别	最小安全视距(m)		道路类别	最小安全视距(m)	
	停车视距	会车视距		停车视距	会车视距
城市快速路	100~125	200~250	次干路	50~75	100~150
主干路	75~100	150~200	支路	25~30	50~60

2.3.4 通行能力和交通量

2.3.4.1 城市路段通行能力

在城市道路上人流与车流的组成非常复杂,交通运输工具的类型也很多。如公共汽车、载重车辆、无轨电车、出租汽车、摩托车、自行车等。作为城市交通基础之一的城市道路应为人、货、车很好地解决任其流动的问题,提供安全、舒适方便、经济而又快速的交通条件,提高道路的通行能力。

一条道路上的车辆通行能力是以一条车道为单位来计算的。理论上计算一个车道的通行能力,是假定车辆保证一定车速,车辆与车辆之间最小的安全距离,一辆随着一辆连续行驶,在这样的情况下,每小时能通过的最大车辆数,即是一个车道的理论通行能力。

理想通行能力是指道路与交通处于理想情况下,每一条车道(或每一条道路)在单位时间内能够通过的最大交通量。

理想的道路条件主要是,车道宽度应不小于3.65 m(我国公路则定为3.75 m),路旁的侧向余宽不小于1.75 m,纵坡平缓,并有开阔的视野、良好的平面线形和路面状况。

理想的交通条件主要是,车辆组成为单一的标准型汽车,在一条车道上以相同的速度连续不断地行驶,各车辆之间保持与车速相适应的最小车头间隔,且无任何方向上的干扰。

2.3.4.2 交通量

1. 交通量的定义

交通量是指在选定时间段内,通过道路某一地点、某一断面或某一条车道的交通实体数。

按交通类型分,有机动车交通量、非机动车交通量和行人交通量。一般不加说明则指机动车交通量,且指来往两个方向的车辆数。交通量是一个随机数,不同时间、不同地点的交通量都有变化。交通量随时间和空间而变化的现象,称之为交通量的时空分布特性。

必须指出,在城市道路上妨碍行车的因素很多,但车辆不可能持续不断地、均匀地行驶,且速度及交通量也在不停地变化,所以理论交通量的计算值比实际的通行车辆数要大,理论交通量只是一个参考数值。

2. 交通量的表达方式

交通量一般以辆/小时(人/小时)或辆/日(人/日)表示。一日中某一小时通过的最大车辆数或行人数,则称为高峰小时的车流量或人流量。

1)日交通量

(1)平均日交通量:在少于一年的某个时间段内,在指定地点的平均每日交通量,称为平均日交通量。

(2)平均工作日交通量 :在少于一年的某个时间周期内(一个季度、一个月或一周),在指定地点所有工作日的平均每日交通量,称为平均工作日交通量。

2)小时交通量

(1)高峰小时交通量 :在一天的24 h内,小时交通量的差异很大,最大交通量常发生在早晚上下班拥挤时刻。一天中,具有最高小时交通量的那一小时称为“高峰小时”。

(2)第30位高峰小时交通量:将一年中8 760 h交通量的观测值依大小顺序排列,排在第30位的小时交通量称为第30位高峰小时交通量。

(3)设计小时交通量:选择一个适当的小时交通量作为道路规划设计的依据,这就是设计小时交通量。

3.调查汽车交通量的目的

(1)在某一地点作周期调查,了解交通的组成、分布,掌握交通量随时间推移的变化规律,据此可预测交通量及其发展趋势。

(2)为道路规划、建设及交通营运管理与控制,提供交通流量、流向、车速、延误、停车等数据。

(3)为道路几何设计及交通控制设计提供依据。通过事前、事后的交通量调查,评价道路服务水平与交通管理措施的效果。

(4)在交通研究中通过交通量调查掌握交通实时动态与变化的规律。

(5)用于推算道路通行能力、预测与计算事故率及道路运输成本和效益等,为制定交通政策法规与科学理论研究提供基础数据。

4.城市道路交通量调查

一般包括对路段、交叉口和城市出入口道路的调查,或根据规划、设计工作的需要,对特定地点如车站、广场、交通枢纽、大型体育场馆等进行调查。

(1)每一条主要道路都应该设置一个主控制站。

(2)每一类次要道路上建立副控制站 。

(3)在控制性观测站中选择一些观测站作为关键站 。

(4)建立一批辅助性观测站。

任务2.4　城市道路平纵横断面设计

2.4.1　城市道路宽度与车道布置

城市道路的总宽度即道路规划红线之间的宽度,也称路幅宽度。它是道路用地范围,包括城市道路各组成部分,即车行道、人行道、绿化带、分车带及预留地等所需宽度的总和。

城市道路宽度的设计,有两个概念。一是道路规划红线宽度的设计,其年限应有长远观点,要预测50年以上的交通量发展,来计算车道宽度,不受规划年限20年所限,做到30年不落后,50年还可用,即一次确定,50年以上不变,直至两侧房屋使用寿命50年以上,以免期间多次拆迁两侧民居。二是近期道路建设的宽度设计,按城市道路设计规范,规定的设计年限,预测15~20年的交通量,来计算车道宽度即可。因为路面的使用寿命只有15~20年,以免增加不必要的投资。

以上两种道路宽度的差值,作为城市道路预留地,可先绿化,以便道路分期拓宽,不必拆房。

确定车行道宽度最基本的要求是保证道路在设计年限,近期建设15~20年、远景规划50~100年内来往车辆安全顺利通过,车辆最多的时候也不致发生交通阻塞。

2.4.1.1 机动车道宽度的确定

机动车每条车道宽度，一般应为3.75～4.0 m为宜；路面车道数，主要取决于道路等级和道路设计年限。一般从路面结构使用年限考虑，预测15～20年日平均和高峰小时机动车交通量。从目前城市交通量发展情况看，大中城市新建的主干路，宜采用八车道（双向），次干道则采用六车道（双向）；对小城市的主干路可采用六车道（双向），次干道采用四车道为宜，可为交通发展留些余地。

根据部分城市道路建设的经验：四车道采用15～16 m，六车道23～24 m，八车道30～32 m。

2.4.1.2 非机动车道宽度的确定

目前确定非机动车道宽度，一般都是根据各种非机动车辆行驶要求和实际观测的数据，直接进行横向的排列组合来确定。

单一非机动车道的宽度主要考虑各类非机动车的总宽度和超车、并行的横向安全距离而确定，非机动车每条车道宽度一般为2.0～2.5 m，自行车为1.0 m，三轮车、板车为2.0～2.5 m。

根据我国各城市多年来的设计实践，非机动车道的基本宽度可采用3.5 m（或4.0 m）、5.5 m（或6.0 m）、7.5 m（或8.0 m）。

2.4.1.3 人行道宽度的确定

人行道的主要功能是满足人步行交通的需要，还要供植树、地上杆柱、埋设地下管线之用。因此，人行道总宽度既要考虑地上步行交通、种行道树、立电线杆，还要考虑地下埋设工程管线所需用的宽度。大中城市在主次干路上一般不少于6 m，小城市也不宜少于4 m。

根据我国多年来城市道路建设实践，一侧人行道宽度与道路路幅宽度之比大体上在1:8～1:6范围内是比较合适的。

2.4.1.4 分车宽度与长度

分车带是分隔车行道的，有时设在路中心，分隔两个不同方向行驶的车辆，有时设在机动车道和非机动车道之间，分隔两种不同的车行道。分车带最小宽度不宜少于1.0 m。绿化分车带最小宽度不宜小于1.5 m。如果在分车带上考虑设置公路交通车辆停车站台时，其宽度不宜小于2.0 m。分段长度越长越好，最短不少于80 m，以利行车安全。

2.4.2 城市道路横断面形式、横坡与路拱

2.4.2.1 道路横断面的形式

沿着道路宽度方向、垂直于道路中心线所作的剖面，称为道路横断面。城市道路横断面由车行道、人行道和绿带等部分组成。根据道路功能和红线宽度的不同，它们之间可有各种不同形式的组合。

1. 基本形式

城市道路横断面的基本形式包括以下4种（见图2-5）。

（1）单幅路。双向机动车与非机动车混行，车行道不设分车带，机动车在中间，非机动车在两侧，按靠右侧规则行驶，这种横断面型式称单幅路（见图2-5（a）），又称为一块板断面。

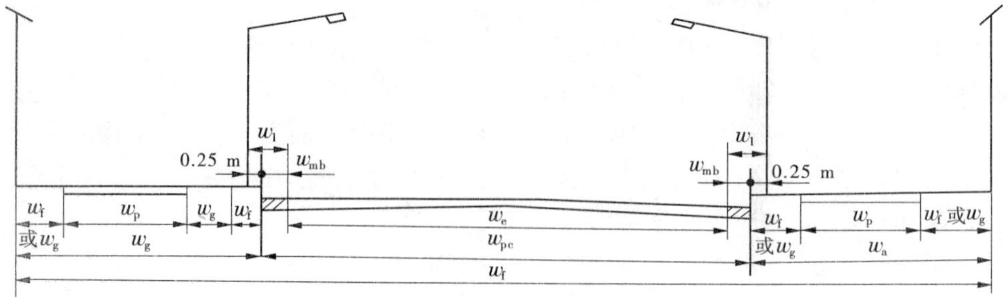

(a)单幅路

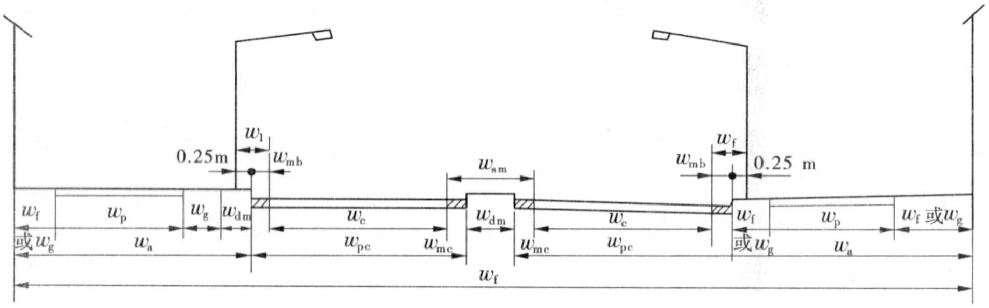

(b)双幅路

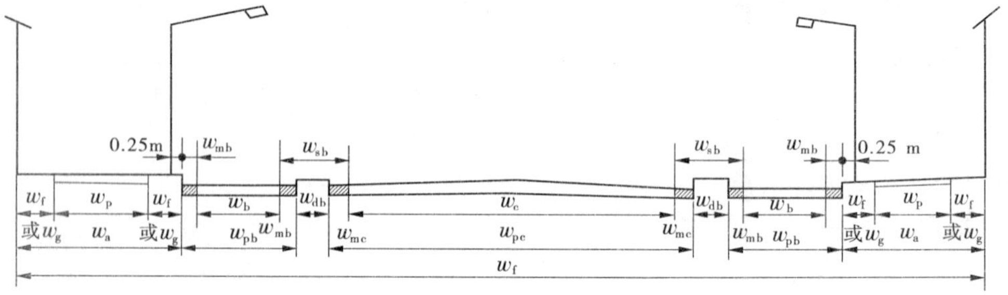

(c)三幅路

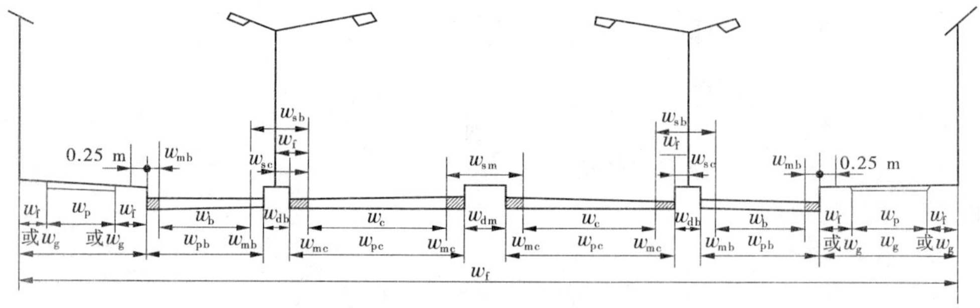

(d)四幅路

图 2-5　城市道路横断面的基本形式

(2)双幅路。利用分车带分隔对向车流,将车行道一分为二,每侧机动车与非机动车混行,称为双幅路(见图2-5(b)),又称为两块板断面。

(3)三幅路。用两条分车带分隔机动车与非机动车,将车行道一分为三,机动车道双向行驶,两侧非机动车辆为单向行驶,称为三幅路(见图2-5(c)),又称三块板断面。

(4)四幅路。利用三条分车带,使上、下行的机动车与非机动车全部隔开,各车道均为单向行驶,称为四幅路(见图2-5(d)),又称为四块板断面,是最理想的道路横断面布置形式。

2. 郊区道路横断面的形式

郊区道路两侧多是菜地、仓库、工厂、住宅等,以货运交通为主,行人与非机动车很少。与市区道路相比,郊区道路横断面的特点是明沟排水,车行道为2~4条,路基基本处于低填方或不填不挖状态,无专门的人行道,路面两侧设置一定宽度的路肩,用以保护和支撑路面铺砌层或临时停车和步行交通用。

一般情况下,路基横断面的基本形式有3种:

(1)填方路基(路堤)(见图2-6(a));

(2)挖方路基(路堑)(见图2-6(b));

(3)半填半挖路基(见图2-6(c))。

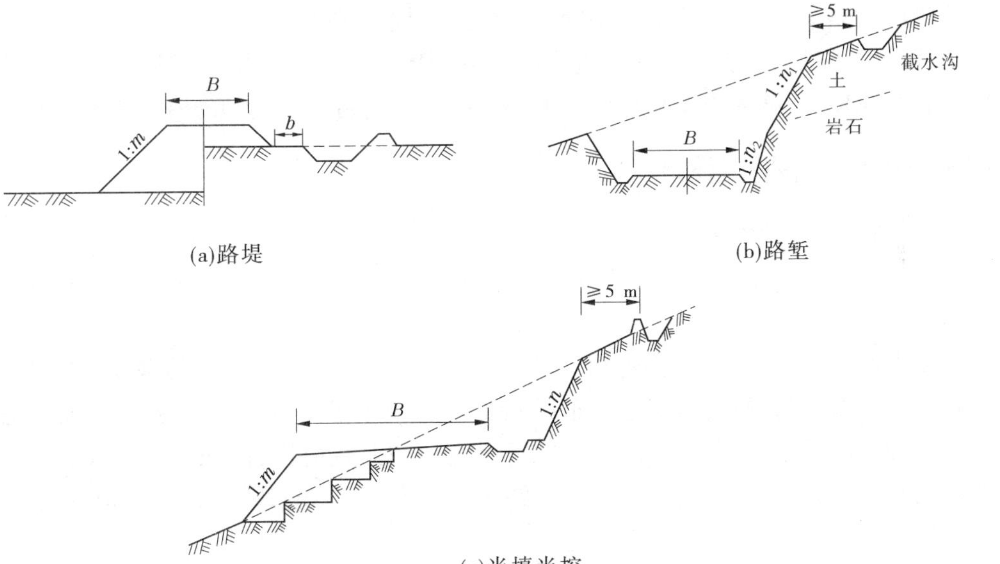

(a)路堤 (b)路堑 (c)半填半挖

图2-6 郊区道路路基横断面的基本形式

2.4.2.2 城市道路的横坡及路拱

为了使人行道、车行道与绿化带上的雨水顺畅地流入街沟,必须使它们有一定的横坡和路拱。车行道一般都采用双向坡面,由路中线向两边倾斜,形成路拱。人行道横坡通常都采用直线形向侧石方向倾斜。

1. 道路横坡

人行道、车行道、绿化带在道路横向单位长度内升高或降低的数值,常以百分数或小数值表示。横坡的大小主要决定于路面材料与道路纵坡度。从行车安全角度考虑,车行道横坡应尽可能小,但从路面排水来要求,横坡就应该做得大些。所以,决定路拱横坡度时应综合考虑,合理解决这一矛盾,选用合适的路拱横坡。

2. 路拱的形式

路拱的基本形式有直线形、抛物线形、直线夹圆曲线形和折线形 4 种(见图 2-7)。

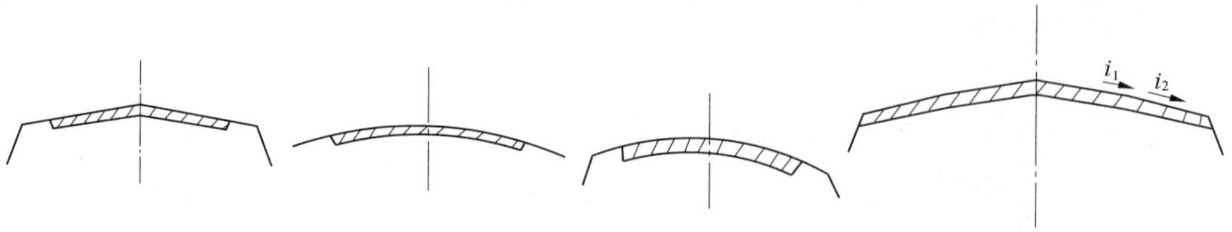

(a)直线形　(b)抛物线形　(c)直线夹圆曲线形　(d)折线形

图 2-7　路拱的基本形式

直线形路拱多用于刚性路面,如水泥混凝土路面及其他预制大板铺装路面。这种路拱施工简单,但对行车颇为不便,多用于车行道较窄和单向排水的路面。

抛物线形路拱为沥青路面所常用。路拱上各点横坡度是逐渐变化的,比较圆顺,形式美观,且越到路的两旁横坡越大,对排除雨水十分有利,其缺点是车行道中部过于平缓,易使车辆集中在路中行驶,从而造成中间部分的路面损坏较快。

折线形路拱包括单折线形和多折线形两种。折线形路拱适用于水泥混凝土路面,这种路拱直线段较短,路面施工易摊压平顺,其缺点是在转折处有尖峰凸出,不利于行车。

2.4.3　城市道路平面设计

2.4.3.1　道路平面的布置

城市道路的平面布置涉及交通组织、沿街建筑、地上、地下管线、绿化、照明等的经济合理布置。

道路平面布置主要是根据路线的大致走向和横断面,在满足行车技术要求的情况下,结合自然地理条件与现状,考虑建筑布局的要求,因地因路制宜地确定路线的具体方向;选定合适的平曲线半径,合理解决路线转折点之间的曲线衔接;论证设置超高、加宽和缓和路段的必要性;并在路幅内合理布置沿路线车行道、人行道、绿化带、分隔带以及其他公用设施等。

2.4.3.2　平曲线、超高及加宽

由于受地形、地物、地质条件和建筑物布局的限制,常需要恰当地调整、改变路线的方向。这些使路线在平面上方向发生转折的点,称为路线转向的折点。转向的直线之间,为适应行车的要求,总是用曲线段来连接,就成为道路上的平曲线。道路上的平曲线一般采用圆曲线(见图 2-8)。

圆曲线几何要素关系如下:

$$T = R\tan\frac{\alpha}{2} \tag{2-1}$$

$$L = \frac{\pi}{180}\alpha R = 0.017\ 45\alpha R \qquad (2\text{-}2)$$

$$E = R(\sec\frac{\alpha}{2} - 1) \qquad (2\text{-}3)$$

$$D = 2T - L \qquad (2\text{-}4)$$

式中 T——切线长,m;

L——曲线长,m;

E——外距,m;

D——切曲差(或校正值),m;

R——圆曲线半径,m;

α——转角(°)。

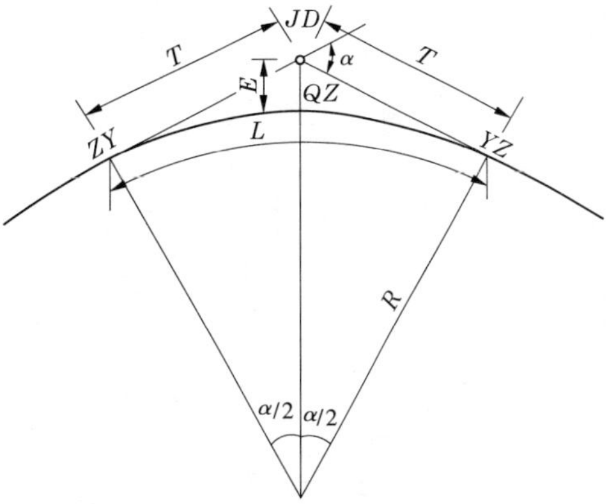

图2-8 圆曲线

当曲线受地形、地物限制,选用不设超高的平曲线不适宜时,就需要设置超高。超高即由双向坡外侧抬高变为单向坡。

为了使道路从直线段的双坡横断面转变到曲线段具有超高的单坡倾斜横断面,需要有一个逐渐变化的过渡段,称为超高缓和段。

汽车在平曲线上行驶时,各个车轮行驶的轨迹是不相同的。靠曲线内侧的后轮行驶的曲线半径最小;而靠曲线外侧的前轮所行驶的半径最大,因此汽车在曲线路段上行驶时所占有的行车部分要比直线段大。为了保证汽车在转弯中不侵占相邻车道,曲线路段的车行道就需要加宽。

2.4.3.3 道路平面图

道路平面图(见图2-9)的内容:一是道路的平面位置;二是在道路建筑红线之间的平面布置(包括车行道、人行道、分车带、绿化带、停车站、停车场等),以及沿道路两侧一定范围内的地形、地物与道路的相互关系。

道路平面图的比例,在城市道路上一般采用1∶500,在公路上采用1∶2 000 ~ 1∶1 000。平面图应标明下列内容:

(1)工程范围;

(2)原有地物情况(包括地上、地下构筑物);

(3)起讫点及里程桩号;

(4)设计道路的中线、边线、弯道及其组成部分;

(5)设计道路各组成部分的尺寸;

(6)检查井、雨水井的布置和水流方向,雨水口的位置;

(7)其他(如道路沿线工厂、学校等门口斜坡要求,公用事业配合的位置以及附近水准点标志的位置、指北针、文字说明、接图线等)。

2.4.4 城市道路纵断面设计

城市道路纵断面是指沿道路中心线所作的竖向剖面。

道路纵断面图(见图2-10)一般应包括下列内容:道路中线的地面线、纵坡设计线、竖曲线及其组成要素、道路起点和终点、主要道路交叉点,以及其他特征点和各中线桩的标

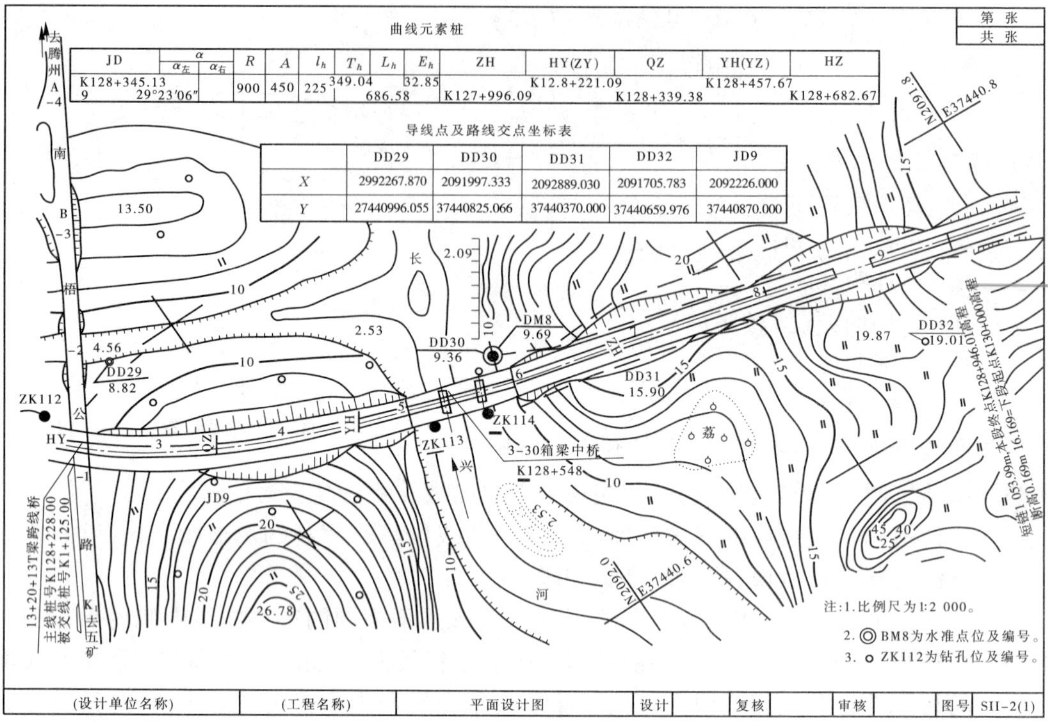

图2-9　道路平面图

高及施工填挖高度,此外尚需注明桥涵位置、结构类型、孔径和沿线土层地质剖面柱状图,以及地下水位线、洪水位线、水准点位置与高程等。

为了使道路平面与纵断面线形相互关系明确,在纵断面图的下方,尚可绘出道路平面简要示意图(见图2-10)。

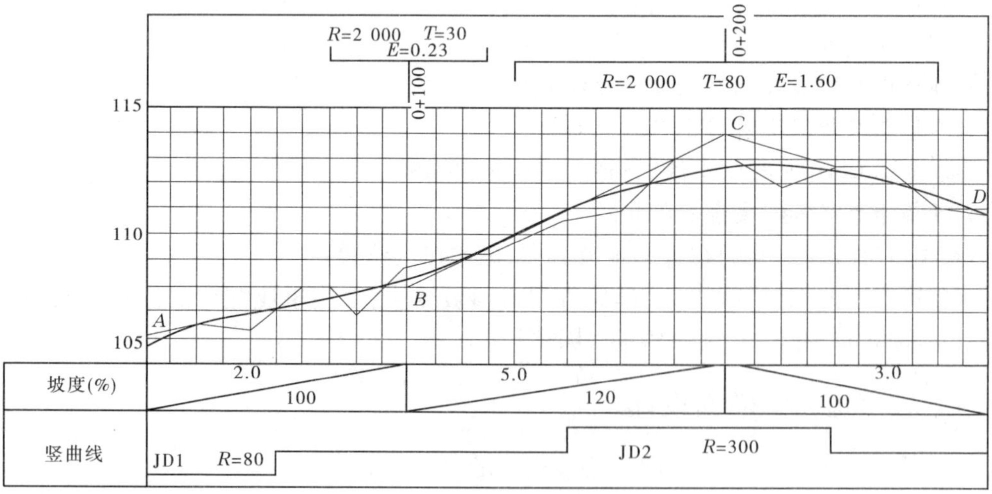

图2-10　道路纵断面图

纵断面图的比例尺在技术设计阶段一般采用水平方向为1∶1 000～1∶500，垂直方向为1∶100～1∶50，对地形平坦的路段，垂直方向还可放大。

在纵断面图上表示原地面起伏的标高线称为地面线，地面线上各点的标高称为地面标高（或称黑色标高）。

表示道路中线纵坡设计的标高线称为设计线，它一般多指路面设计线，设计线上各点的标高，称为设计标高（或称红色标高）。

设计线上各点的标高与原地面线上各对应点标高（即高程）之差，称为施工高度或填挖高度。设计线高于地面线的需填土，低于地面线的需挖土，与地面线重合处可不填不挖。

在城市道路上，一般均以道路车道中心线的竖向线形作为基本纵断面。当道路横断面为两块板或设有专用的自行车道时，则应分别定出各个不同车道中心线的纵断面。

任务2.5　城市道路的交叉

城市中道路与道路（或与铁路）相交的部位称为城市道路的交叉口。交叉口的设置有利于城市道路上车行交通和人行交通的组织和转换，但也会使行车速度下降、通行能力降低，因此需要合理设置。

根据各相交道路在交叉点的标高情况，城市道路的交叉可以分为两种基本类型：平面交叉和立体交叉。

2.5.1　交叉口交通分析及基本要求

进出交叉口的车辆由于行驶方向不同，车辆与车辆之间的交错也有所不同，产生交错点的位置也不一样。同一行驶方向的车辆向不同方向分开的地点称为分流点；来自不同行驶方向的车辆以较小的角度向同一方向会合的地点，称为合流点；来自不同行驶方向的车辆以较大的角度相互交叉的地点，称为冲突点，如图2-11所示。不同类型的交错点是影响交叉口行车速度和发生交通事故的主要原因。

在没有交通管制的情况下，三条、四条、五条道路平面交叉口的冲突点分别如图2-11所示。通过分析，可以得出以下结论：

（1）在平面交叉口上，都存在冲突点，并随着相交道路的条数增加而急剧增加。三条道路相交的冲突点有3个、合流点3个、分流点3个；四条道路相交的冲突点有16个、合流点8个、分流点8个；五条道路相交的冲突点有50个、合流点15个、分流点15个。

（2）产生冲突点最多的是左转弯车辆。如在四条道路相交，若没有左转弯车辆，则冲突点可从16个减为4个。因此，在交叉口设计中正确处理左转弯车辆所引起的冲突点是交叉口设计的关键。

通常消灭和减少冲突点的方法有：①实行交通管制；②渠化交通；③设置立体交叉。

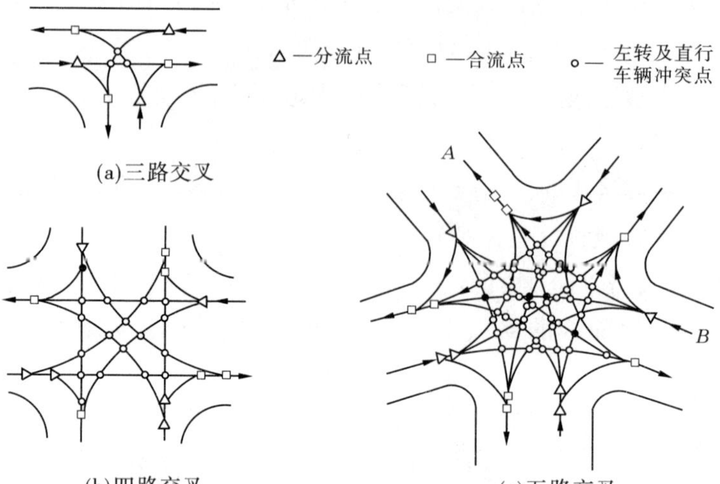

图 2-11　交叉口交通分析

2.5.2　平面交叉

平面交叉系指各相交道路中心线在同一高程相交的道口。

常见的平面交叉口形式有:简单交叉口,如十字形、X 字形、T 字形、Y 字形、错位交叉和复合交叉等,如图 2-12 所示;拓宽路口式交叉口,如图 2-13 所示;环形交叉口,如图 2-14 所示。

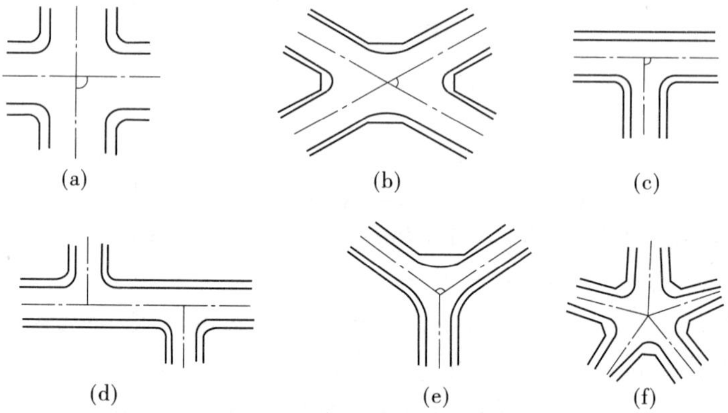

图 2-12　简单交叉口

进出交叉口的车辆,由于行驶方向不同,车辆与车辆相交的方式亦不相同。当行车方向互相交叉时可能产生碰撞的地点称为冲突点。当车辆从不同方向驶向同一方向或成锐角相交时可能产生挤撞的地点称为交织点。设置交叉口时应尽量设法减少冲突点和交织点,尤其应减少或消灭对交通影响最大的冲突点。

2.5.3　立体交叉

立体交叉是指交叉道路在不同标高相交时的道口。其特点是各相交道路上的车流互

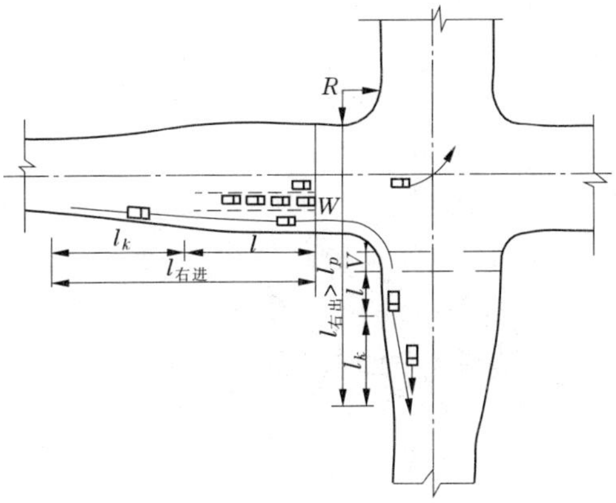

图 2-13　拓宽路口式交叉口

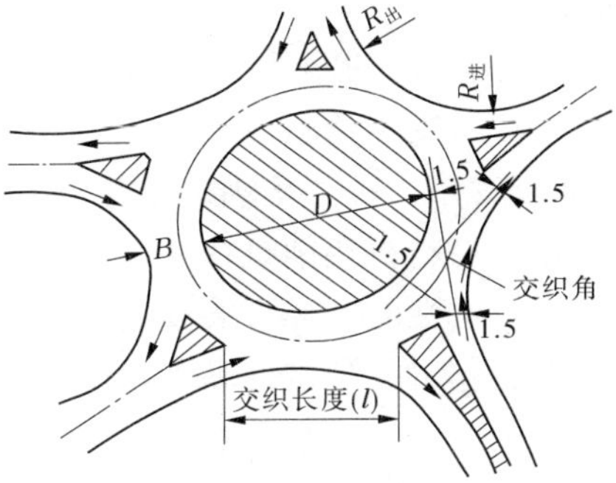

图 2-14　环形交叉口

不干扰,可以各自保持原有的行车速度通过交叉口,既能保证行车安全,也可有效地提高道路通行能力。

立体交叉的主要组成部分包括跨路桥、匝道、外环和内环、入口和出口、加速车道、减速车道、引道等,如图 2-15 所示。

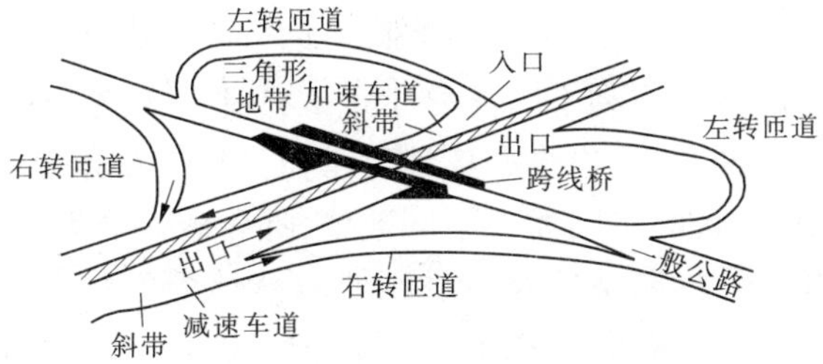

图 2-15　立体交叉的主要组成部分

根据立体交叉结构物形式不同可分为隧道式和跨路桥两种。

根据相交道路上行驶的车辆是否能相互转换,立体交叉又可分为分离式和互通式两种。

在互通式立交中,根据交叉口的立交完善程度和几何形式不同,又可分为部分互通式、完全互通式和定向式 3 种。部分互通式立交常见的有菱形立交、两层十字形立交、三层十字形立交和部分苜蓿叶式立交等。完全互通式立交每一个方向都采用立体交叉,是立交的基本形式,常见的有喇叭形立交、梨形立交、苜蓿叶式立交、环形立交等。定向式立交是指每条匝道都从一指定的路口直接连接另一指定路口,不通向其他的道路。

任务 2.6　城市道路的构造

2.6.1　路基、路面的作用与基本要求

路基是路面的基础,一般由自然土层所构成。为了保证各类车辆在路上的行驶安全

与通畅,要求路基具有足够的密实度、强度和稳定性,从而能为路面的强度和平整度提供有力可靠的支承。

有了坚实牢固的路基,才能保证路面、路肩的稳固,才不致在车辆行驶荷载作用和自然因素影响下,发生松软、变形、沉陷、坍塌,所以路基也是整个道路的基础。

路面是专指为各类车辆,在规定车速、载重下,安全、平稳、通畅行驶的部分。它是用坚固、稳定的材料直接铺筑在路基上的结构物。路面工程是道路建设中的一个重要组成部分,它的技术性能好坏直接影响行车速度、安全和运营经济。因此,路面应具有足够的强度、刚度、耐久性、稳定性和平整度,并保持足够的表面粗糙度,少尘或无尘。

2.6.2 土路基的强度和稳定性

路基品质的好坏主要取决于它的强度和稳定性。

路基的强度是指在车辆行驶荷载反复作用下,对通过路面结构层传布下来的车轮压力及相应产生的垂直变形的抵抗能力。一般要求路基应承受这种压力而不产生超过容许限度的变形,从而给路面强度和平整度以足够支持。

路基的稳定性是指在外界自然因素变动作用影响下,路基强度能保持相对稳定,从而在最不利地质、水文与气候条件下,仍能保持一定强度,使由行车荷载引起的路基变形不超过容许极限的能力。

当填方路段经过水文条件不良且经常潮湿的地带时,为了保证路基具有足够的强度,力求路基荷载应力工作区在最不利季节能处于干燥或中湿状态,应适当提高路基高程设计线,以保证路槽底或路基的路肩边缘距离地下水位和地表积水有相应的最小必要高度。此最小高度因自然区划、土料的不同而有不同数值,通常称为路基的临界高度。

路基的最小填土高度是指路基顶面边缘距原自然地面的最小高度。为利于排水,干燥路基最小填土高度:砂性土为0.3~0.5 m,黏性土为0.4~0.7 m,粉性土为0.5~0.8 m。

2.6.3 路基土的分类及性质

路基土的分类是根据粗细颗粒的组成和物理力学性质按统一分类法进行的,一般分为巨粒土、粗粒土、细粒土和特殊土。

(1)巨粒土、粗粒土均可填筑路基,但应注意填方的密实程度,以防空隙过大而造成路基内积水,粗细粒料局部集中造成不均匀,引起沉陷或松散等病害。

(2)砂性土透水性强,毛细作用小,强度和水稳定性好,是比较理想的路基材料。

(3)粉性土含粉土细粒多,吸水能力很强,浸水后易成流动状态,干时易压碎,不宜作为路基用土。

(4)黏性土中细颗粒含量多,透水性很差,干时坚硬,不易挖掘,浸水后黏性土能较长时间保持水分,因而承载力较小。对于黏性土的路基只要控制好土的含水量,充分压实后也能达到路基的强度和稳定性。

总之,土作为路基建筑材料,砂性土最优,黏性土次之,粉性土属不良材料,最容易引起路基病害。

2.6.4 路面结构层

行车荷载和自然因素对路面的影响随深度的增加而逐渐减弱。因此,对路面材料的强度、抗变形能力和稳定性的要求也随深度的增加而逐渐降低。为了适应这一特点,路面结构通常是分层铺筑的,按照使用要求、受力状况、土基支承条件和自然因素影响程度的不同,分为若干层次。通常按照各个层位功能的不同,划分为三个层次,即面层、基层和垫层。

2.6.4.1 面层

面层是直接同行车和大气接触的表面层次,它承受较大的行车荷载的垂直力、水平力和冲击力的作用,同时还受到降水的侵蚀和气温变化的影响。因此,同其他层次相比,面层应具备较高的结构强度、抗变形能力、较好的水稳定性和温度稳定性,而且应当耐磨、不透水,其表面还应有良好的抗滑性和平整度。

修筑面层所用的材料主要有水泥混凝土、沥青混凝土、沥青碎(砾)石混合料、砂砾或碎石掺土或不掺土的混合料以及块料等。

2.6.4.2 基层

基层主要承受由面层传来的车辆荷载的垂直力,并扩散到下面的垫层和土基中去。实际上基层是路面结构中的承重层,它应具有足够的强度和刚度,并具有良好的扩散应力的能力。基层受到大气因素的影响虽然比面层小,但是仍然有可能经受地下水和通过面层渗入雨水的浸湿,所以基层受力结构应具有足够的水稳定性。基层表面虽不直接供车辆行驶,但仍然要求有较好的平整度,这是保证面层平整性的基本条件。

修筑基层的材料主要有各种结合料(如石灰、水泥或沥青等)稳定土或稳定碎(砾)石、贫水泥混凝土、天然砂砾、各种碎石或砾石、片石、石块或圆石,各种工业废料(如煤渣、粉煤灰、矿渣、石灰渣等)和土、砂、石所组成的混合料等。

2.6.4.3 垫层

垫层介于土基与基层之间,它的功能是改善土基的湿度和温度状态,以保证面层和基层的强度、刚度和稳定性不受土基水温状况变化所造成的不良影响。另一方面的功能是将基层传下的车辆荷载应力加以扩散,以减小土基产生的应力和变形。同时也能阻止路基土挤入基层中,影响基层结构的性能。

修筑垫层的材料强度要求不一定高,但水稳定性和隔温性能要好。常用的垫层材料分为两类,一类是由松散粒料,如砂、砾石、炉渣等组成的透水性垫层;另一类是用水泥或石灰稳定土等修筑的稳定类垫层。

2.6.5 路面的等级与分类

2.6.5.1 路面等级划分

通常按路面面层的使用品质、材料组成类型以及结构强度和稳定性,将路面分为4个等级,见表2-2。

表2-2 路面面层类型及所适用的公路等级

路面等级	面层类型	所适用的公路等级
高级	水泥混凝土、沥青混凝土、厂拌沥青碎石、整齐石块或石条	高速、一级、二级
次高级	沥青贯入碎(砾)石、路拌沥青碎(砾)石、沥青表面处治、半整齐石块	二级、三级
中级	泥结或级配碎(砾)石、水结碎石、不整齐石块、其他粒料	三级、四级
低级	各种粒料或当地材料改善土,如炉渣土、砾石土和砂砾土等	四级

2.6.5.2 路面分类

路面类型可以从不同角度来划分,但是一般都按面层材料区别,如水泥混凝土路面、沥青路面、砂石路面等。但是在工程设计中,主要从路面结构的力学特性和设计方法的相似性出发,将路面划分为柔性路面、刚性路面和半刚性路面三类。

柔性路面主要包括各种未经处理的粒料基层和各类沥青面层、碎(砾)石面层或块石面层组成的路面结构。

刚性路面主要指用水泥混凝土作面层或基层的路面结构。

用水泥、石灰等无机结合料处治的土或碎(砾)石及含有水硬性结合料的工业废渣修筑的基层,称为半刚性基层。这种基层和铺筑在它上面的沥青面层统称为半刚性路面。

2.6.6 路面基层

2.6.6.1 级配碎(砾)石基层

级配碎(砾)石是以大小不同的碎(砾)石等材料,按一定的比例配合,逐级填充空隙,并借黏土结合而成。

级配路面的结构型式可采用单层或双层,单层结构多用于近期交通量很小和土基较稳定的路段上。面层的最小压实厚度不得小于5 cm,直接铺在砂层上的厚度不应小于12 cm。当超过12 cm时,应分两层施工,下层厚度为总厚的60%,上层为总厚的40%。

基层和面层的作用不同,对材料的要求也有所不同。作为直接行驶车辆的面层,组成的级配材料可用稍细的颗粒,黏土的塑性指数可取15以上,在缺少黏性土地区也可采用塑性指数不低于10的材料。作为承重和扩散轮压应力作用的基层,应考虑提高强度和水稳定性,所以组成的级配材料可用粗一些的颗粒,土的含量和塑性指数以低一些为宜,一般塑性指数可采用10~15。

2.6.6.2 工业废渣基层

在道路上使用的废渣主要有煤渣、水淬渣、高炉渣、粉煤灰等,其中粉煤灰是燃煤发电厂的废渣,应用较为普遍。由于此类材料填筑的基层其工作特性随时间增长而不断增加强度,因此属于半刚性基层,是沥青路面基层的一种良好形式。

通常把各种炉渣与石灰下脚料掺合使用称为"二渣",如在其中加碎(砾)石则称为"三渣"。如果再在二渣和三渣中掺入黏性土、粉性土,则又称为二渣土、三渣土。

二渣中由煤渣充当集料,细粒填充空隙,石灰起填充和黏结作用,使混合料密实并有一定的早期强度。煤渣以有大小颗粒相杂,略具级配者为佳,但其中大于40 mm颗粒,在行车荷载作用下易于破碎,应筛除或打碎,细颗粒可稍多一些,因细粒活性大,对组成材料的后期强度有利。煤渣中的未燃烧尽的煤块,不利于形成水硬性物质,应不超过20%。

三渣是在二渣中掺入碎(砾)石集料,提高混合料的早期强度。三渣层厚度在干道为30~35 cm,常用配比为石灰:粉煤灰:碎石=0.1:0.4:1.0(重量比),混合料的最佳含水量为25%~35%。

2.6.6.3 水泥稳定砂砾碎石基层

在天然砂砾中,掺入水泥和水,经拌和、压实及养生而成的基层,称为水泥稳定砂砾基层。

要求组成材料中砂砾应符合一定的级配标准,水泥应选用终凝时间较长的,宜在6 h以上。经济水泥掺用剂量一般为5%左右,最佳含水量为6%左右(重型击实),水可取用一般饮用水。

用天然砂砾级配做成的基层,抗剪能力低,对荷载分布的能力也差,故易引起路面损坏,但由于掺入水泥由级配型变成整体型,稳定性和强度均有较大提高,因此适宜于各种气候环境和水文地质条件,还具有抗干缩、抗温缩能力,可减轻横向裂缝的产生,可用在高等级道路上。

2.6.7 沥青混凝土路面

2.6.7.1 特点

柔性路面是由具有黏性、弹塑性的结合料和颗粒矿料组成的路面,这种路面的特点是抗弯强度很小,主要依靠抗压、抗剪强度来抵抗车辆荷载作用。柔性路面的破坏,取决于荷载作用下的极限垂直变形和水平弯拉应变。

柔性路面基本是多层结构,但由于使用要求、各地自然情况、土基条件、各结构层的作用和受力特点以及材料性能上的差异,各种路面的结构层次可以不同,而每一结构层也可由具有不同特性的材料组成,其厚度也可不一样。

沥青混凝土路面是一种常见的柔性路面形式。

沥青混凝土是由不同大小颗粒的石料(包括卵石)、石屑(砂)、石粉等,以沥青材料作为结合料,按合理的配合比,经工厂或工地加热拌制而成的混合料,这种混合料送到现场铺筑而成的路面称为沥青混凝土路面。

沥青混凝土路面具有高强度和较大的抵抗自然因素的能力,适应现代高速交通,能承受每昼夜3 000辆以上的交通量,使用寿命一般可达15~20年。

2.6.7.2 分类

沥青混凝土路面的分类,按摊铺层数可分为一层式和二层式两种。在二层式中下层主要是用以增大面层的强度,并用以整平基层以及保证面层之间有良好的结合性,避免滑动。

沥青混凝土按所用石料的最大粒径尺寸可分为:粗粒式(最大粒径尺寸35 mm),中粒式(最大粒径尺寸25 mm),细粒式(最大粒径尺寸15 mm),沥青砂(最大粒径尺寸5 mm)。

按混合料铺筑时的混合料温度而分,有热拌热铺和热拌冷铺两种。

2.6.7.3　技术指标

加工拌和成的沥青混凝土,应该具有足够的强度、稳定性与耐久性。沥青混凝土路面施工前必须进行混合料组合设计,常见技术指标有击实次数、稳定度、流值、空隙率、沥青饱和度、残留稳定度等。

2.6.8　水泥混凝土路面

水泥混凝土路面是由水泥、钢筋、碎石、砂和水按一定比例进行不同组合、配比,经拌和、浇捣、硬化而形成的。

水泥混凝土路面包括素混凝土路面、钢筋混凝土路面、连续配筋混凝土路面和预应力混凝土路面等。

素混凝土路面指混凝土板除接缝区和局部范围(如角隅和边缘)外不配置钢筋的水泥混凝土路面。

2.6.8.1　水泥混凝土路面的优缺点

优点:强度高,稳定性好,耐久性好,养护费用少,有利于夜间行车等。

缺点:水泥和水的需要量大,有接缝,开放交通较迟,修复困难,施工前准备工作较多。

2.6.8.2　水泥混凝土材料

水泥是混凝土产生强度的主要来源。选择水泥强度等级时应与混凝土的设计强度等级相匹配,一般取水泥强度等级为混凝土强度等级的 1.5 ~2.0 倍。

砂是水泥混凝土中的细集料,有天然砂和人工砂两种。天然砂可分为河砂、海砂、山砂。人工砂由碎石筛选后而得到。混凝土中的砂要求颗粒具有锐角、表面粗糙、清洁、较合理的级配、有害杂质含量少等条件,通常采用河砂。

碎石是混凝土中的粗集料(粒径大于 5 mm),常用的有碎石和卵石两种。碎石是由天然硬质岩石轧碎并筛分而得。卵石按产地不同分为河卵石、海卵石和山卵石。

在拌和、养护水泥混凝土时,通常使用饮用的自来水和洁净的天然水。在钢筋混凝土和预应力混凝土结构中,不得用海水拌和。

2.6.8.3　构造组成

水泥混凝土路面面层按荷载应力分析应采用中间薄两边厚的形式,但考虑到这样将给基层施工带来不便,目前都采用等厚度的面层断面。

面层所需厚度按路上交通的繁重程度由计算确定,但其最小厚度不得小于 18 cm。水泥混凝土路面受气温影响较大,当板块很大时,由于热胀冷缩产生过大的温度应力会导致混凝土板的破坏,因此必须设置垂直相交的纵向和横向接缝,将混凝土面层划分为较小的矩形板块。

1. 纵缝构造

纵缝可分为纵向缩缝与纵向施工缝。板的纵缝必须与道路中线平行。

纵向缩缝间距即板的宽度,当一次铺筑宽度大于 4.5 m 时,应设置纵向缩缝。板的宽度可按路面总宽、每个车道宽度以及板厚而定,可采用 3.5 m、3.75 m,最大为 4.0 m。纵向缩缝采用假缝形式,并且在板厚中央设置拉杆。

当一次铺筑宽度小于路面宽度时,应设置纵向施工缝。纵向施工缝可分为平缝和企口缝。纵缝内宜加设拉杆。

2. 横缝构造

横缝可分为胀缝、横向缩缝和横向施工缝。横缝应与纵缝垂直布置,且相邻板块的横缝应对齐,不得错缝。

设置胀缝的目的是为混凝土面层的膨胀提供伸长的余地,从而避免产生过大的热压应力。在膨胀处混凝土板完全断开,故称为真缝。从施工和使用上考虑,胀缝宜尽量少设或不设。膨胀处宜设置滑动传力杆,传力杆平行于板面及路中心线。在临近桥梁或其他固定构筑物或与其他道路相交处应设置胀缝。

横向缩缝间距即板的长度,板长应根据当地气象条件、板厚、路基稳定状况和经验确定。一般认为,板长应是板厚的 25 倍左右,故板长一般为 4 ~ 5 m,最大不得超过 6 m。而且板的宽长比以 1∶1.3 为宜。缩缝采用假缝形式,缝宽 3 ~ 8 mm,缝深 1/5 ~ 1/4 板厚,板下部混凝土仍连在一起。横向缩缝处一般不设传力杆。

每日施工终了或遇浇筑混凝土过程中因故中断时,必须设置横向施工缝。其位置宜设在缩缝或胀缝处。胀缝处的施工缝同胀缝施工,缩缝处的施工缝应采用传力杆的平缝形式。

任务 2.7　道路工程施工

2.7.1　道路施工准备工作

2.7.1.1　组织准备

为了使工程全面开展后能顺利地按计划进行。主要是建立和健全施工组织管理机构,制定施工管理制度,明确施工任务,组织人力确立施工应达到的目标等。

1. 组建施工组织机构(项目经理部)

项目经理部的机构设置应根据项目的任务特点、规模、施工进度、规划等方面条件确定,施工项目经理部的设置和人员配备,要根据项目的具体情况而定,一般应设置以下几个部门(见图 2-16)。

2. 组建专业施工队伍

(1)选择施工班组。路面施工中,面层、基层和垫层除构造有变化外,工程量基本相同。因此,我们便可以根据不同的面层、基层、垫层,不同的工作内容选择不同的施工队伍,按均衡的流水作业施工。

(2)劳动力的调配。劳动力的调配一般应遵循这样的规律:开始时调少量工人进入工地做准备工作,随着工程的开展,陆续增加工作人员;工程全面开展时,可将工人人数增加到计划需要量的最高额,然后尽可能保持人数稳定,直到工程部分完成后,逐步分批减少人员,最后由少量工人完成扫尾工作。尽可能避免工人数量骤减、骤增现象的发生。

2.7.1.2　物资准备

1. 材料

(1)编好材料预算,提出材料的需要量计划及加工计划。

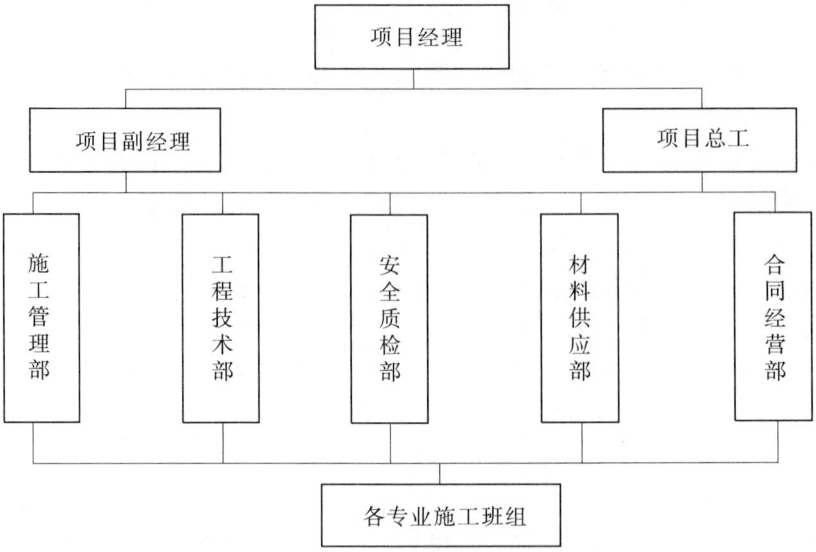

图2-16　项目经理部机构设置

(2)根据施工平面图安排和落实材料的堆放和临时仓库设施。

(3)组织材料的分批进场。

(4)组织材料的加工准备,尽可能集中加工。

2. 机具

根据工程需要、工程量大小及施工进度,配备足够数量且有效的施工机械、设备及工具。机械设备要配套选择,以便充分发挥机械设备的性能,要保证机械设备的正常操作使用。

3. 劳保生活用品

工地人员的食宿位置、办公地点、房舍区域及生活必需设备、安全及劳动防护用品等的准备。

2.7.1.3　技术准备

1. 图纸会审、技术交底

图纸会审、技术交底是基本建设技术管理制度的重要内容。工程开工前,在总工程师的带领下集中有关技术人员仔细审阅图纸,将不清楚或不明白的问题汇总通知业主、监理及设计单位及时解决。对所有控制点、水准点进行复核,与图纸有出入的地方及时与设计人员联系解决,然后进行施工测量、施工放样。工程开工后,对每一工序由工程施工项目技术负责人向施工人员及作业班组交底,讲清设计意图、工程特点、相关技术规程、规范要求、施工难点和重点以及采取的技术和安全措施。

2. 调查研究、收集资料

市政工程涉及面广,工程量大,影响因素多,所以施工前必须对所在地区的特征和技术经济条件进行调查研究,并向设计单位、勘测单位及当地气象部门收集必要的资料。主要包括以下几个方面。

(1)有关拟建工程的设计资料:技术设计资料和设计意图;测量记录和水准点位置;

原有各种地下管线位置等。

(2)各项自然条件的资料:气象资料和水文地质资料等。

(3)当地施工条件资料:当地材料价格及供应情况;当地机具设备的供应情况;当地劳动力的组织形式、技术水平;交通运输情况及能力等资料。

3. 编制施工组织设计

施工组织设计是施工前准备工作的重要组成部分,它对指导现场准备工作,全面部署生产活动,能否全面完成施工生产任务起着决定性作用。因此,在施工前必须收集有关资料,编制施工组织设计。施工组织设计有施工方案、施工进度计划、劳力安排计划、材料机具供应计划、施工现场平面布置图、质量计划、安全措施、文明施工措施和环境保护措施等内容组成。

1)施工组织设计的特点

(1)路基、路面工程要用许多材料混合加工,因此道路的施工必须和采掘、加工与储存这些材料的基地工作密切联系。组织道路施工时还应考虑混合料拌和站的情况,包括拌和站的规模、位置等。

(2)在设计道路施工进度时,必须考虑道路施工的特殊要求。例如,沥青类路面不宜在气温过低时施工,这就需要在温度相对适宜的时期施工。

(3)道路施工的工序较多,合理安排工序间的衔接是关键。垫层、基层、面层以及隔离带、路缘石等工序的安排,在确保养生期要求的条件下,应按照自下而上、先附属后主体的顺序进行。

2)道路施工组织设计的编制程序

(1)根据设计路面的类型,进行现场勘测与选择,确定材料供应范围及加工方法。

(2)选择施工方法和施工工序。

(3)计算工程量。

(4)编制流水作业图,布置任务,组织工作班组。

(5)编制工程进度计划。

(6)编制人、料、机供应计划。

4. 编制施工预算

施工预算是施工单位内部编制的预算,是单位工程在施工时所需要人工、材料、施工机械台班消耗数量和直接费的标准,以便有计划、有组织地进行施工,从而达到节约人力、物力和财力的目的。其内容主要包括编制说明书和工程预算书。

2.7.1.4 现场准备

(1)工程开工前,必须派遣人员提前进入现场,做好以下工作:①线路复测、查桩、验桩;②组织施工材料及机具进场;③做好季节性的施工准备;④如遇旧路改造、拆迁,要以人为本,依据政策和法规办事;⑤根据施工现状,在不影响道路、管道施工以及水、电、热供应方便的地区较宽处搭建施工管理用临时设施(或租赁现房);⑥合理建好施工便线,做好交通方案,注意施工和交通安全;⑦为了保证工程用水、电和生活用水、电的需要,还要修建临时的给水、用电设施。

(2)路基、路面的施工均为露天作业,受季节变化的影响很大,为使工程施工能保证质量、按期开工,必须做好以下准备工作:①冬期施工的准备工作;②雨期施工的储备工作;③高温季节要做好降温防暑工作。

2.7.1.5 外部协作准备

签订工程合同,填报开工报告,办好施工许可证,申请接电接水,召开水、电、煤、交通等管线配合协调会议。

2.7.1.6 其他准备工作

施工前必须储备正常施工用的水泥、砂石料,备齐道路施工机具与工具。还必须对机械设备、测量仪器、基准线或模板、机具、工具及各种试验仪器等进行全面检查、调试、校核、标定、维修和保养。

2.7.2 路基施工

2.7.2.1 路基施工程序

1. 施工测量

从道路路线勘察到正式动工要隔一段时间,标桩难以保存完整,所以在开工前要进行施工测量。施工测量内容:一是中线的复测和固定;二是路线高程复测与水准点的增设。路基放样在原地面上标定出路基边缘、路堤坡脚及路堑堑顶、边沟等具体位置,根据横断面设计的具体尺寸,标定中线桩的填挖高度,并将横断面上的特征点位置在实地定出来,便于施工。

2. 修建小型构筑物与埋设地下管线

小型构筑物(小桥、涵洞、挡土墙、盲沟等)和地下管线是城市道路路基中必不可少的部分。小型构筑物可与路基(土方)同时进行,但地下管线必须遵循“先地下,后地上”、“先深后浅”的原则来完成,以利于路基工程不受干扰地全线展开。修筑排除地面水和地下水的设施,为土、石方工程施工创造条件。

3. 路基(土、石方)工程

该项工程是整个路基工程的主体工程,包括开挖路堑、填筑路堤、整平路基、压实路基、修整边坡、修整路肩、修建排水沟渠及防护加固工程等。

4. 质量检查与验收

路基工程竣工检查与验收应按竣工验收规范要求进行,其检查与验收的项目主要包括:路基及有关工程的位置、标高、断面尺寸、压实度或砌筑质量等,要求其应满足容许误差的范围,凡不符合要求的工程应分析原因,并采取相应的措施予以纠正,必要时返工重建。

2.7.2.2 路基施工方法

1. 填筑路堤

原地面标高低于设计路基标高时,需要填筑土方,以形成填方路基。为了保证路堤的强度和稳定性,在填筑路堤时,要处理好基底,保证必需的压实度及正确选择填筑方案。

1)基本要求

(1)用透水性良好的材料(如碎石、卵石、砾石、粗砂等)填筑路堤时,可不受含水量限制,但应分层填筑压实。用透水性不良及不透水的土填筑路堤时,需要使其含水量接近最佳含水量时方可进行压实。路基填料粒径应符合有关规定。

(2)路基填土不得使用腐殖土、生活垃圾土、淤泥、冻土块和盐渍土。填土内不得含有草、树根等杂物,粒径超过 10 cm 时应打碎。

(3)排除原地面积水,清除草树根、杂草、淤泥等,妥善处理坟坑、井穴。

(4)填方高度内的管涵顶面回填 30 cm 以上才能用压路机碾压。

(5)填土到最后一层时,应按设计断面、高程控制土方高度,并及时碾压调整。

2)基底的处理

路堤基底是指土石填料与原地面的接触部分。为使两者结合紧密,防止路堤沿基底发生滑动,或路堤填筑后产生过大的沉陷变形,则可根据基底的土质、水文、坡度和植被情况及填土高度采取相应的处理措施。

(1)密实稳定的土质基底。当地面的横坡度不陡于 1∶10,且路堤高度超过 0.5 m 时,基底可不做处理,路堤高度低于 0.5 m 的地段,应将原地面草皮等杂物清除。地面横坡为 1∶10 ~1∶5时需铲除草皮、杂物、积水和淤泥。当地面横坡度陡于 1∶5时,在清除草皮杂物后,还应将原地面挖成台阶,台阶宽度不小于 1 m,高度为 0.2 ~0.3 m。台阶顶面做成向内倾斜 2% ~4% 的斜坡。若为砂质土斜坡,则不宜挖台阶,只要把土层翻平即可。

(2)覆盖层不厚的倾斜岩基底。当地面横坡度为 1∶5 ~1∶2.5 时,需挖除覆盖层,并将基岩挖成台阶。当地面横坡度陡于 1∶2.5 时,应进行个别设计,特殊处理,如设置护脚或护墙。

(3)耕地或松土基底。当地面横坡度缓于 1∶5时,若松土厚度不大,需将原地面夯压密实再填土;若松土厚度较大,将松土翻挖至紧密层,再分层填筑夯实。对于水田、池塘或洼地需先采取将基底疏干、铲除淤泥、换土等措施,将基底加固后再行填筑。

3)填料选择

为保证路堤的强度和稳定性,应尽可能选择当地稳定性良好的土石做填料。

4)填料压实

填料压实是保证路堤填筑质量的关键,必须充分重视,有关压实的理论与要求将在后面叙述。

5)填筑方法

(1)分层填筑法。路堤填筑必须考虑不同的土质,从原地面逐层填起并分层压实,每层填土的厚度可按压实机具的有效压实深度确定。分层填筑法又可分为水平分层填筑和纵向分层填筑两种。

水平分层填筑是按照横断面全宽分成水平层次,逐层向上填筑。如原地面不平,应由最低处分层填起,每填一层经过压实后再填下一层,填筑顺序如图 2-17(a)所示。

纵向分层填筑在原地面纵坡大于 12% 的地段,可采用纵向分层法施工,沿纵坡分层,每层填压密实,填筑顺序如图 2-17(b)所示。

(2)挖台阶填筑法。地面横坡度陡于 1∶5时,原地面应挖成台阶(台阶宽度不小于 1 m),并用小型夯实机加以夯实。填筑应由最低一层台阶填起,并分层夯实,然后逐台向上填筑,分层夯实。

6)不同土质混合填筑规则

(1)不同性质的土填筑路堤时,应分层填筑,层数应尽量减少,每层总厚度应大于

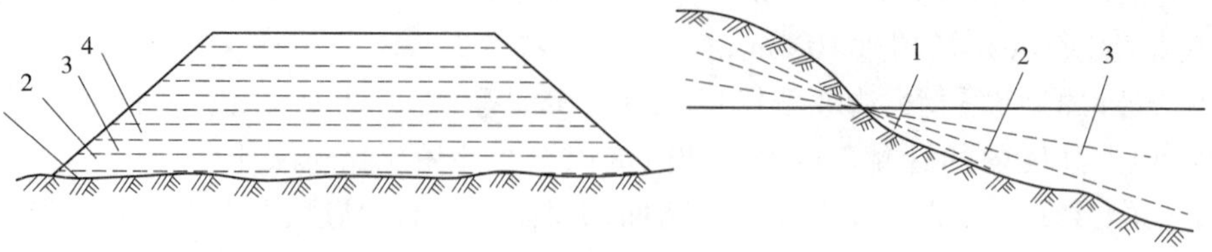

(a)水平分层填筑

(b)纵向分层填筑

(图中 1、2、3、4 指示填筑顺序)

图 2-17　路堤分层填筑法

0.5 m。不得混杂乱填,以免形成水囊或滑动面。

(2)透水性较小的土(黏性土)填筑路堤下层时,其顶面应做成 4% 的双向横坡,以保证来自上层透水性大的填土层的水分及时排出。

(3)路堤表面不宜被透水性差的土层封闭,以利水分的蒸发和排除。

(4)凡是因潮湿及冻融而体积变化的优良土应填在上层,强度(变形模量)较小的应填在下层。用不同土质填筑路堤的正确与错误方案如图 2-18 所示。

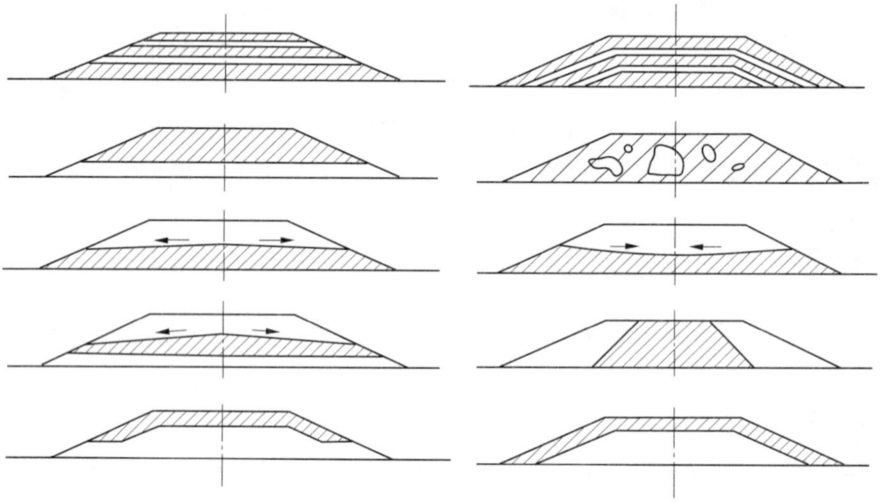

(a)正确方案

(b)错误方案

图 2-18　填筑路堤的正确与错误方案

7)桥头及涵洞填土

为防止不均匀沉陷,应选择透水性好的砂性土填筑。桥台后面填土应与锥坡填土同时进行,轻型桥台填土应在桥两端同时进行。涵洞两侧应水平分层对称地向上填筑,分层夯实,每层的松铺厚度不得超过 20 cm。

8)地下排水等管道填土

严禁带水覆土,大于 10 cm 的石料等硬块应剔除,大的泥块应打碎。若管道敷设后,即需铺设高等级路面,则在管道两侧及管顶以下 50 cm 范围内,均匀回填粗砂,洒水振实拍平,其干重度不应小于 16 kN/m^3。管顶 50 cm 以下的直至路面基层底范围内,应采用砾石与原状土间隔回填，并分层夯实。对全原土回填，管道两侧胸腔部位密实度应达到轻型击实≥90%，管顶以下50 cm以内密实度应≥85%，管顶以上50 cm至地面密实度应达到85%。

2. 路堑开挖

1）路堑开挖方式

（1）横挖法。横挖法是指按路堑整个横断面从其两端或一端进行挖掘的方法，适用于短而深的路堑，如图2-19所示。掘进时逐段成型向前推进，运土由反方向送出。

为了增加工作面，所加台阶高度视工作便利与安全而定，一般为1.5～2.0 m。挖掘时上层在前，下层随后，下层施工面上应留有上层操作的出土和排水通道，如图2-19（b）所示。

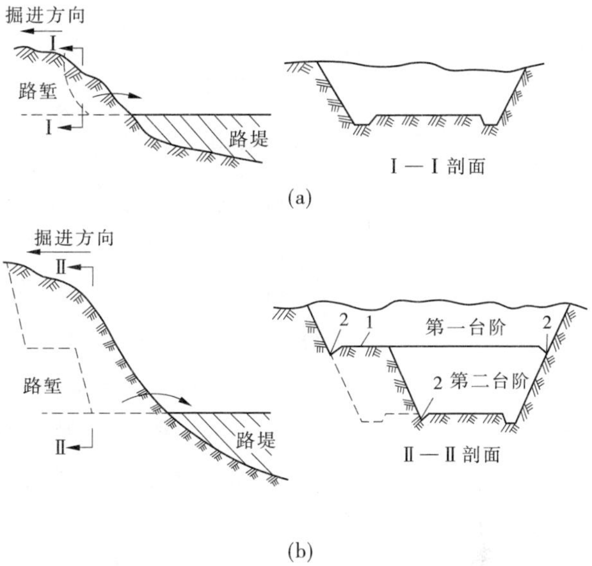

图2-19　横挖法

（2）纵挖法。纵挖法可分为分层纵挖法和通道纵挖法。

分层纵挖法沿路堑分为宽度及深度都不大的纵向层次挖掘，如图2-20所示。挖掘工作可用各式铲运机。在短距离及大坡度时可用推土机；在较长较宽的路堑可用铲运机，并配备运土机具进行工作。

通道纵挖法是先沿路堑纵向挖一通道，然后开挖两旁，如路堑较深可分几次进行，用此法挖路堑，可采用人力或机械挖掘，如图2-21所示。

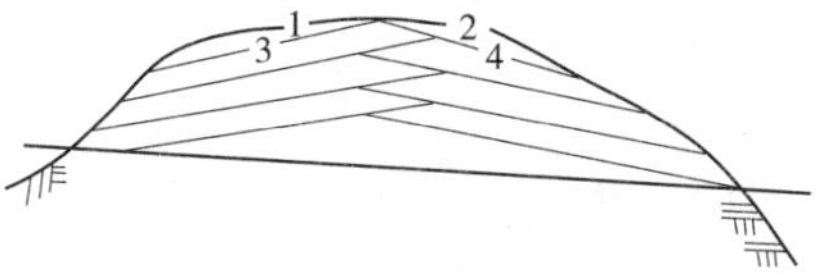

图2-20　分层纵挖法

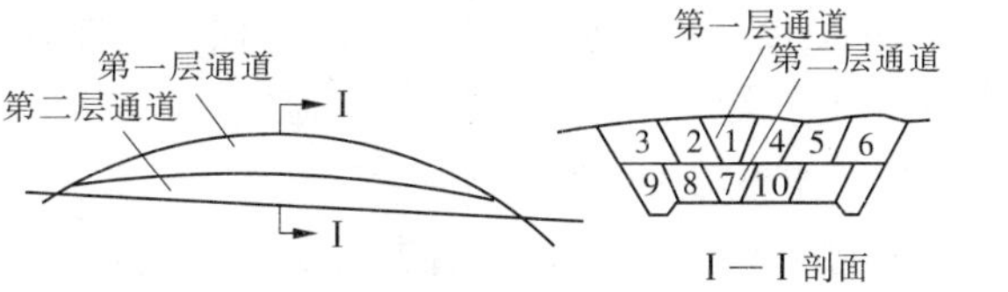

图2-21　通道纵挖法

（3）混合式开挖法。对于特别深而长的路堑，土方量很大，为扩大施工操作面和加速施工，可采用上述两种方法的混合开挖，即先顺路堑挖通道，然后沿横向坡面挖掘，以增加开挖坡面。每一开挖坡面应容纳一个施工班组或一台机械。在较大的挖土地段可集中较多的人力和机具，沿纵横向通道同时挖土，如图2-22所示。

挖方地段有含水层时，在挖掘该层土前，应设置好排水系统。若挖方路基位于含水较多以致翻浆的土层时，则应换以透水性良好的土，其厚度应不小于0.8～1.0 m，为换土所挖的凹槽底面应适当整平，并设纵向盲沟以利排水。

2）路堑开挖应注意的问题

（1）不论采用何种方法开挖，均应保证开挖过程中及竣工后能顺利排水。

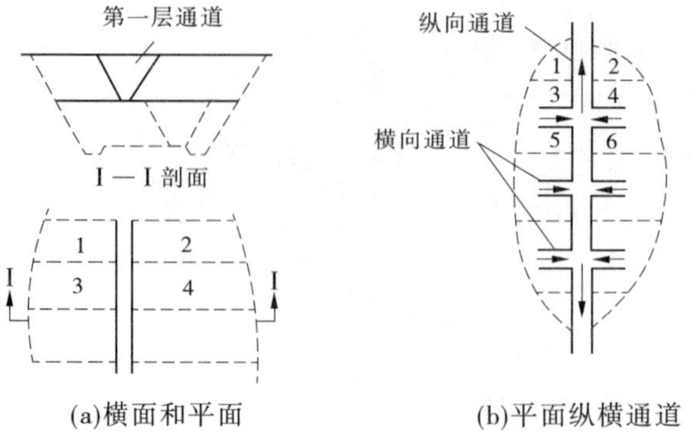

(图中箭头表示运土与排水方向,数字表示工作面数)

图2-22　混合挖掘法

(2)路堑开挖需要土层分布及利用。如利用挖方填筑路堤时,应按不同的土层分层挖掘,以满足路堤填筑的要求。

(3)路堑挖出的土方除尽量用做填方外,余土应有计划地弃置,以不妨碍道路给排水和路堑边坡稳定为原则,并尽可能用于改地造田,美化环境。

(4)若填方路基位于含水较多、易导致翻浆的土层上(如粉性土),应换以透水性良好的土,其厚度应不小于0.8~1.0 m。

(5)注意边坡稳定,及时设置必要的支挡工程。

3. 土基压实

1)土基压实的意义

路基压实是指采用碾压设备(机具)对路基进行的人工压实。路基压实是为了提高路基土体的密实程度,降低填土的透水性,防止水分积聚和侵蚀,避免土基软化及因冻胀而引起不均匀的变形,并为减薄路面提供条件。因此,路基的压实是路基施工极其重要的环节,亦是提高路基强度与稳定性的根本措施之一。实践表明,土基的充分压实是提高路基路面质量最经济有效的技术措施之一。

2)影响压实的因素

影响路基压实效果的主要因素有土的含水量、碾压层厚度、压实机械的类型和功能、碾压遍数和地基的强度。

(1)含水量对压实的影响。通过击实试验绘制的密实度(干密度)与含水量之间的关系曲线如图2-23所示。在一定压实工作条件下,密实度 ρ_d 随含水量增加而增加。当含水量增大到 ω_0 时,密实度达到最大值 ρ_{d0},则 ρ_{d0} 称最大密实度,ω_0 为最佳含水量。若含水量再增加,ω 大于 ω_0 时,则密实度反而下降了。

上述现象的产生是由于土中水分过少时($\omega < \omega_0$),土粒间的润滑作用差,所做的压实功不足以克服土粒间的摩擦,土中的空气难以排除,土粒之间不能紧靠,因而难以达到最大密实度;当土中含水量 $\omega > \omega_0$ 时,由于水分过多,土粒被水膜包围而拉开距离,含水量越大,水膜越厚,密实度反而越低。只有当含水量为 ω_0 时,水分既提高了润滑力又不把土粒过分隔开,在同样压实功作用下,容易达到最大密实度。

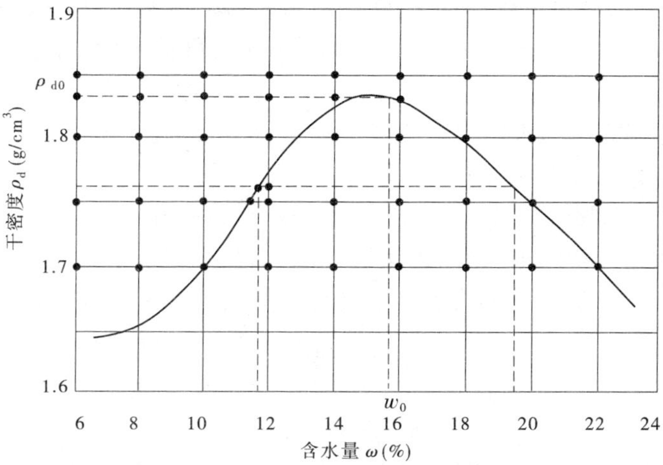

图2-23　密实度(干密度)与含水量之间的关系曲线

由此可见,土在一定的压实功作用下,只有在最佳含水量时,才能达到最大密实度。

(2)土质对压实的影响。试验表明:①各种土的最佳含水量和最大干密度是不相同的,但他们的击实曲线的性质是基本相同的;②土中粉粒和黏粒含量愈多,土的塑性指数愈大,土的最佳含水量就愈大,同时其最大干密度愈小,因此一般砂性土的最佳含水量小于黏性土的最佳含水量,而最大干密度则大于黏性土的最大干密度;③砂质粉土和粉质黏土的压实性能较好,而黏性土的压实性能较差。

(3)压实功对压实的影响。试验表明,对于同类土,压实功增加,其最佳含水量减少,而最大密实度增加;当含水量一定时,压实功越大,则密实度越高。根据这一特性,在施工中,如果土的含水量低于最佳含水量,加水又有困难时,可采用增加压实功的办法来提高其压实度,即采用重碾或增加碾压次数。然而,用增加压实功的办法来提高土的密实度是有限度的,当压实功增加到一定程度后,土的密实度增加较缓慢,在经济效益和施工组织上不够合理。相比之下,严格控制最佳含水量,要比增加压实功收效大得多。

(4)压实机具、施工方法对压实度的影响。压实工具不同,压力传播的有效深度也不同。夯击式机具压实传播最深,振动式压路机次之,碾压式压路机最浅。同一种机具的作用深度在压实过程中不断变化,土体松软时压力传播较深,随着碾压次数增加,上部土层逐渐密实,土的强度相应提高,其作用深度也就逐渐减少。当压实机具的重量不很重时,荷载作用时间越长,土的密实度越高,但密实度的增长速度随时间而减少。当机具过重,以致超过土的强度极限时,会引起土体的破坏荷载越重,破坏时间越短。此外,碾压速度越高,压实效果越差。

3)含水量与强度、水稳定性的关系

当含水量很小时土层颗粒中保留有较多的空隙,在潮湿的条件下由于水的渗入,颗粒间摩阻力减小,密实度减低,强度也大大下降,这就是通常所说的水稳定性差。当土层在最佳含水量ω_0时进行压实,在潮湿条件下其强度的降低却不大,因为此时土粒被挤紧,土的孔隙减小,土粒所处的相对位置适当,相邻土颗粒表面的水膜交叠在一起,阻碍水在土中的移动,使水分不易渗入,因此强度损失较小,土的水稳定性最好。

根据上面的试验分析可以得出结论:①含水量是影响压实效果的决定性因素;②在最佳含水量时,容易获得最佳压实效果;③压实到最大密实度的土体水稳定性最好。

4)土基压实施工

(1)土基压实标准。压实的唯一目的是使土基接近最大干密度标准,因此干密度是土基压实的重要标准,也是唯一指标。

为了便于检查和控制压实质量,土基的压实标准常用压实度来表示。所谓压实度是指土压实后的干密度与该土的标准最大干密度之比,用百分率表示。按照标准击实试验法,土在最佳含水量时得到的干密度就是它的标准最大干密度。压实度用式(2-5)计算:

$$k = \frac{\rho_d}{\rho_0} \times 100\% \tag{2-5}$$

式中 k——压实度(%);

ρ_d——压实土的干密度,g/cm^3,

ρ_0——压实土的标准最大干密度,g/cm^3。

压实施工需先确定压实度。正确选定压实度 k 值,关系到土基受力状态,路基路面设计要求、施工条件必须兼顾需要与可能,讲究实效与经济。

(2)压实机具选择。土基压实机具的类型较多,常用的压实机具可分为静力碾压式、夯击式和振动式三大类。静力碾压式包括光面碾(普通两轮或三轮压路机)、羊足碾和气胎碾等几种。夯击机具有夯锤、夯板、风动夯及蛙式夯机等。振动机械有振动器、振动压路机等。此外,运土工具中的汽车、拖拉机等亦可用于路基压实。

不同的压实机具,对不同土质的压实效果不同,这是选择压实机具的主要依据。

一般情况下,对于砂性土,以振动式机具压实效果最好,夯击式机具次之,碾压式较差;对黏性土,则以碾压式和夯击式较好,而振动式效果较差甚至无效。此外,压实机具的单位应力不应超过土的强度极限,否则会立即引起土基破坏。一般土的含水量较小,土层厚度、压实度要求高时,应选择重型机具,反之可选择轻型机具。工作面较大时可采用碾压机具,较窄时宜采用夯击机具。

(3)压实工作组织。压实工作的组织以压实原理为依据,以尽可能小的压实功获得良好的压实效果为目的,压实工作应注意以下要点:

①填土层在压实前应先整平,可自路中线向路堤两边作2% ~4%的横坡。

②压实机具应先轻后重,以适应逐渐增长的土基强度。

③碾压速度应先慢后快,以免松土被机械推走。

④压实机具的工作路线,应先两侧后中间,以便形成路拱,再从中间向两边顺次碾压。在弯道部分设有超高时,由低的一侧边缘向高的一侧边缘碾压,以便形成单向超高横坡。前后两次轮迹(或夯击)须重叠15 ~20 cm。压实时应特别注意均匀,否则可能引起不均匀沉陷。

⑤经常检查土的含水量,均应控制在该种土最佳含水量的±2%以内压实,并视需要采取相应措施。

5)含水量与密实度的目测

目测土层含水量时,可用手使劲捏土,如果能成团而不松散,轻敲后土又能散开,此时土的含水量大致符合要求;如果土捏成团敲不散,表明土太潮湿。目测土层的密实度,可注意观测压实后的轨迹,如轨迹已不明显或下沉量微小,表明土层已基本密实;如轨迹还较明显或下沉量较大,则应继续压实。遇有土层表面松散,推挤时开裂或有回弹现象(称为弹簧土),则要翻挖土层,晒干再压或换土或掺拌石灰重新压实;对过干土均匀加水。

6)压实质量检查

土质路基施工前,采用中性击实试验方法测定拟用土料的最佳含水量和最大干密度。压实后,实测压实干密度和含水量,求得压实度,与规定的压实度对照,如未满足要求,应采取措施提高。

4.路基排水

(1)路基排水方案,应保证路基土壤天然结构不受扰动,并应保证附近建筑、构筑物的安全。

(2)路基施工采用明沟排水,应符合下列要求:

①路基范围内有积水,挖、填土前应先将积水排除。

②集水井应有足够的深度和容积,集水井到排水沟的间距不应小于1 m;集水井所排出的水,应引向离路基较远的地点。

③应根据施工条件、排水量、扬程与吸程要求选择排水泵。

④排水沟的断面及纵坡,应根据地形、地质及有关资料决定,确保排水通畅。

(3)当地下水位高,路基土是细砂、粉砂土时,应根据现场情况、施工条件,采用适宜的人工降水方法,防止流砂。

(4)施工中陡坡截水沟的横断面和纵向坡度,应根据水文地质情况,在施工方案中予以规定。

(5)填筑土路基时应将其表面筑有2% ~4%的横坡。路基两侧应挖排水沟,以排除地表水。施工期,路基不得积水浸泡。

(6)当地下水位高,导致路基发软时,应提请设计洽商解决。

2.7.3 基层施工

2.7.3.1 级配碎石层(底基层)施工

路面下管道施工全部完毕,经验收合格,基层填方全部合格或局部完成,并且路基高程、宽度及压实、平整度,弯沉检测合乎设计及规范要求。并经监理认可,路基工程检查合格、检验资料齐全后,碎石基层方可开工。

1.准备工作

(1)准备下承层。基层的下承层是底基层及其以下部分,底基层的下承层可能是土基,也可能包括垫层。下承层的表面应平整、坚实,具有规定的路拱,没有任何松散的材料和软弱地点。下承层的平整度和压实度应符合规范的规定。土基不论是路堤或路堑,必须用12 ~15 t三轮压路机或等效的碾压机械进行碾压(一般碾压3 ~4遍)。在碾压过程中,如发现土过干,表层松散,应适当洒水;如土过湿,发生“弹簧”现象,应采用挖开晾晒、换土、掺石灰或粒料等措施进行处理。

(2)施工放样。在下承层上恢复中线,直线段每15 ~20 m设一桩,平曲线段每10 ~

15 m 设一桩,并在两侧路边缘的 0.3 ~ 0.5 m 设指示桩,进行水平测量,在两侧指示桩上用红漆标出基层或地基边缘的设计高。

(3)计算材料用量。根据各路段路基层的宽度、厚度及预定的碾压密实度并按确定的配合比计算各段需要的干集料数值,对于级配碎石,分别计算未筛分碎石和石屑的数值。

2. 拌和

在中心站(厂拌)用多种机械进行集中拌和级配碎石混合料前,应反复调试拌和设备,使混合料的颗粒组成和含水量均达到规定要求,且计量准确,拌和均匀,没有粗细颗粒离析现象。

3. 运输

拌和料采用大吨位自卸汽车运至施工现场,运输车辆数量应与摊铺能力相适应。尽可能避免因缺少拌和料而造成摊铺机停顿及运输车辆大量滞留的现象,减少中途停车和颠簸,确保混合料不产生离析,卸车时应避免撞击摊铺机。

4. 摊铺

摊铺可用沥青混凝土摊铺机、水泥混凝土摊铺机或稳定土摊铺机,摊铺时应注意消除粗细集料离析现象。机动车道碎石基层采用12 t 自动找平的摊铺机全幅均匀将材料铺设在预定的宽度上,表面力求平整,并符合设计要求。非机动车道采用小型摊铺机铺设。事先应通过试验路段确定集料的摊铺系数并确定摊铺厚度,一般人工摊铺混合料时,其松铺系数为 1.40 ~ 1.35。

5. 碾压

当混凝土的含水量等于或略大于最佳含水量时,立即用 12 t 以上三轮压路机(每层压实厚度不应超过 15 ~ 18 cm)、振动压路机或重型轮胎压路机(每层压实厚度最大不应超过 20 cm)进行碾压。直线段由两侧路肩开始向路中心碾压。碾压时,后轮应重叠 1/2 轮宽;后轮必须超过两段的接缝处。后轮压完路面全宽时,即为一遍。一般需碾实 6 ~ 8 遍。压路机的碾压速度,头两遍以 1.5 ~ 1.7 km/h 为宜,以后用 2.0 ~ 2.5 km/h。路面的两侧应多压 2 ~ 3 遍。严禁压路机在已完成的或正在碾压的路程上调头和急刹车。

6. 接缝处理

(1)横向接缝。用摊铺机摊铺混合料时,靠近摊铺机当天未压实的混合料,可与第二天摊铺的混合料一起碾压,但应注意此部分混合料的含水量。必要时,应人工补洒水,使其含水量达到规定的要求。

(2)纵向接缝。应避免产生纵向接缝。如摊铺机的摊铺宽度不够,必须分两幅摊铺时,宜采用两台摊铺机一前一后相隔 5 ~ 8 m 同步向前摊铺混合料。在仅有一台摊铺机的情况下,可先在一条摊铺带上摊铺一定长度后,再开到另一条摊铺带上摊铺,然后一起进行碾压。在不能避免纵向接缝的情况下,纵缝必垂直相接,不应斜接。

7. 养护

碎石基层铺设后,要对成品进行保护,严禁车辆通行。

2.7.3.2 水泥稳定碎石基层施工

水泥稳定碎石基层宜采用厂拌料,汽车分运至施工现场摊铺,着重应抓好混合料的搅拌、摊铺、碾压这三个主要环节。

1. 准备工作

对原材料进行抽样试验,合格后方可用于施工,提前进行混合料的配合比试验,并将试验配合比最佳含水量提供给施工现场。配合比应准确,使其7 d浸水抗压强度达到3~5 MPa(城市主干路、快速路基层)或2.5~3 MPa(城市一般道路基层)。水泥含量不宜超过6%,水泥稳定碎石基层用厂拌料从加水拌和到碾压终了的延迟时间不宜超过2 h。为此,应选用初凝时间3 h以上和终凝时间6 h以上的水泥,宜采用42.5级和32.5级的普通硅酸盐水泥、矿渣硅酸盐水泥等。

摊铺前应测量放样,将设计标高测设在控制钢丝上,并调整松铺厚度(松铺系数由试验路段确定,一般为1.2~1.4,将垫层表面杂物整形处理,清除表面杂物、脏物、洒水湿润。

宜在春末和夏季组织施工,施工最低气温为5 ℃。

2. 拌和

水泥稳定碎石采用稳定土拌和站集中拌和。使用前认真调试拌和,使其运转正常,拌和均匀,计量准确。并在料斗下面设置筛子,防止超标块状材料混入,拌和前应测量集料的含水情况,加水量应由所有碎石的实际含水量和实验室所确定的混合料最佳含水量等具体情况确定,拌和好的混合料含水量应处于最佳含水量1%~2%的误差范围内。拌和好的混合料应颜色一致,无成团结块及离析现象。

3. 运输

拌制合格的混合料用大吨位的自卸车运至施工现场,如果气温较高且路途较远时则应覆盖,且运输时间一般在30 min以内。

4. 摊铺

摊铺可采用沥青混凝土摊铺机、水泥混凝土摊铺机或稳定土摊铺机。混合料摊铺时采用1台摊铺机一次性半幅全宽摊铺。

摊铺机作业时,一要控制好行驶的匀速性;二要安排专人清扫摊铺机行走轨道,做到匀、平、快;三要严格控制好平整度、高程等,避免出现离析现象。对个别混合料离析处清除后补洒细料,对有缺陷的地方进行修补。

5. 整形

混合料摊铺均匀后必须进行整形,使表面具有规定的路拱,并用两轮压路机碾平1~2遍,使集料的表面平整和密实。

6. 碾压

水泥稳定碎石平整后应立即在全宽范围内进行碾压,混合料应在等于或略大于最佳含水量(1%~2%)时碾压。厚度不超过15 cm时,选用12~15 t三轮压路机碾压,厚度超过20 cm时,可选用18~20 t三轮压路机和振动压路机碾压,碾压时先轻型后重型。含水量合适时,碾压不少于6遍。碾压时应由两侧向路中心,由曲线内侧向外侧进行碾压。严禁用薄层贴补法进行找平。

7. 养生

水泥稳定碎石经碾压后,必须保湿养生不少于7 d,可以用帆布、粗麻袋、稻草或农用地膜湿润养生,防止忽干忽湿。养生期应封闭交通,施工车辆可慢速(<30 km/h)通行。

2.7.3.3 石灰工业废渣稳定碎石基层(三渣)施工

1. 准备工作

通过配合比试验准确确定必需的石灰、粉煤灰含量及混合料的最佳含水量和最大干密度。用做基层的二灰混合料的 7 d 浸水强度达到:城市主干道、快速路 0.8 ~ 1.1 MPa,城市其他道路 0.6 ~ 0.8 MPa。对于底基层或土基,必须按规范规定进行验收,要求下承层平整、坚实,具有规定的路拱,没有松散材料和软弱地点。

摊铺前在底基层或土基上恢复中线。直线段每 15 ~ 20 m 设一桩,平曲线段 10 m 设一桩,并在两侧边缘外 0.3 ~ 0.5 m 设指示桩,然后进行水平测量,在两侧指示桩用红漆标出石灰工业废渣边缘的设计高程。

宜在春末和夏季组织施工,施工期的日最低气温应在 5 ℃以上。

2. 拌和

城市道路的二灰混合料应采用专用稳定料集中厂拌机拌制(中心站集中拌和法)。混合料的含水量应略大于最佳含水量,使运到工地的混合料适宜碾压成型,拌和应均匀。拌和成的混合料堆放时间不宜超过 24 h。

3. 运输

二灰混合料可以用普通的自卸汽车运输,并适当覆盖,以防水分损失或沿路飞扬。

4. 摊铺

混合料运到现场后,应用机械摊铺,并注意摊铺应均匀,保持一定的平整度。材料的摊铺虚厚由铺筑试验段确定,二灰集料的机械松铺系数为 1.2 ~ 1.3,严格控制基层面标高,按“宁高勿低,宁刮勿补”的原则进行。

5. 碾压

碾压应在混合料处于或略大于最佳含水量(1% ~2%)时进行。碾压可用轮胎压路机、振动压路机等进行压实,压路机先轻型(12 t)后重型(>12 t),注意匀速,碾轮重叠。碾压过程中及时对二灰混合料层补洒少量水,严禁洒大水碾压。摊铺后的混合料必须在 2 h 内碾压完毕;道路边缘及井周围用小型振动压路机碾压或人工夯实。

6. 养生

二灰砂砾基层经碾压后,必须保湿养生,通常用洒水养生法,养生期一般为 7 d,不使二灰砂砾层表面干燥。养生期间除洒水车外,应封闭交通,严禁一切车辆通行。

2.7.4 面层施工

2.7.4.1 沥青混凝土路面施工

沥青混凝土路面施工程序如图 2-24 所示。

1. 施工准备

(1)原材料质量检查。沥青、矿料施工材料的质量应符合有关的技术要求。施工材料经试验合格后选用。

(2)备料。沥青分品种、分标号密闭储存。各种矿料分别堆放,矿料等填料不得受潮。

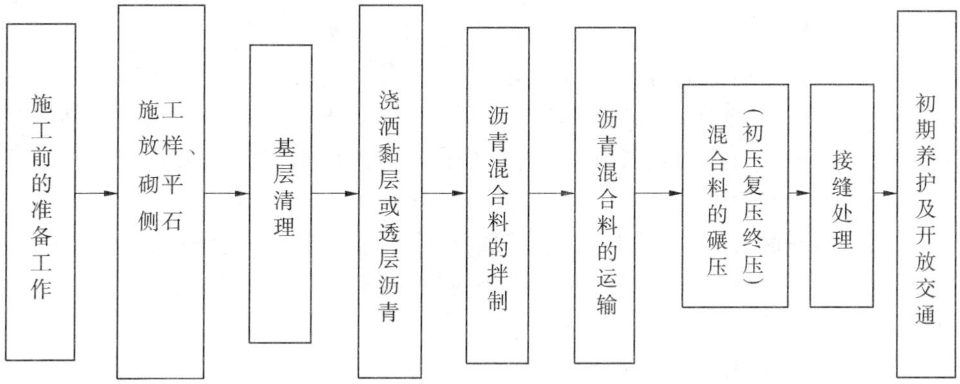

图2-24 沥青混凝土路面施工程序

(3)施工机械的选型和配套。工程量大小、工期要求、施工现场条件、工程质量要求与施工机械应该是互相匹配的。

(4)试验路铺筑。重要的沥青混凝土路面在大面积施工前应铺筑试验段,试验段的长度通常在100~200 m。热拌沥青混合料路面的试验路铺筑主要分试拌、试铺两个阶段,取得相应的参数。试验路铺筑结束后,施工单位应就各项试验内容提出试验总结报告用以指导大面积沥青路面的施工。

2.沥青混合料的拌和

沥青混合料必须在沥青拌和厂(场、站)采用拌和机拌和。拌和机拌和沥青混合料时,先将矿料初配、烘干、加热筛分、精确计算,然后加入矿粉和热沥青,最后强制拌和成沥青混合料。若拌和设备在拌和过程中集料烘干与加热为连续式进行,而加入矿料和沥青后的拌和为间歇(周期)式进行,则这种拌和设备为间歇式拌和机。若矿料烘干加热与沥青混合料拌和均为连续式进行,则这种拌和设备为连续式拌和机。

间歇式拌和机拌和质量较好,而连续式拌和机拌和速度较高。当路面多来源、多处供应或质量不稳定时,不得用连续式拌和机拌和,城市主干路、快速路的沥青混凝土宜采用间歇式拌和机拌和。它具有自动配件系统,可自动打印每板料的拌和量、拌和温度、拌和时间参数。

拌和时应根据生产配合比进行配料,严格控制各种材料的用量和拌和温度,确保沥青混合料的拌和质量。沥青混合料的拌和时间以混合料拌和均匀、矿料颗粒全被沥青均匀裹满为度,拌制的沥青混合料应均匀一致,无花白料、无结团成块或严重粗细料分离现象。

3.沥青混合料的运输

沥青混合料宜采用大吨位的自卸汽车运输。运输应防止沥青与汽车底板黏结,可喷涂一深层油水(柴油∶水=1∶3)混合液。运输过程中要对沥青混合料加以覆盖,以保温、防雨、防污染,夏季运输时间短于0.5 h时可不覆盖。

4.沥青混合料的摊铺

摊铺沥青混合料前应进行标高及平面控制等施工测量工作和按要求在下承层上浇洒透层、黏层或铺筑下封层。对城市主干路、快速路宜采用两台以上(含两台)摊铺机成梯队作业,进行联合摊铺。相邻两幅之间宜重叠5~10 cm,前后摊铺机宜相距10~30 cm,

且保持混合料合格温度。沥青混凝土混合料松铺系数机械摊铺为1.15~1.35,人工摊铺为1.25~1.50。摊铺沥青混合料必须缓慢、均匀、连续不断。

控制沥青混合料的摊铺温度是确保摊铺质量的关键之一。高速公路和一级公路的施工气温低于+10 ℃、其他等级公路施工气温低于+5 ℃时,不宜摊铺热拌沥青混合料。必须摊铺时,应提高沥青混合料拌和温度,并符合规定的低温摊铺要求。

5. 沥青混合料的压实

压实的目的是提高沥青混合料的密实度,从而提高沥青路面的强度、高温抗车辙能力及抗疲劳特性等路用性能,是形成高质量沥青混凝土路面的又一关键工序。

1)碾压程序

压实分初压、复压、终压三个阶段。

初压对整平和增加沥青混合料的初始密实度起稳定作用。正常施工时碾压温度为110~140 ℃,低温施工碾压温度为120~150 ℃,一般初压温度在110~130 ℃。复压是为了解决压实问题,复压温度应在100 ℃左右,复压可以使混合料密实、稳定、成型,复压采用重型轮胎压路机或振动压路机,不宜少于4~6遍,通过复压达到规定的压实度。终压是消除压实中产生的轮迹,使表面平整度达到要求值,碾压终了温度不低于65~80 ℃。终压可用轮胎压路机或停振的振动压路机,不宜少于两遍,直至无轮迹。

2)碾压原则

(1)少量喷水,保持高温,梯形重叠,分段碾压。

(2)由路外侧(低侧)向中央分隔带(中心)进行碾压。

(3)碾压带重叠1/3~1/2轮宽。

(4)压路机不应在未碾压成型并冷却的路面上急刹车、转向调头或停车。

(5)不得在成型路面上停放机械设备或车辆,不得散落矿料、油料等杂物。

(6)压路机应以缓慢而均匀的速度进行碾压,其碾压速度应符合有关规定。

6. 接缝处理

宽幅摊铺无纵向接缝,只要处理好横向接缝就能保证沥青面层的平整度。摊铺梯队作业时的纵缝应采用热接缝,上下层的纵缝应错开15 cm以上。上面层的纵缝宜安排在车道线上。相邻两幅及上下层的横接缝应错开1 m以上。接缝应黏结紧密、压实充分,连接平顺。

7. 开放交通

碾压完后,应检查表面是否平整密实、稳定和表面粗细一致,有无裂缝,接缝是否齐平。热拌沥青混合料路面碾压完待自然冷却、表面温度低于50 ℃后,方可开放交通。

2.7.4.2 水泥混凝土路面施工

水泥混凝土路面施工程序如图2-25所示。

1. 施工准备

(1)混凝土材料准备。水泥、砂、石、外掺剂等材料的质量应符合标准。

开工前,工地实验室对计划使用的原材料进行质量检测和混凝土配合比优选。各种配合比至少做抗压、抗折试验各三组,每组三块,分别进行7 d、14 d和28 d龄期试压,从而选出实验室配合比,并根据施工现场砂、石的含水量及时将实验室配合比换算成施工配

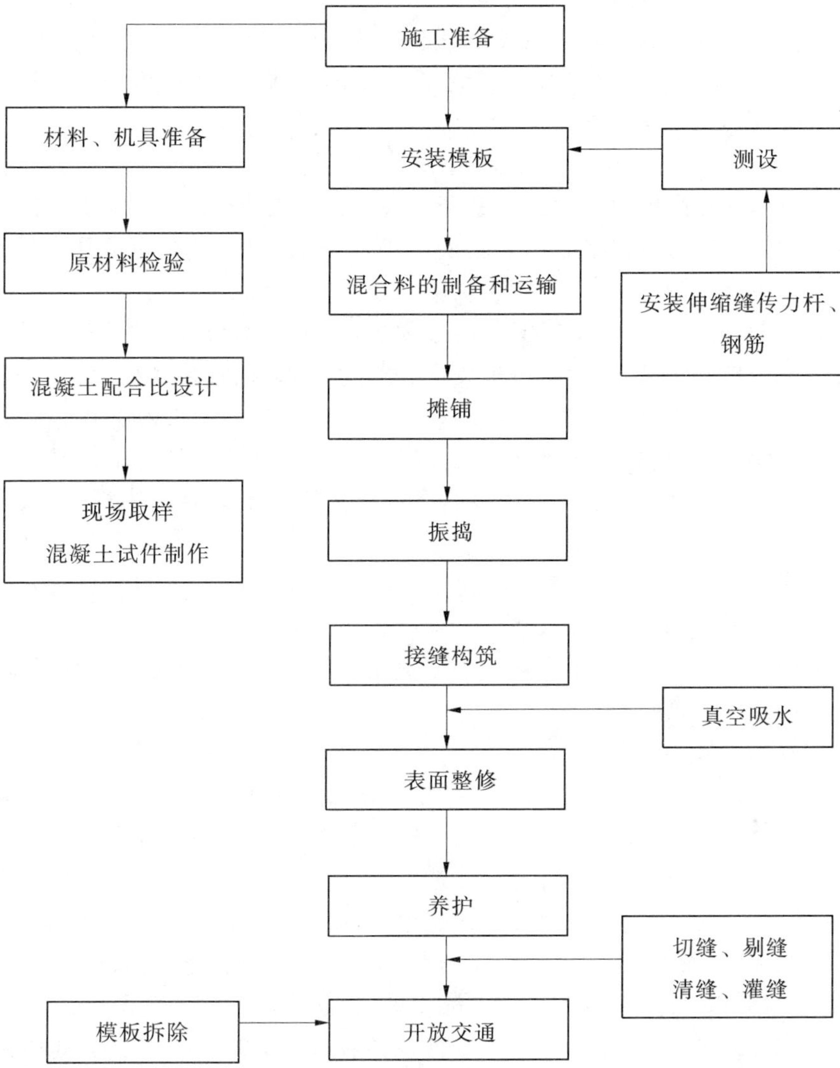

图 2-25 水泥混凝土路面施工程序

合比。

(2)工具准备。除备齐一般工具外,还应备齐模板、木抹板、铁抹板、捣钎、压纹滚杠以及其他专用工具。

(3)土基与基层的检查与整修。基层的平整度将直接影响到混凝土板的强度、板的自由收缩和板出现裂缝。水泥混凝土路面施工前应对基层的宽度、路拱、标高、平整度和压实度进行检查。面板浇筑前,基层表面应洒水湿润,以免混凝土底部的水被干燥的基层吸去,变得疏松以致产生裂缝。并对基层进行破损检查及修复。

(4)测量放样。根据设计要求复测平面和高程控制桩,放出路面中心线、路边线、路面宽度和路拱横坡。在路中心线上每 20 m 设一中心桩外,还应在曲线起点和纵坡转折点等设中心桩,并相应在路边各设一对边桩,还应标出各胀缩缝位置。每隔 100 m 左右设临时水准点一个。

当分块线距检查井或其他井盖边缘不足1 m时,应移动分块线位置,保证有1 m的距离。在浇捣混凝土过程中测量放样必须经常进行复核,要做到勤测、勤复核、勤纠偏。

2. 模板和接缝的制作与安装

1)模板的制作与安装

模板要求具有足够刚度,搭接准确、紧密平顺,安装、拆装方便,经济实用,周转率高等特点。模板顶面标高应符合设计要求。目前模板常用钢模板,钢模可采用3 mm钢板及40~50 mm角钢组合焊制。

摊铺混凝土前,应根据设计板宽安装两边模板,通常采用与板厚相等的钢模,一侧的钢模应事先按横拉杆间距钻好圆孔,按桩支立,稳定牢固。在安装模板时,应按放样把模板放在基层上,模板顶面高度应用水准仪检测。施工时,必须经常校验、严格控制。为避免在摊铺振捣时模板走样,应在模板两侧用铁杆打入基层予以固定,小钢钎间距一般为500~800 mm。内侧钢钎在混凝土浇到位时取出,外侧钢钎不能高出模板顶面,以利振捣梁和夯实,外侧钢钎在脱模时取出。

模板安装应与基层紧贴,如果模板与基层之间有空隙,应以木片垫衬,垫衬间隙可用水泥砂浆填塞,以免振捣时混凝土漏浆。

模板安装检验合格后,应在模板内侧涂隔离剂(肥皂水或废机油),以便拆模;接头应粘贴胶带或塑料薄膜等密封。

2)各类接缝的制作与安装

(1)胀缝的制作。胀缝处嵌缝板一般采用木制嵌缝板,设在胀缝位置,即可摊铺路面混凝土。嵌缝条长度等于路面宽度,厚度等于胀缝宽度,高度等于路面厚度。为便于事后拔出嵌缝条,亦可在嵌缝条两侧各贴上一层油毛毡,待混凝土凝固后,拔出木嵌缝板,油毛毡留在缝内,然后填缝。为了减少填缝工作也可采用预制嵌缝板的方法,即将沥青玛瑞脂与软木屑混合起来,压制成板,胀缝处先用与路拱一致的模板支撑着,捣实混凝土后,取去模板,贴上预制嵌缝板,然后摊铺另一侧混凝土,这样就不需要做填缝工作。

当胀缝需设传力杆时,可采用整体式嵌缝板,它用软木做成,中下部预留穿放传力杆的圆孔,混凝土浇成后留在缝内,不再拔出。也有用两截式嵌缝板。其下截占总高的2/3或为总高减60 mm,下截用软木制成,在混凝土浇捣后不再拔出;上截嵌缝板也叫压缝板,其高为总高的1/3或60 mm,用钢材或者木材制成并在混凝土浇捣后取出,然后填缝。混凝土浇捣的程序是先浇捣传力杆无套管的一边,在拆除伸缩模板后,再浇捣有套管的一边。

(2)缩缝的制作。

①切缝法。横向切缝应尽量用切割机切缝,当混凝土收浆抹面后,或真空吸水磨光后,经过养生混凝土达到规定强度,在缩缝位置用切割机切缝6~8 mm。

②压缝法。在使用切缝机有困难的情况下,也可使用预先安装压缝板的方法:在混凝土振捣完成后,在缩缝位置上先用湿切缝工具在缩缝处切出一条细缝,然后将10 mm宽、60 mm高的压缝板压入。当路面混凝土收浆抹面后,可用木条将两边混凝土压住,再轻轻取出压缝板,两边再用铁抹板抹平。

木制伸缩缝嵌缝板在使用时应先浸水泡透。不论木制或铁制嵌缝板在使用时,均需涂上润滑剂,然后安放正确,待混凝土捣实后先提一下,然后在混凝土终凝前取出。注意在取出时两侧用木条压住,轻轻地往上提,取出后混凝土要抹光。

(3)纵缝的制作。模板一般采用设有横拉杆圆孔的钢模。对企口式纵缝,一般设置具有凸榫的横板,待浇捣的混凝土完全凝固后,拆除模板,混凝土侧面即形成凹槽。当浇捣另一副混凝土板时,应先在凹槽壁上涂抹沥青,然后浇捣。

纵缝处模板安装时要预埋拉杆筋,因此给模板脱模带来阻力。所以,在纵缝板上钻用于穿越拉杆筋孔洞时,其直径可比拉杆直径大1~2 cm,拉杆与纵缝模板孔洞之间缝隙可用水泥袋纸堵塞,然后再用胶带纸将模板内侧处孔洞周围封闭,以便脱模。

3. 钢筋安装

1)钢筋设置

(1)不得踩踏钢筋网片。

(2)安放单层钢筋网片时,应先在底部摊铺一层混凝土拌和物,摊铺高度应按钢筋网片设计位置预加一定的沉落度。待钢筋网片安放就位后,再继续浇筑混凝土。

(3)安放双层钢筋网片时,对厚度不大于250 mm的板,上下层钢筋网片用架立筋扎成骨架后一次安放就位;厚度大于250 mm的板,上下两层钢筋网片应分两次安放。安放转角及边缘钢筋时,均需先摊铺一层混凝土,稳住钢筋后再用混凝土压住。

2)传力杆及拉杆安装

传力杆钢筋加工应锯断,不得挤压切断,端口应垂直、光圆,并用砂轮打磨掉毛刺。胀缝处传力杆常用ϕ25 mm、长500 mm光圆钢筋制作而成。为防止混凝土黏结,应在传力杆表面涂热沥青,方法一是采用刷子涂刷;方法二是将传力杆需涂沥青部分置入熬热的沥青中再予以取出。无论采用哪种方法都要注意质量保证及安全卫生防护。传力杆的固定可采用顶头木模固定或支架固定安装的方法,并应符合下列规定:顶头木模固定传力杆安装方法,宜用于混凝土板不连续浇筑时设置的胀缝;传力杆长度的一半应穿过端头挡板,固定于外侧定位模板中;混凝土浇筑前应检查传力杆位置,浇筑时先铺筑下层混凝土拌和物;浇筑邻板时拆除顶头木模,并应设置胀缝板、木制嵌条和传力杆套管。

钢筋支架固定传力杆安装方法,宜用于混凝土板连续浇筑时设置的胀缝。传力杆长度的一半应穿过胀缝板和端头挡板,并应用钢筋支架固定就位。浇筑时应先检查传力杆位置,再在胀缝两侧铺筑混凝土拌和物至板面,振动密实后,抽出端头挡板,空隙部分填补混凝土拌和物,并用插入式振动器振实。固定后的传力杆必须平行于板面及路面中心线,其误差不得大于5 mm。

纵缝处拉杆常用ϕ14 mm、长500 mm左右的螺纹钢筋,拉杆中部100 mm范围应涂防锈剂或防锈涂料。

4. 混凝土的搅拌和运输

(1)混凝土的搅拌。混凝土所用的砂、石、水泥等均应按允许误差过称,计量的允许误差为:水泥±1%,粗细集料±2%,水±1%,外加剂±2%。混凝土最大水灰比不应大于0.5,单位水泥用量不应小于300 kg/m^3。混凝土拌和物的坍落度宜为1.0~2.5 cm。施工应根据天气变化实测砂、石含水率,及时调整施工配合比。搅拌机装料顺序为石子、水泥、砂(或砂、水泥、石子),进料后,边进料边加水。搅拌机在开拌前,应先加水,空转数分钟,将拌和鼓筒清洗干净后开始进料拌和。每台班结束后,应用碎石和水空转数分钟,将拌和机冲洗干净。拌和时间应根据搅拌机的性能和拌和物的和易性确定。混凝土拌和物最短搅拌时间见表 2-3。

表 2-3　混凝土拌和物最短搅拌时间

搅拌机容量(L)		转速(r/min)	搅拌时间(s)	
			低流动性混凝土	干硬性混凝土
自落式	400 L	18	105	120
	800 L	14	165	210
强制式	375 L	38	90	100
	1 500 L	20	180	240

(2)混凝土的运输。混凝土拌和物从搅拌机出料后,运至铺筑地点进行浇筑、振动完毕的允许最长时间,根据水泥初凝时间及施工气温确定,并应符合表 2-4 的规定。

表 2-4　混凝土从搅拌机出料到浇筑、振动完毕的允许最长时间

施工气温(℃)	允许最长时间(h)	施工气温(℃)	允许最长时间(h)
5 ~ 10	2	20 ~ 30	1
10 ~ 20	1.5	30 ~ 35	0.75

混凝土运输宜采用自卸机动车,当运距较远时,宜采用搅拌运输车,运输车辆要防止漏浆、离析,夏季要遮盖,冬季要保温。

5. 混凝土的浇筑和振捣

(1)混凝土的浇筑。混凝土摊铺前应对模板的间隔、高度、滑润、支撑稳定情况、基层状况、钢筋的位置以及传力杆装置等进行全面检查。注意封堵模板底缝,洒水湿润基层。

混凝土摊铺时严禁抛撒,要用扣铲摊铺,以免混凝土发生离析。如混凝土发生离析现象,应在浇筑时重新拌匀,但严禁二次加水重塑。

混凝土摊铺路面厚度不超过 22 cm 时可以一次摊铺;大于 22 cm 时分两次摊铺,两次摊铺的间隔时间不得超过 30 min,下部厚度宜为总厚的 3/5。由于振捣时混凝土的沉落,摊铺高度应高出模板顶面 1 ~ 2 cm。

(2)混凝土的振捣。混凝土摊铺经整平后,先用插入式振动器沿模板四周振动,插入式振动器的移动间距不宜大于作用半径(0.5 m)的 1.5 倍,其至模板的距离不应大于振动器作用半径的 0.5 倍,并应避免碰撞钢筋和模板。振动棒应快插慢拔,振捣时间应以混凝土表面振出原浆、混凝土不再沉落为宜。

插入式振动器振捣后用平板振动器纵横交错全面振捣,前后位置应重叠 1/3 或 10 ~ 20 cm,不宜过振,振动时间一般为 10 ~ 15 s。在平板振动器振捣时,发现有表面低洼处应用混凝土找平。

平板式振动器振捣后再用振动梁振实整平。将振动梁两端搁在纵向模板上依次作为控制路面标高,沿摊铺方向往返 2 ~3 遍振捣拖平,多余的混凝土随振动梁的行走而刮除。最后再将直径为 130 ~150 mm 的钢管滚筒两端放在侧模上沿道路纵横两个方向进行反复滚压,使其表面平整。

6. 抹面和拉毛

(1)抹面。为使表面更加密实平整,在混凝土终凝前抹面 3 ~5 次,先用木抹反复粗抹找平,待水分蒸发凝固后再用铁抹板拖抹,小抹子精抹找平。

(2)拉毛。抹平整后在路面板表面应沿垂直于行车方向进行拉毛或采用机具压槽,拉毛、压槽深度应为 1 ~2 mm。拉毛压纹时间以混凝土表面无波纹水迹为标准。在混凝土的表层上用切槽机切入深 5 ~6 mm、宽 3 mm、间距 15 ~20 mm 的横向防滑槽,效果较好。

7. 混凝土的养护

为防止混凝土中的水分蒸发或风干过快而使混凝土产生缩裂,并保证水泥水化过程的顺利进行必须进行养护,一般常用湿法养护和薄膜养护。

(1)湿法养护。当混凝土初凝后(指按无痕),即可用湿麻袋、草袋、锯末、湿砂等覆盖在混凝土板面上,每天均匀洒水 2 ~3 次,使覆盖物经常保持潮湿状态,养护时间一般为 14 ~21 d。在混凝土达到设计强度的 40% 以后方可允许行人通行。

(2)薄膜养护。混凝土路面也可采用喷洒养生剂养护,塑料薄膜喷洒在板面后,待溶液中的挥发物挥发,便形成一层硬韧的纸状薄膜,利用其不透水性,将混凝土中的水化热和蒸发水分积蓄在内部自行养生。喷洒应均匀,喷洒时间宜在表面混凝土泌水完毕后进行。

8. 拆模

拆模时间应根据水泥品种、气温和混凝土强度增长情况确定。拆模过早易损坏混凝土,拆模过迟既困难又影响模板周转使用。采用普通水泥允许拆模时间见表 2-5 的规定。拆模先拆支撑、铁钎等,然后用扁头小铁棒轻轻插入模板顶端的内侧细心向外移动,撬动模板时不可损伤混凝土的边缘角口。

表 2-5 普通水泥板允许拆模时间

昼夜平均气温(℃)	允许拆模时间(h)	昼夜平均气温(℃)	允许拆模时间(h)
5	72	20	30
10	48	25	24
15	36	30 以上	18

注:1. 允许拆模时间为自混凝土成型后至开始拆模时间的间隔时间。

2. 使用矿渣水泥时,允许拆模时间宜延长 50% ~100% 。

9. 切缝与填缝

(1)切缝。缩缝施工多采用切缝法。当混凝土强度达到设计强度的 25% ~30% 时,用切缝机切割,深度为板厚的 1/3。切缝一般在混凝土终凝后进行,切缝宁早勿晚,宁深勿浅。切割机切缝时要注意边加水边切割。

(2)填缝。填缝前需将缝内杂物冲洗或用压缩空气吹净,缝内如果有水泥砂浆、小块颗粒时必须将其凿出。要求缝内干净、干燥、无杂物、无污泥,符合要求后用沥青漆涂刷缝内两遍,然后浇灌填缝材料。

常用填缝材料有沥青玛瑺脂、聚氯乙烯胶泥、沥青橡胶泥等。

10. 开放交通

混凝土达到设计强度(一般 28 d)的 80% 以上即可开放交通,如因特殊需要提前开放交通,则应在普通混凝土内掺加早强剂,以提高早期强度。

11. 混凝土路面其他施工工艺简介

(1)滑动模板式摊铺机铺筑施工工艺。用滑模式摊铺机铺筑路面,是集摊铺、振捣、挤压、找平、拉毛、成型、打入传力杆、压光、纵向拉毛为一体的流水作业,铺完后再配备软土切缝机切缝。该方法工程质量稳定,可使施工期缩短,并具有防止混凝土早期裂缝发生的优点。但初期机械购置费高,必须施用干硬性混凝土。此法适用于大型工程或等级较高的道路。

(2)固定模板式摊铺机铺筑施工工艺。用轨道式摊铺和振实,辅以其他配套机械,各工序由一种或几种机械按相应的工艺要求进行操作。该方法可加快工程进度,易保证路面各项技术要求,并且质量稳定,但机械操作和技术素质要求较高。此法适用于大型工程或高等级道路。

2.7.5 道路附属工程设施

2.7.5.1 侧平石施工

侧平石施工一般以预制安砌为主,施工程序为:施工放样→挖槽→排砌侧石→排砌平石→侧平石灌缝→养生。

1. 施工放样

(1)根据道路中心线,量出路面边界,进行边线放样,定出边桩。

(2)根据路面设计纵坡与侧石纵坡相平行的原则,定出侧石标高与侧石平面位置。

2. 挖槽

根据设计定出槽底标高拉线,以线为准,向外挖槽,宽度比侧石厚度宽 5 cm,靠近路面一侧尽量和线拉齐,挖槽深度比埋置深度深 1 ~ 2 cm,槽底要平整。

3. 排砌侧石

平侧石的垫层可铺 2 cm 的 1∶3水泥砂浆(或混合砂浆),每块侧石间要平、齐、紧、直,缝宽 1 cm。侧石高低不一致的调整:高的可在顶面垫以木条(或橡皮锤)夯实使之下沉,低的用撬棍将其撬开,并在下边垫以混凝土或砂浆。人行道的缺口斜坡的侧石一般比平石高出 2 ~ 3 cm,两侧接头应做成斜坡。直线段用 100 cm 长的侧石。曲线半径大于 15 m,一般用 60 cm 长的侧石。曲线半径小于 15 m 的圆角部分用 60 cm 或 30 cm 的侧石。

4. 排砌平石

平石根据设计的侧平石高差,标出平石的顶面及底面线。平石和侧石应错缝对中相接,平石间缝宽 1 cm,与侧石间的隙缝≤1 cm,平石与路面按边线必须顺直。

5. 侧平石灌缝

灌缝用水泥砂浆抗压强度应大于 10 MPa。灌缝必须饱满，灌缝后要整齐勾缝，平石勾缝以平实为宜，侧石勾缝为凹缝。灌缝后要进行 3 d 以上的湿制养护。

6. 养生

侧平石灌缝表面已有相当硬度(手按无痕)时，可用湿麻袋或湿草袋覆盖，湿润养生不得少于 3 d。

2.7.5.2 人行道施工

1. 预制块人行道施工

人行道以预制板铺砌为主，施工程序为：施工放样→基层摊铺碾压→垫层施工→预制块人行道铺砌→扫填砌缝→养生。

1) 施工放样

根据设计标高和宽度，定出边桩和边线，在桩上画出面层标高。桩距：直线段一般 10 m一根，曲线段加密。人行道中线或边线上，每隔 5 m 安设一块预制板作为控制点，以掌握高程和方向。

侧石顶面作为人行道外侧标高控制点，根据设计宽度和横度，算出横向高差值，测设出内侧控制点。树穴位置根据设计测设。

2) 基层摊铺碾压

按设计铺基层，基层以采用刚性或半刚性为宜，采用小型机械压实整平，基层的摊铺碾压可参阅道路基层施工。

3) 垫层施工

在基层上铺筑水泥砂浆或 1∶3的水泥石灰砂浆，垫层铺筑面应比铺装面宽出 5 ~ 10 cm。施工垫层用细粒料拍实刮平，控制厚度，垫层应超前面层 1 m 以上，不得随铺随砌。

4) 预制块人行道铺砌

根据设计放出人行道面标高，通过排线先铺砌几条单块符合设计标高的预制板作为标准，通常采用人工挂线铺砌。方砖铺装要轻摆放平，用橡皮锤或木锤敲实，不得损伤边角，垫层如不平，应拿起预制板，重新用砂浆找平，严禁向板底塞填砂浆或碎砖屑等。缸砖在铺筑前应浸水 2 ~3 h，然后阴干，方可使用。全面铺砌时还应随时用 3 m 直尺纵、横、斜角量所铺面的平整度。靠侧石边线的预制板宜高出侧石顶 5 mm，以利人行道横向排水。相邻板块紧贴，表面平整，线条挺括，图案拼装正确。

5) 扫填砌缝

铺砌好方砖后应检查平整度，纵横向均无误后，用砂掺水泥(1∶10 体积比)拌和均匀的混合料将预制板缝灌满，并在砖面略洒水，使灰砂混合料下沉，然后再灌满混合砂料补足缝隙。如铺砌缸砖用素水泥灌缝，灌缝后应清洗干净，保持砖面清洁。

6) 养生

铺砌的预制板人行道洒水养生不得少于 3 d，保持继续湿润。养生期间严禁行人、车辆的走动和碰撞。

2. 现浇水泥混凝土人行道施工

现浇水泥混凝土人行道施工的程序和方法与水泥混凝土路面的施工基本相同，但表面必须在面层收水抹面后,应分块压线,滚花。压线、滚花必须平整、清晰。

现浇沥青混凝土人行道的施工程序和方法与沥青混凝土路面的施工基本相同。

2.7.6 道路雨、冬、夏期施工要求

2.7.6.1 道路雨期施工要求

1. 雨期施工准备

(1)以预防为主,掌握天气预报和施工主动权,做好防雨准备。

(2)工期安排紧凑,抓紧非雨期的施工,集中力量打歼灭战。

(3)做好排水系统,防排结合。

(4)准备好防雨物资,如蓬布、雨棚等。

(5)加强巡逻检查,发现积水、挡水处,及时疏通;道路工程如有损坏,应及时修复。

2. 土路基

有计划地集中力量,组织快速施工,分段开挖,切忌全面开挖或路线过长。挖方地段要留好横坡,做好截水沟。坚持当天挖完、填完、压完,不留后患。因雨翻浆地段,坚决换料重做。路基填土施工,应按2% ~4%的横坡整平压实,以防积水。

3. 基层

对稳定材料基层,应坚持拌多少、铺多少、压多少、完成多少。下雨来不及完成时,也要碾压1 ~2 遍,防止雨水渗透。

雨水稳定碎石基层雨期施工应防止水泥和混合料淋雨。降雨时应停止施工,已摊铺的应尽快碾压密实。

4. 面层

(1)沥青混凝土面层不允许下雨时或下层潮湿时施工。雨期应缩短施工长度,加强工地现场与沥青拌和场联系,应做到及时摊铺、及时完成碾压。

(2)水泥混凝土路面施工时,搅拌站要搭设遮雨棚,工作现场要搭设简易、轻便工作罩棚,以便下雨时继续施工。浇捣现场预备简易的塑料防雨布。应多测砂石集料的含水率,保证拌制混凝土时加水量的准确性,严格掌握配合比。雨期作业工序要紧密衔接,应及时浇筑、振动、抹面、养生。浇捣现场预备简易的塑料防雨布。

2.7.6.2 道路冬期施工要求

1. 冬期施工准备

(1)在冬期施工中,既要防冻,又要快速,以保证质量。

(2)科学合理安排施工,尽量将土方和土基项目安排在上冻前完成。

(3)做好防冻覆盖和挡风、加热、保温工具等物资及措施准备。

2. 土路基

昼夜平均气温连续10 d以上低于 -3 ℃时为冬期。填土后立即铺筑高级路面或次高级路面的路基,严禁用冻土填筑。路床顶以下1 m范围内,不得用冻土填筑。填筑路基的冻土含量不得超过30%,冻土块粒不得大于5 cm。冻土必须与好土拌匀,严禁集中使用。

3. 基层

颗粒基层和稳定类基层冬季施工可适当加一定浓度的盐水,以降低冰点(-5 ~ -3 ℃),

并在冬季到来之前1～1.5个月完成。严格控制施工作业面,保证当日摊铺段当日碾压成型。碾压成型后,要保持干燥。

4. 面层

(1)沥青混凝土面层:应尽量避免冬期施工,城市主干路、快速路施工气温低于10 ℃时,或其他等级道路施工气温低于5 ℃时均不宜施工。必须进行施工时要适当提高出厂拌和料的温度,但不超过175 ℃。运输中应覆盖保温,并应达到摊铺和碾压的最低温度要求。下承层表面应干燥、清洁,无冰、雪、霜等。施工中做好充分准备,采取"快卸、快铺、快平"和"及时碾压、及时成型"的措施。

(2)水泥混凝土面层:当室外日平均气温连续5 d低于5 ℃时,进入冬期施工,宜优先采用42.5级以上的硅酸盐水泥,水灰比不应大于0.45;当掺用早强剂时,应根据早强剂种类和气温由实验室确定掺量,如采用氯化钙做早强剂时,在有钢筋的板中其掺量不得超过水泥用量的1%,在无筋的板中,不得超过水泥用量的2%。搅拌站应搭设工棚或其他挡风设备;混凝土拌和物的浇筑温度不应低于5 ℃,当气温低于0 ℃或浇筑温度低于5 ℃时,应将水加热后搅拌,但热水温度不得高于80 ℃;混凝土板浇筑前,基层应无冰冻、不积冰雪;拌和物中不得使用带有冰雪的砂、石料,可加防冻剂、早强剂,搅拌时间适当延长;采取紧密工序,快速施工;混凝土路面浇筑完成应采用草垫等保温材料覆盖保温;冬期养护时间不少于28 d;混凝土板的抗折强度低于1.0 MPa或抗压强度低于5.0 MPa时,不得遭受冰冻,拆模时间应适当延长。

2.7.6.3　道路夏期施工要求(水泥混凝土路面)

夏季气温超过30 ℃、拌和物摊铺温度在30～35 ℃时,易使混凝土过早硬化,产生收缩裂缝,应采取以下措施:

(1)避开中午高温时段施工,可改在夜间进行。

(2)砂石料堆及拌和台处应设遮阴棚。

(3)对自卸车上的混凝土在运输途中要加以遮盖。

(4)各道工序应紧密衔接,尽量缩短运输距离,缩短搅拌、运输、摊铺、振捣、抹面等工序的时间,并应尽快覆盖和洒水养护。模板基层表面在浇筑混凝土前应及时洒水湿润。

项目小结

本项目主要介绍了城市道路的作用、性质,道路平面设计、纵断面设计方法,路基路面的作用与基本要求;阐明了城市交通对道路的基本要求,道路宽度确定方法;从城市道路的构造、设计和施工等方面,重点介绍了道路施工程序、施工方法及技术要点。

项目自测题

一、填空题

1. 城市道路由________、________、________及________四个主要部分组成。

2. 我国城市道路可分为四类,即________路、________路、________路、________路。

3. 交通量一般以________(人/小时)或________(人/日)表示。

4. 机动车每条车道宽度,一般应以________ m 为宜。

5. 路拱的基本形式有________形、________形、________形和________形四种。

6. 城市道路的交叉可以分为两种基本类型:________交叉和________交叉。

7. 在交叉口设计中,正确处理左转弯车辆所引起的________是交叉口设计的关键。

8. 根据结构物形式不同,立体交叉可分为________和________两种。

9. 路面结构按照各个层位功能的不同,划分为三个层次,即________层、________层和________层。

10. 基层是路面结构中的承重层,它应具有足够的强度和刚度,并具有良好________能力,应具有足够的________性,有较好的________。

11. 在工程设计中,从路面结构的力学特性和设计方法的相似性出发,将路面划分为________路面、________路面和________路面三类。

12. 沥青混凝土路面按混合料铺筑时的温度可分为________和________两种。

13. 小型构筑物可与路基(土方)同时进行,但地下管线必须遵循“________,________”“________”的原则先完成,以利于路基工程不受干扰地全线展开。

14. 路堤填筑方法有________填筑法和________填筑法两种。

15. 路堑开挖方式有________法、________法和________法。

二、判断题

1. 地面上杆线和地下管网属于城市道路的附属设施。( )

2. 来自不同行驶方向的车辆以较大的角度相互交叉的地点,称为合流点。( )

3. 路基品质的好坏,主要取决于它的强度和稳定性。( )

4. 作为路基建筑材料,砂性土最优,黏性土次之,粉性土属不良材料,最容易引起路基病害。( )

5. 砂砾或碎石掺土或不掺土的混合料不能用作路面材料。( )

6. 各种未经处理的粒料基层和各类沥青面层、碎(砾)石面层或块石面层组成的路面结构属于刚性路面。( )

7. 沥青混凝土路面比水泥混凝土路面受气温影响更大,因此需要设置垂直相交的纵向和横向接缝,将沥青混凝土面层划分为较小的矩形板块。( )

8. 对于地下排水等管道填土,严禁带水覆土,大于 10 cm 的石料等硬块应剔除,大的泥块应打碎。( )

9. 在一定压实工作下,当含水量小于等于 ω_0 时,密实度 ρ_d 随含水量增加而减少。( )

10. 对于同类土,当含水量一定时,压实功越大,则密实度越高。( )

三、名词解释

1. 汽车行驶的稳定性

2. 安全行车视距

3. 会车视距

4. 高峰小时的车流量

5. 道路横坡
6. 道路纵断面
7. 道路设计线
8. 路基的稳定性
9. 路基的最小填土高度
10. 二渣土
11. 水泥稳定砂砾基层
12. 压实度

四、简答题

1. 简述城市道路的性质、作用与组成。
2. 城市道路系统的功用是什么？城市道路网的形式大体有哪些？
3. 城市道路的分类有哪几类？
4. 汽车行驶对道路的要求有哪些？
5. 什么是路幅宽度？它包括哪些组成部分？机动车道宽度是怎样确定的？
6. 城市道路横断面的基本形式有哪几种？
7. 道路平面布置主要解决哪些问题？道路平面图的内容有哪些？
8. 什么是超高缓和段？
9. 通常消灭和减少冲突点的方法有哪些？
10. 立体交叉的主要组成部分包括哪些？平面交叉和立体交叉的区别是什么？
11. 什么是路基？什么是路面？对于道路面层有什么要求？
12. 什么是路基的强度和稳定性？
13. 路面划分为哪三个层次？
14. 沥青混凝土路面的技术指标有哪些？
15. 简述水泥混凝土路面的优缺点。
16. 项目经理部的结构图是怎样的？
17. 路基的施工工序有哪些？
18. 影响土基压实的因素有哪些？
19. 简述沥青混凝土路面施工工序。
20. 简述水泥混凝土路面施工工序。
21. 雨期道路施工准备有哪些？

项目3 城市桥梁工程

【学习目标】

掌握桥梁的基本组成、主要尺寸和术语,桥梁的基本结构体系及特点,桥梁设计的基本原则和基本要求,梁桥上部结构的组成及构造要点,桥台的组成,桥墩的类型;熟悉桥梁的分类,桥梁的设计程序,拱桥上部结构的特点、主要类型、适用范围及构造要点,桥台的类型及构造要点,桥梁施工的程序和施工方法;了解我国桥梁发展概况,桥梁纵、横断面设计以及平面布置的技术要点,桥梁基础的类型及构造要点。

任务 3.1 概 述

3.1.1 桥梁发展概况

桥梁是指在公路、铁路、城市道路建设中,路线跨越江河、深谷、海峡或其他构造物而建造的结构物。桥梁不仅是一个国家文化的象征,更是生产发展和科学进步的写照。改革开放以来,我国公路建设进入了以高速公路为标志的快速发展阶段,公路投资力度不断增大,而在公路建设中,桥梁是重要的组成部分,不管是从数量还是造价上,桥梁都占有重要的比例。

我国 1954 年发掘出的西安半坡村公元前 4000 年左右的新石器时代氏族村落遗址,是我国已发现的最早出现桥梁的地方。根据史料记载,在距今约 3000 年的周文王时,我国就已在宽阔的渭河上架设过大型浮桥。公元 35 年东汉光武帝时,在长江上架设了第一座浮桥。

古代桥梁所用材料多为木、石、藤、竹之类的天然材料。锻铁出现以后,开始建造简单的铁链吊桥。由于当时的材料强度较低,人们力学知识不足,故古代桥梁的跨度都很小。木、藤、竹类材料易腐烂,因此能保留至今的古代桥梁多为石桥。

在秦汉时期,我国已经广泛修建石梁桥。世界上现存最长、工程最艰巨的石梁桥是位于福建泉州的万安桥,建于 1053 ~ 1059 年,桥长 800 多 m。1240 年建造的福建漳州虎渡桥,是一座梁式石桥,长约 335 m,有的石梁长达 23.7 m,由三根石梁组成,重达 200 多 t,是人们利用潮水涨落浮运架设而成的。

据出土的文物证明,在东汉中期我国已经开始建造拱桥,富有民族风格的古代石拱桥技术,无论是结构的巧妙构思,还是艺术造型的丰富多彩,都驰名中外。位于河北省的赵州桥(又称安济桥)是我国古代石拱桥的杰出代表。除赵州桥外,其他著名的石拱桥还有北京的卢沟桥、苏州的枫桥等。我国古代桥梁的建筑,无论在其造型艺术、施工技巧、历史积淀、文化蕴涵,还是人文景观等方面都曾为世界桥梁建筑史谱写了光辉的篇章。

中华人民共和国成立后,修复并加固了大量旧桥,随后在第一、第二个五年计划期间,修建了不少重要桥梁,取得了迅速发展。1957 年,第一座长江大桥——武汉长江大桥建成,结束了万里长江无桥的历史。1969 年,我国又成功地建成了南京长江大桥,此桥是我国自行设计、制造、施工并使用国产高强钢材的现代大型桥梁,是我国桥梁史上的一个重要标志。

在 20 世纪 80 年代之前,我国还没有一座真正意义上的现代化大跨径悬索桥和斜拉桥。进入 20 世纪 90 年代以后,伴随着世界最大规模公路建设的展开,我国积极吸纳当今世界结构力学、材料学、建筑学的最新成果,公路桥梁建设得到极大发展,在长江、黄河等大江大河和沿海海域建成了一大批具有代表性的世界级桥梁。目前,我国公路桥梁数量共有 310 773 座,长 12 466 143 延米。其中,特大桥 2 155 座,占 0.69%,长 1 962 614 延米;大桥 17 417 座,占 5.60%,长 3 061 688 延米;中桥 63 511 座,占 20.44%,长 3 466 413 延米;小桥 227 690 座,长 3 975 428 延米,占 73.27%。在跨径前 10 位的世界各类桥型中,斜拉桥我国占了 6 座,悬索桥我国内地占了 2 座,完成了由桥梁大国向桥梁强国的历史性跨越,成为展示我国综合国力的窗口之一。

全部由中国人自己设计、施工、监理、管理,所用建筑材料和设备也绝大部分由我国自行制造或生产的润扬长江公路大桥是我国第一座由悬索桥和斜拉桥构成的特大型组合桥梁,其中主桥为单孔双铰钢箱梁悬索桥,主跨径 1 490 m,目前位居世界第三,可通行 5 万 t 级巴拿马型货轮。润扬大桥建设条件复杂,技术含量非常高,施工难度特别大,被国际桥梁专家称为"中国奇迹"。

另外,主跨跨径达 1 088 m 的苏通长江公路大桥创造了斜拉桥型的多项世界之最。在世界同类型桥梁中,苏通大桥的主塔最高、群桩基础规模最大、斜拉索最长、跨径最大。浙江舟山西堠门大桥是连接舟山本岛与宁波的舟山连岛工程五座跨海大桥中技术要求最高的特大型跨海桥梁,主桥为两跨连续钢箱梁悬索桥,主跨 1 650 m,位居悬索桥世界第二、中国第一,其中钢箱梁全长在悬索桥中居世界第一。我国公路桥梁建设技术水平跻身世界先进行列。

此外,还有东海大桥、崇明岛过江通道、深港西部通道、港珠澳大桥等一批世界级桥梁,它们的建成极大地丰富了世界桥梁宝库。举世瞩目的港珠澳大桥已于 2018 年 10 月 24 日正式开通,东接香港,西接珠海、澳门,全长 55 km,是世界上最长的跨海大桥,也是中国交通史上技术最复杂、建设要求及标准最高的工程之一,被英国《卫报》誉为"新世界七大奇迹"。港珠澳大桥工程规模大、工期短,技术新、经验少,工序多、专业广,要求高、难点多,为全球已建最长跨海大桥,在道路设计、使用年限以及防撞防震、抗洪抗风等方面均有超高标准。在港珠澳大桥修建过程中,我国很多高校、科研院所发挥了重要的技术支撑作用。

桥梁等构造物在塑造公路的风格中扮演着重要角色。因为公路对所经地区的环境、景观、历史及文化等产生影响。事实上,桥梁已经成为许多大城市的主要标志性建筑之一,是重要的旅游景点。当人们想起旧金山时,金门桥就会浮现于人的脑海中。上海的南浦大桥、香港的青马大桥、南京的长江二桥等也丰富了城市风景。

3.1.2 桥梁基本组成与分类

道路路线遇到江河湖泊、山谷深沟以及其他线路(铁路或公路)等障碍时,为了保持道路的连续性,就需要建造专门的人工构造物——桥梁来跨越障碍。下面先熟悉桥梁的基本组成部分以及桥梁的分类情况。

3.1.2.1　桥梁的基本组成

桥梁由五个大部件与五个小部件组成。

1. 五大部件

所谓五大部件是指桥梁承受汽车或其他作用的桥跨上部结构与下部结构,它们是桥梁结构安全性的保证,如图 3-1 所示。

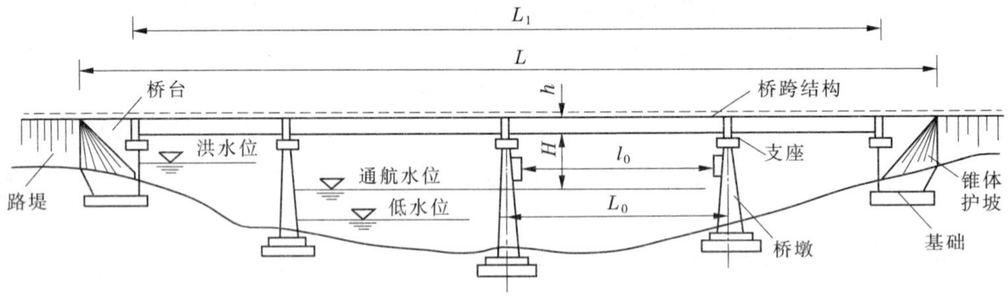

图 3-1　桥梁的基本组成

(1)桥跨结构(或称桥孔结构、上部结构)。它是路线遇到障碍(如江河、山谷或其他路线等)中断时,跨越这类障碍的结构物。它的作用是承受车辆荷载,并通过支座传递给桥梁墩台。

(2)支座系统。它的作用是支承上部结构并传递荷载给桥梁墩台,它应保证上部结构在荷载、温度变化或其他因素作用下的位移功能。

(3)桥墩。它是在河中或岸上支承两侧桥跨上部结构的建筑物。

(4)桥台。设在桥的两端,一端与路堤相接,并防止路堤滑塌;另一端则支承桥跨上部结构的端部。为保护桥台和路堤填土,桥台两侧常做一些防护工程。

(5)墩台基础。它是保证桥梁墩台安全并将荷载传至地基的结构物。基础工程在整个桥梁工程施工中是比较困难的部分,而且常常需要在水中施工,因而遇到的问题也很复杂。

前两个部件是桥跨上部结构,后三个部件是桥跨下部结构。

2. 五小部件

所谓五个“小部件”是指直接与桥梁服务功能有关的部件,过去总称为桥面构造。在桥梁设计中往往不够重视,因而使得桥梁服务质量低下,外观粗糙。在现代化工业发展水平的基础上,人类的文明水平也极大提高,人们对桥梁行车的舒适性和结构物的观赏水平要求越来越高,因而国际上在桥梁设计中很重视五小部件,这不仅是“外观包装”,而且是服务功能的直观体现。目前,国内桥梁设计工程师也愈来愈认识到五小部件的重要性。这五小部件具体如下。

(1)桥面铺装(或称行车道铺装)。桥面铺装的平整、耐磨、不翘曲、不渗水是保证行车舒适的关键。特别在钢箱梁上铺设沥青路面的技术要求甚严。

(2)排水防水系统。应能迅速排除桥面积水,并使渗水的可能性降至最小限度。此外,城市桥梁排水系统应保证桥下无滴水和结构上无漏水现象。

(3)栏杆(或防撞栏杆)。它既是保证安全的构造措施,又是利于观赏的最佳装饰件。

(4)伸缩缝。它位于桥跨上部结构之间,或桥跨上部结构与桥台端墙之间,以保证结构在各种因素作用下的变位。为使桥面上行车舒适、不颠簸,桥面上要设置伸缩缝构造。尤其是大桥或城市桥的伸缩缝,不仅要结构牢固,外观光洁,而且要经常扫除掉伸缩逢中的垃圾泥土,以保证它的功能作用。

(5)灯光照明。现代城市中,大跨桥梁通常是一个城市的标志性建筑,大多装置了灯光照明系统,构成了城市夜景的重要组成部分。

3.1.2.2 桥梁的主要尺寸和术语名称

水位:河流中的水位是随着季节而变化的,枯水季节的最低水位称为低水位;洪水季节河流中的最高水位称为高水位。桥梁设计中按规定的设计洪水频率计算所得的高水位,称为设计洪水位。在各级航道中,能保持航船正常航行的水位称为通航水位(包括设计最高通航水位和设计最低通航水位)。

净跨径:对于梁式桥是指设计洪水位线上相邻两个桥墩(或桥台)之间的净距,用 l_0 表示(见图 3-1);对于拱式桥是指每孔拱跨两个拱脚截面最低点之间的水平距离(见图 3-2)。

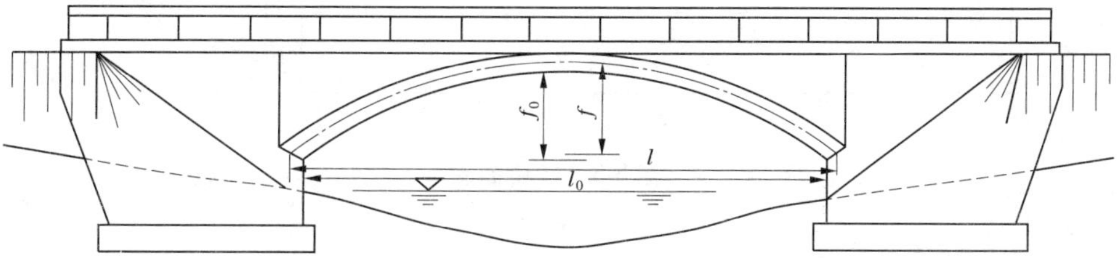

图 3-2 拱桥概貌

总跨径是多孔桥梁中各孔净跨径的总和,也称桥梁孔径($\sum l_0$)。它反映了桥下宣泄洪水的能力。

计算跨径:对于设有支座的桥梁,是指桥跨结构相邻两个支座中线之间的距离,用 l 表示。对于拱式桥,是指每孔拱跨两个拱脚截面形心点之间的水平距离。桥跨结构的力学计算是以 l 为基准的。

标准跨径(L_K):对于梁式桥,它是指相邻两桥墩中线之间的距离,或桥墩中心至桥台台背前缘之间的距离;对于拱式桥,就是指净跨径。

桥梁全长简称桥长,对于有桥台的桥梁,桥长为两岸桥台翼墙尾端之间的距离;对于无桥台的桥梁,桥长为桥面行车道长度,用 L 表示。

桥梁高度简称桥高,是指桥面与低水位之间的高差,或为桥面与桥下线路路面之间的距离。桥高在某种程度上反映了桥梁施工的难易程度。

桥下净空高度是设计洪水位或计算通航水位至桥跨结构最下缘之间的距离,用 H 表示。它应保证能安全排洪,并不得小于对该河流通航所规定的净空高度。

建筑高度是桥下行车路面(或轨顶)标高至桥跨结构最下缘之间的距离,容许建筑高度是指公路(或铁路)定线中所确定的桥面(或轨顶)标高对通航净空顶部标高之差。

净矢高是拱顶截面下缘至拱脚截面下缘最低点之连线的垂直距离,以 f_0 表示。

计算矢高是拱顶截面形心至拱脚截面形心之连线的垂直距离,以 f 表示。

矢跨比是拱桥中拱圈(拱肋)的计算矢高 f 与计算跨径 l 之比(f/l),也称拱矢度。它是反映拱桥受力特性的一个重要指标。

桥面净空是指桥梁行车道、人行道上方应保持的空间界限,公路、铁路和城市桥梁对桥面净空都有相应的规定。

3.1.2.3　桥梁的分类

1. 桥梁按受力体系分类

按受力体系可分为梁式桥、拱式桥和悬索桥三大基本体系。梁式桥以受弯为主,拱式桥以受压为主,悬索桥以受拉为主。由三大基本体系相互组合,可以派生出在受力上也具有组合特征的多种桥梁,如刚架桥和斜拉桥等。

1)梁式桥

梁式桥是一种在竖向荷载作用下无水平反力的结构,如图3-3所示。梁作为主要承重结构,是以它的抗弯能力来承受荷载的。梁可分为简支梁、悬臂梁、固端梁和连续梁等。

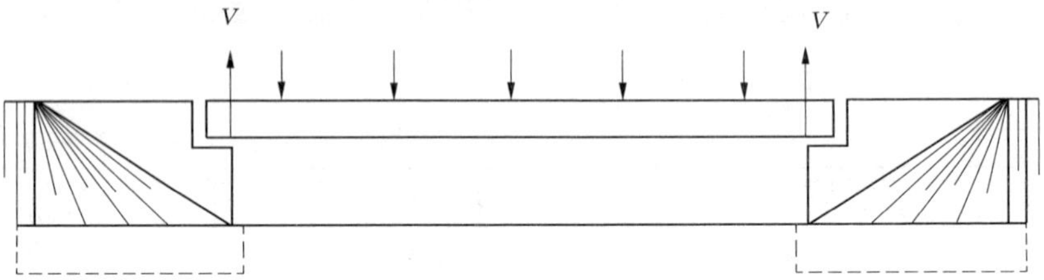

图3-3　梁桥简图

2)拱式桥

拱式桥的主要承重结构是拱肋(或拱圈),在竖向荷载作用下,拱圈既要承受压力,也要承受弯矩,可采用抗压能力强的圬工材料来修建。拱式体系的墩、台除了承受竖向压力和弯矩以外,还承受水平推力作用,如图3-4所示。

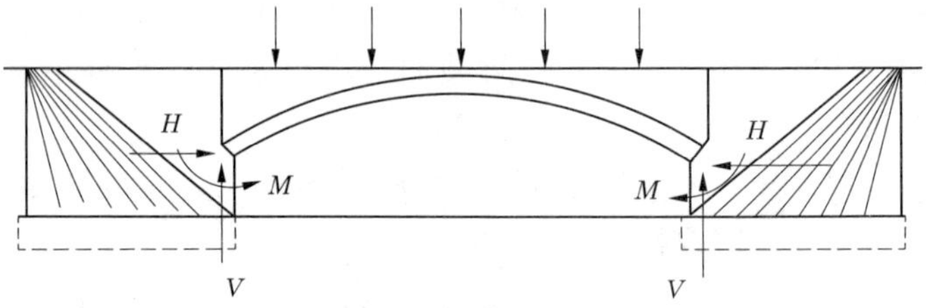

图3-4　拱桥简图

3)刚架桥

刚架桥是介于梁桥与拱桥之间的一种结构体系,它是由受弯的上部梁(或板)结构与承压的下部桩柱(或墩)整体组合在一起的结构。由于梁与柱是刚性连接,梁因柱的抗弯刚度而得到卸载作用。整个体系是压弯结构,也是推力结构。刚架可分为直腿刚架和斜腿刚架。

刚架的桥下净空比拱桥大,在同样净空下可修建较小的跨径,如图3-5所示。

4)悬索桥

传统的悬索桥均用悬挂在两边塔架上的强大缆索作为主要承重结构。在竖向荷载作

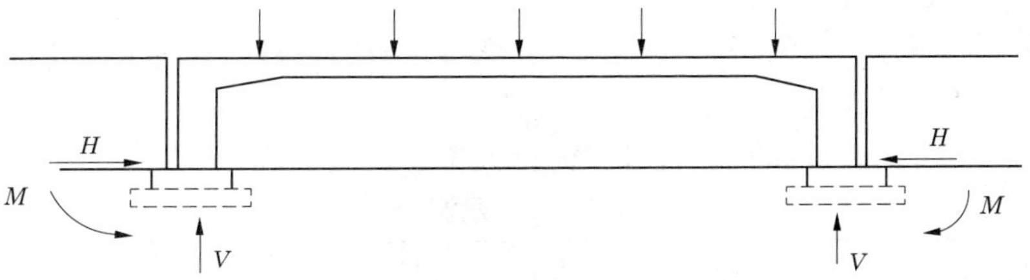

图 3-5　刚架桥简图

用下,通过吊杆使缆索承受很大的拉力,通常都需要在两岸桥台的后方修筑非常巨大的锚碇结构,如图 3-6 所示。悬索桥也是具有水平反力(拉力)的结构。悬索桥的跨越能力在各类桥梁中是最大的,但结构刚度差,整个悬索桥的发展历史也是争取刚度的历史。

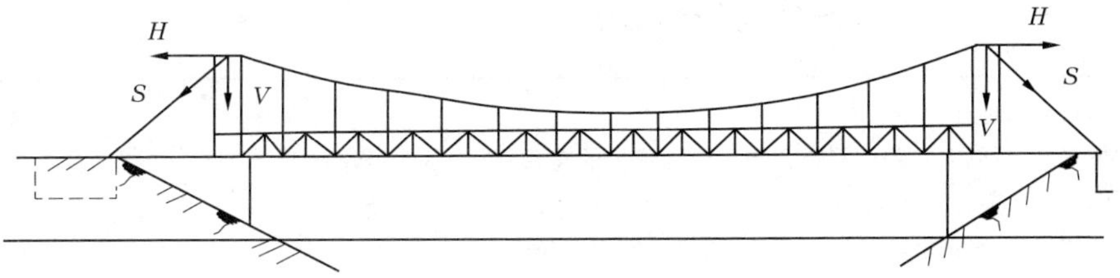

图 3-6　悬索桥简图

5)组合体系

(1)梁、拱组合体系。这类体系有系杆拱、木桁架拱、多跨拱梁结构等,它们是利用梁的受弯与拱的承压特点组成复合结构。其中梁、拱都是主要承重结构,两者相互配合、共同受力,如图 3-7 所示。

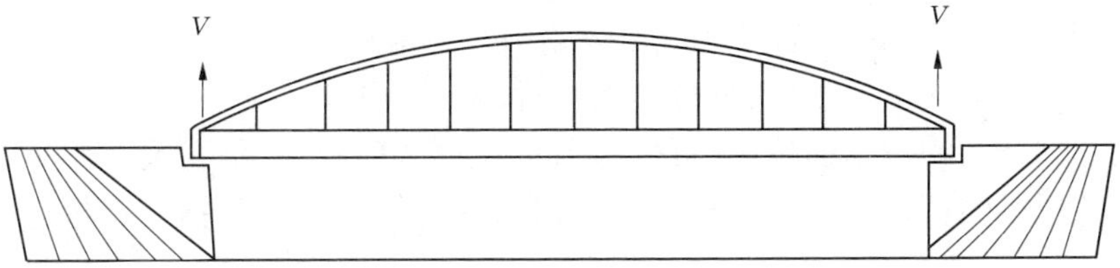

图 3-7　系杆拱桥简图

(2)斜拉桥。斜拉桥也是一种主梁与斜缆相组合的组合体系,如图 3-8 所示。悬挂在塔柱上的被张紧的斜缆将主梁吊住,使主梁像多点弹性支承的连续梁一样工作,这样既发挥了高强材料的作用,又显著减小了主梁截面,使结构自重减轻而能跨越很大的跨径。

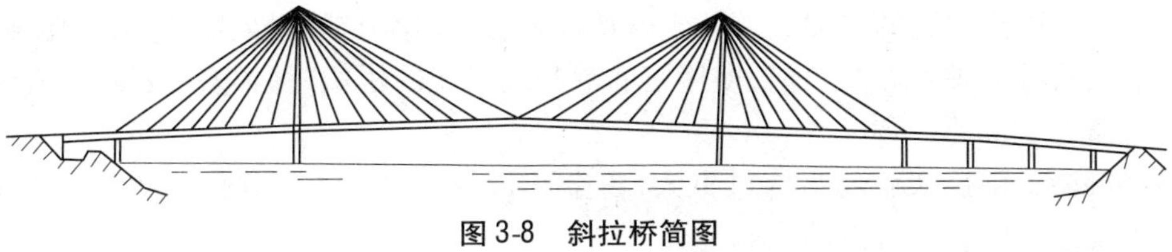

图 3-8　斜拉桥简图

2. 桥梁的其他分类简介

(1)按用途来划分,有公路桥、铁路桥、公铁两用桥、农桥(或机耕道桥)、人行桥、水运桥(或渡槽)、管线桥等。

(2)按桥梁全长和跨径的不同,可分为特大桥、大桥、中桥、小桥和涵洞,见表3-1。

表3-1 桥梁涵洞分类

桥涵分类	多孔跨径总长 L(m)	单孔跨径 L_K(m)
特大桥	$L>1\ 000$	$L_K<150$
大桥	$100 \leqslant L \leqslant 1\ 000$	$40 \leqslant L_K \leqslant 150$
中桥	$30<L<100$	$20 \leqslant L_K<40$
小桥	$8 \leqslant L \leqslant 30$	$5 \leqslant L_K<20$
涵洞	$L<8$	$L_K<5$

注:1. 单孔跨径系指标准跨径。

2. 梁式桥、板式桥的多孔跨径总长为多孔标准跨径的总长;拱式桥为两岸桥台起拱线间的距离;其他形式桥梁为桥面系行车道长度。

3. 管涵及箱涵不论管径或跨径大小、孔数多少,均称为涵洞。

4. 标准跨径:梁式桥、板式桥以两桥墩中线之间桥中心线长度或桥墩中线与桥台台背前缘之间桥中心线长度为准;拱式桥和涵洞以净跨径为准。

(3)按照主要承重结构所用的材料划分,有圬工桥(包括砖、石、混凝土桥)、钢筋混凝土桥、预应力混凝土桥、钢桥、钢筋混凝土组合桥和木桥等。木材易腐,且资源有限,一般不用于永久性桥梁。

(4)按跨越障碍性质,可分为跨河桥、立交桥、高架桥和栈桥。高架桥一般指跨越深沟峡谷以替代高路堤的桥梁,以及在城市道路中跨越道路的桥梁。

(5)按桥跨结构的平面布置,可分为正交桥、斜交桥和弯桥。

(6)按上部结构的行车道位置,可分为上承式桥、中承式桥和下承式桥。

(7)按照桥梁的可移动性,可分为固定桥和活动桥,活动桥包括开启桥、升降桥、旋转桥和浮桥。

任务3.2 桥梁的基本结构体系

3.2.1 钢筋混凝土梁桥

用钢筋混凝土建造的桥梁具有便于就地取材、工业化施工、耐久性好、适应性强、整体性好以及美观等各种优点。目前,使用钢筋混凝土建造的桥梁,种类多,数量大,在桥梁工程中占有重要地位。

钢筋混凝土梁桥缺点是结构自重大,占全部设计荷载(包括恒载和活载)的30%~60%。跨度愈大则自重所占的比例越大。

此外,现场浇筑的钢筋混凝土桥,施工工期长,支架和模板消耗很多木料。

在寒冷地区及在雨季建造整体式钢筋混凝土桥梁时，施工比较困难，如采取蒸汽养生及防雨措施等，则会显著增加工程造价。

目前，为了节约钢材，我国很少修建公路钢桥，而建造圬工拱桥费工又费时，且会受到桥位处地形、地质条件的限制。因此，在公路建设中，尤其是遇到跨越中、小河流等障碍的情况下，往往建造大量中、小跨径的钢筋混凝土梁桥。对装配式钢筋混凝土简支梁桥而言，在技术经济上合理的最大跨径约为 20 m。悬臂梁桥与连续梁桥适宜的最大跨径为60 ~ 70 m。

3.2.2 预应力混凝土梁桥

预应力混凝土是一种预先施加足够压应力的新型混凝土材料。对混凝土施加预压力的高强度钢筋（或称力筋），既是施力工具，又是抵抗荷载引起构件内力和变形的受力钢筋。

预应力混凝土梁桥除了具有一般钢筋混凝土梁桥的优点外，还有下述重要特点：

（1）能最有效地利用现代的高强度材料（高强混凝土、高强钢材），减少构件截面，降低自重所占全部设计荷载的比重，增大跨越能力，并扩大混凝土结构的适用范围。

（2）与钢筋混凝土梁桥相比，一般可以节省钢材 30% ~ 40%，跨径愈大，节省愈多。

（3）全预应力混凝土梁在使用荷载下不出现裂缝，即使是部分预应力混凝土梁在常遇荷载下也无裂缝，鉴于能全截面参与工作，因此梁的刚度就比带裂缝工作的钢筋混凝土梁要大。

（4）预应力技术的采用，为现代装配式结构提供了最有效的接头和拼装手段。根据需要，可在纵向、横向和竖向等施加预应力，使装配式结构结合成理想的整体，扩大了装配式桥梁的使用范围，提高了运营质量。

3.2.3 板桥

板桥是小跨径钢筋混凝土桥中最常用的桥型之一。由于它外形上像一块薄板，故习惯称之为板桥。板桥具有如下特点：

（1）建筑高度小，适用于桥下净空受限制的桥梁，以降低桥头引道路堤高度和缩短引道的长度。

（2）外形简单，制作方便，便于进行工厂化成批生产。

（3）装配式板桥的预制构件重量不大，架设方便。

板桥的主要缺点是跨径不宜过大。跨径超过一定限度时，截面高度显著增大，从而导致结构自重也增大，材料使用上不经济，使得建筑高度小的优点难以发挥。因此，通过实践，简支板桥的经济合理跨径一般限制在 13 ~ 15 m，预应力混凝土连续板桥也不宜超过 35 m。

从结构静力体系来看，板桥可以分为简支板桥、悬臂板桥和连续板桥等。

简支板桥按施工方法可分为整体式结构和装配式结构，前者跨径一般为 4 ~ 8 m，后者若采用预应力混凝土时，跨径可达 16 m。在缺乏起重吊装设备，而有模板架料的情况下，宜采用就地浇筑的整体式钢筋混凝土板桥。这种结构的整体性能好，横向刚度较大，施工也较简便，不足的是，木材消耗量较多。但在一般施工条件下，宜采用装配式结构。

悬臂板桥一般为悬臂式结构，中间跨径为 8 ~ 10 m，两端伸出的悬臂长度约为中间跨径的 0.3 倍,板在跨中的厚度为跨径的 1/18 ~ 1/14,在支点处的板厚要比跨中的加大 30% ~40%。悬臂端可以直接伸到路堤上,不用设置桥台。为了使行车平稳顺畅,两悬臂端部应设置搭板与路堤相衔接。但在车速较高、荷载较重且交通量很大时,搭板容易损坏,从而导致车辆在从路堤上桥时对悬臂的冲击,故目前较少采用。

连续板桥是板不间断地跨越几个桥孔而形成一个超静定结构体系。我国目前修建的连续板桥有三孔、四孔及以上。但当桥梁全长较长时,可以几孔一联,做成多联式的连续板桥。连续板桥较简支板桥具有伸缩缝少、车辆行驶平稳的优点。由于它在支点处产生负弯矩,对跨中弯矩起到卸载作用,故可比简支板桥的跨径做得大一些,或者其厚度比同跨径的简支板做得薄一些,这一点和悬臂板桥是相同的。连续板桥的两端直接搁置在桥台上,不需要设置搭板,避免了像悬臂板桥所出现的车辆上桥时对悬臂端部的冲击。

3.2.4　预应力混凝土 T 型刚构桥

预应力混凝土 T 型刚构桥分为跨中带剪力铰的和跨内设挂梁的两种基本类型。

带铰的 T 型刚构桥是一种超静定结构。两个大悬臂在端部借所谓"剪力铰"相连接,它是一种只能传递竖向剪力而不传递纵向水平力和弯矩的连接构造。当在一个 T 型结构单元上作用有竖向荷载时,相邻的 T 型结构单元通过剪力铰而共同参与受力。因而,从结构受力和牵制悬臂端变形来看,剪力铰起到有利的作用。另外,带铰的 T 型刚构桥,由于不设挂梁,就不需要专门为预制和安装挂梁的大型设备。

带挂梁的 T 型刚构桥以偶数的 T 构单元与奇数的挂梁配合布置最为简单合理。在此情况下刚架两侧恒载是对称的,墩柱中无不平衡的恒载弯矩,一般的多跨桥梁均采用尺寸划一的 T 构和挂梁,以简化设计和施工,但也可以采用不同的 T 构悬臂长度和相同的挂梁相配合,以构成中孔跨径最大并向两侧逐孔减小的桥型布置。在此情况下,每一 T 构两侧的恒载仍是对称的,墩柱中也无不平衡的恒载弯矩。

3.2.5　预应力混凝土连续梁桥

预应力混凝土连续梁桥属于超静定结构。由于预应力结构能充分发挥高强材料的特性,促使结构轻型化,以致具有比钢筋混凝土连续梁桥大得多的跨越能力。其重要特点就是可以有效地避免混凝土开裂,特别是处于负弯矩区的桥面板开裂。连续梁桥的下部结构受力和构造简单,并能节省材料,加之它具有变形和缓、伸缩缝少、刚度大、行车平稳、超载能力大、养护简便等优点,所以在近代桥梁建筑中已得到越来越多的应用。

预应力混凝土连续梁可以设计成等跨或不等跨、等高或不等高的结构形式。由于预应力筋在结构内能起到调整内力的作用,因此预应力混凝土连续梁在孔径布置和截面设计等方面可供选择的范围比钢筋混凝土桥要大得多。

对于中等跨度,当采用目前比较盛行的顶推法施工工艺时,往往就设计成等跨等高的连续梁桥。鉴于施工工艺的独特优点,补偿了结构本身作为等跨等高度连续梁所具有的短处,也可采用先预制成简支梁,待其被架设在临时支座上后,再在支点顶部张拉预应力筋来建立连续性的施工方法。不等跨不等高的预应力混凝土连续梁桥,是大跨度桥梁结合悬臂法施工最常用的结构形式。对于城市桥梁或跨线桥,有时为了增大中跨跨径,还可能设计成边跨与中跨之比小于0.3的连续梁桥，端支点上将出现较大的负反力，因此就要设计专门的能抵抗拉力的支座，或者在跨端部分设置巨大的平衡重来消除负反力。

预应力筋的布置要考虑到张拉操作的方便，当需要在梁内、梁顶或梁底锚固预应力筋时，应根据预应力筋锚固区的受力特点给予局部加强，以防开裂损坏。

3.2.6 预应力混凝土斜拉桥

用多根斜索拉住桥面来跨越较大的河谷障碍早在19世纪初期在欧洲就曾风行一时，但由于当时对于理论认识的不足，对于高次超静定结构无法精确计算以及缺乏高强材料等原因，致使建成的桥梁多次发生毁桥事故，甚至造成严重的伤亡惨剧。

进入20世纪后，鉴于近代桥梁力学理论、电子计算机计算技术、材料强度、施工手段等有了很大进展，上述这种斜拉式桥型又逐渐地重现了它的优越性。

预应力混凝土斜拉桥也属组合体系，它主要由斜索（或称斜缆）、塔柱和主梁三部分组成。从塔柱上伸出并悬吊起主梁的高强度钢索起着混凝土主梁弹性支承的作用。这样，主梁就像显著缩小的多跨弹性支承连续梁那样工作，从而使梁高大大减小，自重大大减轻，并能显著加大桥梁的跨越能力。而且，斜索的水平分力还成了混凝土梁的“免费”轴向预压力，一般来说，它对主梁起有利作用。

3.2.6.1 预应力混凝土斜拉桥的优缺点

根据它的结构特点，可将预应力混凝土斜拉桥的优缺点综述如下：

(1)鉴于主梁增加了中间的斜索支承，弯矩显著减小，与其他体系的大跨径桥梁比较，混凝土斜拉桥的钢筋和混凝土用量均较节省。

(2)借斜索的预拉力可以调整主梁的内力，使之分布均匀合理，获得经济效果，并且能将主梁做成等截面梁，便于制造和安装。

(3)斜索的水平分力相当于对混凝土梁施加的预压力，借以提高梁的抗裂性，并充分发挥高强材料的特性。

(4)结构轻巧，实用性强。利用梁、索、塔三者的组合变化做成不同体系，可适应不同的地形与地质条件。

(5)建筑高度小，主梁高度一般为跨度的1/100～1/40，能充分满足桥下净空与美观要求，并能降低引道填土高度。

(6)与悬索吊桥比较，竖向刚度及抗扭刚度均较强，抗风稳定性要好得多，用钢量较小以及钢索的锚固装置也较简单。

(7)便于采用悬臂法施工和架设，施工安全可靠。

索力调整是使斜拉桥主梁受力均匀，以达到经济、安全的重要措施，但此工序比较繁杂，在实际施工中，要使施工与设计理想地配合并非易事。此外，缆索的防护、新型锚具的工艺和耐疲劳问题等都是有待进一步研究的课题。

3.2.6.2 斜拉桥的结构体系种类

斜拉桥可按其相互结合方式组成四种不同的结构体系，即悬浮体系、支承体系、塔梁固结体系和刚构体系，它们各具特点，在设计中应根据具体情况选择最合适的体系。

(1)悬浮体系。也称飘浮体系，是将除两端外全部缆索吊起而在纵向可稍作浮动的一种具有弹性支承的单跨梁。空间动力计算表明,悬浮体系不能任其在横向随意“摆动”,而必须施加一定的横向约束,提高其振动频率以改善动力性能。

悬浮体系在采用悬臂法施工时,靠近塔柱处的梁段应设置临时支点。

(2)支承体系。主梁在塔墩上设有支点,接近于在跨度内具有弹性支承的三跨连续梁。这种体系的主梁内力在塔墩支点处产生急剧变化,出现了负弯矩尖峰,通常须加强支承区段的主梁截面。

支承体系的主梁一般均设置活动支座,这样可避免因一侧存在纵向水平约束而导致极不均衡的温度变位,它将使无水平约束一侧的塔柱内产生极大的附加弯矩。支承体系在横桥方向亦须在桥台和塔墩处设置侧向水平约束来改善体系的抗震性能。

支承体系在悬臂施工中不需额外设置临时支点,施工比较方便。

(3)塔梁固结体系。它相当于梁顶面用斜索加强的一根连续梁。主梁与塔柱内的内力以及梁的挠度,直接同主梁与塔柱的弯曲刚度比值有关。其主要优点是取消了承受很大弯矩的梁下塔柱部分而代之以一般的桥墩结构,塔柱和主梁的温度内力极小,并可显著减小主梁中央段承受的轴向拉力。但需指出,当中跨满载时,主梁在墩顶处的转角位移会导致塔柱倾斜,使柱顶产生较大水平位移,这样就显著增大了主梁的跨中挠度和边跨的负弯矩,这是这种体系的弱点。

塔梁固结体系中,全部上部结构的重量和活载都须由支座传给桥墩,这就需要设置很大吨位的支座,对于大跨径桥,支承力甚至是万吨级的。

(4)刚构体系。它的塔柱、主梁和柱墩相互固结,形成了在跨度内具有弹性支承的刚构。其优点在于体系的刚度较大,即主梁和塔柱的挠度较小。

刚构体系在塔柱处不需要任何支座,但是在刚结点和墩脚处将出现很大的温度附加弯矩,对于大跨度桥它将是万吨级的。为了减小或消除这种极大的温度内力,往往在主梁跨中设置可以容许水平移动的剪力铰,或者设置挂梁。

总之,悬浮体系具有充分的刚度,受力比较匀称,可以做成等截面主梁而简化施工,抗风、抗震性能也较好,是采用较多的结构体系。支承体系不比悬浮体系有多大的优越性。塔梁固结体系的塔柱内力最小,温度内力也最小,仅主梁边跨负弯矩较大,整体刚度较小,也是可以考虑采用的结构体系,但修建时要解决大吨位支座的问题。由于巨大的温度内力,刚构体系一般都做成带挂梁的型式,它适用于对抵抗地震和风振无特殊要求的场合。

任务3.3 桥梁的规划与设计要求

3.3.1 桥梁总体规划原则和基本设计资料

桥梁是公路或城市道路的重要组成部分,特别是大、中桥梁对当地的政治、经济、国防等都具有重要意义。因此,应根据设计桥梁的使用任务、性质和所在线路的远景发展需要,按照适用、经济和适当照顾美观的原则进行总体规划和设计。公路桥梁应适当考虑农田排灌的需要,以支援农业生产。靠近村镇、城市、铁路及水利设施的桥梁,应结合各有关方面的要求,考虑综合利用。设计人员在工作中必须广泛吸取建桥实践中创造的先进经验,推广各种经济效益好的技术成果,积极采用新结构、新技术、新设备、新工艺、新材料。设计中应结合我国的实际,学习和引进国外最新科学技术,把学习外国和自己创造结合起来。

3.3.1.1 桥梁设计的基本要求

与设计其他工程结构物一样,在桥梁设计中必须考虑下述各项要求。

1. 使用上的要求

关于桥梁结构,在制造、运输、安装和使用过程中应有足够的强度、刚度、稳定性和耐久性,并有安全储备。桥上的行车道和人行道宽度(或安全带)、缘石、护栏、栏杆等设备应保证车辆和人群的安全畅通,并应满足将来交通量增长的需要。桥型、跨度大小和桥下净空应满足泄洪、安全通航或通车等要求。桥上还应设有照明设施,引桥纵坡不宜过陡,地震区桥梁应按抗震要求采取防震措施。建成的桥梁要保证使用年限,并便于检查和维修。

2. 经济上的要求

在桥梁设计中,经济性一般是首要考虑的因素。在设计中必须进行详细周密的技术经济比较,使桥梁的总造价和材料等的消耗为最少。应注意的是,要全面而精确地计算所有的经济因素往往是困难的,在技术经济比较中,应充分考虑桥梁在使用期间的运营条件,并综合考虑发展远景和将来的养护维修等方面的问题,使其造价和养护费用综合最省。

桥梁设计应根据因地制宜、就地取材、方便施工的原则,合理选用适当的桥型。此外,能满足快速施工要求以达到缩短工期的桥梁设计,不仅能降低造价,而且提早通车在运输上将带来很大的经济效益。

3. 结构尺寸和构造上的要求

整个桥梁结构及其各部分构件在制造、运输、安装和使用过程中应具有足够的强度、刚度、稳定性和耐久性。桥梁结构的强度应使全部构件及其连接构造的材料抗力或承载能力具有足够的安全储备。对于刚度的要求,应使桥梁在荷重作用下的变形不超过规定的容许值,过度的变形会使结构的连接松弛,而且挠度过大会导致高速行车困难,引起桥梁剧烈的振动,使行人不适,严重者会危及桥梁的安全。结构的稳定性是要使桥梁结构在各种外力作用下,具有能保持原来的形状和位置的能力。例如,桥梁结构和墩台的整体不致倾倒或滑移,受压构件不致引起纵向屈曲变形等。在地震区修建桥梁时,在计算和构造上还要满足抵御地震破坏力的要求。

4. 施工上的要求

桥梁结构应便于制造和架设。应尽量采用先进的工艺技术和施工机械,以利于加快施工速度,保证工程质量和施工安全。

5. 美观上的要求

一座桥梁应具有优美的外形,应与周围的景致相协调。城市桥梁和游览地区的桥梁可较多地考虑建筑艺术上的要求。合理的结构布局和轮廓是美观的主要因素,决不应把美观片面地理解为豪华的细部装饰。此外,施工质量也会影响桥梁美观性。

此外,桥梁设计应积极采用新结构、新材料、新工艺和新设备,学习和利用国际上最新科学技术成就,以利于提高我国桥梁建设水平,赶上和超过世界先进水平。

3.3.1.2 野外勘测与调查研究

一座桥梁的规划设计涉及的因素很多,必须充分调查和研究、收集以下资料,从客观实际出发,提出合理的设计建议及计划任务书。

(1)调查研究桥梁交通要求。即调查桥上的交通种类和行车、行人的往来密度,以确定桥梁的荷载等级和行车道、人行道宽度等。调查桥上是否有需要通过的各类管线(如电力、电话线和水管、煤气管等),为此需设置专门的构造装置。

(2)选择桥位,测量桥位附近的地形,绘制地形图供设计和施工应用。

(3)探测桥位的地质情况,包括土壤的分层标高、物理力学性能、地下水等,并将钻探所得资料绘成地质剖面图。对于所遇到的地质不良现象,如滑坡、断层、溶洞、裂缝等应详加注明。

(4)桥位的详细勘测和调查。对确定的桥位要进一步收集资料,为设计和施工提供可靠依据。这时的勘测和调查工作包括绘制桥位附近大比例尺地形图、桥位地质钻探并绘制地质剖面图、实地水文勘测调查等。为使地质资料更接近实际,宜将钻孔布置在拟定的桥孔方案墩台附近。

(5)调查和测量河流的水文情况,包括调查河道性质(如河床及两岸的冲刷和淤积、河道的自然变迁等),收集和分析历年的洪水资料,测量河床断面图,调查河槽各部分的形态标志、糙率等,通过计算确定各种特征水位、流速、流量等。与航运部门协商确定通航水位和通航净空。了解河流上有关水利设施对新建桥梁的影响。

(6)调查当地建筑材料(砂、石料等)的来源、水泥钢材的供应情况以及水陆交通的运输情况。

(7)调查了解施工单位的技术水平、施工机械等装备情况,以及施工现场的动力设备和电力供应情况。

(8)调查和收集有关气象资料,包括气温、雨量及风速(台风影响)等情况。

(9)调查新建桥位上、下游有无老桥,其桥型布置和使用情况等。

很明显,选择桥位需要一定的地形、地质和水文等资料,而对于已选定的桥位,又需要进一步为桥梁设计提供更为详尽的基本资料。因此,以上各项工作往往是互相渗透,交错进行的。

3.3.1.3 设计程序

桥梁设计是一个分阶段、循序渐进的工作过程。根据国家基本建设程序要求,我国大型桥梁的桥梁设计程序分为前期工作和设计阶段(见图3-9)。前期工作包括编制预可行性研究报告和可行性研究报告;设计阶段按“三阶段设计”进行,即初步设计、技术设计与施工图设计。各阶段的设计目的、内容、要求和深度均不同,分述如下。

1. 预可行性研究报告的编制

此阶段简称“预可”阶段。预可行性研究报告是在工程可行的基础上,着重研究建设上的必要性和经济上的合理性,解决要不要修建桥梁的问题。对于区域性桥梁,应通过对准备建桥地点附近的渡口车辆流量调查,并从发展的观点以及桥梁修建后可能引入的车流,科学分析和确定通过桥梁的可能车流量,论证工程的必要性。

在预可行性研究报告中,应编制几个可能的桥型方案,对工程造价、投资回报、社会效益、政治意义和国防意义等进行分析,论述经济上的合理性,并对资金来源有所设想。设计单位将预可行性研究报告交业主后,由业主据此编制“项目建议书”报主管上级审批。

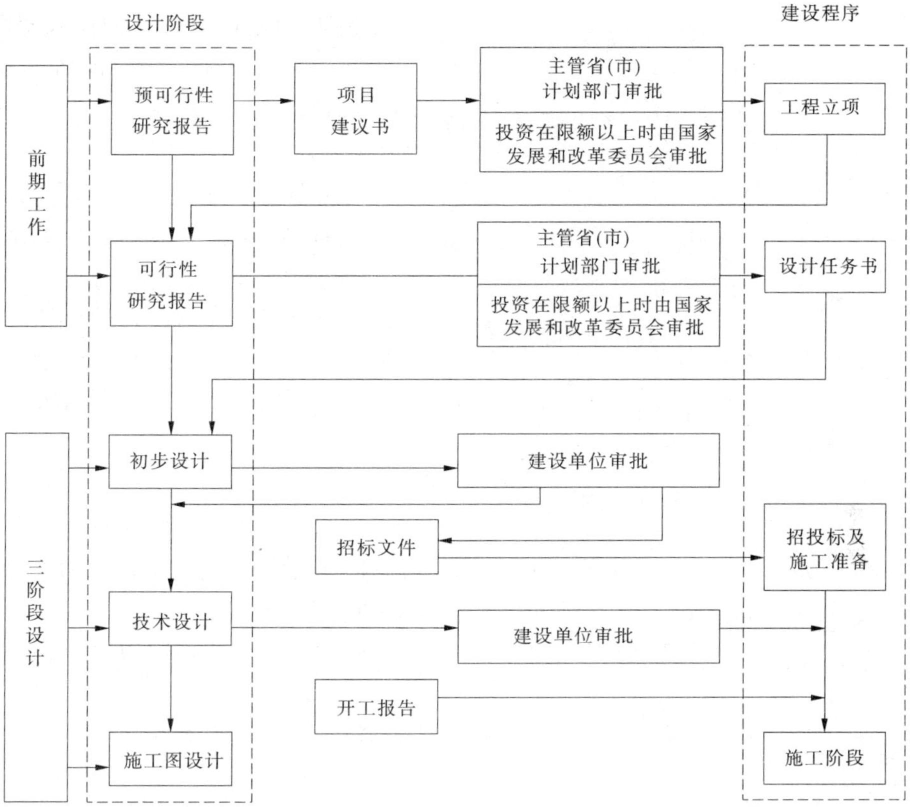

图3-9 设计阶段与建设程序关系图

2. 可行性研究报告的编制

此阶段简称为“工可”阶段。“工可”阶段与“预可”阶段的内容和目的基本一致，只是研究的深度不同，可行性研究报告是在预可行性研究报告审批后，着重研究工程上和投资上的可行性。

在本阶段，要研究和制定桥梁的技术标准，包括设计荷载、允许车速、桥梁坡度和曲线半径等，同时，还应与河道、航运、城市规划等部门共同研究和协商来确定相关技术标准。

在“工可”阶段，应提出多个桥型方案，并按交通部《公路工程基本建设项目投资估算编制办法》(JTG M20—2011)估算造价，对资金来源和投资回报等问题应基本落实。

3. 初步设计

可行性研究报告批复后，即可进行初步设计。在本阶段要进一步开展水文、勘测工作，以获取更详细的水文资料、地形图和工程地质资料。在初步设计阶段，应拟定桥梁结构的主要尺寸、估算工程数量和主要材料的用量、提出施工方案的意见和编制设计概算。初步设计概算成为控制建设项目投资的依据。

初步设计的目的是确定设计方案，应拟定几个桥式方案，综合分析每个方案的优缺点，通过对每个方案的主要材料用量、总造价、劳动力数量、工期、施工难易程度、养护费用等各种技术经济指标以及美观性进行比较，选定一个最佳的推荐方案，报建设单位审批。

4. 技术设计

技术设计的主要内容是对选定的桥式方案中重大、复杂的技术问题通过科学试验、专题研究、加深勘探调查及分析比较,进一步完善批复的桥型方案的总体和细部各种技术问题,提出详尽的设计图纸,包括结构断面、配筋、细节处理、材料清单及工程量等,并修正工程概算(见图3-9)。

5. 施工图设计

施工图设计是在批复的技术设计(三阶段设计时)或初步设计(二阶段设计时)所有技术文件基础之上,进一步进行具体设计。此阶段工作包括详细的结构分析计算、配筋计算、验算各构件强度、刚度、稳定性和裂缝等各种技术指标并确保满足规范要求,绘制施工详图,编制施工组织设计和施工图预算。

目前,国内一般的(常规的)桥梁采用二阶段设计,即初步设计和施工图设计;对于技术上复杂的特大桥、互通式立交或新型桥梁结构,需增加技术设计,即三阶段设计;对于技术简单、方案明确的小桥,也可采用一阶段设计,即施工图设计。

3.3.2 桥梁纵、横断面设计和平面布置

3.3.2.1 桥梁纵断面设计

桥梁纵断面设计包括确定桥梁的纵跨径、桥梁的分孔、桥道的标高、桥上和桥头引道的纵坡以及基础的埋置深度等。

1. 桥梁总跨径的确定

对于一般跨河桥梁,总跨径可参照水文计算来确定。一方面,桥梁的总跨径必须保证桥下有足够的排洪面积,使河床不致遭受过大的冲刷。另一方面,根据河床土壤的性质和基础的埋置情形,设计者应视河床的允许冲刷程度,适当缩短桥梁的总长度,以节约总投资。由此可见,桥梁的总跨径应根据具体情况经过全面分析加以确定。例如,对于在非坚硬岩层上修筑的浅基础桥梁,总跨径应该大一些而不使路堤压缩河床;对于深埋基础,一般允许较大的冲刷,总跨径就可适当减小。山区河流一般河床流速本来已经很大,则应尽可能少压缩或不压缩河床;而对于平原区的宽滩河流虽然可允许较大的压缩,但必须注意壅水对河滩路堤以及附近农田和建筑物可能造成的危害。

2. 桥梁的分孔

对于一座较长的桥梁,应当分成几孔,各孔的跨径应当多大,这不仅影响到使用效果、施工难易等,并且在很大程度上关系到桥梁的总造价。跨径愈大、孔数愈少,上部结构的造价就愈高,墩台的造价就减少;反之,则上部结构的造价降低,而墩台造价将提高。这与桥墩的高度以及基础工程的难易程度有密切关系。最经济的分孔方式就是使上、下部结构的总造价趋于最低。

对于通航河流,在分孔时首先应考虑桥下通航的要求。桥梁的通航孔应布置在航行最方便的河域。对于变迁性河流,鉴于航道位置可能发生变化,就需要多设几个通航孔。

在平原地区的宽阔河流上修建多孔桥时,通常在主槽部分按需要布置跨径较大的通航孔,而在两旁浅滩部分则按经济跨径进行分孔。如果经济跨径较通航要求值还大,则通航孔也应取用较大跨径。

在山区的深谷上、在水深流急的江河上或需在水库上修桥时，为了减少中间桥墩，应加大跨径。条件允许的话，甚至可采用特大跨径单孔跨越。

在布置桥孔时，有时为了避开不利的地质段（如岩石破碎带、裂隙、溶洞等），也要将桥基位置移开，或适当加大跨径。

对于某些体系的多孔桥梁，为了合理地使用材料，各孔跨径应有适宜的比例关系。例如，为了使钢筋混凝土连续梁桥的中跨和相邻边跨的跨中最大弯矩接近相等，其中跨与相邻边跨的跨径比值，对于三跨连续者约为1.00∶0.90∶0.65，为了使多孔悬臂梁桥的结构对称，最好布置成奇数跨。

从战备方面考虑，应尽量使全桥的跨径做得一样，并且跨径不宜太大，以便于战时抢通和修复。

跨径的选择还与施工能力有关，有时选用较大跨径虽然在经济上是合理的，但限于当时的施工技术能力和设备条件，也不得不将跨径减少。对于大桥施工，基础工程往往对工期起控制作用，在此情况下，从缩短工期出发，就应减少基础数量而修建较大跨径的桥梁。

一座桥梁既是交通工程结构物，又是自然环境的美化者，对于一些特别重要的桥梁，更应该显示出社会主义建设的时代特点。因此，在整体规划桥梁分孔时必须重视美观上的要求。

总之，大、中桥梁的分孔是一个相当复杂的问题，必须根据使用任务、桥位处的地形和环境、河床地质、水文等具体情况，通过技术经济等方面的分析比较，才能做出比较完美的设计方案。

3. 桥道标高的确定

对于跨河桥梁，桥道的标高应保证桥下排洪和通航的需要；对于跨线桥，则应确保桥下安全行车。在平原区建桥时，桥道标高的抬高往往伴随着桥头引道路堤土方量的显著增加。在修建城市桥梁时，桥高了使两端引道的延伸影响市容，或者需要设置立体交叉或高架栈桥，这将导致提高造价。因此，必须根据设计洪水位、桥下通航（或通车）净空等需要，结合桥型、跨径等一起考虑，以确定合理的桥道标高。在有些情况下，桥道标高在路线纵断面设计中已做规定。

桥面标高的确定主要考虑三个因素：路线纵断面设计要求、排洪要求和通航要求。对于中、小桥梁，桥面标高一般由路线纵断面设计确定；对于跨河桥，为保证结构不受毁坏，桥梁主体结构必须比计算水位（设计水位计入壅水、浪高等）或最高流冰水位高出一定距离，满足《公路桥涵设计通用规范》（JTG D60—2015）（以下简称《桥规》（JTG D60））对非通航河流桥下净空的要求（见表3-2）；对于通航河流，通航孔还必须满足通航净空要求，通航净空尺寸按《内河通航标准》（GB 50139—2014）确定；对于跨越铁路或公路的桥梁，应满足相应的铁路或公路的建筑限界规定。

4. 桥梁纵坡布置

桥梁标高确定后，就可根据两端桥头的地形和线路要求来设计桥梁的纵断面线形。按照《公路工程技术标准》（JTG B01—2014）第6.0.8条规定，桥上纵坡不宜大于4%，桥头引道纵坡不宜大于5%；位于市镇混合交通繁忙处，桥上纵坡和桥头引道纵坡均不得大于3%，桥头两端引道线形应与桥上线形相匹配。

表3-2 非通航河流桥下净空

桥梁的部位		高出计算水位(m)	高出最高流冰面(m)
梁底	洪水期无大漂流物	0.50	0.75
	洪水期有大漂流物	1.50	—
	有泥石流	1.00	—
支承垫石顶面		0.25	0.50
有铰拱拱脚		0.25	0.25

注:无铰拱的拱脚可被设计洪水淹没,但不宜超过拱圈高度的2/3,且拱顶底面至计算水位的净高不得小于1.0 m。

3.3.2.2 桥梁横断面设计

桥梁横断面的设计主要是决定桥面的宽度和桥跨结构横截面的布置。桥面宽度由行车和行人的交通需要决定。桥面净空应符合《桥规》(JTG D60)第3.4.1条公路建筑限界的规定;确定桥面净宽时,应首先考虑与桥梁相连的公路路段的路基宽度,保持桥面净宽与路基宽度相同。多车道公路上的特大桥为整体式上部结构时,中央分隔带宽度应根据所采用的护栏形式确定,路肩宽度经论证后可采用现行《公路工程技术标准》(JTG B01—2014)有关规定的"最小值"。高速公路和作为干线功能的一级公路上特大桥的右侧路肩宽度小于2.50 m且桥长超过1 000 m时,宜设置紧急停车带和过渡段,紧急停车带宽度包括路肩在内应为3.50 m,有效长度不应小于40 m,间距不宜大于500 m。桥上设置的各种安全设施及标志等不得侵入桥涵净空限界。

行车道宽度为车道数乘以车道宽度,车道宽度与设计车速有关,车速越高,车道宽度越大,其值为3~3.75 m,应满足前述规范的要求。自行车道和人行道的设置应根据需要而定,与前后路线布置协调。一个自行车道的宽度为1.0 m,单独设置自行车道时,一般不宜小于两个自行车道的宽度。人行道的宽度一般为0.75 m或1.0 m,大于1.0 m时,按0.5 m的级差增加。高速公路上的桥梁不宜设人行道。漫水桥和过水路面可不设人行道。

高速公路、一级公路上的桥梁必须设置护栏。二、三、四级公路上特大、大、中桥应设护栏或栏杆和安全带,小桥和涵洞可仅设缘石或栏杆。不设人行道的漫水桥和过水路面应设护栏或栏杆。

在弯道上的桥梁应按路线要求予以加宽。

3.3.2.3 桥梁平面布置

桥梁及桥头引道的线形应与路线布设相互协调,各项技术指标应符合路线布设的规定。高速公路和一级公路上行车速度快,桥梁与道路衔接必须舒顺才能满足行车要求,因此高速公路、一级公路上的各类桥梁除特殊大桥外,其布设应满足路线总体布设的要求。高速公路、一级公路上的特殊大桥,以及二、三、四级公路上的大、中桥线形,一般为直线,如必须设成曲线时,其各项指标应符合路线布设规定。

从桥下泄洪要求及桥梁安全角度考虑,桥梁纵轴线应尽可能地与洪水主流流向正交。对通航河流上的桥梁,为保证航行安全,通航河道的主流应与桥梁纵轴线正交。当斜交不能避免时,交角不宜大于5°;当交角大于5°时,应增大通航孔跨径。对于一般小桥,为了改善路线线形,或城市桥梁受原有街道的制约时,也允许修建斜交桥,但从桥梁本身的经济性和施工方便来说,斜交角通常不宜大于45°。

任务3.4 桥梁上部结构构造

桥梁的构造组成基本上是一样的,但因为桥梁类型的不同,它们也有许多不同之处。本任务主要对钢筋混凝土梁桥和拱桥分别进行简要的介绍。

3.4.1 梁桥上部结构

由于施工方法的不同,梁桥分为整体式和装配式两类。整体式是上部结构在桥位上整体现场浇筑而成,特点是结构整体性好、刚度大,但由于需要现场浇筑,施工进度慢,工业化程度低。装配式是利用运输和起重设备将预制的独立构件运到桥位现场,进行起吊、安装、拼接。

3.4.1.1 梁的横断面形式

梁桥的上部结构根据截面的形式不同,一般分为板式梁桥、肋板式梁桥和箱形梁桥。

1. 板式梁桥(简称板桥)

板桥的承重结构是矩形截面的混凝土板梁,如图3-10所示。其主要特点是构造简单、施工方便且建筑高度小。但其跨径不能太大,一般情况下简支板桥的跨径在10 m以下。根据力学特性,对矩形板桥进行优化设计做成留有圆洞的空心板或将其下部稍加挖空的矮肋式板,以减轻自重,增大跨径。为施工方便,也可将梁板制成由几块预制的实心板条拼接而成,形成装配式结构,如图3-11所示。

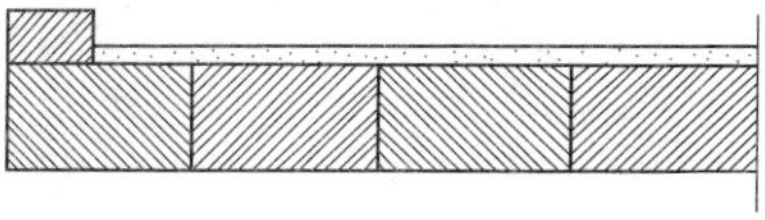

图3-10 矩形板横断面

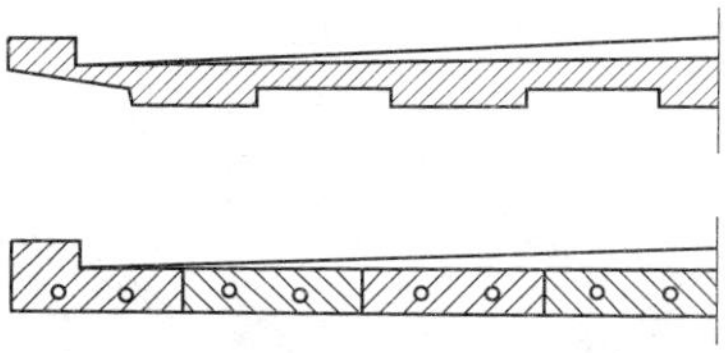

图3-11 改进的板桥横断面

2. 肋板式梁桥

在横断面内形成明显肋形结构的梁桥称为肋板式梁桥。在这种桥梁上,梁肋与顶部的钢筋混凝土桥面板结合在一起作为承重结构,如图3-12(a)、(b)所示。这种形式显著减轻了结构自重,其跨越能力较板桥有了很大提高,一般中等跨径(13 ~ 15 m)的梁桥采用这种形式。一般情况下,为了施工方便,先将梁预制成T型断面的单个梁(简称T梁),然后进行运输、起吊、安装和拼接(简称装配式T型梁),如图3-12(c)所示。在每一片T梁上通常设置待安装就位后相互连接用的横隔梁,以加强全桥的整体性。

3. 箱形梁桥

横断面呈一个或多个封闭箱形的梁桥称为箱形梁桥。与肋板式梁桥的区别是,不但跨越能力较大,而且抗扭刚度也特别大,一般用于较大跨径的悬臂梁桥和连续梁桥,如图 3-13所示。箱梁可分为单室或多室的整体式以及多室装配式箱梁。

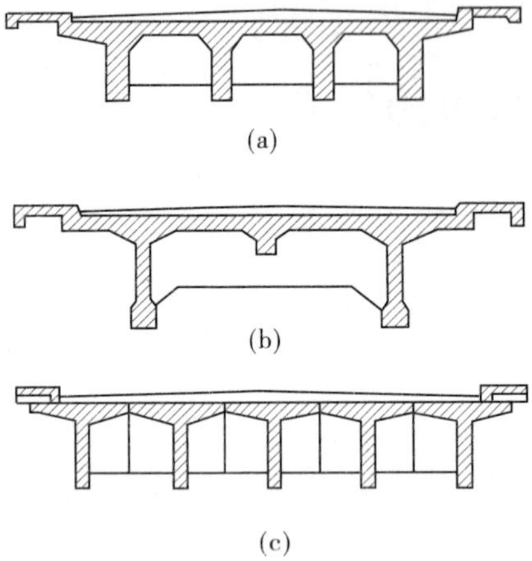

图 3-12　肋板式梁桥横断面

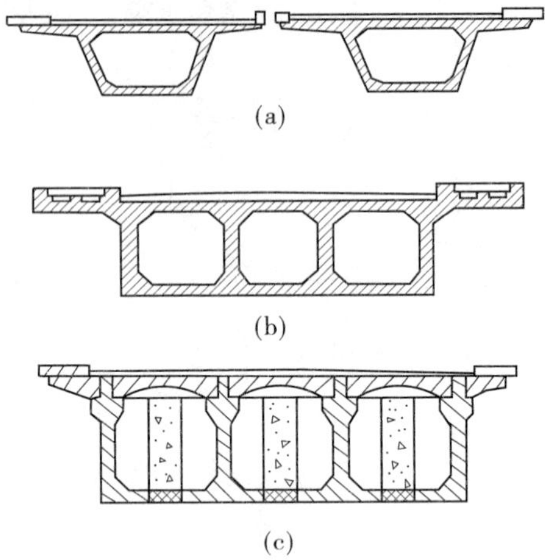

图 3-13　箱形梁桥横断面

3.4.1.2　梁桥上部构造

图 3-14 是一孔混凝土简支梁桥的上部构造。从图中可以看出,简支梁桥上部结构由主梁、横隔梁、桥面板、桥面系以及支座等几部分组成。

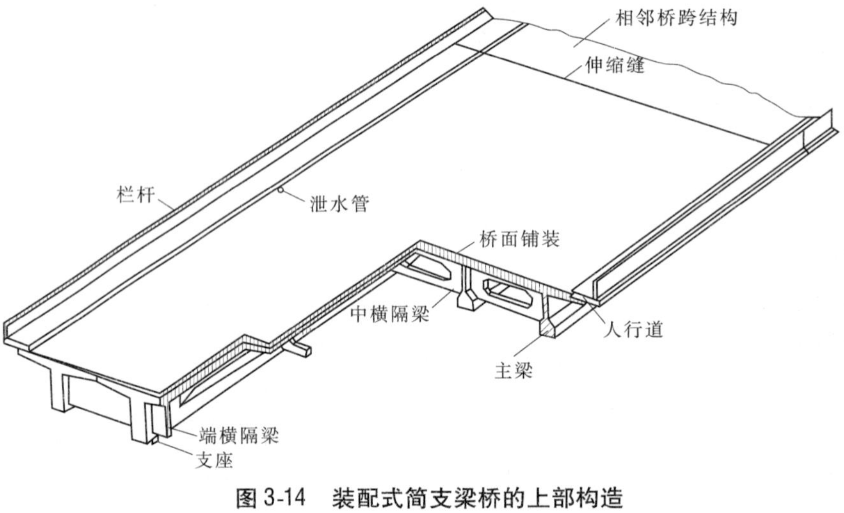

图 3-14　装配式简支梁桥的上部构造

1. 主梁

主梁是桥梁上部结构的主要承重构件。装配式简支梁桥的每片主梁都是预制的独立构件,主梁两端分别用固定支座和活动支座支撑于桥梁墩台上。其横断面形式如上所述。以标准跨径 20 m 装配式简支 T 梁为例,其主梁的纵、横断面图,如图 3-15 所示。

1)主梁的间距

主梁间距的大小不仅与钢筋和混凝土的材料用量、构件的重力有关,而且与桥面板的刚度有关。一般来说,对于跨径大一些的桥梁,适当地加大主梁间距,可减少钢筋和混凝

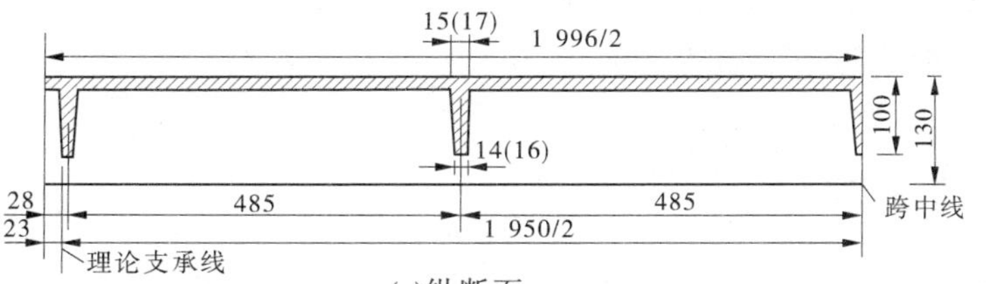

(a)纵断面

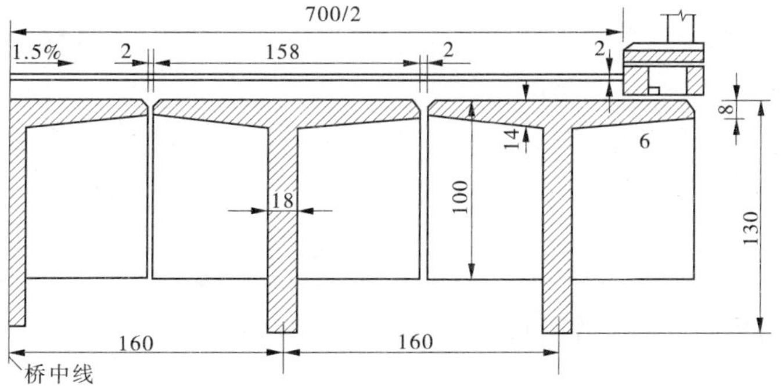

(b)横断面

图3-15 装配式T梁纵、横断面图 (单位:cm)

土的用量。主梁间距一般为1.5~2.2 m。

2)主梁钢筋布置

装配式T梁的主梁钢筋可分为纵向主钢筋、弯起钢筋(也称为斜钢筋)、箍筋、架立钢筋和防收缩钢筋。由于纵向主钢筋数量多,常采用多层焊接钢筋骨架。

(1)纵向主钢筋。纵向主钢筋设在梁肋的下缘,随着弯矩值的变化而向支点逐渐减少。主钢筋可在跨间适当的位置切断或弯起。为保证主梁两端有足够数量的主钢筋,伸过支点截面的钢筋不应少于主钢筋截面积的20%,且不得少于2根。主梁中每片骨架的纵向钢筋数一般为3~7根,竖直排焊的总高度不宜大于梁高的0.15~0.20倍。伸过支点截面的钢筋应弯成直角,并顺着梁端延伸到梁的顶部与架立钢筋焊接在一起。

(2)斜钢筋。斜钢筋的作用是抵抗剪力及主拉应力。当主钢筋弯起数量不足时,可在主钢筋和架立钢筋上加焊斜钢筋。斜钢筋与梁的轴线一般布置成45°。弯起钢筋应按圆弧弯折,圆弧半径(以主钢筋轴线计算)不小于$10d$。弯起钢筋的数量(包括根数和直径)由斜截面抗剪强度计算确定,而弯起钢筋的弯起点位置还应满足桥涵设计规范的要求。

(3)箍筋。箍筋的作用也是用于抵抗剪力,其间距不应大于梁高的3/4和50 cm,直径不小于6 mm,且不小于1/4主钢筋直径,且梁支点附近的第一根箍筋应设置在距支承边缘5 cm处。在主梁和横隔梁交叉处不设箍筋,在支座附近箍筋应加密或采用四肢箍筋,并应在支座部位的梁底部加设钢筋网。

(4)架立钢筋。架立钢筋布置在梁肋的上缘,主要起固定箍筋和斜钢筋并使梁内全部钢筋形成空间骨架的作用。

(5)防收缩钢筋。防收缩钢筋是防止梁肋侧面混凝土收缩等原因而导致的裂缝。其

钢筋面积 $A=(0.0015\sim0.002)bh$(b 为梁肋宽度,h 为梁高)。钢筋直径为 6 ~ 10 mm,靠近下部布置得密些,靠近上部布置得疏些。

T 梁翼缘板内的受力钢筋沿横向布置在板的上缘,以承受悬臂的负弯矩。在顺桥方向还应设置少量分布钢筋。

2. 横隔梁

横隔梁起着联系各主梁、增强全桥整体性的作用,保证作用在桥面上的荷载对各主梁有良好的横向分配。一般在跨中、支点处均应设置横隔梁。跨中横隔梁对各主梁的荷载分配起主要作用,支座处的横隔梁对保证装配式梁桥在运输、安装过程中的稳定性和主梁的抗扭能力是必要的。

横隔梁一般做成肋板截面形式,肋宽一般为 0.12 ~ 0.2 m,高度可取主梁高度的 3/4 左右,也可做成与主梁同样高度。

3. 桥面系

桥梁的桥面系通常包括桥面铺装、桥面防水和排水设施、伸缩缝、人行道、缘石、栏杆等构造,如图 3-16 所示。它是桥梁直接提供服务功能的部件。

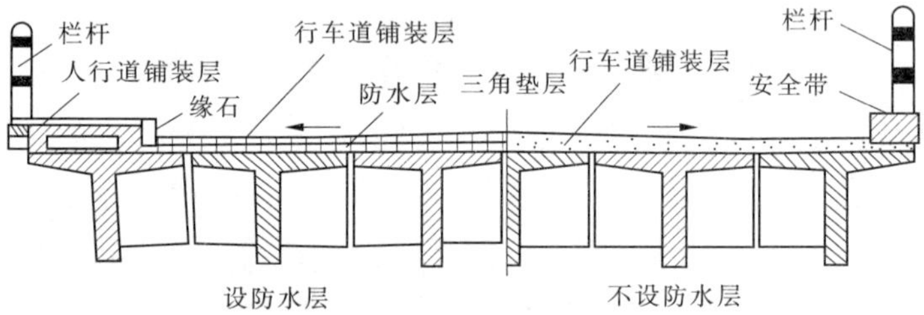

图 3-16　桥面系结构横断面

1)桥面铺装

桥面铺装是车轮直接作用的部分,又叫行车道铺装。它的作用是保护属于主梁整体部分的行车道板不受车辆轮胎(或履带)的直接磨耗,防止主梁遭受雨水侵蚀,且对车轮中的集中荷载起分布作用。桥面铺装位于翼板之上,其形式很多,常用的有钢筋混凝土桥面铺装、普通混凝土或沥青混凝土铺装、防水混凝土铺装、具有贴式防水层的水泥混凝土或沥青混凝土铺装。

2)桥面排水设施

钢筋混凝土结构经受水长时间浸入时,其细微裂纹和大孔隙中会渗入水分,在结冰时会因为膨胀导致混凝土发生破坏,而且即使不发生冰冻,钢筋也会受到锈蚀作用。所以,为防止雨水滞积于桥面并渗入梁体而影响桥梁的耐久性,除在桥面铺装层内设置防水层外,还应将桥面上的雨水迅速引导排出桥外。通常当桥面纵坡大于 2% 而桥长小于 50 m 时,雨水可流至桥头从引道上排除,桥上不设专门的泄水孔道。

当桥面纵坡大于 2%,但桥长大于 50 m 时,宜在桥上间隔设置泄水管,如图 3-17 所示。泄水管可沿行车道两侧左右对称排列,也可交错排列,其离路缘石距离为 20 ~ 30 cm。泄水管尽可能竖直向下设置,以利于排水。对于一些小跨径桥梁,为了简化构造和节省材料,可以直接在行车道两侧安全带或缘石上预留横向泄水孔口,将水用管排至桥外侧。

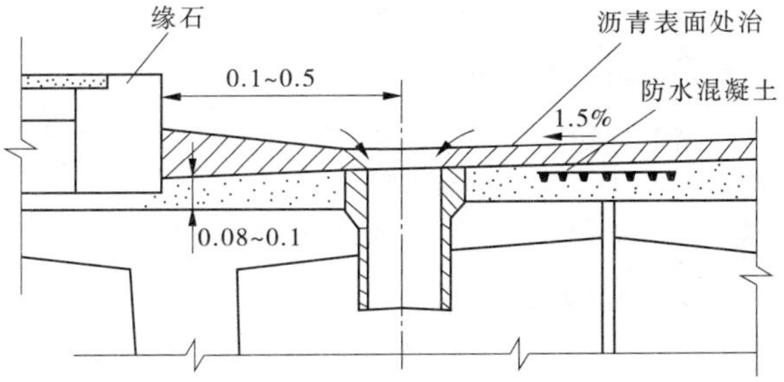

图 3-17　泄水管布置　（单位：m）

3）伸缩缝

为保证桥跨结构在气温变化、活载作用、混凝土收缩与徐变等作用下自由变形，通常在梁端与桥台之间、两梁端之间或桥梁的铰接位置上设置横向伸缩缝（也称变形缝）。伸缩缝的构造有简有繁，不仅要保证主梁能够自由伸缩，而且要满足车辆能够平顺地通过伸缩缝处，也不能使雨水渗入、垃圾阻塞伸缩缝。常用的伸缩缝有钢板伸缩缝、橡胶伸缩缝、TST 弹塑体伸缩缝等。

4）桥面连续

为了减少多孔桥的伸缩缝数量，改善行车条件，一般采用桥面连续，根据气温变化情况，通常每隔 50 ~ 80 m 设一道伸缩缝，使相邻伸缩缝之间的桥面构成一联。在桥面连续处，增加铺装层钢筋，混凝土连续浇筑，使桥面连成整体。

5）人行道

当桥梁修建在城市道路或一般公路上时，因为通过桥上的行人交通量较大，这就需要在桥面的两侧设置人行道，专供行人通行使用，使行人与车辆分离以保证安全。人行道的宽度根据当地调查情况决定，人行道的形式一般有悬臂式和非悬臂式两种，如图 3-18 所示。其中，悬臂式是依靠锚栓获得稳定。

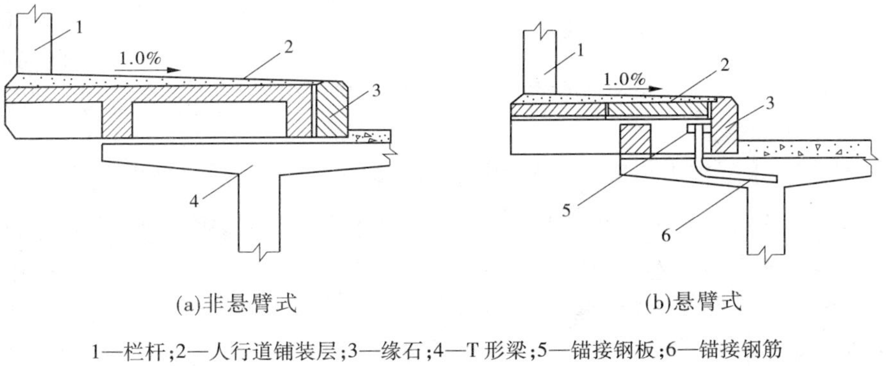

(a)非悬臂式　　(b)悬臂式

1—栏杆；2—人行道铺装层；3—缘石；4—T 形梁；5—锚接钢板；6—锚接钢筋

图 3-18　人行道

6）支座

桥梁支座的作用是将桥跨结构的荷载传递到桥梁的墩台上，同时保证桥跨结构所要求的位移与转动，以便使结构实际受力情况与计算理论图式相吻合。钢筋混凝土和预应力混凝土梁桥在桥跨结构和墩台之间均应设置支座。

梁桥的支座一般分为固定支座和活动支座两种,固定支座既要固定主梁在墩台上的位置以传递竖向压力和水平力,又要保证主梁发生挠曲时在支承处能自由转动。活动支座只传递竖向压力,但它须保证主梁在支承处既能自由转动又能水平移动。

梁桥的支座通常可以用油毛毡、钢板、橡胶或钢筋混凝土等材料来制作。梁桥支座结构类型甚多,应根据桥梁跨径的长短、支点反力的大小、梁体变形的程度以及对支座构造高度的要求等,视具体情况进行选用。

3.4.2 拱桥上部结构

3.4.2.1 拱桥的特点

拱桥是我国公路上使用很广泛且具有悠久历史的一种桥梁形式。其外形宏伟,且经久耐用。拱桥与梁桥不仅在外形上不同,在受力性能上也存在着本质区别。梁式桥在竖向荷载作用下,梁体内主要产生弯矩,且在支承处只有竖向反力,而拱式桥在竖向荷载作用下,支承处不仅产生竖向反力,而且还产生水平推力。由于这个水平推力的存在,拱圈中的弯矩比相同跨径梁桥的弯矩小得多,从而使整个拱圈主要承受压力作用。因此,拱桥不仅可以利用钢、钢筋混凝土等材料来修建,而且还可以充分利用抗压性能较好而抗拉性能较差的圬工材料(石料、混凝土、砖等)来修建。这种由圬工材料修建的拱桥又称为圬工拱桥。

1. 拱桥的主要优点

(1)跨越能力大。在全世界范围内,目前已建成的钢筋混凝土拱桥的最大跨径为420 m,石拱桥为155 m,钢拱桥达518 m。

(2)能充分做到就地取材,降低造价,并且与钢桥和钢筋混凝土梁式桥相比,可以节省大量的钢材和水泥。

(3)耐久性好,养护及维修费用少,承载潜力大。

(4)外形美观。拱桥在建筑艺术上,是通过选择合理的拱式体系及突出结构上的线条来达到美的效果。

(5)构造较简单,尤其是圬工拱桥,有利于普及和广泛采用。

2. 拱桥的主要缺点

(1)自重大,水平推力也较大,增加了下部结构的工程量,对地基条件要求高。

(2)对于多孔连续拱桥,为了防止其中一孔破坏而影响全桥,还要采取特殊的措施,如设置单向推力墩以承受不平衡的推力。

(3)在平原地区修建拱桥,由于建筑高度较大,使桥两岸接线的工程量增大,亦使桥面纵坡加大,对行车不利。

(4)圬工拱桥施工需要劳动力较多,建桥工期较长等。

拱桥虽然存在以上缺点,但由于它的优点突出,在条件许可的情况下,修建拱桥往往是经济合理的,因此在我国公路桥梁建设中,拱桥得到了广泛应用。

3.4.2.2 拱桥的主要类型及其适用范围

拱桥的形式多种多样,构造各有差异,可以按照不同的方式将拱桥分为各种类型。

1. 按主拱圈所使用的材料分

按主拱圈(肋、箱)所使用的建筑材料不同可分为圬工拱桥、钢筋混凝土拱桥和钢拱桥。

2. 按拱上建筑的形式分

1)实腹式拱上建筑

由侧墙、拱腹填料、护拱以及变形缝、防水层、泄水管以及桥面组成。实腹式拱上建筑的构造简单,施工方便,填料数量较多,恒载较重,所以一般适用于小跨径的板拱桥,如图 3-19所示。

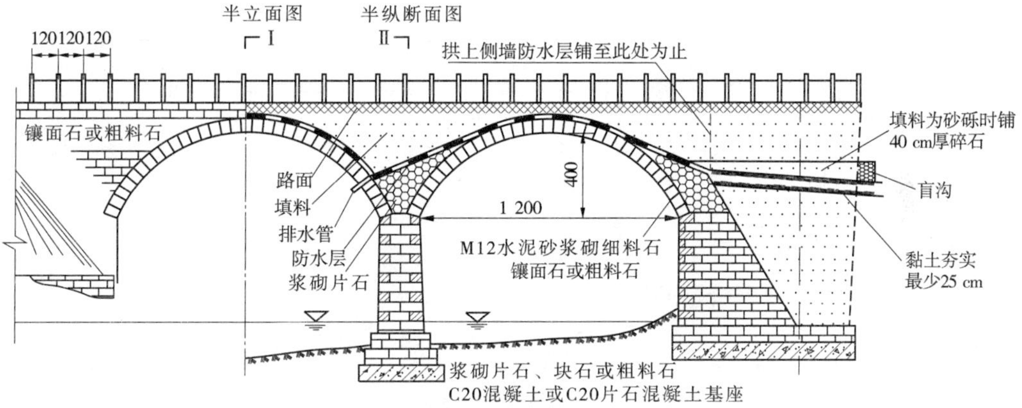

图 3-19　实腹式拱上建筑　(单位:cm)

(1)侧墙。侧墙承受填料和车辆荷载所产生的侧向压力,设置在拱圈两侧,其作用是围护拱腹填料。通常采用浆砌片石或浆砌块石砌筑而成,为了美观,可采用料石镶面。侧墙厚度由计算确定,通常顶宽 0.5 ~0.75 m,向下逐渐加厚,外坡垂直,内坡为 4∶1或 5∶1。墙脚厚度取用墙高的 0.4 倍。侧墙与墩、台之间必须设置伸缩缝分开。

(2)拱腹填料。用来支撑桥面,并具有传递荷载和吸收冲击力的作用。一般采用砾石、碎石、粗砂和煤渣等透水性良好的粒料,分层填实,以防积水造成冻胀。

(3)护拱。拱圈一般都应设置护拱,它是在拱脚的拱背上用低强度等级水泥砂浆砌筑片石而成。由于护拱加厚了拱脚截面,因此能协调拱圈的受力。为了便于排除桥面渗入拱腔内的雨水,护拱一般做成斜坡形。

2)空腹式拱上建筑

空腹式拱上建筑除具有实腹式拱上建筑相同的构造外,还有腹孔和腹孔墩。腹孔按形式可分为拱式和梁式两种,如图 3-20 所示。

(1)拱式拱上建筑。构造简单,外形美观,一般多用于圬工拱桥。其腹孔通常对称布置在主拱圈两侧结构高度所容许的范围内,拱形腹孔跨径一般可选用 2.5 ~5.5 m,且每半跨内腹孔的总长不宜超过主拱跨径的 1/4 ~1/3。腹拱宜做成等厚的,以利于腹拱墩的受力和施工,如图 3-20(a)所示。

(2)梁式拱上建筑。采用梁式腹孔的拱上建筑,可使桥梁构造轻巧美观,减小了拱上建筑的重量和地基的承压力,以便获得更好的经济效果。一般情况下,大跨径的混凝土拱

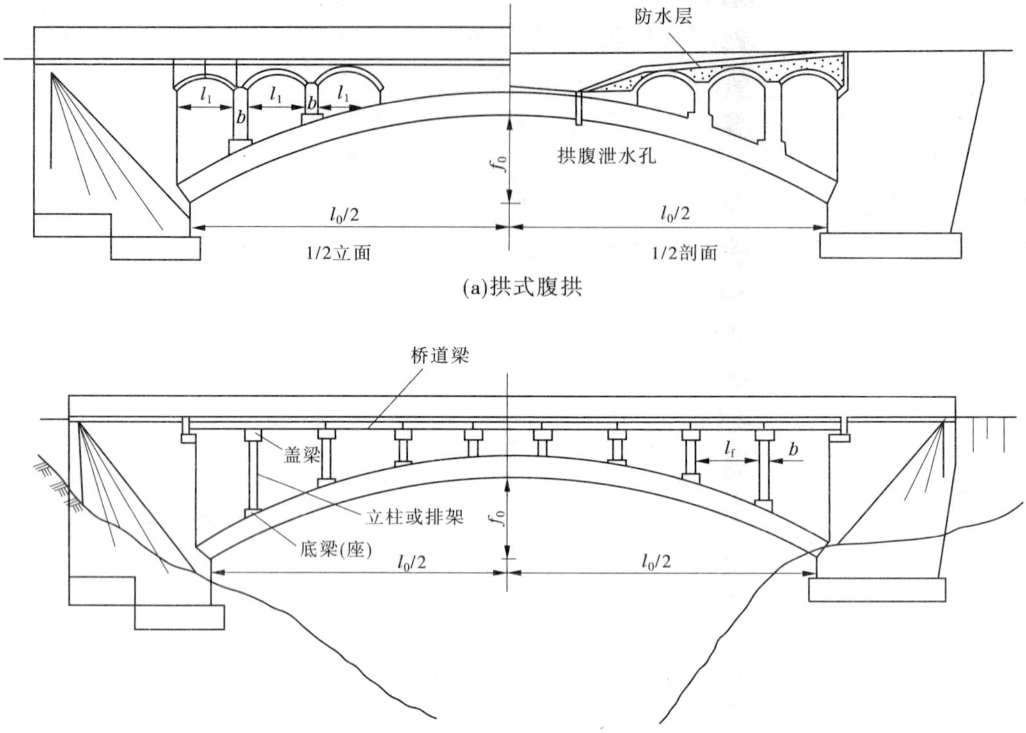

(b)梁式腹拱

图3-20　空腹式拱上建筑

桥往往采用这种形式。梁式腹孔的桥道梁体系又可分为简支、连续和连续刚架式等三种形式，如图3-20(b)所示。

3. 按主拱圈采用的拱轴线形式分

按主拱圈采用的拱轴线形式可将拱桥分为圆弧拱桥、抛物线拱桥和悬链线拱桥。

从施工方面来看，圆弧拱桥比抛物线拱桥和悬链线拱桥简单；从力学性能方面分析，悬链线拱桥比圆弧拱桥受力好；而对大跨径拱桥，为了改善拱圈受力，可以采用高次抛物线拱桥。

4. 按结构受力体系分

1）三铰拱

三铰拱属于静定结构，如图3-21(a)所示。由于温度变化、墩台沉陷等原因引起的变形不会在拱圈截面内产生附加应力。当地基条件不良又需要采用拱式桥梁时，可以采用三铰拱。但由于铰的存在，使其构造复杂，施工比较困难，维护费用增大，而且降低了结构的整体刚度，尤其减小了抗震能力。同时拱的挠度曲线在拱顶铰处出现转折，对行车不利。因此，大、中跨径的主拱圈一般不采用三铰拱。三铰拱常用于大、中跨径空腹式拱上建筑的边腹拱。

2）两铰拱

两铰拱属于一次超静定结构，如图3-21(b)所示。由于取消了拱顶铰，其结构整体刚度较三铰拱大。因地基条件较差，不宜采用无铰拱时，可采用两铰拱。

3）无铰拱

无铰拱属于三次超静定结构，如图3-21（c）所示。在自重及外荷载作用下，拱内的弯矩分布比两铰拱均匀，材料用量省。由于无铰，结构整体刚度大、构造简单、施工方便、维护费用低，因此在实际中使用最为广泛。但由于无铰拱的超静定次数高，温度变化、材料收缩、结构变形，尤其是墩台位移会在拱圈截面内产生较大的附加内力，所以无铰拱一般在地基良好的条件下修建。

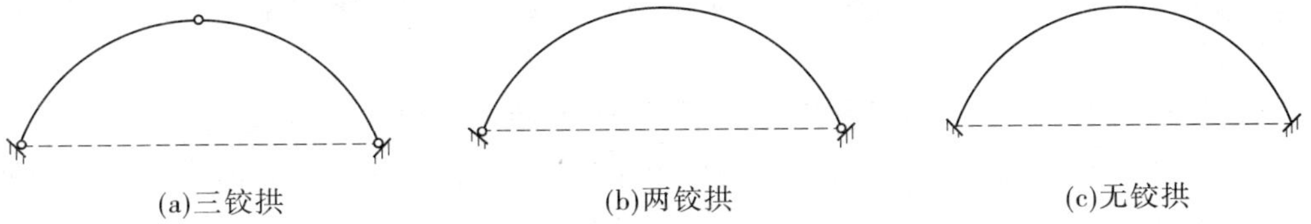

图3-21　拱圈（肋）静力图式

5. 按拱圈的横断面形式分

拱圈的横断面形式多种多样，通常有以下几种。

1）板拱

板拱如图3-22（a）所示，承重结构的主拱圈采用矩形实体断面，这种形式构造简单，施工方便，但结构自重较大，所以只在地基条件较好的中、小跨径的圬工拱桥中采用。

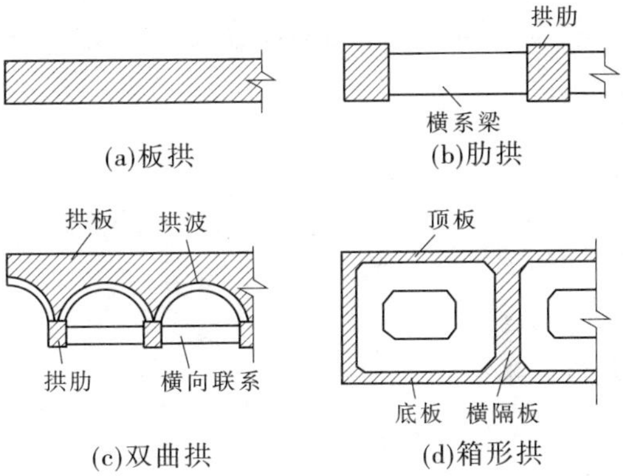

图3-22　主拱圈横断面形式

2）肋拱

肋拱如图3-22（b）所示，在板拱的基础上，将板拱划分成两条或两条以上，使其形成分离的、高度较大的拱肋，肋与肋之间用横系梁相互连接，这样就可用较小的截面积获得较大的截面抵抗矩，节省了材料，减轻了拱圈自重。一般多用于跨径较大的拱桥。

3）双曲拱

双曲拱如图3-22（c）所示，主拱圈在纵向和横向均呈曲线形，故称为双曲拱桥。截面抵抗矩较相同材料的板拱大了很多，因此可以节省材料。另外，双曲拱还具有装配式桥梁的特点。但它也存在一些缺点，如施工工序多、组合截面的整体性较差、易开裂等。因此，双曲拱只宜在中、小跨径桥梁中采用。

4）箱形拱

箱形拱如图3-22（d）所示，主拱圈外形与板拱相似，由于截面挖空，箱形的截面抵抗矩较相同材料用量的板拱大很多，因此可以节省材料，减轻了拱圈自重，有利于大跨径。又由于其为闭口箱形断面，截面的抗扭刚度大，横向的整体性和结构稳定性均较好，适用于无支架施工。但箱形拱施工制作比较复杂，一般情况下，跨径在50 m以上的拱桥宜采用箱形拱断面。

3.4.2.3 主拱圈的构造

1. 板拱

板拱的主拱圈通常都是做成实体的矩形截面。常用的板拱有等截面圆弧拱和等截面悬链线拱。按照砌筑拱圈的石料规格不同可以分为料石拱、块石板拱及片石拱。

用于拱圈砌筑的石料要求石质均匀,不易风化,无裂纹,石料强度不得低于 MU30。砌筑用的砂浆强度,对于大、中跨径拱桥,不得小于 M7.5;对于小跨径拱桥,不得小于 M5。在有条件的地方,可以用小石子混凝土代替砂浆砌筑拱圈,小石子粒径一般不得大于 20 mm,以便于灌缝。采用小石子混凝土砌筑的石拱圈砌体强度要比用砂浆砌筑的高,而且可节约水泥量 1/4 ~ 1/3。

石板拱桥具有悠久的历史,其构造简单,施工方便,造价低,是盛产石料地区中、小桥梁的主要桥型。根据设计的要求,石拱圈可以采用等截面圆弧拱、等截面或变截面的悬链线拱以及其他拱轴形式的拱。

2. 肋拱

肋拱桥是由两条或多条分离的平行拱肋,以及在拱肋上设置的立柱和横隔梁支承的行车道部分组成,如图 3-23 所示,适用于大、中跨径拱桥。由于肋拱较多地减轻了拱体重量,拱肋的恒载内力较小,活载内力较大,故宜用钢筋混凝土结构。

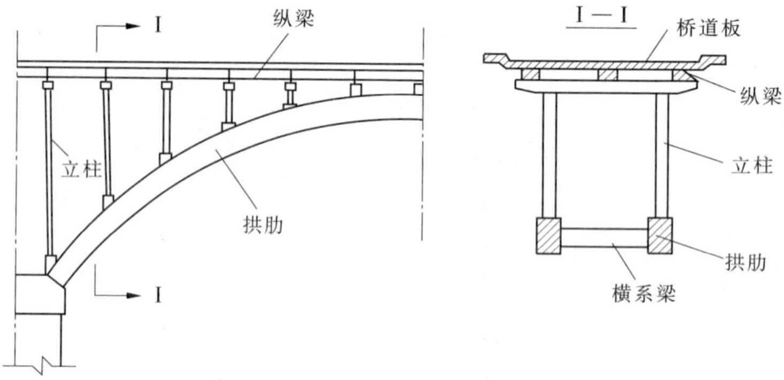

图 3-23 肋拱桥组成

拱肋是肋拱桥的主要承重结构,通常是由混凝土或钢筋混凝土做成。拱肋的数目和间距以及拱肋的截面形式等,均应根据使用要求(跨径、桥宽等)、所用材料和经济性等条件综合比较选定。为了简化构造,宜采用较少的拱肋数量,拱肋的截面可以选用实体矩形、工字形、箱形、管形等。

3. 箱形拱

大跨径拱桥的主拱圈可以采用箱形截面。为了采用预制装配的施工方法,在横向将拱圈截面划分成多条箱肋,在纵向将箱肋分段,然后预制各箱肋段,待箱肋拼装成拱后,最后现浇混凝土将各箱肋连成整体,以形成箱形拱截面。箱形拱的主要特点如下:

(1)截面挖空率大。挖空率可达全截面的 50% ~60%,因此与板拱相比,可节省大量圬工体积,减小重量。

(2)箱形截面的中性轴大致居中,对于抵抗正负弯矩具有几乎相等的能力,能较好地适应主拱圈各截面承受正负弯矩变化的情况。

(3)由于是闭合空心截面,抗弯和抗扭刚度大,拱圈的整体性好,应力分布比较均匀。

(4)单根箱肋的刚度较大,稳定性较好,能单箱肋成拱,便于无支架吊装。

(5)预制箱肋的宽度较大,施工操作安全,易保证施工质量。

(6)预制构件的精度要求较高,吊装设备较多。因此,箱形截面是大跨径拱桥一种比较经济、合理的截面形式之一。

箱形拱桥的主拱圈截面由多个空心薄壁箱组成,其形式有槽形截面箱、工字形截面箱和闭合箱,如图3-24所示。

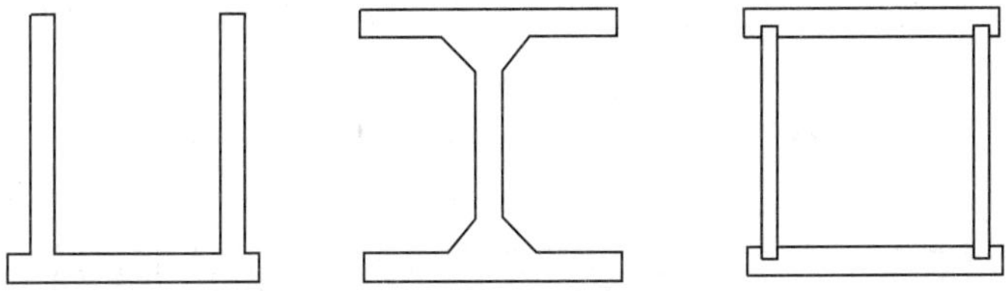

(a)槽形截面箱　(b)工字形截面箱　(c)闭合箱

图3-24　箱形拱主拱圈截面形式

4. 桁架拱桥

桁架拱桥由钢筋混凝土或预应力混凝土桁架拱片、横向联系和桥面系组成。桁架拱片是桁架拱桥的主要承重构件,横桥向桁架拱片的片数,由桥梁的宽度、跨径、设计荷载、施工条件、桥面板跨越能力等因素综合考虑确定。

钢筋混凝土桁架拱桥是一种具有水平推力的拱形桁架结构,外形新奇美观。在结构上兼有桁架和拱的特点,各部件截面尺寸小,重量轻,节省材料,对墩台的垂直压力和水平推力也相应减小,结构的整体性能好,装配化程度高,施工程序少。

预应力混凝土桁式组合拱桥是近年来出现的一种新桥型。桥梁结构从形式上来看与钢筋混凝土桁架拱相似,既像是带斜杆的箱形拱,又像上、下弦杆为闭合箱形截面的桁架拱;从受力体系看是预应力桁架T构和行车道板和拱圈闭合箱形截面的无铰箱形拱的组合结构。与箱形拱桥相比,它具有桁式体系的优点,拱上建筑与主拱圈联合受力,整体性好。为了满足其结构受力需要,上弦杆及斜杆常设置预应力钢筋,因此它的跨越能力较强,与同跨径的其他桥型比较造价低。

5. 刚架拱桥

刚架拱桥是在桁架拱、斜腿刚架等基础上发展起来的另一种新桥型,属于有推力的高次超静定结构,它具有构件少、自重轻、整体性好、刚度大、施工简便、经济指标较先进、造型美观等优点,在我国得到了广泛应用。

刚架拱桥的上部由刚架拱片、横向联系和桥面系等部分组成。

6. 钢管混凝土拱桥

我国近年来发展起来的钢管混凝土拱桥,一方面提高了材料的强度,减轻了拱圈的自重;另一方面使拱圈本身成为自架设体系,劲性骨架便于无支架施工。因此,钢管混凝土拱桥成为拱桥的发展方向。应用钢管混凝土拱桥作为劲性骨架修建的广西邕宁邕江大桥312 m的肋拱(见图3-25)和四川万县长江大桥420 m的箱拱已经进入世界级水平。钢管混凝土拱桥在我国的兴建方兴未艾,跨径在不断突破,形式在不断创新,技术也在不断提高。

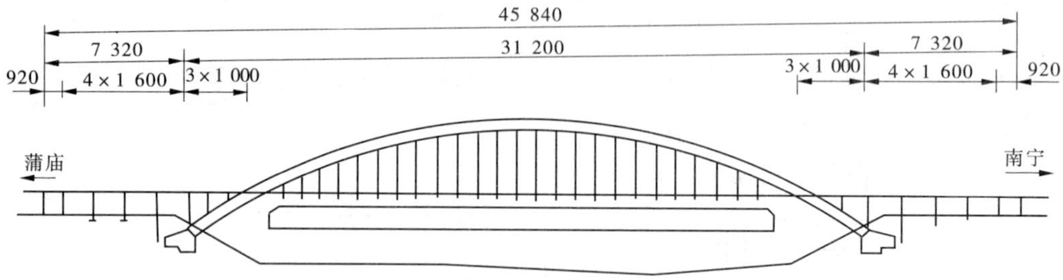

图3-25　邕宁邕江大桥总体布置图　(单位:cm)

任务3.5　桥梁墩台与基础的构造

桥梁墩台是桥梁结构的重要组成部分,承担着桥梁上部结构所产生的荷载,并将荷载有效传递给地基,起着"承上启下"的作用,决定着桥跨结构在平面上和高程上的位置。桥梁墩台主要由墩台帽、墩台身和基础三部分组成,如图3-26所示。

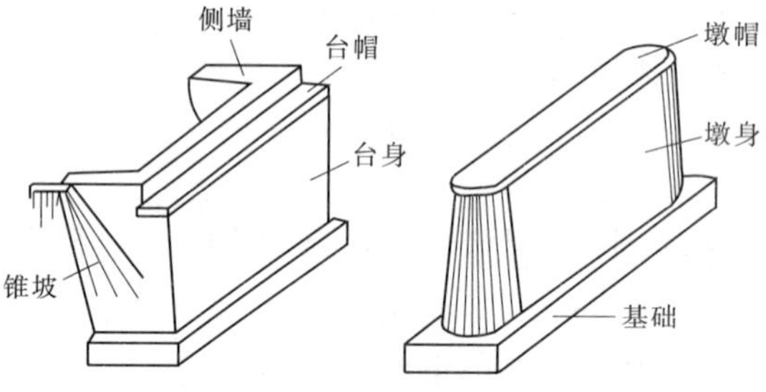

图3-26　桥梁墩台

桥墩一般是指多跨(不少于两跨)桥梁的中间支承结构。它除了承受桥跨结构的竖向力和水平力之外,还承受风力、流水压力及可能发生的冰压力、船只和漂浮物的撞击力。桥台是设置在桥梁两端、支承桥跨结构并与两岸接线路堤衔接的构造物。桥台既要承受桥梁边跨结构自重、桥台自重以及车辆荷载的作用,并把荷载传到地基上,又要挡土护岸,而且还要承受台背填土及填土上车辆荷载所产生的附加土压力。因此,桥梁墩台不仅自身应具有足够的强度、刚度和稳定性,而且对地基的承载能力、沉降量、地基与基础之间的摩擦力等提出了一定的要求。

3.5.1　桥墩一般构造

桥墩按其构造形式可分为实体墩、空心、柱式、柔性、排架、框架式等5种类型;按其受力特点可分为刚性墩和柔性墩;按其截面形状可分为矩形、圆形、圆端形、尖端形及各种截面组合成的空心墩;按其施工工艺可分为就地砌筑或浇筑和预制安装桥墩。

3.5.1.1 实体桥墩

实体桥墩是指由一个实体结构组成的桥墩。按其截面尺寸或刚度及重力的不同又可分为实体重力式桥墩和实体轻型桥墩,如图3-27、图3-28所示。

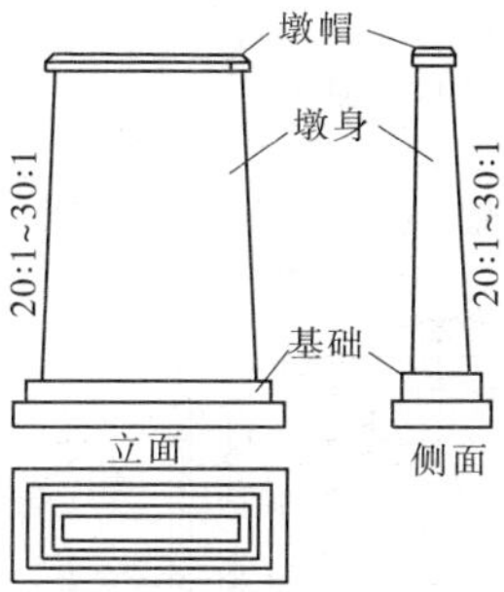

图3-27 实体重力式桥墩

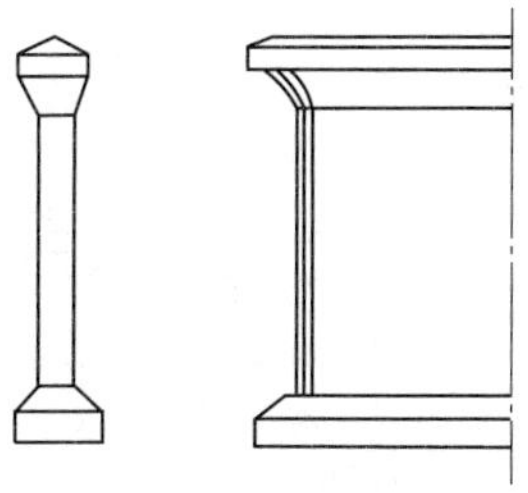

图3-28 实体轻型桥墩

1. 实体重力式桥墩

重力式桥墩主要依靠自身重力来平衡外力,以保证桥墩的稳定。它通常是用圬工材料修筑而成,具有刚度大、防撞能力强等优点,适用于荷载较大的大、中桥梁或流冰、漂浮物较多的河流中。其截面形式有圆形、矩形、圆端形、尖端形等。

2. 实体轻型桥墩

实体轻型桥墩可用混凝土、浆砌块石或钢筋混凝土材料做成。其中实体式钢筋混凝土薄壁桥墩最为典型,其特点是圬工体积小、自重小、施工简便、外形美观、过水性好,一般适用于地基土软弱地区的中小跨径的桥梁上。

3.5.1.2 空心桥墩

空心桥墩有两种形式,一种为中心镂空式桥墩;另一种是薄壁空心桥墩,如图3-29所示。

1. 中心镂空式桥墩

中心镂空式桥墩是在重力式桥墩基础上镂空中心一定数量的圬工体积而成,可使结构更经济,减轻桥墩自重,降低对地基承载能力的要求。

2. 薄壁空心桥墩

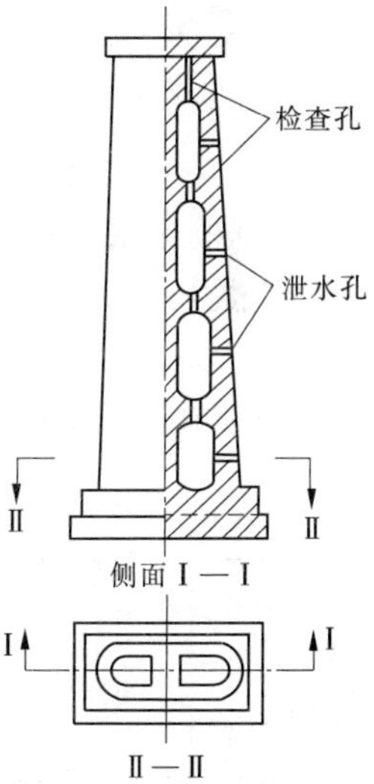

图3-29 薄壁空心桥墩

薄壁空心桥墩系用强度高的钢筋混凝土构筑而成的墩身壁较薄的空格形桥墩。其最大特点是大幅度地削减了墩身圬工体积和墩身自重,减小了地基负荷,因而适用于软弱地基上的桥墩。

3.5.1.3 柱式桥墩

柱式桥墩是目前公路桥梁中广泛采用的桥墩形式,特别是对于桥宽较大的城市桥或立交桥,这种桥墩不但能减轻自重,节约圬工材料,而且轻巧、美观。

柱式桥墩一般由基础之上的承台、柱式墩身和盖梁组成,常用的有单柱式、双柱式、哑铃式以及混合双柱式4种形式,如图3-30所示。

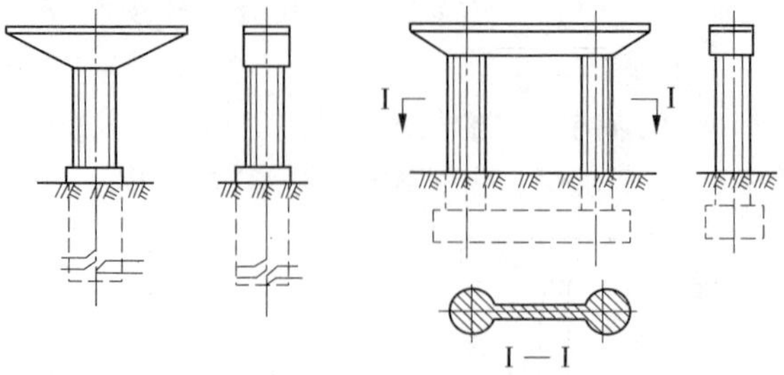

(a)单柱式　(c)哑铃式

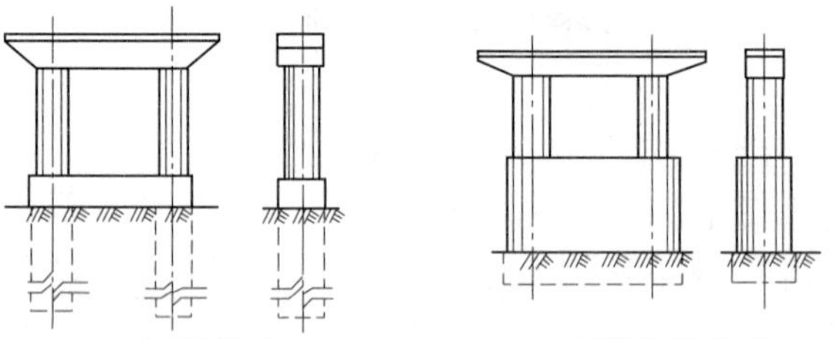

(b)双柱式　(d)混合双柱式

图 3-30　柱式桥墩

3.5.1.4　柔性排架桥墩

柔性排架桥墩由单排或双排的钢筋混凝土柱与钢筋混凝土盖梁连接而成,如图 3-31 所示。其主要特点是:上部结构传来的水平力按各墩台的刚度分配到各墩台,作用在每个柔性墩上的水平力较小,而作用在刚性桥墩上的水平力很大,因此柔性墩截面尺寸得以减小。

3.5.1.5　框架式桥墩

框架式桥墩采用钢筋混凝土或预应力混凝土等压挠或挠曲构件组成平面框架代替墩身,支承上部结构,必要时可做成双层或多层框架。这是较空心墩更进一步的轻型结构。V 形框架式桥墩如图 3-32 所示。Y 形框架式桥墩如图 3-33 所示。

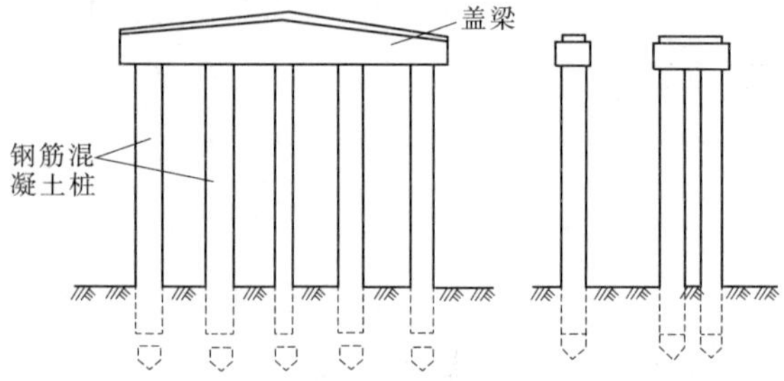

(a)　(b)

图 3-31　柔性排架桥墩

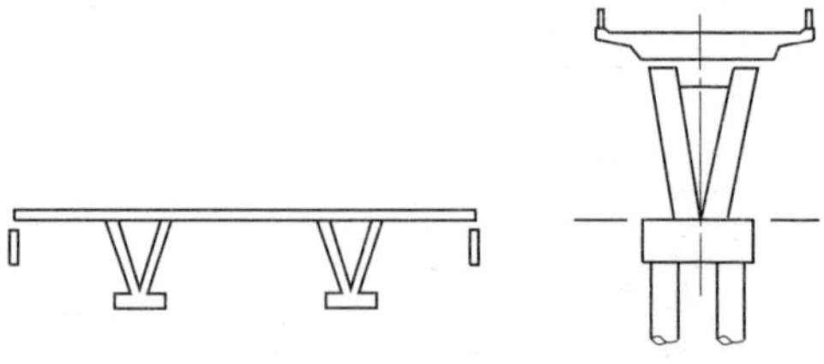

(a)　(b)

图 3-32　V 形框架式桥墩

3.5.2　桥台一般构造

桥台通常按其形式划分为重力式桥台、轻型桥台、框架式桥台、组合式桥台和承拉桥台。

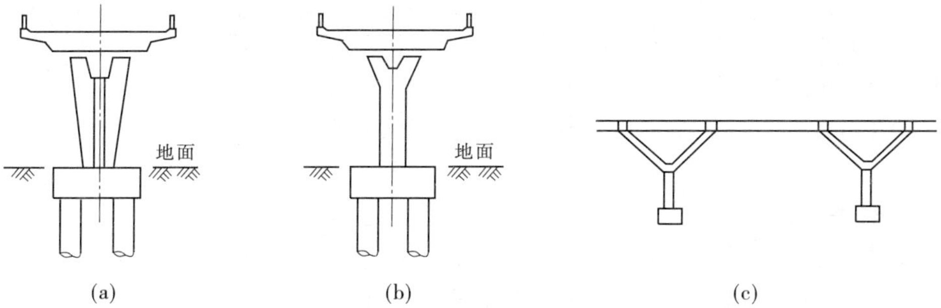

图 3-33 Y 形框架式桥墩

3.5.2.1 重力式桥台

重力式桥台一般采用砌石、片石混凝土或混凝土等圬工材料就地砌筑或浇筑而成，主要依靠自身重力来平衡台后土压力，从而保证自身的稳定。重力式桥台依据桥梁跨径、桥台高度及地形条件的不同有多种形式，常用的有 U 形桥台、埋置式桥台、拱型桥台、埋置衡重式高桥台等。

1. U 形桥台

U 形桥台由台身(前墙)、台帽、基础与两侧翼墙组成，如图 3-34 所示。在平面上呈 U 字形，其台身支承桥跨结构，并承受台后土压力；翼墙与台身连成整体承受土压力，并起到与路堤衔接的作用。U 形桥台适用于填土高度为 8 ~ 10 m 的单孔或多孔桥梁。其结构简单，接触地面大，应力较小。

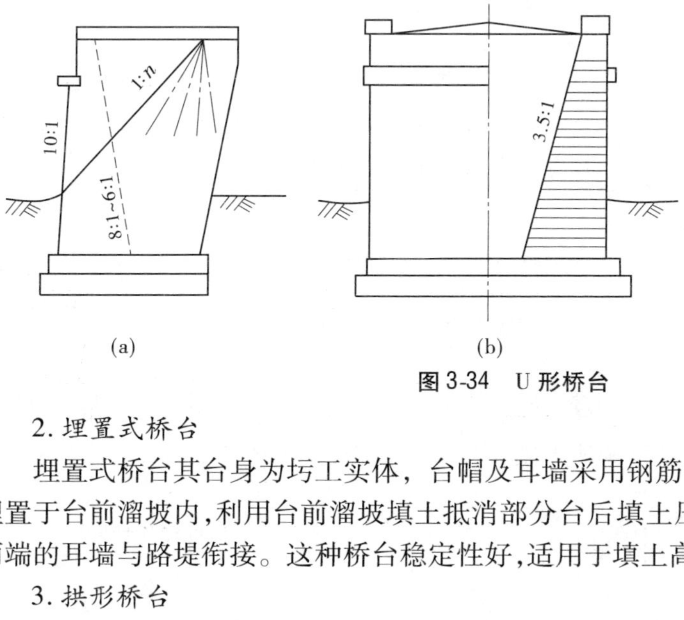

图 3-34 U 形桥台

2. 埋置式桥台

埋置式桥台其台身为圬工实体，台帽及耳墙采用钢筋混凝土，如图 3-35 所示。台身埋置于台前溜坡内，利用台前溜坡填土抵消部分台后填土压力，不需另设翼墙，仅由台帽两端的耳墙与路堤衔接。这种桥台稳定性好，适用于填土高度在 10 m 及以上的高桥。

3. 拱形桥台

拱形桥台由埋置式桥台改进而来，台身用块石或混凝土砌筑，中间挖空成拱形，以节省圬工，如图 3-36 所示。它适用于基岩埋藏浅或地质良好而有浅滩河流的多孔桥。

4. 埋置衡重式高桥台

埋置衡重式高桥台是利用衡重台及其上的填土重力平衡部分土压力，在高桥中圬工较省，如图3-37所示。它适用于跨径大于20 m、高度大于10 m的跨深沟及山区特殊地形的桥梁。

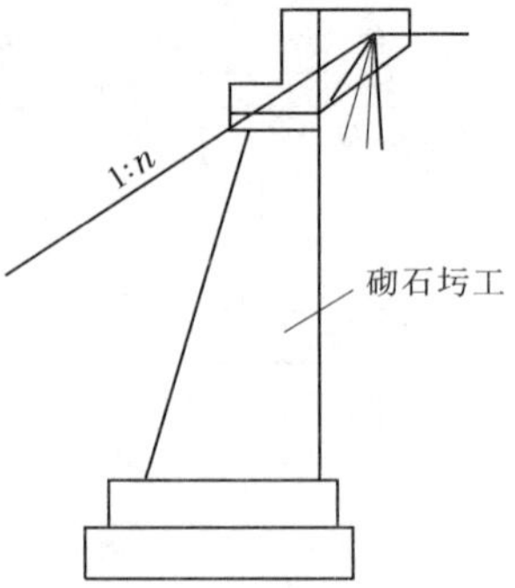

图3-35　埋置式桥台

3.5.2.2　轻型桥台

轻型桥台通常用圬工材料砌筑或钢筋混凝土浇筑。圬工轻型桥台只限于桥台高度较小的情况，而钢筋混凝土轻型桥台应用范围更广泛。从结构形式上分，轻型桥台有薄壁型轻型桥台和支撑梁型轻型桥台。

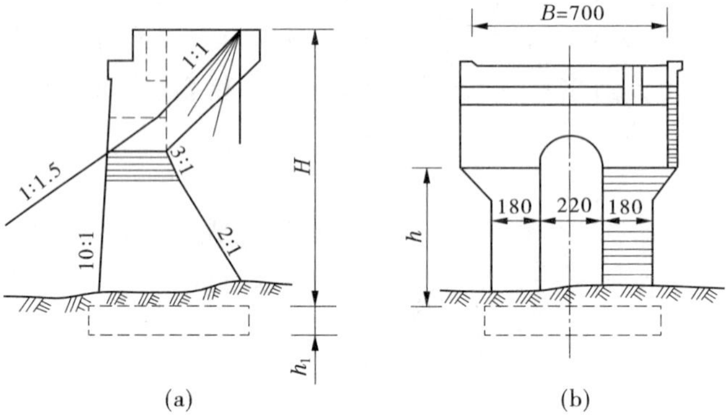

图3-36　拱形桥台　(单位:cm)

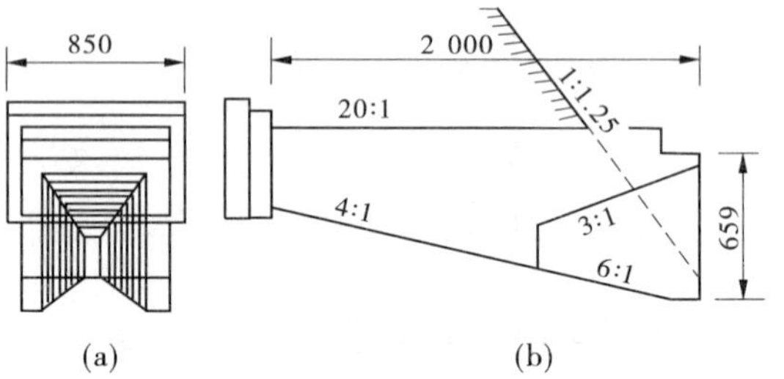

图3-37　埋置衡重式高桥台　(单位:cm)

1. 薄壁型轻型桥台

薄壁型轻型桥台常用的形式有悬臂式、扶臂式、撑墙式和箱式，如图3-38所示。其主要特点是利用钢筋混凝土结构的抗弯能力来减少圬工体积，从而使桥台轻型化。

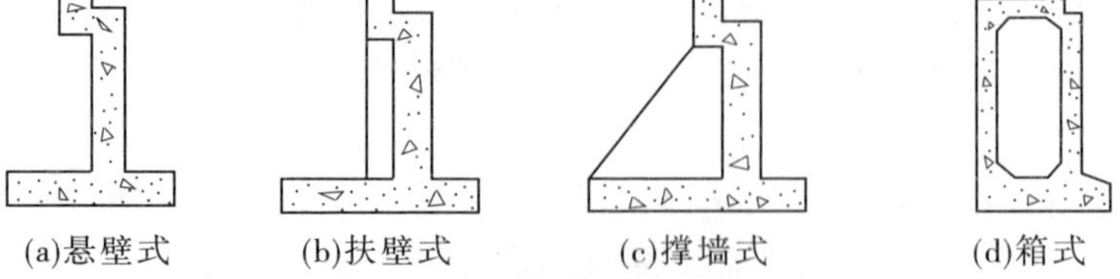

图3-38　薄壁型轻型桥台

2. 支撑梁型轻型桥台

支撑梁型轻型桥台就是在墩台基础间设置3～5根支承梁,成为支撑型桥台。一般用于单跨或多跨的小跨径桥。

3.5.2.3　框架式桥台

框架式桥台由台帽、桩柱及基础或承台组成,是一种在横桥向呈框架式结构的桩基础轻型桥台。桩基埋入土中,所受土压力较小,适用于地基承载力较低、台身高度大于4 m、跨径大于10 m的梁桥。其构造形式有双柱式、多柱式、肋墙式、半重力式等。

桩式桥台指台帽置于立柱上,台帽两端设耳墙以便与路堤衔接,是一种结构简单、圬工数量少的桥台形式,适用于填土高度小于5 m的情况。

当填土高度大于5 m时,用少筋薄壁墙代替立柱支承台帽,即成为墙式桥台,如图3-39所示。

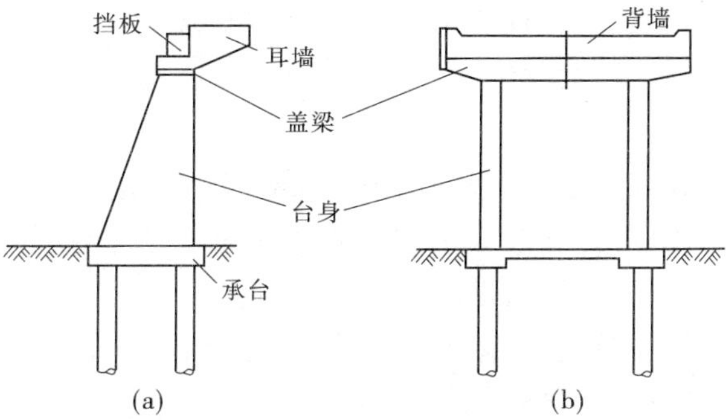

图3-39　墙式桥台

半重力式桥台与墙式桥台相似,只是墙更厚,不设钢筋。

3.5.2.4　组合式桥台

为使桥台轻型化,可以将桥台上的外力分配给不同对象来承担。如让桥台本身主要承受桥跨结构传来的竖向力和水平力,而台后的土压力由其他结构来承担,这就形成了由分工不同的结构组合而成的桥台,即组合式桥台。常见的组合式桥台有锚碇板式、过梁式、框架式以及桥台与挡土墙组合式等,如图3-40所示。

3.5.2.5　承拉桥台

在某些情况下,桥台可以承受拉力,因而要求在进行设计时考虑满足桥台受力要求,这就是承拉桥台,如图3-41所示。该种桥上部结构通常为单箱单室截面,箱梁的两个腹延伸至桥台形成悬臂腹板,它与桥台顶梁之间设氯丁橡胶支座受拉,悬臂腹板与台帽之间设氯丁橡胶支座支承上部结构。

3.5.3　桥梁基础一般构造

任何结构物都是建筑在一定的地层(岩层和土层)上,基础是结构物直接与地层接触的最下部分。在基础底面下,直接承受基础及上部荷载的地层称为该结构物的地基。桥梁基础是桥梁下部结构的重要组成部分,桥梁结构的全部荷载通过基础传给地基土层或岩层,基础既要承受结构物的整个荷载,又要能够适应地基的容许承载力和变形。

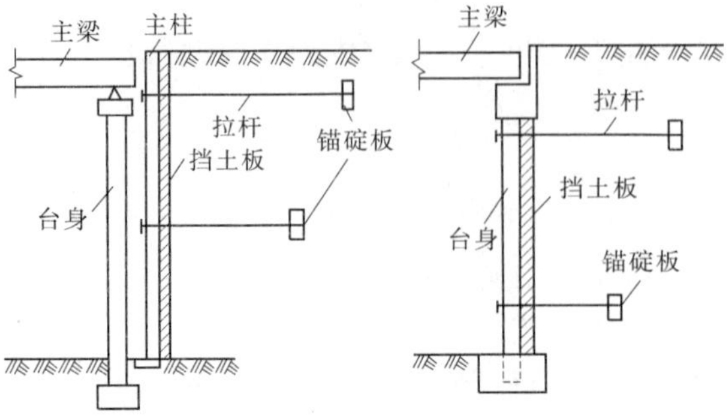

(a)分离式　　(b)结合式

图 3-40　锚碇板式桥台构造

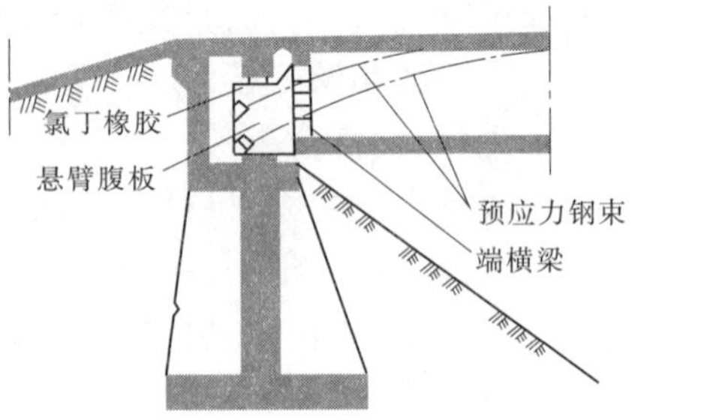

图 3-41　承拉桥台

地基与基础受各种荷载作用后,其本身会产生附加的应力和变形,为了保证结构物的正常使用和安全,地基与基础必须具有足够的强度和稳定性,同时要控制其变形应在容许的范围内。根据地基土的土层变化情况、上部结构的要求和荷载特点,地基与基础可采用各种类型。

地基分为天然地基和人工地基。基础直接砌筑在天然地层上的地基称为天然地基;如天然地基的承载力不足,可先通过人工加固的办法提高地基的承载力或减小其压缩性,然后砌筑基础,这种经过人工处理的地基称为人工地基。

桥梁基础根据埋置深度分为浅基础和深基础。一般将埋置深度(无冲刷时,从河底或地面至基础底面的距离;有冲刷时,从最大冲刷线——包括河床自然演变冲刷、设计洪水位的一般冲刷深度及构造物阻力引起局部冲刷深度至基础底面的距离)在 5 m 以内者称为浅基础;由于浅层土质不良,须将基础埋置在较深的良好地层上,埋置深度超过 5 m 者称为深基础;基础埋置在土层内的深度虽较浅(不足 5 m),但在水下部分较深,称为深水基础(如深水中桥墩基础)。深水基础在设计、施工中有时需按深基础考虑。除了深水基础,道路桥梁及人工构造物最常用的基础类型是天然地基上的浅基础,当需要设置深基础时,一般采用桩基础或沉井基础。

3.5.3.1　天然地基上的浅基础

天然地基上的浅基础是较经济、方便、常用的基础类型。根据受力条件和构造形式不同可分为刚性基础和柔性基础两大类。

1. 刚性基础

刚性基础稳定性好、施工简便、能承受较大的荷载。所以,只要地基强度能满足要求,它是桥梁和涵洞等结构物首先考虑的基础形式。它的主要缺点是自身重力较大,并且当持力层为软弱土时,由于扩大基础面积有一定限制,需要对地基进行加固处理后才能采用。否则,由于所承受的荷载压力超过地基承载力而影响结构物的正常使用。所以,对于荷载大、上部结构对变形敏感的结构物,在持力层的土质较差又较厚时,刚性基础作为浅基础是不适宜的。

图 3-42 为刚性扩大基础,其平面形状常为矩形,平面尺寸一般较上面结构物的底面(如墩、台底面)扩大,每边扩大的尺寸为 0.2 ~0.5 m,视土质、基础厚度、埋置深度及施工

方法而定。作为刚性基础,每边扩大的最大尺寸应受到材料刚性角的限制。当基础较厚时,可在纵、横两个剖面上都砌筑成台阶形,以减少基础自重,节省材料。

2. 柔性基础

柔性基础主要是用钢筋混凝土浇筑而成的。常见的形式有柱下条形和十字形基础、片筏及箱形基础,如图3-43所示。它的整体性能较好,抗弯刚度可以相当大,如片筏基础和箱形基础,在外力作用下只产生均匀沉降或整体倾斜,这样对上部结构产生的附加应力较小,基本上可以消除由于地基不均匀沉降引起的结构物损坏,适宜作土质较差的地基上的基础,在城市立交、高架桥及高速公路上修筑小桥涵时可以考虑采用。但上述基础形式,特别是箱形基础,钢筋和水泥用量较大,施工技术的要求也较高,所以采用这种基础形式应与其他基础方案(如采用桩基础)比较后确定。

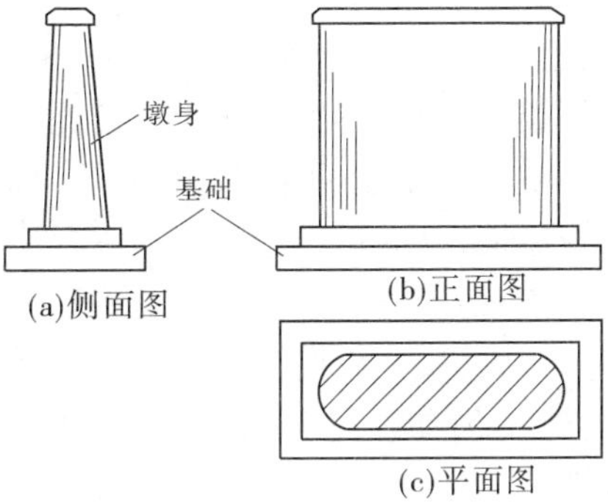

图3-42 刚性扩大基础

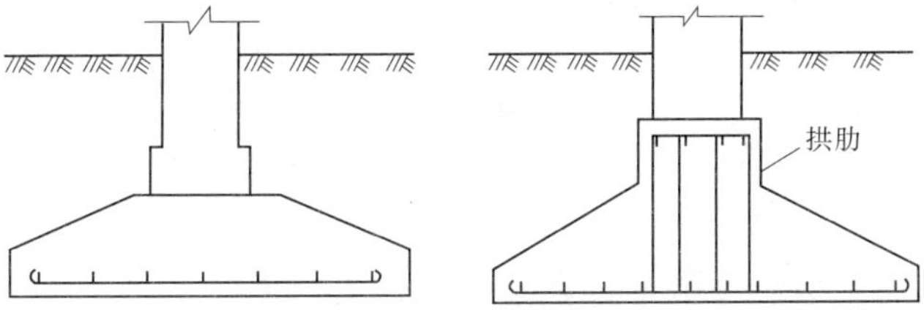

图3-43 钢筋混凝土条形基础

3.5.3.2 深基础

当地基浅层土质不良,采用浅基础无法满足结构物对地基强度、变形和稳定性方面的要求时,往往需要采用深基础。桥梁工程最常用的深基础有桩基础和沉井基础。

1. 桩基础

桩基础由若干根基桩和承台两个部分组成。桩在平面上可排列成一排或多排,所有基桩的顶部由承台联成一个整体。在承台上再修筑桥墩、桥台及上部结构,如图3-44所示。桩身可全部或部分埋入地基土层中,当桩身在地面上外露较多时,在桩与桩之间应加设横系梁,以加强各桩的横向联系。

桩基础的作用是将承台以上结构物传来的外力传到较深的地基持力层中。承台将外力传递给各桩并箍住桩顶使各桩共同承受外力。各桩所承受的外力由桩侧土的摩阻力及桩端土的抵抗力来平衡。因此,桩基础如设计正确,施工得当,它具有承载力高、稳定性好、沉降量小而均匀的特点,具有良好的适应性。

(1)按施工方法不同,桩基础可分为钻(挖)孔灌注桩基础、打入桩基础和管柱基础。

①钻(挖)孔灌注桩基础。先用钻(冲)孔机械在土中钻成桩孔,然后在孔内放入钢筋骨架,再灌注桩身混凝土而形成基桩,最后在桩顶浇筑承台(或盖梁),称为钻(挖)孔灌注

桩基础。它的特点是施工设备简单，操作方便，适用于各种砂性土、黏性土，也适用于碎、卵石类土层和岩层。但对于淤泥及可能发生流沙或有承压水的地基，施工较困难，施工前应做试桩，以取得经验。

依靠人工在地基中挖出桩孔，然后与钻孔桩一样成桩，称为挖孔桩基础。它不受设备限制，施工简单。适用于地基较好、渗水少的地层。

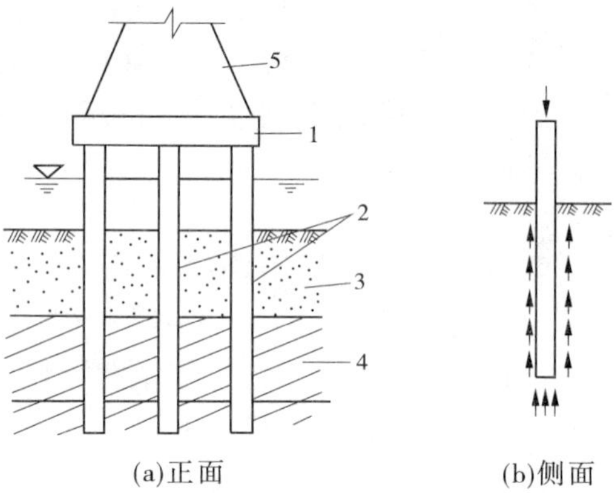

1—承台；2—基桩；3—软弱土层；4—密实层；5—桩身

图 3-44　桩基础

②打入桩基础。打入桩是通过锤击(或以高压射水辅助)将各种预先制好的桩(主要是钢筋混凝土实心桩或管桩，也有木桩或钢桩)打入地基内达到所需要的深度。这种施工方法适用于桩径较小(一般直径在0.6 ~ 1.5 m)，土质为砂性土、塑性土、粉土、细砂以及松散的不含大卵石或漂石的碎卵石类土的地基土中，具有施工工艺简单、施工速度快等特点。

③管柱基础。大跨径桥梁的深水基础或在岩面起伏不平的河床上的基础，采用振动下沉施工方法建造管柱基础。它是将预制的大直径(直径1.5 ~ 5.8 m，壁厚10 ~ 14 cm)钢筋混凝土或预应力钢筋混凝土管柱(实质上是一种巨型的管柱，每节长度根据施工条件决定，一般采用4 m、8 m或10 m，接头用法兰盘和螺栓连接)，用大型的振动沉桩锤沿导向结构将桩向下垂直振动沉到基岩(且以高压射水和吸泥机配合帮助下沉)，然后在管柱内钻岩成孔，下放钢筋骨架笼并灌注混凝土，将管柱与岩层牢固连接，上端与承台连接成整体。管柱基础可以在深水及各种覆盖层条件下进行，没有水下作业和不受季节限制，但施工需要有振动沉桩锤、凿岩机、起重机等大型机具，动力要求也高，一般用于大型桥梁基础。

(2)按基础受力条件，桩基础可分为支承桩与摩擦桩。当桩穿过较松软土层，桩底支承在岩层或硬土层(如密实的大块卵石层)等实际非压缩性土层时，桩基本依靠桩底土层抵抗力支承垂直荷载，这种桩称为支承桩或柱桩，全部垂直荷载由桩底岩层抵抗力承受，如图3-45(a)所示。如桩穿过并支承在各种压缩性土层中，桩主要依靠桩侧土的摩阻力支承垂直荷载，称为摩擦桩，如图3-45(b)所示。

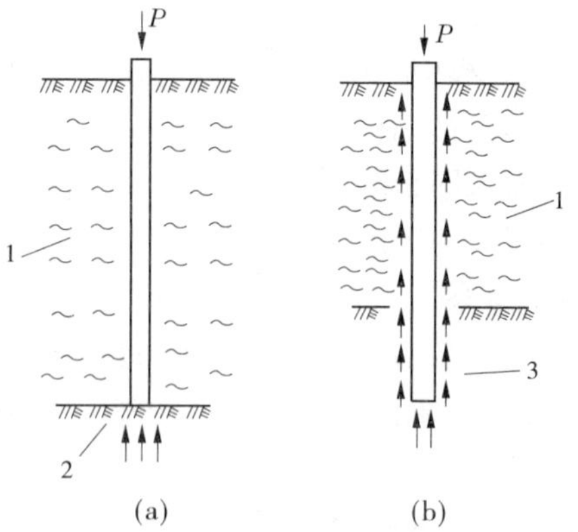

1—软弱土层；2—岩层或硬土层；3—中等土层

图 3-45　柱桩与摩擦桩

(3)按桩轴方向可分为垂直桩和多向斜桩等。垂直桩主要设于垂直力较大、水平力较小的梁桥桩基础；斜桩主要设于有较大水平力的拱桥桥台或挡土墙基础。在桩基础中是否需要设置斜桩，选取怎样的斜度，应根据荷载的具体情况确定。

(4)桩基础还可以材料分类，可分为木桩、钢筋混凝土桩、钢桩等。

2. 沉井基础

沉井是井筒状的结构物，通常用混凝土或钢筋混凝土制成。它是用井筒作为围水结构，在井内挖土，依靠自身重量克服井壁摩擦阻力后下沉至设计标高，然后用混凝土封底，并用低强度等级混凝土或砂砾石等回填井筒，最后加封顶盖而成为桥梁墩台或其他结构物的基础，如图3-46所示。

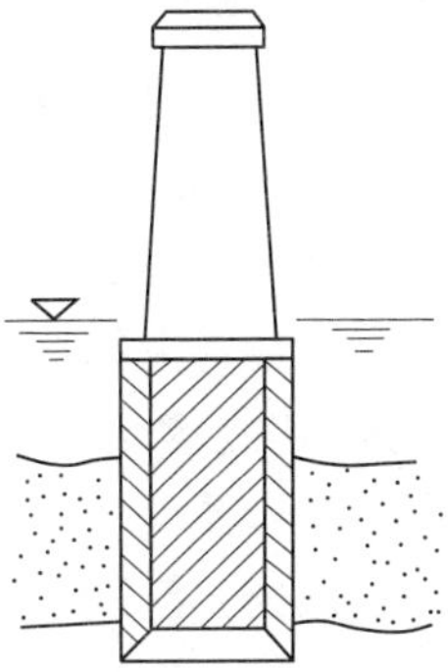

图3-46　沉井基础

沉井基础的特点是埋置深度可以很大，整体性强，稳定性好，能承受较大的垂直荷载和水平荷载。沉井既是基础，又是施工时的挡土和挡水围堰结构物，施工工艺也不复杂，因此在桥梁工程中得到较为广泛的应用。

沉井基础的缺点是：施工期较长；对于细砂及粉砂类河床在井内抽水时易发生流沙现象，造成沉井倾斜；沉井下沉过程中遇到的大孤石、树干或井底岩层表面倾斜过大，均会给施工带来一定困难。

沉井按照外观形状分类，在平面上可分为圆形、矩形及圆端形沉井等。圆形沉井受力好，适用于河水主流方向易变的河流。矩形沉井制作方便，但四角处的土不易挖除，河中水流也不顺。圆端形沉井兼有二者的优点，但也在一定程度上兼有二者的缺点，是桥梁工程中常用的类型。

任务3.6　桥梁施工

3.6.1　施工准备工作

桥梁在正式开工之前，必须做好一系列的准备工作。其主要内容有以下几点。

(1)组织有关施工技术人员对设计文件、图纸、资料进行认真细致的研究，明确设计意图，并进行现场核对，必要时进行补充调查。核对和补充调查的主要内容包括：河流水文、两岸地形、河床地质、气候条件、材料供应、运输条件、劳动力来源、可利用的房屋和水电设施等。在熟悉图纸和明确设计意图的过程中，如发现图纸资料欠缺、错误和矛盾之处，应及时向设计单位提出，以求补全、更正。

(2)在充分调查研究的基础上，根据施工单位的具体情况，综合考虑各种因素，拟定施工方案。

(3)根据拟定的施工方案，编制实施性施工组织设计。实施性施工组织设计的内容比施工方案更加明确和详尽，大致包括以下几项内容：①工程特点，简要叙述工程结构特点、地质、水文、气候等因素对工程的影响和准备采取的措施。②主要施工方法和技术措施，根据工程特点和施工单位的具体情况，简要叙述主要工程的施工方法和保证工程质量、施工安全、节约材料以及推广采用新工艺、新技术、新材料的技术措施。③施工进度宜按网络计划技术将主要工程项目的施工工序和工程进度编成图表，对控制全桥进度的关键项目应采取集中力量打歼灭战的方式解决，开工后若因故发生变动，应及时调整。④施工场地布置，包括用地范围，临时性生产、生活用房，预制场的地点和规模，各种材料的堆放场，水、电供应及设备，临时道路，大中型施工机械设备及其临时设施的布置等。⑤施工图纸的补充，包括设计文件和图纸中没有包括的施工结构详图、临时设施图等。⑥编制施工预算，根据设计概（预）算，结合施工方案及施工单位、现场的具体情况，由施工单位编制施工预算，它比设计概（预）算更详细、更符合实际。它是建设单位和建设银行拨款的依据。⑦编制主要材料、劳动力、机具设备的数量及供应计划。

（4）建立健全施工组织机构和劳动组织体系，配备适当的工作人员，并相应地制定必要的规章制度。

（5）进行施工测量放样。

（6）进行原材料和配合比试验。

3.6.2　钢筋混凝土桥的施工

钢筋混凝土桥的施工分为模板的制作、钢筋加工与制作、混凝土浇筑与养护等几个方面。

3.6.2.1　模板的制作

模板可以分为木模、钢模、钢木组合模和土模。在桥梁建筑中最常用的模板是木模，木模的优点是制作容易。钢模是用钢板代替木模板，钢模的优点是周转次数多，浇筑的构件表面光滑。土模的优点是节约木料。模板宜优先使用胶合板和钢模板。模板结构应简单，制作、装拆方便。

模板、支架和拱架的设计应根据结构形式、设计跨径、施工组织设计、荷载大小、地基土类别及有关的设计、施工规范进行。

1. 钢模板制作

（1）钢模板宜采用标准化的组合模板，组合钢模板的拼装应符合现行国家标准《组合钢模板技术规范》（GB/T 50214—2013）。各种螺栓连接件应符合国家现行有关标准的规定。

（2）钢模板及其配件应按批准的加工图加工，成品经检验合格后方可使用。

2. 木模板制作

（1）木模板可在工厂或施工现场制作，木模与混凝土接触的表面应平整、光滑，多次重复使用的木模应在内侧加钉薄铁皮。木模板的制作要严格控制各部分尺寸和形状，常用的接缝形式有平缝、搭接缝和企口缝等。平缝加工简单，只需将缝刨平即可，但易漏浆。嵌入硬木块的平缝，拼缝严密，工料耗费少，常被采用。企口缝结合严密，但制作较困难，且耗用木料较多，只有在模板精度要求较高的情况下才采用。搭接缝具有平缝和企口缝的优点，也是常用的接缝形式之一。木模的转角处应加嵌条或做成斜角。

（2）重复使用的模板应始终保持其表面平整，形状准确，不漏浆，有足够的强度和刚度。

3. 其他材料模板制作

（1）钢框覆面胶合板模板的板面组配宜采用错缝布置，支撑系统的强度和刚度应满足要求，吊环应采用Ⅰ级钢筋制作，严禁使用冷加工钢筋，吊环计算拉应力不应大于50 MPa。

(2)高分子合成材料面板、硬塑料或玻璃钢模板，制作接缝必须严密，边肋及加强肋安装牢固，与模板形成一体，施工时安放在支架的横梁上，以保证承载能力及稳定。

(3)圬工外模。土胎模制作的场地必须坚实、平整，底模必须拍实找平，土胎表面应光滑，尺寸准确，表面应涂隔离剂。

(4)砖胎模与木模配合时，砖做底模，木做侧模，砖与混凝土接触面应抹面，表面抹隔离剂。混凝土胎模制作时保证尺寸准确，表面抹隔离剂。

(5)土牛拱胎。在条件适宜处，可使用土牛拱胎。制作时应有排水设施，土石应分层夯实，密实度不得小于90%，拱顶部分选用含水量适宜的黏土。土牛拱胎的尺寸、高程应符合设计要求。

4. 模板安装的技术要求

(1)模板与钢筋安装工作应配合进行，妨碍绑扎钢筋的模板应待钢筋安装完毕后安设。模板不应与脚手架连接(模板与脚手架整体设计时除外)，避免引起模板变形。

(2)安装侧模时，应防止模板移位和凸出，基础侧模可在模板外设立支撑固定，墩、台、梁的侧模可设拉杆固定，浇筑在混凝土中的拉杆应按拉杆拔出或不拔出的要求，采取相应的措施。对小型结构物，可使用金属线代替拉杆。

(3)模板安装完毕后，应对其平面位置、顶部标高、节点联系及纵横向稳定性进行检查，确认后方可浇筑混凝土。浇筑时若发现模板有超过允许偏差变形值的可能，应及时纠正。

(4)模板在安装过程中必须设置防倾覆设施。

(5)当结构自重和汽车荷载(不计冲击力)产生的向下挠度超过跨径的1/1 600时，钢筋混凝土梁、板的底模板应设预拱度，预拱度值应等于结构自重和1/2汽车荷载(不计冲击力)所产生的挠度。纵向预拱度可做成抛物线或圆曲线。

3.6.2.2 钢筋加工与制作

1. 钢筋的检查

钢筋进场后，应检查出厂质量证明文件。对中、小桥所用的钢筋，使用前不进行抽验；对大桥所用钢筋，应进行抽验。

2. 钢筋的除锈去污

钢筋应有洁净的表面，使钢筋与混凝土间有可靠的黏结力。油渍、漆皮、鳞锈均应在使用前清除干净，可采用钢丝刷、砂盘等工具进行清除。

3. 钢筋的画线配料

为了合理地利用钢材，加工前应进行用料的设计工作——配料。配料工作应以结构施工图中每一根钢筋的下料长度和库存材料规格为依据，将不同直径和不同长度的各号钢筋顺序填记料单，按表列各种长度及数量进行配料。然后按型号规格分别切断、弯制。

3.6.2.3 混凝土浇筑

1. 混凝土的材料

混凝土由水泥、细集料、粗集料和水拌和而成。

根据混凝土的特殊要求，可在浇筑过程中掺入外加剂。外加剂一般采用普通减水剂、高效能减水剂、缓凝减水剂、引气减水剂、抗冻剂、膨胀剂、早强剂、阻锈剂、防水剂等。

2. 混凝土质量控制

实施混凝土质量控制应符合下列规定:

(1)通过对原材料的质量检验与控制、混凝土配合比的确定与控制、混凝土生产和施工过程各工序的质量检验与控制以及合格性检验控制,使混凝土的质量符合规定要求。

(2)在施工过程中应进行质量检测,应用各种质量管理图表,掌握动态信息,控制整个生产和施工期间的混凝土质量,制定保证质量的措施,完善质量控制过程。

(3)必须配备相应的技术人员和必要的检验及试验设备,建立和健全必要的技术管理与质量控制制度。

3.6.2.4 混凝土的养护

对于塑性混凝土,在浇筑完成后,应在收浆后尽快覆盖和洒水养护。对干硬性混凝土、炎热天气浇筑的混凝土,在浇筑完成后可加设棚罩,待收浆后再覆盖和洒水养护。

混凝土洒水养护时间一般为 7 d,可根据空气的湿度、温度、水泥品种及外加剂的情况,酌情延长或缩短。气温低于 +5 ℃时不得浇水。

3.6.2.5 混凝土冬季施工

当气温等于或低于 -3 ℃及一昼夜平均温度低于 +5 ℃时,应采用冬季施工法浇筑混凝土。

(1)一般措施。减少用水量和增加拌和时间,改进运输工具,在其周围设置保温装置,减少热量损失。

(2)原材料加热。一般情况下,将水加热即可。在严寒情况下,也可将集料加热。

(3)掺用早强剂。

(4)提高养护温度。

3.6.3 预应力混凝土桥的施工

3.6.3.1 混凝土

用于预应力结构的混凝土,必须采用强度等级高的混凝土,《公路钢筋混凝土及预应力混凝土桥涵设计规范》(JTG 3362—2018)规定:预应力混凝土构件的混凝土强度等级不宜低于 C40。

预应力混凝土结构的混凝土,不仅要求高强度,而且还要求快硬、早强,以便及早施加预应力,加快施工进度,提高设备的利用率及模板等的周转率。

为了获得高强度和低收缩、徐变的混凝土,应尽可能采用高强度水泥,减少水泥用量,降低水胶(灰)比,选用优质坚硬的集料,并符合《公路桥涵施工技术规范》(JTG/T F50—2011)的有关规定。

3.6.3.2 预应力钢筋

在预应力混凝土中,有预应力钢筋与非预应力钢筋(普通钢筋)之分。

预应力混凝土结构对预应力钢筋的要求如下:

(1)必须采用高强钢材。高强度预应力筋能有效克服各种因素造成的预应力损失,使构件建立起足够的有效预应力。

(2)要有较好的塑性和良好的加工性能。高强度钢材塑性性能一般较低,为了保证预应力混凝土结构在破坏之前有较大的变形能力，必须保证预应力钢筋有足够的塑性性能；而良好的加工性能是指预应力筋经过焊接、镦粗等机械加工后不影响原有的力学性能和质量。

(3)具有良好的黏结性能。由于先张法构件是靠预应力筋与混凝土之间的黏结力来传递预应力的，因此在预应力筋与混凝土之间必须具有可靠的黏结自锚强度，以防止预应力钢筋在混凝土中滑移。

(4)预应力钢筋的应力松弛损失要低，以便提高其有效预应力。

目前我国常用的预应力钢筋有钢丝、钢绞线、热处理钢筋、冷拉钢筋、冷拔低碳钢丝、精轧螺纹钢筋。

3.6.3.3 预加应力的方法

预应力混凝土结构的产生，不仅使高强度钢材充分发挥了高强度的性能，而且还使得构件的抗裂性、刚度和耐久性得到提高。因此，预应力混凝土结构已在桥梁建设中得到了广泛应用。下面介绍预加应力的方法。

1. 先张法

先张法是指先张拉钢筋、后浇筑构件混凝土的方法，即先在张拉台座上按设计规定的张拉力张拉钢筋束，并用锚具临时锚固，再浇筑构件混凝土，待混凝土强度达到要求（一般不低于设计强度的70%）后放张（即将临时锚固松开或将钢筋束剪断），通过钢筋束与混凝土之间的黏结作用将钢筋束的回缩力传递给混凝土，使混凝土获得预压应力。

先张法的优点是施工工序简单，钢筋束靠黏结力自锚，不必耗费特制的锚具，而临时固定所用的锚具都可以重复使用，一般称为工具式锚具或夹具。在大批量生产时，先张法构件比较经济，质量也比较稳定。

先张法的缺点是一般只适合生产直线配筋的中小型构件，大型构件由于需配合弯矩与剪力沿梁长度的分布而采用曲线配筋，这使得施工设备和工艺复杂化，而且需配备庞大的张拉台座，同时构件尺寸大，起重运输也不方便。

先张法生产预应力混凝土构件可采用台座法或机组流水线法。机组流水线法生产速度快，但需大量钢模和较高的机械化程度，一般只用于工厂内预制定型构件。台座法不需要复杂的机械设备，施工适应性强，应用广泛。

2. 后张法

后张法是先浇筑构件混凝土，待混凝土结硬后再张拉钢筋束的方法，即先浇筑构件混凝土，并在其中预留穿束孔道（或设套管），待混凝土达到要求强度（一般不低于设计强度的70%）后，将钢筋束穿入预留孔道内，将千斤顶支承于混凝土构件端部，张拉钢筋束，使构件也同时受到反向压缩。待张拉到控制拉力后，即用特制的锚具将钢筋束锚固于混凝土上，使混凝土获得并保持其预压应力。最后，在预留孔道内压注水泥浆，以保护钢筋束不致锈蚀，并使钢筋束与混凝土黏结成为整体，并浇筑梁端封头混凝土。

后张法的优点是靠工作锚具来传递和保持预加应力，不需要专门的张拉台座，便于在现场施工配置曲线形预应力筋的大型和重型构件。因此，目前在公路桥梁上得到广泛应用。

后张法的缺点是需要预留孔道、穿束、压浆和封锚等工序，所以施工工艺较复杂，并且耗用锚具和预埋件等,增加了用钢量和制作成本。

3.6.4 拱桥施工

拱桥的施工从方法上大体可分为有支架施工和无支架施工两大类。有支架施工常用于石拱桥和混凝土预制块拱桥,而无支架施工多用于肋拱桥、双曲拱桥、箱形拱桥和桁架拱桥等。当然也有采用两者相结合的施工方法。本任务主要介绍有支架施工。

拱架是拱桥在施工期间用来支承拱圈,保证拱圈能符合设计形状的临时构造物。因此,拱架不仅应具有足够的强度、刚度和稳定性,同时还应符合构造简单、施工方便的要求。

3.6.4.1 拱架的形式和构造

拱架按形式不同可分为满布式拱架、拱式拱架等,按所用材料不同可分为木拱架、钢拱架和土牛拱胎等。

1. 木拱架

木拱架目前在木材产地或木材供应充足地区的中小跨径拱桥施工中应用较为普遍,这是因为它一次性投资少,制作和安装方便。木拱架的缺点是需要耗费大量木材。

1) 满布式拱架

满布式拱架由拱架上部、拱架下部和卸架设备(木楔或砂筒)三部分组成。

拱架上部包括模板、横梁、弓形木、斜撑、立柱和大梁等,并由弓形木、斜撑、立柱和大梁组成拱形桁架,其形式有柱式、斜撑式和小扇形式等。

拱架下部(或称支架)一般由帽木、立柱、夹木和基础组成。根据支架形式的不同,满布式拱架可分为排架式和斜撑式两种。

2) 拱式拱架

拱式拱架常用的形式有夹合木拱架和三铰桁式拱架等。拱式拱架跨中一般不设支架,适用于墩高、水深、流急和在施工期间需要维持通航的河流。

2. 钢拱架

钢拱架有多种类型,使用广泛。其优点是不仅能节约大量木材,而且装拆及运输都很方便。虽然用钢量多,一次投资费用大,但能多次重复使用,每次使用的折旧率低。因此,钢拱架仍比木拱架经济得多。钢拱架的主要缺点是弹性变形和由温度引起的变形都比木拱架大,且钢拱架和拱圈的线膨胀系数不相等,若拱圈分段的空缝位置设置不当,当温度变化较大时,容易使拱圈发生裂缝。

1) 工字梁钢拱架

工字梁钢拱架分为中间有木支架的钢木组合拱架和中间无木支架的活用钢拱架两种。

2) 钢桁架拱架

当跨径很大时,可做成拼装式桁架型钢拱架,它是由标准节段、拱顶段、拱脚段和连接杆等以钢销或螺栓连接而成。其优点是可采用常备式构件(又称万能杆件),在现场拼装,适应性强,运输安装方便。

3. 土牛拱胎

土牛拱胎是在桥下用土、砂或卵石填筑一个土胎(俗称土牛),并将其顶面做成与拱圈腹面相适应的曲面,然后在上面砌筑拱圈,待砌筑完成后将填土清除。在有水的河流中应在土牛底部设置临时涵洞。

3.6.4.2 卸架设备

为了使拱圈在卸架时能够逐渐、均匀地受力,在拱架上部和下部之间需设置卸架设备。常用的卸架设备有木楔和砂筒。

3.6.4.3 拱圈砌筑

砌筑拱圈前必须对拱架进行全面检查,注意支撑是否稳定,杆件接头是否紧密,并校核模板顶面的标高。

拱圈砌筑要求尽快合龙成拱,以免拱架承受荷载过久,增大拱架持续变形。因此,在砌筑拱圈前要做好一切准备,一旦开始砌筑,就要一气呵成,不可中途停顿。

砌筑拱圈时,拱架随着荷载的增加而产生变形,合理的砌筑方法将使拱架受力均匀,变形也均匀。根据跨径大小,拱圈砌筑方法有连续砌筑法、分段砌筑法、分环砌筑法和多孔桥砌筑法。

项目小结

本项目主要介绍了我国桥梁发展概况及桥梁的基本组成与分类。重点介绍了桥梁的基本结构体系,桥梁上部构造及桥梁墩台与基础的构造,并明确了桥梁的规划与设计要求及不同桥梁构造施工等要点。

项目自测题

1. 桥梁基本组成包括哪些?
2. 桥梁按受力体系分为哪几类?
3. 在桥梁设计中,从经济上应考虑哪些要求?
4. 桥梁纵断面设计包括哪些内容?
5. 桥梁的桥面系包括哪些内容?
6. 拱桥的主要优点是什么?
7. 桥墩按构造形式可分哪几种类型?
8. 桥台通常按其形式划分为哪几种?
9. 桥梁工程最常用的深基础包括哪两种?
10. 什么是先张法?

项目4 城市给水排水工程

【学习目标】

掌握城市给水系统的分类、组成和布置形式,城市用水量定额及计算方法,城市排水系统的体制和组成,给水处理的工艺流程和方法;熟悉城市给水管网规划设计的步骤和方法,水源种类及选择方法,取水构筑物的形式及构造,城市污水管道系统、雨水管道系统平面布置的原则、形式、位置、埋设深度及衔接,排水管渠材料及管道附属构筑物的类型、构造,管道开槽施工的程序、方法和质量检查方法,污水处理的方法和流程;了解给水工程规划的任务、方法以及与城市其他规划的关系,合流制管渠系统的使用条件和排水系统的布置,管道不开槽施工和特殊情况下管道施工的方法,原水中杂质的类型及各种水源的水质特点,污水的污染指标与水质标准。

任务4.1 城市给水工程

4.1.1 城市给水系统的规划布置

4.1.1.1 给水系统的分类、组成和布置

1. 给水系统的分类

给水系统是由保证城镇、工矿企业等用水的各项构筑物和输配水管网组成的系统。按水源种类可分为地面水和地下水给水系统;按供水方式可分为重力(依靠水源所具有的位置水头)供水、压力(水泵加压)供水和混合供水系统;按使用目的可分为生活给水、生产给水和消防给水等系统;按服务对象可分为城市给水、工业给水和铁路给水等系统。

2. 给水系统的组成

给水系统的任务是从水源取水,按照用户对水质的要求进行处理,然后将水输送至给水区,并向用户配水。为了完成上述任务,给水系统常由下列工程设施组成:

(1)取水构筑物。用以从选定的水源(包括地表水和地下水)取水,并输往水厂。

(2)水处理构筑物。对原水进行水质处理,以符合用户对水质的要求。常集中布置在水厂内。

(3)泵站。用以将所需水量提升到要求的高度,分为抽取原水的一级泵站、输送清水的二级泵站和设于管网中的增压泵站等。

(4)输水管渠和管网。输水管渠是将原水送到水厂或将水厂处理后的清水送到管网的管渠;管网是将处理后的水送到各个给水区的全部管道。

(5)调节构筑物。指各种类型的贮水构筑物,如高地水池、水塔和清水池等,用以贮

存和调节水量。此外,高地水池和水塔还兼有保证水压的作用。高地水池和水塔通常布置于较高地区。根据城市地形特点,水塔可设在管网起端、中间或末端,分别构成网前水塔、网中水塔和对置水塔的给水系统。

在以上组成中,泵站、输水管渠、管网和调节构筑物等总称为输配水系统。从给水系统整体来说,它是投资最大的子系统,一般占给水工程总投资的70% ~80% 。

图4-1 所示为以地面水为水源的给水系统。取水构筑物1 从江河取水,经一级泵站2 送往水处理构筑物3,处理后的清水贮存在清水池4 中。二级泵站5 从清水池取水,经输水管6 送往管网7 供应用户。一般情况下,从取水构筑物到二级泵站都属于自来水厂的范围。有时为了调节水量和保持管网的水压,可根据需要建造水库泵站、水塔或高地水池8。

给水管线遍布在整个给水区内,根据管线的作用,可划分为干管和分配管。干管主要用于输水,管径较大;分配管用以配水到用户,管径较小。

以地下水为水源的给水系统,常用管井等取水,如地下水水质符合生活饮用水卫生标准,可省去处理构筑物,从而使给水系统比较简化,如图4-2 所示。

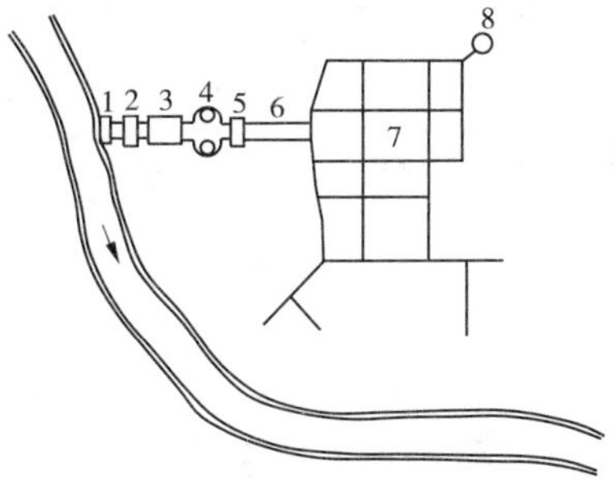

1—取水构筑物;2—一级泵站;3—水处理构筑物;4—清水池;
5—二级泵站;6—输水管;7—管网;8—水塔

图4-1 给水系统示意

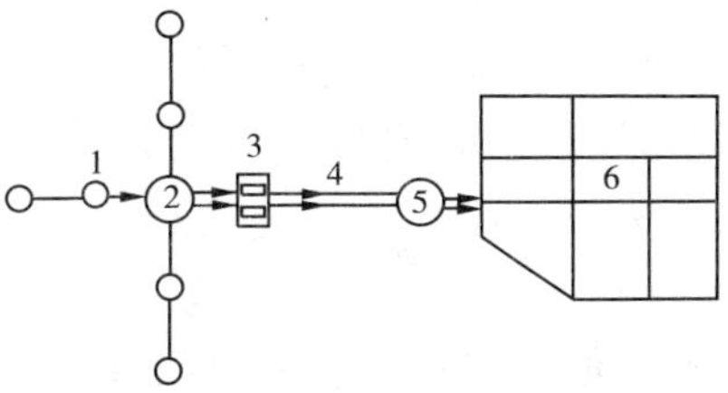

1—管井群;2—集水井;3—泵站;
4—输水管;5—水塔;6—管网

图4-2 地下水源的给水系统

3. 给水系统的布置

按照城市规划,水源情况,城市地形,用户对水量、水质和水压要求等方面的不同情况,给水系统可有多种布置形式,但常用的布置形式有以下几种:

(1)统一给水系统。按照生活饮用水水质标准,由同一管网供给生活、生产和消防用水,如图4-1 和图4-2 所示。绝大多数城市采用这种布置形式。

(2)分质给水系统。工业布局集中的城市(或区域)中,工业用水量往往较大,对个别用量大、水质要求较低或特殊的工业用水,可单独设置管网供应,如图4-3 所示。

(3)分压给水系统。根据给水区要求压力的不同,可采用分压给水系统,例如成片的高层建筑,可另建一个高压管网系统供水,如图4-4 所示。

(4)分区给水系统。地形条件对给水系统的布置很有影响。中小城市如地形比较平坦,而工业用水量小又无特殊要求时,可用统一给水系统。大中城市被河流分隔时,两岸工业和居民用水可先分别供给,自成给水系统,随着城市的发展,再考虑将管网相互沟通,成为多水源的给水系统。

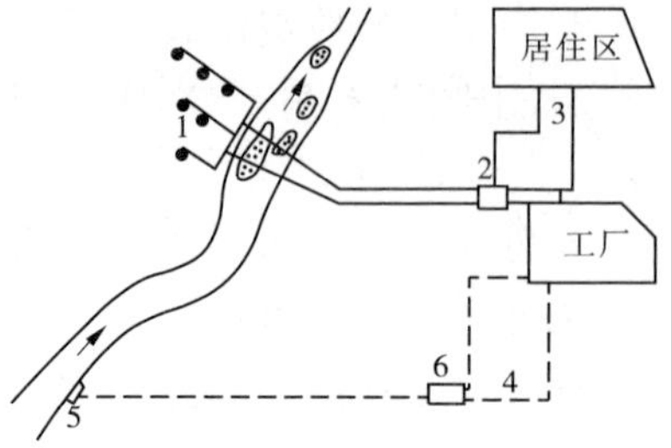

1—管井群;2—泵站;3—生活用水网;4—生产用水管网;
5—取水构筑物;6—工业用水处理构筑物

图4-3 分质给水系统

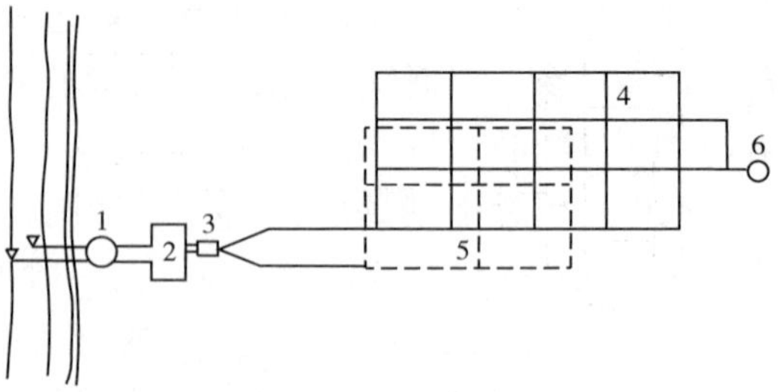

1—取水构筑物;2—水处理构筑物;3—泵站;
4—低压管网;5—高压管网;6—水塔

图4-4 分压给水系统

图4-5为某城市的给水系统布置,在东、西郊开采地下水,由泵站分别就近供水,这种布置投资节省,并且便于分期建设。

(5)工业给水系统。工业用水一般可由城市管网供给。但当工业用水量大而水质要求不高,使用城市自来水颇不经济,或限于城市给水系统的规模无法供水,或工厂远离城市管网,或当用水量虽少但水质要求远高于生活饮用水时,往往需要自建给水系统,称为工业给水系统。工业给水系统的组成和城市给水系统相同。

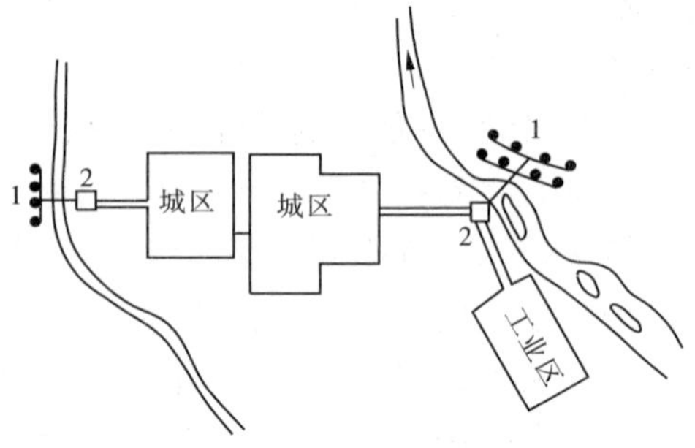

1—井群;2—泵站

图4-5 分区给水系统

根据水的利用情况,工业给水系统可分成直流、循环和复用3种系统。

直流给水系统是指工业生产用水由就近水源取水,根据需要经过简单处理,使用后直接排入水体。

循环给水系统是指使用过的水经适当处理后重新回用。在循环使用过程中所损耗的水量,需从水源取水加以补充。图4-6所示为循环给水系统,水在车间4使用后,水温略有升高,经过冷却塔1冷却后,再由泵站3送回原车间使用。为了节约工业用水,一般较多采用这种系统。

复用给水系统是根据各车间对水质的要求,将水按顺序重复利用。水源水先到某些车间,使用后或直接送到其他车间,或经冷却、沉淀等适当处理后,再到其他车间使用,然后排出。图4-7所示的复用给水系统,车间A使用后,水温略有升高,然后靠本身的水压自流至冷却塔2中冷却,再由泵站3送到其他车间B使用,最后经沟渠4排入水体。

为了节约工业用水,在工厂与工厂之间,也可考虑复用给水系统。

采用复用给水系统,水源得以充分利用,是城市节约用水以及城市给水挖潜的有效途径之一。由于环境污染日益严重,采用循环和复用给水系统,可以减少工业废水排放量,对保护环境具有重要意义。

(6)区域给水系统。随着工业的日益发展,沿一条河流建设的城市或工业企业愈来愈多,其间的距离愈来愈小,在有些情况下,选择的水源很难说是处于城市的上游或下游,

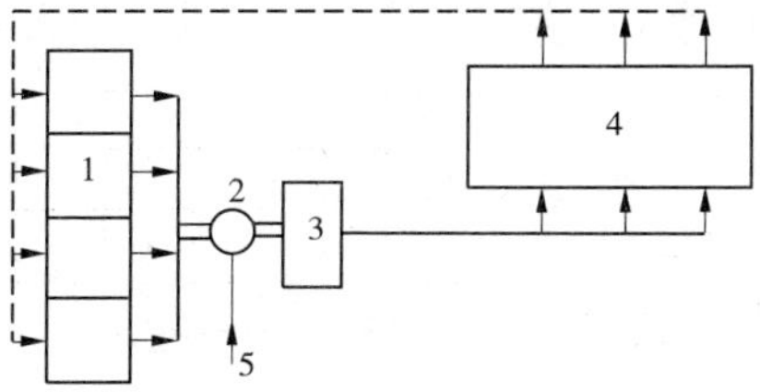

1—冷却塔;2—吸水井;3—泵站;
4—车间;5—补充水
图4-6　循环给水系统

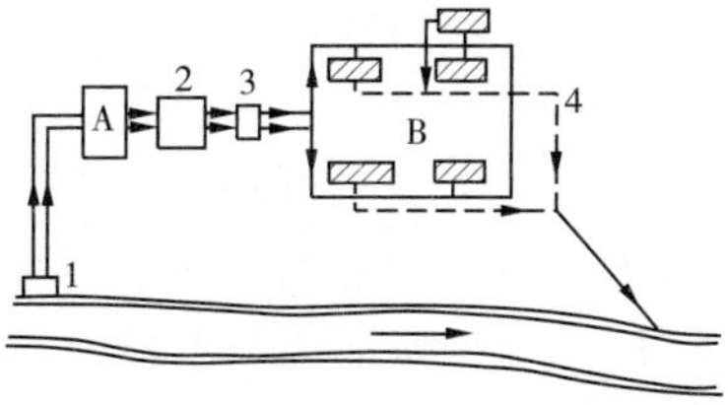

1—取水构筑物;2—冷却塔;3—泵站;
4—排水系统;A、B—车间
图4-7　复用给水系统

且水源又或多或少受到了污染。因此,为避免污染,将水源设在一系列城市或工业区的上游,统一取水,供沿河各城市或工业区使用,这种从区域性考虑形成的给水系统称为区域给水系统。

4.1.1.2　给水工程规划的任务、步骤和方法

1. 工程规划的任务

城市给水工程规划的基本任务,是为了经济合理、安全可靠地供给城市居民的生活和生产用水以及用以保障人民生命财产的消防用水,并满足他们对水量、水质和水压的要求。具体来说,一般包括以下几方面的内容:

(1)预测城市总用水量和给水系统中各单项工程设计流量。

(2)根据城市的特点制定给水系统的组成。

(3)合理地选择水源,并确定城市取水位置和取水方式。

(4)选择水厂位置,并考虑水质处理方法。

(5)布置城市输水管道及给水管网,估算管径及泵站提升能力。

(6)给水系统方案比较,论证各方案的优缺点和估算工程造价、年经营费,选定规划方案。

城市给水工程规划应符合国家的建设方针和政策,在城市总体规划的基础上,提出技术先进、经济合理、安全可靠的方案。

2. 工程规划的步骤和方法

城市给水工程的规划直接关系到城市的发展和建设,因此它是城市总体规划的重要组成部分。这一规划通常由城市规划部门负责,有时亦会同或委托给水专业设计部门进行,一般按下列步骤和方法进行。

1)明确设计任务

进行给水工程规划时,首先要明确规划设计的目的与任务,包括规划设计项目的性质,规划任务的内容、范围,有关部门对给水工程规划的指示、文件,以及与其他部门分工协议事项等。

2)搜集必要的基础资料和现场踏勘

城市给水工程规划需要各方面的基础资料,主要资料如下:

(1)城市和工业区规划和地形资料。包括近远期规划、城市人口分布、建筑层数和卫生设备标准以及区域附近的区域总地形图资料等。

(2)现有给水设备概况资料。包括用水人数、用水量、现有设备、供水成本以及药剂和能源的来源等。

(3)自然资料。包括气象、水文及水文地质、工程地质等资料。

(4)城市和工业企业对水量、水质、水压要求资料等。

在规划设计时,为了搜集上述有关资料和了解实地情况,以便提出合理的方案,一般都必须进行现场踏勘。通过现场踏勘了解和核对实地地形,增加地区概念和感性认识,核对用水要求,选择水源、取水方式和地点,确定厂址,定出输水管和给水管网走向及布置等。在搜集资料和现场踏勘基础上,着手考虑给水工程规划设计方案。

3)制订给水工程规划设计方案

在给水工程规划设计时,通常要拟订几个较好的方案进行计算,绘制给水工程规划方案图,进行工程造价估算,对方案进行技术经济比较,从而选择出最佳方案。

4)绘制城市给水工程系统图及文字说明

规划图纸的比例采用 1/5 000 ~ 1/10 000,图中应包括给水水源和取水位置,水厂厂址、泵站位置,以及输水管(渠)和管网的布置等。

文字说明应包括规划项目的性质、建设规模、方案的组成及优缺点,工程造价,所需主要设备材料以及能源消耗等。此外,还应附有规划设计的基础资料。

4.1.1.3　给水工程规划与城市其他规划的关系

城市给水系统的规划是城市规划的一个组成部分,它与城市总体规划和其他单项工程规划之间有着密切联系。因此,在进行给水系统规划时,应考虑与总体规划及其他各单项工程规划之间的密切配合和协调一致。

1. 给水系统与城市总体规划间的关系

1)城市总体规划是给水系统规划布局的基础和技术经济的依据

城市总体规划是给水系统规划布局的基础和技术经济的依据,主要表现在:

(1)城市给水工程规划的阶段与期限应与城市规划的阶段与期限相一致,应近、远期结合,并适应城市远景发展的需要。近期规划为 5 ~ 10 年,远期规划为 10 ~ 20 年,给水系统规划通常采用长期规划、分期实施的做法。

(2)城市给水系统的规模,直接取决于城市的性质和规模。根据城市人口发展的数目、工业发展规模、居住区建筑层数和建筑标准、城市现状资料和气候等自然条件,可确定城市供水规模。

(3)从工业布局可知生产用水量及其要求。

(4)根据城市用地布局和发展方向等确定给水系统的布置,并满足城市功能分区规划的要求。

(5)根据城市用水要求、功能分区和当地水源情况选择水源,确定水源数目以及取水构筑物的位置和形式。

(6)根据用户对水量、水质、水压要求和城市功能分区、建筑分区,以及城市自然条件等,选择水厂、加压站、调节构筑物的位置和管线的走向。

(7)根据所选定的水源水质和城市用水对水质的要求,确定水的处理方案。

2)城市给水系统规划对城市总体规划的影响

城市总体规划中应考虑给水系统规划的要求,为城市供水创造良好的条件,例如:

(1)进行区域规划和城市总体规划时,应十分注意给水水源选择,以免由于水源不当或水量不足给区域或城市的建设和发展带来不良后果。

(2)在城市或工业区布局中,应注意生活饮用水水源的保护。

(3)一般城市用地不宜距给水水源过高过远。否则,将增加泵站和输水管道造价,且经营费用高。

(4)在进行城市规划时,对大量用水的工厂,如化工、造纸、黑色冶金、人造纤维等,宜靠近水源布置。同时,用水量大且污染严重的工厂不应放在取水口上游,以免污染水源。

(5)在确定工厂位置时,应充分考虑各工厂间水的重复利用和综合利用。同时,工业用地的高程宜与取水构筑物高程相接近。

2. 给水系统规划与城市其他单项工程规划间的关系

城市规划中,与给水系统规划有关的其他单项工程规划有水利、农业灌溉、航运、道路、环境保护、管线工程综合以及人防工程等。给水系统规划应与这些规划相互配合、相互协调,使整个城市各组成部分的规划做到有机联系。例如:

(1)城市的水源是非常宝贵的财富,在选择城市给水水源时,应注意考虑到农业部门、航运部门、水利部门等对水源规划的要求,相互配合,做到统筹安排,合理地综合利用各种水源,必要时还应与有关部门签订协议。

(2)城市输水管渠和配水管网,一般沿城市道路敷设,与道路系统规划的关系十分密切。在规划中应相互创造有利条件,密切配合。

(3)给水系统规划还与管线工程综合规划紧密联系。现代化城市的街道下埋有各种地下设施:①各种管道,给水管、排水管、煤气管、供热管等;②各种电缆,电话电缆、电力电缆等;③各种隧道,人行地道、地下铁道、防空隧道、工业隧道等。这些设施在街道横断面上的位置,均应由管线工程综合规划部门统一安排,建设部门必须按批准的位置进行建设。

4.1.1.4 给水工程规划用水量预测

城市用水量预测是编制给水工程规划的基础工作和重要内容。影响城市用水量预测的因素很多,如水资源状况、节水政策、环保政策、社会经济发展状况及城市发展规划等,城市用水量预测不能与之脱离开来。

城市最高日用水量可采用下列方法预测:

(1)城市综合用水量指标法,按下式计算:

$$Q = q_1 P \tag{4-1}$$

式中 Q——城市最高日用水量,万 m^3/d;

q_1——城市综合用水量指标,万 $m^3/(万人 \cdot d)$,见表4-1;

P——用水人口,万人。

表 4-1　城市综合用水量指标 q_1　[单位:万 m^3/(万人·d)]

区域	城市规模						
	超大城市($P \geq 1\,000$)	特大城市($500 \leq P < 1\,000$)	大城市		中等城市($50 \leq P < 100$)	小城市	
			Ⅰ型($300 \leq P < 500$)	Ⅱ型($100 \leq P < 300$)		Ⅰ型($20 \leq P < 50$)	Ⅱ型($P < 20$)
一区	0.50 ~ 0.80	0.50 ~ 0.75	0.45 ~ 0.75	0.40 ~ 0.70	0.35 ~ 0.65	0.30 ~ 0.60	0.25 ~ 0.55
二区	0.40 ~ 0.60	0.40 ~ 0.60	0.35 ~ 0.55	0.30 ~ 0.55	0.25 ~ 0.50	0.20 ~ 0.45	0.15 ~ 0.40
三区	—	—	—	0.30 ~ 0.50	0.25 ~ 0.45	0.20 ~ 0.40	0.15 ~ 0.35

注:1. 一区包括:湖北、湖南、江西、浙江、福建、广东、广西、海南、上海、江苏、安徽;
二区包括:重庆、四川、贵州、云南、黑龙江、吉林、辽宁、北京、天津、河北、山西、河南、山东、宁夏、陕西、内蒙古河套以东和甘肃黄河以东地区;
三区包括:新疆、青海、西藏、内蒙古河套以西和甘肃黄河以西地区。
2. 本指标已包括管网漏失水量。
3. P 为城区常住人口,单位:万人。

(2)综合生活用水比例相关法,按下式计算:

$$Q = 10^{-7} q_2 P(1 + s)(1 + m) \tag{4-2}$$

式中 q_2——综合生活用水量指标,L/(人·d),见表 4-2;
s——工业用水量与综合生活用水量比值;
m——其他用水(市政用水及管网漏损)系数,当缺乏资料时可取 0.10 ~ 0.15。

表 4-2　综合生活用水量指标 q_2　[单位:L/(人·d)]

区域	城市规模						
	超大城市($P \geq 1\,000$)	特大城市($500 \leq P < 1\,000$)	大城市		中等城市($50 \leq P < 100$)	小城市	
			Ⅰ型($300 \leq P < 500$)	Ⅱ型($100 \leq P < 300$)		Ⅰ型($20 \leq P < 50$)	Ⅱ型($P < 20$)
一区	250 ~ 480	240 ~ 450	230 ~ 420	220 ~ 400	200 ~ 380	190 ~ 350	180 ~ 320
二区	200 ~ 300	170 ~ 280	160 ~ 270	150 ~ 260	130 ~ 240	120 ~ 230	110 ~ 220
三区	—	—	—	150 ~ 250	130 ~ 230	120 ~ 220	110 ~ 210

注:本指标为城市居民生活用水与公共设施用水之和,不包括市政用水和管网漏失水量。

(3)不同类别用地用水量指标法,按下式计算:

$$Q = 10^{-4}\sum q_i a_i \tag{4-3}$$

式中 q_i——不同类别用地用水量指标,$m^3/(hm^2 \cdot d)$,见表4-3;

a_i——不同类别用地规模,hm^2。

表4-3 不同类别用地用水量指标 q_i [单位:$m^3/(hm^2 \cdot d)$]

<table>
<tr><th>类别代码</th><th colspan="2">类别名称</th><th>用水量指标</th></tr>
<tr><td>R</td><td colspan="2">居住用地</td><td>50~130</td></tr>
<tr><td rowspan="5">A</td><td rowspan="5">公共管理与公共服务设施用地</td><td>行政办公用地</td><td>50~100</td></tr>
<tr><td>文化设施用地</td><td>50~100</td></tr>
<tr><td>教育科研用地</td><td>40~100</td></tr>
<tr><td>体育用地</td><td>30~50</td></tr>
<tr><td>医疗卫生用地</td><td>70~130</td></tr>
<tr><td rowspan="2">B</td><td rowspan="2">商业服务业设施用地</td><td>商业用地</td><td>50~200</td></tr>
<tr><td>商务用地</td><td>50~120</td></tr>
<tr><td>M</td><td colspan="2">工业用地</td><td>30~150</td></tr>
<tr><td>W</td><td colspan="2">物流仓储用地</td><td>20~50</td></tr>
<tr><td rowspan="2">S</td><td rowspan="2">道路与交通设施用地</td><td>道路用地</td><td>20~30</td></tr>
<tr><td>交通设施用地</td><td>50~80</td></tr>
<tr><td>U</td><td colspan="2">公用设施用地</td><td>25~50</td></tr>
<tr><td>G</td><td colspan="2">绿地与广场用地</td><td>10~30</td></tr>
</table>

注:1. 类别代码引自现行国家标准《城市用地分类与规划建设用地标准》(GB 50137)。

2. 本指标已包括管网漏失水量。

3. 超出本表的其他各类建设用地的用水量指标可根据所在城市具体情况确定。

4.1.2 城市用水量计算

在给水系统规划设计中,首先必须确定需要供应的城市总用水量。因为给水系统中的取水、水处理、泵站、管网等构筑物,规模都是按供应的水量确定的。

城市用水量包括居民生活用水量、全市性公共建筑用水量、由城市给水系统供给的工业企业用水量、消防用水量、市政用水量等,还应考虑未预见水量和管网漏失水量。各类用水量的计算,一般以用水量定额为依据。

4.1.2.1 用水量定额

1. 生活用水定额

生活用水定额,在居民区是指每个居民每天的生活用水量,常按L/(人·d)计。居民的生活用水定额与室内给排水卫生设备完善程度、居民生活习惯以及地区气候条件等诸多因素有关。表4-4、表4-5分别列出了城市居民的生活用水定额和综合生活用水定额。

当实际生活用水量与规范中的规定有较大出入时，其用水量定额经设计审批部门批准后，可按当地生活用水量统计资料适当增减。

表 4-4　城市居民生活用水定额　(单位:L/(人·d))

分区用水情况	城市规模					
	特大城市		大城市		中、小城市	
	最高日	平均日	最高日	平均日	最高日	平均日
一	180～270	140～210	160～250	120～190	140～230	100～170
二	140～200	110～160	120～180	90～140	100～160	70～120
三	140～180	110～150	120～160	90～130	100～140	70～110

表 4-5　城市综合生活用水定额　(单位:L/(人·d))

分区用水情况	城市规模					
	特大城市		大城市		中、小城市	
	最高日	平均日	最高日	平均日	最高日	平均日
一	260～410	210～340	240～390	190～310	220～370	170～280
二	190～280	150～240	170～260	130～210	150～240	110～180
三	170～270	140～230	150～250	120～200	130～230	100～170

注:1. 特大城市指市区和近郊区非农业人口100万及以上的城市;大城市指市区和近郊区非农业人口50万及以上但不满100万的城市;中、小城市指市区和近郊区非农业人口不满50万的城市。

2. 一区包括湖北、湖南、江西、浙江、福建、广东、广西、海南、上海、江苏、安徽、重庆;二区包括四川、贵州、云南、黑龙江、吉林、辽宁、北京、天津、河北、山西、河南、山东、宁夏、陕西、内蒙古河套以东和甘肃黄河以东的地区;三区包括新疆、青海、西藏、内蒙古河套以西和甘肃黄河以西的地区。

3. 经济开发区和特区城市,根据用水实际情况,用水定额可酌情增加。

4. 当采用海水或污水再生水等作为冲厕用水时,用水定额相应减少。

2. 工业企业用水定额

(1)工业企业生产用水定额。工业企业生产用水定额应根据生产工艺过程的要求而定，大工业用水户或经济开发区宜单独进行用水量计算，一般工业企业的用水量可根据国民经济发展规划，结合现有工业企业用水资料分析确定。用水定额一般有单位产值耗水量、单位产品用水量和单台设备每日用水量等计算方法。生产用水量通常由企业的工艺部门提供。在缺乏资料时，可参照同类企业用水量定额。

(2)工业企业的职工生活用水和淋浴用水定额是指每一职工每班的生活用水量和淋浴用水量。职工生活用水量应根据车间性质决定定额，一般车间采用25 L/(人·班)，高温车间采用35 L/(人·班)。工业企业建筑淋浴用水定额，应根据现行国家标准《工业企业设计卫生标准》(GBZ 1—2010)中车间的卫生特征分级确定，可采用40～60 L/(人·次)。职工的淋浴用水量可采用表4-6的规定，淋浴延续时间为下班后1 h。

表4-6　工业企业内工作人员淋浴用水量

分级	车间卫生特征			用水量[L/(人·班)]
	有毒物质	生产性粉尘	其　他	
1级	极易经皮肤吸收引起中毒的剧毒物质(如有机磷、三硝基甲苯、四乙基铅等)		处理传染性材料、动物原料(如皮、毛等)	60
2级	易经皮肤吸收或有恶臭的物质,或高毒物质(如丙烯腈、吡啶、苯酚等)	严重污染全身或对皮肤有刺激的粉尘(如碳黑、玻璃棉等)	高温作业、井下作业	60
3级	其他毒物	一般粉尘(如棉尘)	重作业	40
4级	不接触有毒物质及粉尘,不污染或轻度污染身体(如仪表、机械加工、金属冷加工等)			40

3. 消防用水定额

城市消防用水量通常储存在水厂的清水池中,灭火时由二级泵站向城市管网供给足够水量。

城市或居住区室外消防用水量应按同时发生火灾次数和一次灭火的用水量确定,见表4-7。

表4-7　城市或居住区同一时间内发生火灾次数和一次灭火的用水量

人数 N(万人)	同一时间内的火灾次数(次)	一次灭火用水量(L/s)
$N \leq 1.0$	1	15
$1.0 < N \leq 2.5$	1	20
$2.5 < N \leq 5.0$	2	30
$5.0 < N \leq 10.0$	2	35
$10.0 < N \leq 20.0$	2	45
$20.0 < N \leq 30.0$	2	60
$30.0 < N \leq 40.0$	2	75
$40.0 < N \leq 50.0$	3	75
$50.0 < N \leq 70.0$	3	90
$N > 70.0$	3	100

注:城市的室外消防用水量应包括居住区、工厂、仓库、堆场、储罐(区)和民用建筑的室外消火栓用水量。当工厂、仓库和民用建筑的室外消火栓用水量超过表中规定时,仍应确保其室外消防用水量。

工厂、仓库和民用建筑的室外消防用水量按同时发生火灾次数和一次灭火的用水量确定，见表4-8、表4-9。

表4-8　工厂、仓库和民用建筑同一时间内发生火灾次数

名称	基地面积(hm^2)	附近居住区人数(万人)	同一时间内的火灾次数(次)	说明
工厂	≤100	≤1.5	1	按需水量最大的一座建筑物(或堆场、储罐)计算
		>1.5	2	工厂、居住区各一次
	>100	不限	2	按需水量最大的两座建筑物(或堆场、储罐)之和计算
仓库、民用建筑	不限	不限	1	按需水量最大的一座建筑物(或堆场、储罐)计算

注：采矿、选矿等工业企业当各分散基地有单独的消防给水系统时，可分别计算。

表4-9　工厂、仓库和民用建筑一次灭火的室外消火栓用水量　(单位：L/s)

耐火等级	建筑物名称及类别			建筑物体积 $V(m^3)$					
				$V \leq 1\ 500$	$1\ 500 < V \leq 3\ 000$	$3\ 000 < V \leq 5\ 000$	$5\ 000 < V \leq 20\ 000$	$20\ 000 < V \leq 50\ 000$	$V > 50\ 000$
一、二级	工业建筑	厂房	甲、乙	15	15	20	25	30	35
			丙	15	15	20	25	30	40
			丁、戊	15	15	15	15	15	20
		仓库	甲、乙	15	15	25	25	—	—
			丙	15	15	25	25	35	45
			丁、戊	15	15	15	15	15	20
	民用建筑	住宅		15					
		公共建筑	单层及多层	15			25	30	40
			高层	—			25	30	40
	地下建筑(包括地铁)、平战结合的人防工程			15			20	25	30
三级	工业建筑		乙、丙	15	20	30	40	45	—
			丁、戊	15			20	25	25
	单层及多层民用建筑			15		20	25	30	—
四级	丁、戊类工业建筑			15		20	25	—	—
	单层及多层民用建筑			15		20	25	—	—

注：1. 成组布置的建筑物应按消火栓设计流量较大的相邻两座建筑物的体积之和确定。

2. 火车站、码头和机场的中转库房，其室外消火栓设计流量应按相应耐火等级的丙类物品库房确定。

3. 国家级文物保护单位的重点砖木、木结构的建筑物室外消火栓设计流量，按三级耐火等级民用建筑物消火栓设计流量确定。

4. 当单座建筑的总建筑面积大于500 000 m^2 时，建筑物室外消火栓设计流量应按本表规定的最大值增加1倍。

4. 其他用水定额

浇洒道路和绿地用水量，应根据路面、绿化、气候和土壤等条件确定。浇洒道路用水可按浇洒面积以 2.0 ~ 3.0 L/(m^2 · d)计算，浇洒绿地用水可按浇洒面积以 1.0 ~ 3.0 L/(m^2 · d)计算。

城镇配水管网的漏损水量宜按综合生活用水、工业企业用水、浇洒道路和绿地用水水量之和的 10% ~12% 计算，当单位管长供水量小或供水压力高时可适当增加。未预见水量应根据水量预测时难以预见因素的程度确定，宜采用综合生活用水、工业企业用水、浇洒道路和绿地用水水量、管网漏损水量之和的 8% ~12%。

4.1.2.2 用水量计算

在城市详细规划设计中，应确定全市或局部地区的最高日用水量及最高日最高时用水量，用于取水构筑物、管网系统，以及水处理厂的规划设计。

在计算中，首先应了解城市用水量的变化规律，即用水量日变化系数、时变化系数和用水量变化曲线。

1. 用水量变化

无论是生产用水还是生活用水，用水量都会经常发生变化。生活用水量随着生活习惯和气候而变化，如假期比平时高，夏季比冬季用水多，在一天内又以起床后和晚饭前后用水最多。又如工业企业的冷却用水量，随气温和水温而变化，夏季多于冬季。

用水量定额只是一个平均值，在设计给水系统时，还需要考虑每日每时的用水变化。一年中用水最多一天的用水量，叫做最高日用水量。设计给水工程时，一般以最高日用水量来确定给水系统中各项构筑物的规模。在一年中，最高日用水量与平均日用水量的比值叫做日变化系数 K_d，其值一般为 1.1 ~2.0。在最高日用水量内，最高 1 h 用水量与平均时用水量的比值叫做时变化系数 K_h，该值为 1.3 ~2.5。从集中给水龙头取水时，用水时间往往比较集中，K_h 值很大，农村和郊区的时变化系数在 2.5 以上；大中城市的用水比较均匀，K_h 值较小。

在设计给水系统时，除了求出最高日用水量和最高日的最高 1 h 用水量外，还应知道一天中 24 h 的用水量变化。对于最高日，以时间为横坐标，以每小时用水量占最高日用水量的百分数为纵坐标所绘制的曲线称为最高日用水量变化曲线。图 4-8 所示为某大城市水厂的供水量和最高日用水量变化曲线。在图 4-8 中，用水量变化曲线 1 的图形面积为 $\sum_{i=1}^{24} Q_i\% = 100\%$，$Q_i\%$ 是以最高日用水量百分数计的每小时用水量。由用水变化曲线可算出时变化系数，最高时用水量 8:00 ~ 9:00 为 6.00%，而平均时用水量为 $\frac{100}{24}\% = 4.17\%$，时变化系数 $K_h = \frac{6.00}{4.17} = 1.44$。

对于新设计的给水工程，用水量变化曲线只能按该工程所在地区的气候、人口、居住条件、工业生产工艺条件、设备能力、产值等情况，参考附近城镇的实际资料确定。对于扩建工程，可根据当地现有水厂的资料，确定用水量及其变化曲线。

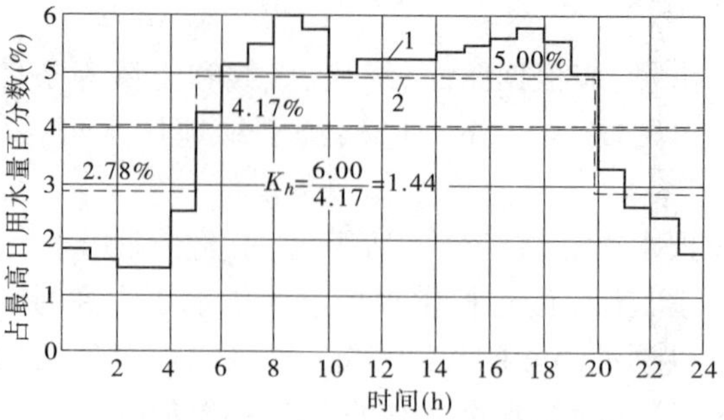

1—用水量变化曲线;2—二级泵站设计供水线

图 4-8　城市用水量变化曲线

2. 用水量的计算

1)城市最高日用水量

(1)居住区最高日生活用水量 Q_1(m^3/d)为:

$$Q_1 = \sum (q_i N_i f_i) \tag{4-4}$$

式中　q_i——不同卫生设备的居住区最高日生活用水定额,m^3/(人·d);

N_i——各区设计年限内的计划人口数;

f_i——各区自来水普及率(%)。

(2)工业企业职工生活用水量及淋浴用水量 Q_2(m^3/d)为:

$$Q_2 = \sum \frac{nN_i q_i}{1\ 000} + \sum \frac{nN_t q_t}{1\ 000} \tag{4-5}$$

式中　q_i——工业企业职工生活用水定额,一般采用 25 ~ 35 L/(人·班);

N_i——每班人数;

q_t——工业企业职工淋浴用水定额,一般采用 40 ~ 60 L/(人·班);

N_t——工厂每班职工淋浴人数;

n——每日班制。

(3)工业企业生产用水量 Q_3。已建成且正在生产的工业企业等于同时使用的各企业或车间生产用水量之和;规划区企业用水量可采用“万元产值耗水量法”“用水量增长率法”或“生产与生活用水量比例计算法”等方法估算。

(4)市政用水量 Q_4(m^3/d)为:

$$Q_4 = \frac{nAq_L}{1\ 000} + \frac{A'q'_L}{1\ 000} \tag{4-6}$$

式中　A、A'——道路洒水面积和绿地浇水面积,m^2;

q_L、q'_L——道路洒水和绿地浇水的用水量定额,L/(m^2·d);

n——每日道路洒水次数。

(5)未预见水量和管网漏水量 Q_5(m^3/d)为:

$$Q_5 = (Q_1 + Q_2 + Q_3 + Q_4) \times (15\% \sim 25\%) \tag{4-7}$$

2)城市最高日设计流量 Q_d

城市最高日设计流量 Q_d(m^3/d)为:

$$Q_d = (1.15 \sim 1.25) \times (Q_1 + Q_2 + Q_3 + Q_4) \tag{4-8}$$

式中符号意义同前。

3)最高日最高时设计流量 Q_h

最高日最高时设计流量 Q_h(L/s)为：

$$Q_h = K_h \frac{Q_d}{3.6T} \tag{4-9}$$

式中 K_h——时变化系数；

T——给水系统一天运行的小时数，T 一般取为 24 h。

4)最高日平均时设计流量 Q'_h

最高日平均时设计流量 Q'_h(L/s)为：

$$Q'_h = \frac{Q_d}{3.6T} \tag{4-10}$$

式中符号意义同前。

4.1.3 城市给水管网的规划设计

4.1.3.1 给水管网的布置

城市给水管网是由大大小小的给水管道组成的，遍布整个城市的地下。根据给水管网在整个给水系统中的作用，可将它分为输水管和配水管网两部分。

1.输水管

从水源到水厂或从水厂到配水管网的管线，因沿线一般不接用户管，主要起传输水量的作用，所以叫做输水管。有时，从配水管网接到个别大用户去的管线，因沿线一般不接用户管，此管线也叫做输水管。

对输水管线选择与布置的要求如下：

(1)应能保证供水不间断，尽量做到线路最短，土石方工程量最小，工程造价较低，施工维护方便，少占或不占农田。

(2)管线走向有条件时最好沿现有道路或规划道路敷设。

(3)输水管应尽量避免穿越河谷、重要铁路、沼泽、工程地质不良的地段，以及有洪水淹没的地区。

(4)选择线路时应充分利用地形，优先考虑重力流输水或部分重力流输水。

(5)输水管线的条数(即单线或双线)应根据给水系统的重要性、输水量大小、分期建设的安排等因素，全面考虑确定。当允许间断供水或水源不止一个时，一般可以设一条输水管线；当不允许间断供水时，一般应设两条或者设一条输水管，同时修建有相当容量的安全贮水池，以备输水管线发生故障时供水。

(6)当采用两条输水管线时，为避免输水管线因某段损坏而使输水量减少过多，需要在管线之间设连通管。连通管直径可以与输水管相同或比输水管小 20% ~30%，以保证在任何一段输水管发生事故时，仍能通过 70% 的设计流量。

(7)在输水管线的最高点上，一般应安装排气阀，以便及时排除管内空气，或在输水管放空时引入空气。在输水管线的低洼处，应设置泄水阀及泄水管，泄水管接至河道或地势低洼处。

2. 配水管网

配水管网是将输水管线送来的水,配给城市用户的管道系统。在配水管网中,由于各管线所起的作用各不相同,因而其管径也各不相同,因此可将管线分为干管、分配管(或称配水管)、接户管(或称进户管)三类。

干管的主要作用是输水至城市各用水地区,同时也为沿线用户供水,其管径均为 100 mm 以上,大城市则在 200 mm 以上。

分配管的主要作用是把干管输送来的水,配给接户管和消防栓。此类管线均敷设在每一条街道或工厂车间的前后道路下面,其管径均由消防流量来确定,一般不予计算。为了满足安装消防栓所需要的管径,以免在消防时管线水压下降过多,通常规定分配管的最小管径:小城市采用 75 ~ 100 mm,中等城市采用 100 ~ 150 mm,大城市采用 150 ~ 200 mm。

接户管就是从分配管接到用户去的管线,其管径视用户用水的多少而定。但当较大的工厂有内部给水管网时,此接户管则称为接户总管,其管径应根据该厂的用水量而定。一般的民用建筑均用一条接户管;对于供水可靠性要求较高的建筑物,则可采用两条,而且由不同的配水管接入,以增加供水的安全可靠性。

配水管网的布置形式,根据城市规划、用户分布以及用户对用水的安全可靠性的要求程度等,分成为树状网和环状网两种形式。

1)树状网

树状网如图 4-9(a)所示。管网布置呈树状向供水区延伸,管径随所供给用水户的减少而逐渐变小。这种管网管线的总长度较短,构造简单,投资较省。但是,当管线某处发生漏水事故需停水检修时,其后续各管线均要断水,所以供水的安全可靠性差。又因树状网的末端管线,由于用水量的减少,管内水流减缓,用户不用水时甚至停流,致使水质容易变坏。树状网一般适用于用水安全可靠性要求不高的小城镇和小型工业企业中,或者在城市的规划建设初期先用树状网,这样做可以减少一次投资,使工程投产加快,有利于工业建设的逐步发展。

2)环状网

环状网如图 4-9(b)所示。管网布置呈封闭环状,当任意一段管线损坏时,可用闸阀将它与其余管线隔开进行检修,不影响其余管线的供水,因而断水的地区便大为缩小。另外,环状网还可大大减轻水锤现象所产生的危害,而在树状管网中则往往因此而使管线受到严重损害。但环状网由于管线总长度大大增加,故造价明显比树状网高。

给水管网的布置既要求安全供水,又要贯彻节约的原则。而安全供水和节约投资之间难免会产生矛盾,要安全供水必须采用环状网,而要节约投资最好采用树状网。在布置管网时,既要考虑供水的安全,又尽量以最短的线路敷设管道,并考虑分期建设的可能,即先按近期规划采用树状网,然后随着用水量的增长,再逐步增设管线构成环状网。实际上,现有城市的配水管网多数是环状网和树状网的结合,即在城市中心地区布置成环状网,而在市郊或城市的次要地区,则以树状网的形式向四周延伸。对于供水可靠性要求较高的工业企业,必须采用环状网,并用树状网或双管输水到个别较远的车间。

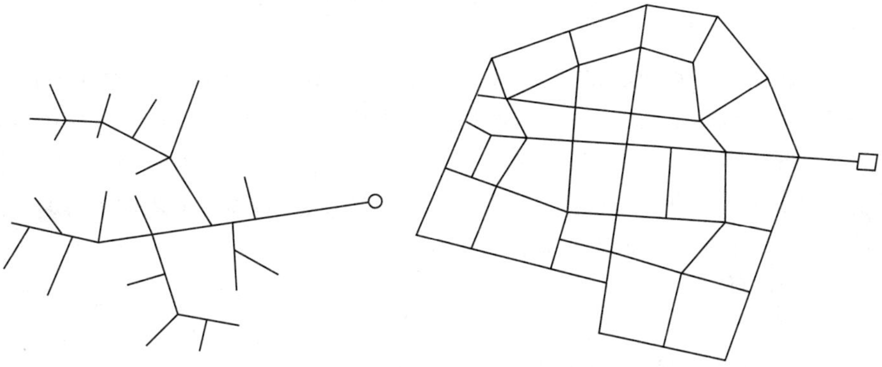

(a)树状网 (b)环状网

图 4-9 配水管网布置形式

3.配水干管的布置原则

城市给水管网的布置取决于城市平面布局、地形、河流、水源、调节构筑物的位置以及大用户的位置等。配水干管是整个给水工程中投资最大的部分,因此常提出几个方案,进行经济技术比较后选其中最佳方案。为此,布置时应符合下面原则:

(1)干管延伸方向应和二级泵站输水到水池、水塔、大用户的水流方向一致。

(2)为了保证供水可靠,通常按照主要流向布置几条平行的干管,其间用连通管连接,尽可能以最短的距离到达主要供水地区、大用户及调节构筑物。干管间距因供水区的大小、供水情况而不同,一般为 500 ~ 800 m。

(3)干管和干管之间的连接管使管网形成了环状网。连接管的作用在于局部管线损坏时,可以通过它更新分配流量,从而缩小断水范围,较可靠地保证供水。

(4)干管一般按规划道路布置,考虑施工、运行、检修方便,尽量避免和其他构筑物和管线冲突。

(5)考虑发展和分期建设的可能,留有充分的余地。

4.1.3.2 给水管网各管段计算流量

1.干管网组成

管网计算只计算由干管交织成的干管网,干管网由节点、管段、管线、环等要素组成,如图 4-10 所示。

(1)节点。图 4-10 中标有 1、2、3、…、7、8 的称为节点,它包括水源节点,如泵站、水塔等;不同管径或不同材质的管线交接点;两管段交点或集中向大用户供水的点,因管中流量发生变化,也是节点。

(2)管段。两节点之间的管线称为管段,例如图 4-10 中管段 3—6,表示节点 3 和 6 之间的一段管线。

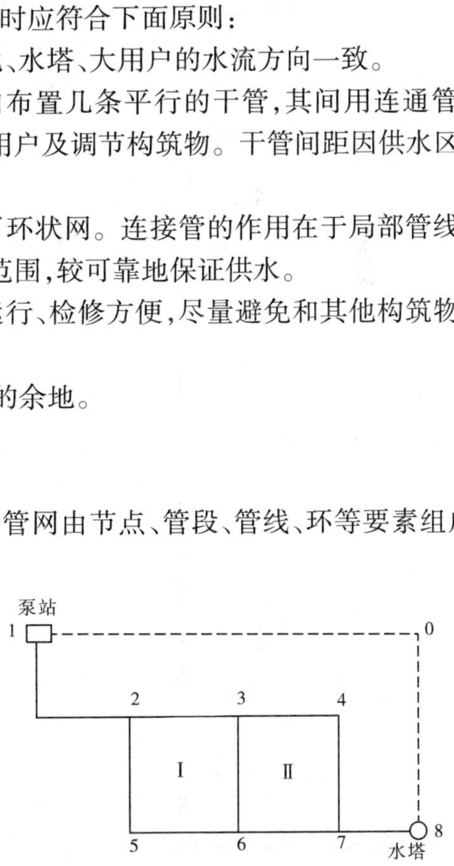

图 4-10 干管网的组成

(3)管线。管段顺序连接形成管线，如图 4-10 中的管线 1—2—3—4—7—8，是指从泵站到水塔的一条管线。

(4)环。起点和终点重合的管线称为环，如图 4-10 中的 2—3—6—5—2 管线为环Ⅰ。环有基环和大环之分，基环的环中不含其他环，如环Ⅰ、环Ⅱ均为基环。环中含其他环的环称为大环，如大环 2—3—4—7—6—5—2 含有环Ⅰ和环Ⅱ。此外，多水源的管网，为了计算方便，有时将两个或两个以上水压已定的水源节点(泵站、水塔等)用虚管线和虚节点 0 连接起来，也形成环，如图 4-10 中的环 1—0—8—7—4—3—2—1，因实际上并不存在，所以称之为虚环。

2. 沿线流量

确定各管段计算流量的目的，在于依此来选取管径，进行水力计算。但要确定各管段的计算流量，需首先确定各管段的沿线流量和节点流量。管段沿线流量是指供给该管段两侧用户所需流量；节点流量是从沿线流量折算得出的，并假设是在节点集中流出的流量。

城市供水地区，在管网的干管和分配管上，承接了许多用水户，沿线配水情况比较复杂。用水户可分为两类，如图 4-11 所示：一类是大用水户，如工厂、宾馆、医院等，用水量大，集中出流，故称集中流量，常用 Q_1、Q_2、…、Q_n 表示；另一类是小用水户，其用水量常用 q_1、q_2、…、q_n 表示，管道沿线分配的小用户用水量称为沿线流量。计算沿线流量通常采用简化方法——比流量法。该法有两种表现形式，现分述如下：

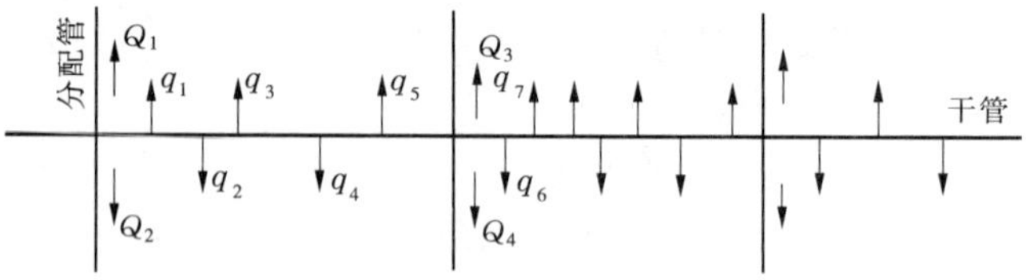

图 4-11　干管配水情况

(1)长度比流量法。假设小用户是沿线均布在配水干管上，则单位长度管线所承担的配水流量，称为长度比流量。用下式计算：

$$q_s = \frac{Q - \sum Q_i}{\sum l} \tag{4-11}$$

式中 q_s——长度比流量，L/(s · m)；

Q——管网总用水量，L/s；

$\sum Q_i$—— 大用户集中流量的总和，L/s；

$\sum l$—— 干管总计算长度，m，不包括穿越广场、公园等无建筑物地区的管线；对于只有一侧配水的管线，其长度按一半计算。

比流量大小随用水量的变化而变化，不同供水条件下的比流量(如最高用水量时、最大传输时、消防时)是不同的，须分别计算。

有了长度比流量则可以求出管网中各管段的沿线流量，计算式为

$$q_y = q_s l \tag{4-12}$$

式中 l——该管段计算长度,m。

必须指出,按照用水量全部均匀分布在干管上的假定来求比流量的方法,存在一定的缺点,因为它忽视了沿管线供水人数多少的影响,所以不能反映各管段的实际配水量。很显然,在干管线的不同管段上,它的供水面积和供水居民数不会相同,配水量不可能均匀。因此,另提出一种改进的计算方法——面积比流量法。

(2)面积比流量法。所谓面积比流量即是假定用水量 q_1、q_2、…、q_n 均匀分布在整个供水面积上,则单位面积上的配水流量称为面积比流量,记为 q_m,其单位为 L/(s·m²),可按式(4-13)计算:

$$q_m = \frac{Q - \sum Q}{\sum A} \tag{4-13}$$

式中 $\sum A$—— 供水面积的总和,m²。

干管每一管段供水面积的划分,可按对角线法或分角线法进行,如图4-12所示。

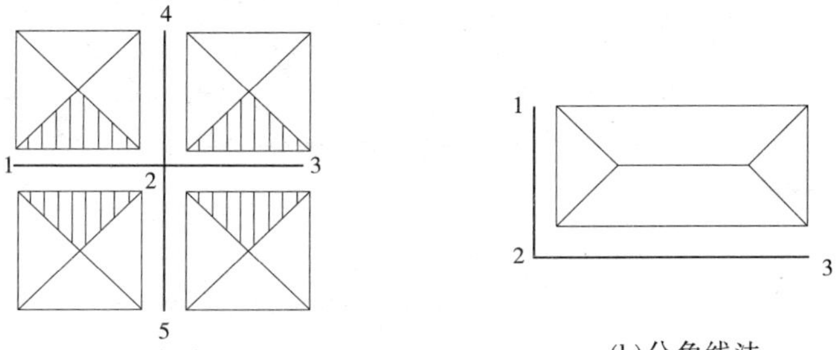

(a)对角线法 (b)分角线法

图4-12 供水面积划分

由面积比流量 q_m,亦可计算出某一管段的沿线流量 q_y(L/s),计算公式为

$$q_y = q_m A \tag{4-14}$$

式中 A——该管段的供水面积,m²。

鉴于城市供水面积大、用水量多,故用面积比流量法较之用长度比流量法要准确一些。但此法的计算颇麻烦。当供水区的干管分布比较均匀、管距大致相同时,似无必要采用面积比流量法,改用长度比流量法比较简便。

3. 节点流量

管网中任一管段的流量由两部分组成:一部分是沿管线配出的沿线流量,另一部分则是传输到后续管线去的传输流量。传输流量沿本管段不变,而沿线流量则逐渐减少,到管段末端只剩下传输流量。

将管段的沿线流量简化为两个相等的集中流量,分别从管段的起端和末端流出,其所产生的水头损失与沿线变化的流量所产生的水头损失相同。管网中每个节点上假想的集中流量等于与该节点相连的所有管线的沿线流量总和的一半,即为该点的节点流量:

$$q_n = \frac{1}{2} \sum q_y \tag{4-15}$$

求得各节点流量后,管网计算图上便只有集中于节点的流量(包括大用户集中流量)。

4. 管段计算流量

管网各节点流量求出后,可进行管网流量分配,确定各管段的计算流量。流量分配前,将大用户的集中流量布置在附近的节点上,则管网各节点输出流量总和等于二级泵站及水塔的总水量。

按照质量守恒原理,流向某节点的流量等于从该节点流出的流量,即流进等于流出。依此条件,用二级泵站、水塔输送至管网的总流量,沿各节点进行流量分配,所得出的每条管段所通过的初步流量,即为各管段的计算流量。确定此流量的难易程度与采用的管网布置形式有关。

对于树状管网,其每一管段的水流方向只有一个,各管段的流量等于该管段以后(顺水流方向)所有节点流量总和。例如图 4-13 中管段 3—4 的流量为

$$q_{3-4} = q_4 + q_5 + q_8 + q_9 + q_{10}$$

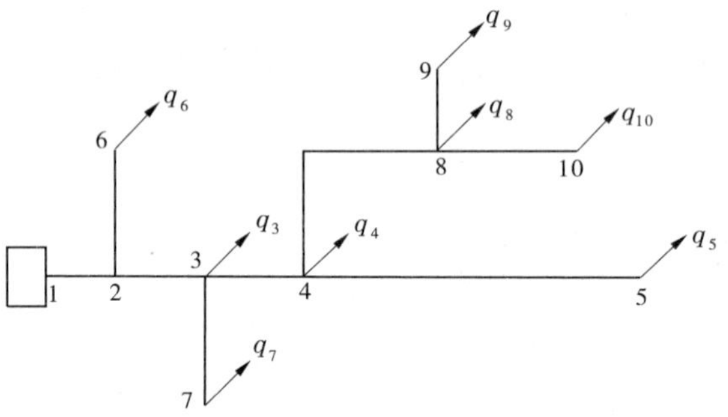

图 4-13　树状管网流量分配

管段 4—8 的流量为

$$q_{4-8} = q_8 + q_9 + q_{10}$$

可以看出:树状网的流量分配很简单,易于确定各管段的计算流量,并且只有唯一的一个数值。

环状网中,流量分配就比较复杂,每一节点的流量,可以从不同方向供给。所以,在进行流量分配时,必须先定出各管段的水流方向。若以流向节点的流量为正值,以流出节点的流量为负值,则有连续性方程

$$q_i + \sum q_{ij} = 0 \tag{4-16}$$

式中　q_i——节点 i 的节点流量,L/s;

$\sum q_{ij}$—— 与节点 i 相接的各管段流量,L/s。

环状网可以有不同的流量分配方案,既能保证供给用户所需的水量,又能满足节点流量平衡的条件。在进行环状网流量分配时,应同时照顾经济性和可靠性。经济性是指流量分配后得到的管径,应使一定年限内管网建造费用和管理费用为最小。可靠性是指能向用户不间断供水,并且保证应有的水量、水压和水质。

4.1.3.3　管径的确定

管网中各管段的管径是按最高时用水量情况下管段的计算流量确定的。各管段的管

径按下式计算：

$$D = \sqrt{\frac{4Q}{\pi v}} \tag{4-17}$$

式中 D——管段直径，m；

Q——管段的计算流量，m^3/s；

v——流速，m/s。

由式(4-17)可以看出，管径不但和管段流量有关，还与管段水流流速大小有关。因此，必须选取适宜的流速。从技术上考虑，最大流速不应超过 2.5 ~ 3.0 m/s，最小流速不小于 0.6 m/s。一般按一定年限 t 内（称为投资偿还期）管网造价和年经营管理费（主要是电费）为最经济的流速（称为经济流速）来确定管径。

按经济流速确定的管径称为经济管径。由于水管的标准管径（如 100、200 mm…）分档不多，算出的经济管径不一定等于标准管径，这时可选用相近的标准管径。

4.1.3.4 管网水头损失计算

给水管网中水流经过任一管段的水头损失，可由管段起端和末端两断面能量方程所得，它等于两个过水断面的测压管水头的差值。即：

$$h_{ij} = H_i - H_j \tag{4-18}$$

式中 h_{ij}——管段 ij 的水头损失，m；

H_i、H_j——从某一基准面算起的管段起端 i 和末端 j 的测压管水头，m。

按水力坡度计算管段水头损失，则

$$h = iL \tag{4-19}$$

式中 h——管段水头损失，m；

i——单位管段长度的水头损失，称水力坡度；

L——管段长度，m。

查阅《给水排水设计手册》即可得相应的 i 值，并按式(4-19)求出管段水头损失。

4.1.3.5 给水管网水力计算步骤

给水管网水力计算的目的就是根据最高日最高时的设计用水量，求出管网中各管段的管径和水头损失，然后依此来确定二级泵站的水泵扬程及水塔高度，以满足用户对水量和水压的要求。

给水管网水力计算步骤如下：

(1)根据城市地形及规划，确定控制点，进行管网定线。

(2)绘制计算草图，对节点和管段顺序编号，并标明管段长度和节点地形标高。

(3)按最高日最高时用水量计算节点流量，并在计算草图节点旁引出箭头，注明节点流量。大用户的集中流量也布置在附近节点上。

(4)在管网计算草图上，按管网的供水情况拟定各管段中水流方向，进行流量分配，确定各管段的流量。

(5)根据各管段的计算流量，按经济流速查水力计算表，选取各管段的管径。同时查得各管段的水力坡度。

(6)按公式 $h = iL$ 计算各管段的水头损失。对于树状管网，可由控制点所要求的自由水头,逆水流方向推算各节点的水压标高和自由水头,并推算出二级泵站的扬程和水塔高度。对于环状管网,如果各环的水头损失代数和$\sum h_{ij} \neq 0$,且超过允许值,即产生闭合差,则进行流量调整计算——管网平差计算。

(7)环状管网平差计算。当各环闭合差达到允许的计算精度后,逆水流方向,选择一条最不利线路推算管网中各节点的水压标高、自由水头及二级泵站的扬程和水塔高度。

(8)根据管网各节点的压力和地形标高,绘制等水压线和自由水压线图。

4.1.3.6 给水管材、附件、附属构筑物

1.给水管材及配件

给水工程常用的管材可分为金属管和非金属管两大类。

1)铸铁管

铸铁管用做给水管材,主要有灰口铸铁管和球墨铸铁管。

灰口铸铁管抗腐蚀性强,经久耐用,价格较钢管低,但质脆,不耐震动和弯折,自重大。灰口铸铁管是以往使用最广的给水管材,但在运行中易发生爆管,已不适应城市的发展趋势,在国外已被球墨铸铁管代替。

球墨铸铁管强度高,耐腐蚀,使用寿命长,安装施工方便,能适用于各种场合,如高压、重载、地基不良、震动等条件,较适合于大、中口径管道,是管道抗震的主要措施之一。球墨铸铁管比灰口铸铁管省材料,价格相差不大,现已在国内一些城市应用。

2)钢管

钢管分焊接钢管和无缝钢管。焊接钢管又分直缝钢管和螺旋缝钢管。

钢管耐高压、韧性好、耐震动、管壁薄、重量轻、管节长、接口少、加工接头方便。但钢管比铸铁管价格高,耐腐蚀性差,使用寿命短。钢管主要用于压力较高的输水管线,穿越铁路、河谷,对抗震有特殊要求的地区及泵房内部的管线。钢管接口可采用焊接、法兰连接,小管径可采用螺纹连接。

3)预应力和自应力钢筋混凝土管

预应力钢筋混凝土管的最大工作压力为1.18 MPa,管径一般为400~1 400 mm,管节长为5 m。

自应力钢筋混凝土管的工作压力为0.4~0.1 MPa,管径一般为100~600 mm。

预应力和自应力钢筋混凝土管均具有良好的抗渗性和耐久性、施工安装方便、水力条件好等优点。因自重大,质地脆,搬运时严禁抛掷和碰撞。

4)塑料管

塑料管分玻璃钢(聚氯乙烯复合管)、高密度聚乙烯管材、聚氯乙烯管等。给水管常用硬聚氯乙烯管和高密度聚乙烯管。塑料管具有表面光滑、耐腐蚀、重量轻、加工和接头方便等优点。

2.给水管网附件

为了保证给水系统正常运行,便于维修和使用,在管道上需设置必要的阀门、排气阀和排水阀、消火栓等附件。

1)阀门

阀门是控制水流调节管道内的水量、水压的重要设备,并具有在紧急抢修中迅速隔离

故障管段的作用。

输水管道和配水管网应根据具体情况设置分段和分区检修的阀门。配水管网上的阀门,不应超过5个消火栓的布置长度。

阀门的口径一般与管道直径相同,但阀门价格较高,为降低造价,当管径大于500 mm时,允许安装0.8倍管径的阀门。

阀门的种类按闸板分有楔式和平行式两种;按闸杆的上下移动分为明杆和暗杆两种。泵站一般采用明杆,输配水管道一般采用手动暗杆楔式阀门。

工程上还常用蝶阀,它具有构造简单、外形尺寸小、重量轻、操作轻便灵活、价格低等特点,其功能与上述阀门相同。

2)排气阀和排水阀

排气阀的作用是自动排除管道中聚集的空气。一般安装在管网隆起点和平直段的必要位置。

排水阀的作用是排除管道中的沉积物以及检修时放空管道内存水。一般安装在管网低处和平直段的必要位置。

3)消火栓

消火栓按安装形式可分为地上式和地下式两种。消防规范规定,接室外消火栓的管径不得小于100 mm,相邻两消火栓的间距不应大于120 m。距离建筑物外墙不得小于5 m,距离行车道边不大于2 m。

3. 给水管网附属构筑物

1)井室

管网中的各种附件一般装在井室内,以便操作和检修。井室的深度由管道的埋深确定。平面尺寸由管道直径和附件的种类及数量确定,为便于安装和维修,要求如下:

(1)承口或法兰下边缘至井底的距离不小于0.1 m。

(2)法兰盘和井壁的距离应大于0.15 m,承口外缘到井壁的距离应大于0.3 m。

井室的形式可根据附件的类型、尺寸确定,可参照给排水标准图选用。

2)给水管线穿越障碍物的措施

(1)管道穿越铁路和公路的措施。一般在路基下垂直穿越。通常采用如下措施:

设套管。开槽法施工套管比管道直径大300 mm,管材采用钢制套管或钢筋混凝土套管。掘进顶管施工套管比管道直径大500 ~ 800 mm,其管顶距轨底或路面不宜小于1.2 m。

当穿越临时铁路、次要公路及一般公路且埋深较大时,可不设套管。

给水管线穿越铁路的两端,应设阀门井。在管线较低的一端,设泄水阀和集水井。

(2)管道穿越河谷的措施:①当河道上设有桥梁时,管道可在人行道下悬吊过桥。②可敷设倒虹吸管。③管道直径较大,可修建管道桥。

3)支墩

承插式接口的给水管道,在转弯处、三通管端处,会产生向外的推力,易引起承插接口松动、脱节造成破坏。因此,在承插式管道垂直或水平方向转弯等处应设置支墩。当管径小于等于350 mm或转角为5°~10°,且压力不大于1.0 MPa时,其接头足以承受推力可不设支墩。

4.1.4　水源选择及取水构筑物

4.1.4.1　水源种类及选择

1. 水源种类

给水水源分为地下水源和地面水源。地下水源包括上层滞水、潜水、承压水、裂隙水、溶岩水和泉水等。地面水源包括江河水、湖泊水、水库水以及海水等。

2. 水源选择

城市给水水源选择是城市位置选择的重要条件;水源选择是否良好,往往成为决定新建城市的建设和发展的重要因素之一。因此,规划时应十分注意城市水源选择。对城市的水源选择应进行深入调查研究,全面搜集有关城市水源的水文、气象、地形、地质以及水文地质资料,进行城市水资源勘测和水质分析。

在城市给水系统规划中,应根据城市近、远期发展规模,对下列因素进行技术经济比较,从而确定城市给水水源。

1)给水水源应有足够水量

城市给水水源应有足够水量,以满足城市用水要求。

2)给水水源的水质应良好

确定水源时,应尽可能搜集水源历年逐月的水质资料,调查研究水源影响水质的因素,研究污染物的来源及处理措施等。

当城市有多种天然水源时,应首先考虑水质较好、净化简易的水源作为给水水源,或者考虑多水源分质供水。

3)考虑国民经济其他部门的用水

规划中,应考虑国民经济其他部门对水源的利用,以及由此而引起的水量、水质变化,如农业灌溉用水、航运、漂木、水产养殖以及各种水工构筑物的修建等。对这些因素应全面考虑,统筹安排,做到合理地综合利用各种水源。

4)当城市有多个水源时,作为生活饮用水水源应首先考虑采用地下水

地下水具有以下优点:

(1)地下水水质一般无色透明,无须澄清处理,可节省净化构筑物的投资及经营费用。

(2)水温较低,且稳定。

(3)不易被污染,安全,卫生条件较好。

(4)地下水取水构筑物比地面水取水构筑物较为简单,造价较低,便于靠近用户和分期修建。

但地下水也有缺点,一般含矿物盐类较高,硬度较大,有时含过量铁、锰、氟等需进行处理,同时地下水水量往往不够稳定,地下水源勘测时间也较长等。采用地下水时,必须做到计划开采,不能超过开采储量,以防地下水水位不断下降、地面下沉或水质恶化等严重情况发生。

5)地面水的选择

在选择地面水源时,首先考虑采用天然江河水、湖泊水,其次考虑水库水,必要时考虑

海水的利用。

地面水源，由于含泥沙及细菌较多，水质浑浊，故通常需处理。

6）保证安全供水

为了保证安全供水，大、中城市应考虑多水源分区供水，小城市也应有远期备用水源；无多水源时，结合远期发展，应设两个以上取水口。

4.1.4.2 地下水取水构筑物

地下水取水构筑物，按其构造可分为管井、大口井、辐射井、渗渠等几种形式，其适用范围见表4-10。

表4-10 地下水源取水构筑物适用范围

型式	尺寸	深度	水文地质条件			出水量
			地下水埋深	含水层厚度	水文地质特征	
管井	井径为50～1 000 mm，常用为150～600 mm	井深为20～1 000 m，常用为300 m以内	在抽水设备能解决情况下不受限制	厚度一般在5 m以上或有几层含水层	适于任何卵石地层	单井出水量一般为500～6 000 m^3/d，最大为20 000～30 000 m^3/d
大口井	井径为2～12 m，常用为4～8 m	井深为30 m以内，常用为6～20 m	埋深较浅，一般在12 m以内	厚度一般在5～20 m	补给条件较好，渗透系数最好20 m/d以上，适于任何砂砾地区	单井出水量一般为500～10 000 m^3/d，最大为20 000～30 000 m^3/d
辐射井	同大口井	同大口井	同大口井	同大口井，能有效开采水量丰富、含水层较薄的地下水和河床下渗透水	补给条件良好，含水层最好为中粗砂或砾石层并不含漂石	单井出水量一般为5 000～50 000 m^3/d
渗渠	管径为0.45～1.5 m，常用为0.6～1.0 m	埋深为10 m以内，常用为4～7 m	埋深较浅，一般在2 m以内	厚度较薄，一般为1～6 m	补给条件良好，渗透性较好，适于中砂、粗砂、砾石或卵石层	一般为15～30 $m^3/(d \cdot m)$，最大为50～100 $m^3/(d \cdot m)$

地下水取水构筑物形式的选择，应根据含水层埋藏深度、含水层厚度、水文地质特征以及施工条件等，通过技术经济比较确定。

4.1.4.3 地表水取水构筑物

地表水取水构筑物的形式可分为固定式取水构筑物和移动式取水构筑物两类。地表水取水构筑物的位置和形式正确与否，直接影响取水的水质和水量、取水的安全、投资、施工及运行管理等各个方面。因此，合理选择取水构筑物的位置和形式非常重要，要深入现场进行详细的勘测,掌握地表水特征,根据其水文、地质、通航、地形、卫生等条件综合分析研究,进行经济比较。

1. 固定式取水构筑物

固定式取水构筑物具有安全可靠、维修管理方便、适应范围广等优点,因此在取水工程中得到广泛应用。但其水厂工程量大,施工期长,投资高。

固定式取水构筑物,按其构造特点可分为岸边式、河床式、斗槽式和潜水式等。

1)岸边式取水构筑物

直接从岸边进水口取水的构筑物,称为岸边式取水构筑物。它由进水井和泵站两部分组成。当河岸较陡、主流近岸、岸边水深足够、水质及地质条件较好、水位变幅不太大时,适宜采用这种型式。

按照进水井与泵站的联系,岸边式取水构筑物可分为合建式和分建式两类。

2)河床式取水构筑物

从河心进水口取水的构筑物,称为河床式取水构筑物。它由取水头部、进水管、泵站等部分组成。当河岸较平坦,枯水期主流离岸较远、岸边水深不足或水质不好,而河心有足够水深或较好水质时,适宜采用这种取水型式。

按引水方式不同,又可分为自流管式、虹吸管式、直接吸水式、江心桥墩式等。

3)斗槽式取水构筑物

在岸边式(或河床式)取水构筑物之前设置斗槽进水,称为斗槽式取水构筑物(见图4-14)。斗槽是在河流岸边用堤坝围成的,或者在岸内开挖的进水槽。设置斗槽的目的是由于斗槽中的流速较小,水中泥沙易于在斗槽中沉淀,水内冰易于上浮,故能较好地减少泥沙和防止冰凌进入取水口。因此,斗槽式取水构筑物适宜在河流含沙量甚大、冰凌严重、取水量较大时采用。

斗槽式取水构筑物由于施工量大、造价较高、排泥较困难,故很少采用。

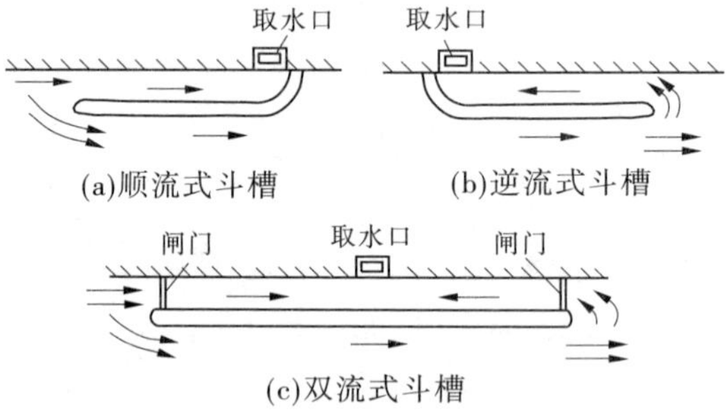

图4-14　斗槽式取水构筑物

4)潜水式取水构筑物

当岸边地质条件较好、岸坡较陡、岸边水深足够、水质较好时,可采用潜水泵直接取水,即将潜水泵和防水电动机放在岸边水下的护坡上直接吸水。这种形式取水简单,投资最少,但洪水时检修不便。

2. 活动式取水构筑物

活动式取水构筑物主要有浮船式和缆车式两种。

1) 浮船式取水构筑物

浮船适用于河流水位变幅较大(10 ~ 35 m 或以上),水位变化速度不大于 2 m/h,枯水期有足够水深,水流平稳,河床稳定,岸边具有 20° ~ 30°坡角,无冰凌,漂浮物少,不受浮筏、船只和漂木撞击的河流。

浮船取水具有投资少、施工期短、便于施工、调动灵活等优点,其缺点是操作管理比较麻烦,供水安全性较差等。

浮船有木船、钢板船以及钢丝网水泥船等,一般做成平底囤船形式,平面为矩形,断面为梯形或矩形,浮船布置需保证船体平衡与稳定,并需布置紧凑和便于操作管理。

2) 缆车式取水构筑物

缆车式取水构筑物由泵车、坡道、输水斜管、牵引设备等 4 个主要部分组成,如图 4-15 所示。当河流水位涨落时,泵车可由牵引设备带动,沿坡道上的轨道上升或下降。它具有投资省、水下工程量少、施工周期短等优点;但它在水位涨落时需移车或换接头,维护管理比较麻烦,供水安全性不如固定式取水构筑物。

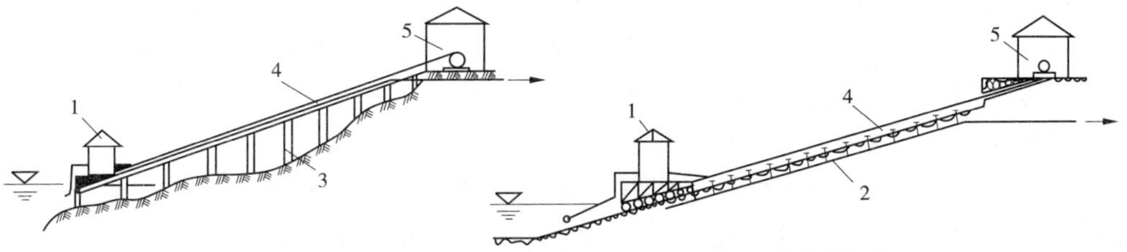

(a)斜桥式 (b)斜坡式

1—泵车;2—坡道;3—斜桥;4—输水斜管;5—卷扬机房

图 4-15 缆车式取水构筑物布置

任务 4.2 城市排水工程

在人类的日常生活和生产活动中,需要使用大量的淡水,这些水在使用过程中,除极少部分被消耗外,其中的绝大部分受到不同程度的污染,改变了其原有的物理及化学性质,成为污水或废水。污(废)水如不加以控制,任意排入水体(江、河、湖、海),会使水体受到不同程度的破坏,给自然界带来长期的危害。此外,城市内降水(雨水和冰雪融化水),径流流量较大,亦应及时排放。将城市污(废)水、降水有组织地排除与处理的工程设施称为排水系统。在城市规划与建设中,对排水系统进行全面统一安排,称为城市排水工程规划。

城市排水可分为三类,即生活污水、工业废水和降水径流。城市污水是指排入城市排水管道的生活污水和工业废水的总和。

生活污水、工业废水以及降水径流的来源和特征如下:

(1) 生活污水是指人们在日常生活中所产生的污水,如来自住宅、机关、学校、医院、商店、公共场所及工厂的厕所、浴室、厨房、洗衣房等处排出的水。这类污水中含有较多的有机杂质,并带有病原微生物和寄生虫卵等。

(2)工业废水是指工业生产过程中所产生的废水,来自工厂车间或矿场等地。根据它的污染程度不同,又分为生产废水和生产污水两种。

生产废水是指生产过程中,水质只受到轻微污染或仅是水温升高,可不经处理直接排放的废水,如机械设备的冷却水等。

生产污水是指在生产过程中,水质受到较严重的污染,需经处理后方可排放的废水。其污染物质有的主要是无机物,如发电厂的水力冲灰水;有的主要是有机物,如食品工厂废水;有的含有机物、无机物,并有毒性,如石油工业废水、化学工业废水等。废水性质随工厂类型及生产工艺过程不同而异。

(3)降水径流指形成地面上径流的雨水和冰雪融化水。降水径流的水质与流经表面情况有关,一般是较清洁的,但初期雨水径流却比较脏。雨水径流排除的特点是:时间集中、量大,以暴雨径流危害最大。

4.2.1 城市排水系统的体制和组成

4.2.1.1 排水系统的体制

对生活污水、工业废水和降水径流采取的汇集方式,称为排水体制,也称排水制度。按汇集方式可分为合流制和分流制两种基本类型。

1. 合流制排水系统

将生活污水、工业废水和降水汇集到同一管渠内来输送和排除的系统称合流制排水系统。根据对污水的收集和处理方式的不同,分流制排水分为以下3种形式:

(1)直泄式合流制。管渠系统的布置就近坡向水体,分若干排出口,混合的污水未经处理直接泄入水体。我国许多城市旧城区的排水方式大多是这种系统,目前一般不采用。

(2)截流式合流制(见图4-16)。这种体制是指在街道管渠中合流的生活污水、工业废水和降水,一起排向沿河的截流干管。晴天时全部输送到污水处理厂;雨天时当雨水、生活污水和工业废水的混合水量超过一定数量时,其超出部分通过溢流井泄入水体。这种体制目前应用较广。

(3)全处理式合流制。采用同一管渠混合汇集后,全部送到污水厂处理后再排放。

2. 分流制排水系统

将生活污水、工业废水和降水分别采用两个或两个以上各自独立的管渠来收集排除的系统,称为分流制排水系统,如图4-17所示。其中汇集生活污水和工业废水中生产污水的系统称为污水排除系统;汇集和排泄降水径流和不需要处理的工业废水(指生产废水)的系统称为雨水排除系统;只排除工业废水的称工业废水排除系统。

根据排出方式的不同,分为以下两种形式:

(1)完全分流制。指具有设置完善的污水排水系统和雨水排水系统的一种形式。

(2)不完全分流制。指具有完善的污水排水系统,雨水沿天然地面、街道边沟、明沟来排泄,城市进一步发展再修建雨水排水系统。

4.2.1.2 排水体制的选择

合理选择排水体制,是城市排水系统规划中一个十分重要的问题。它关系到整个排水系统是否实用、能否满足环境保护的要求,同时也影响排水工程的总投资、初期投资和

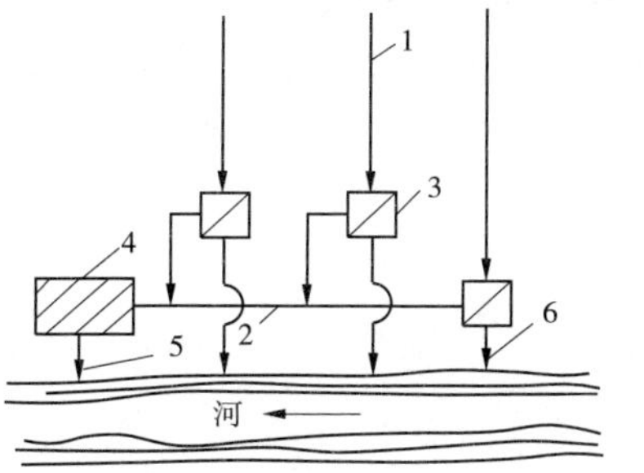

1—合流干管;2—截流主干管;3—溢流井;
4—污水处理厂;5—出水口;6—溢流出水口

图4-16　截流式合流制排水系统

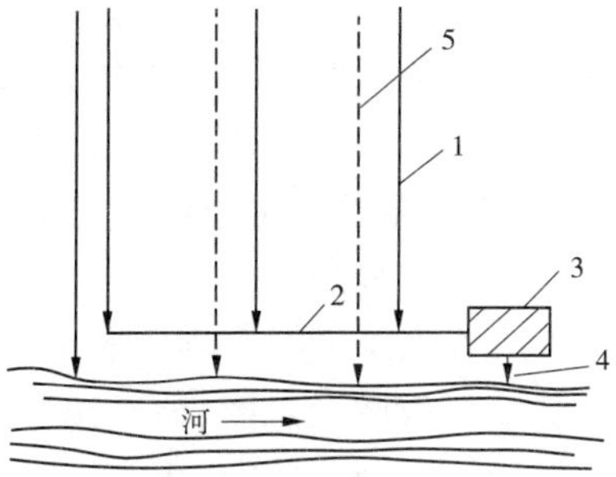

1—污水干管;2—污水主干管;3—污水处理厂;
4—出水口;5—雨水干管

图4-17　分流制排水系统

经营费用。对于目前常用的分流制和截流式合流制的分析比较,可从下列几方面说明。

1. 环境保护方面要求

截流式合流制排水系统同时汇集了部分雨水输送到污水厂处理,特别是较脏的初期雨水,带有较多的悬浮物,其污染程度有时接近于生活污水,这对保护水体是有利的。但另一方面,暴雨时通过溢流并将部分生活污水、工业废水泄入水体,周期性地给水体带来一定程度的污染,这对保护水体是不利的。对于分流制排水系统,将城市污水全部送到污水厂处理,但初期雨水径流未经处理直接排入水体是其不足之处。从环境卫生方面分析,究竟哪一种体制较为有利,要根据当地具体条件分析比较才能确定。一般情况下,截流式合流制排水系统对保护环境卫生、防止水体污染而言不如分流制排水系统。由于分流制排水系统比较灵活,较易适应发展需要,通常能符合城市卫生要求,因此目前得到广泛采用。

2. 基建投资方面

合流制排水只需一套管渠系统,大大减少了管渠的总长度。据资料统计,一般合流制管渠的长度比分流制管渠的长度减少30%～40%,而断面尺寸和分流制雨水管渠基本相同,因此合流制排水管渠造价一般要比分流制低20%～40%。虽然合流制泵站和污水厂的造价通常比分流制高,但由于管渠造价在排水系统总造价中占70%～80%,所以分流制的总造价一般比合流制高。从节省初期投资考虑,可以初期只建污水排除系统而缓建雨水排除系统,节省初期投资费用,同时施工期限短,发挥效益快,随着城市的发展,再逐步建造雨水管渠。分流制排水系统利于分期建设。

3. 维护管理方面

合流制排水管渠可利用雨天剧增的流量来冲刷管渠中的沉积物,维护管理较简单,可降低管渠的维护管理费用。但对于泵站与污水处理厂,由于设备容量大,晴天和雨天流入污水厂的水量、水质变化大,从而使泵站与污水厂的运行管理复杂,增加运行费用。分流制流入污水厂的水量、水质变化比合流制小,利于污水处理、利用和运行管理。

4. 施工方面

合流制管线单一,减少与其他地下管线、构筑物的交叉,管渠施工较简单,对于人口稠密、街道狭窄、地下设施较多的市区更为突出。

总之,排水体制的选择,应根据城市总体规划、环境保护要求、当地自然条件、水体条件、城市污水量和水质情况、城市原有排水设施等情况综合考虑,通过技术经济比较决定。一般新建城市或地区的排水系统,较多采用分流制;旧城区排水系统改造,采用截流式合流制较多。同一城市的不同地区,根据具体条件,可采用不同的排水体制。

4.2.1.3 排水系统的主要组成部分

1. 城市污水排除系统的组成

污水排除系统通常是指以收集和排除生活污水为主的排水系统。图 4-18 为某城市污水排除系统组成示意图,该系统包括下列 5 个主要部分:

(1)室内污水管道系统及卫生设备。

(2)室外污水管道系统,包括庭院(或街坊内)管道和街道下污水管道系统。

(3)污水泵站及压力管道。

(4)污水处理厂。

(5)污水出口设施,包括出水口(渠)、事故出水口及灌溉渠等。

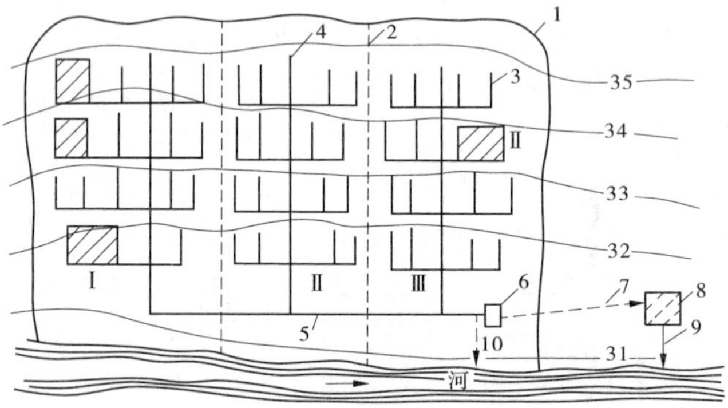

Ⅰ、Ⅱ、Ⅲ—排水流域;1—城市边界;2—排水流域分界线;3—支管;4—干管;5—主干管;6—总泵站;7—压力管道;8—城市污水厂;9—出水口;10—事故排出口;11—工厂

图 4-18 城市污水排水系统总平面示意图

2. 工业废水排除系统的组成

有些工业废水排入城市污水管道或雨水管道,不单独形成系统,而有些工厂单独形成工业废水排除系统,其组成为:

(1)车间内部管道系统及排水设备。

(2)厂区管道系统及附属设备。

(3)污水泵站和压力管道。

(4)污水处理站(厂)。

(5)出水口(渠)。

3. 城市雨水排除系统的组成

雨水来自两个方面,一部分来自屋面,一部分来自地面。屋面上的雨水通过天沟和竖管流至地面,然后随地面雨水一起排除。地面上雨水通过雨水口流至街坊(或庭院)雨水道或街道下面的管道。雨水排除系统主要包括:

(1)房屋雨水管道系统,包括天沟、竖管及房屋周围的雨水管沟。

(2)街坊(或厂区)和街道雨水管渠系统,包括雨水口、庭院雨水沟、支管、干管等。

(3)泵站。

(4)出水口(渠)。

雨水一般就近排入水体,不需处理。在地势平坦、区域较大的城市或河流洪水位较高、雨水自流排放有困难的情况下,设置雨水泵站排水。

4.2.2 城市污水管道系统的规划布置

4.2.2.1 污水管道系统平面布置

规划设计城市排水管道系统,首先要在城市总平面图上进行管道系统平面布置,也称为排水管道系统的定线。定线工作主要是确定管道的平面位置和水流方向。

污水管道平面布置,一般按先确定主干管、再定干管、最后定支管的顺序进行。在城市排水总体规划中,只决定污水主干管、干管的走向与平面位置。在详细规划中,还要决定污水支管的走向及位置。

在污水管道系统的布置中,要尽量用最短的管线,在顺坡的情况下使埋深较小,把最大面积上的污水送往污水处理厂或水体。

1. 影响污水管道系统平面布置的主要因素

(1)城市地形和水文地质条件。

(2)城市的远景规划、竖向规划和修建顺序。

(3)排水体制、污水处理厂及出水口的位置。

(4)排水量大的工业企业和大型公共建筑的分布情况。

(5)街道宽度及交通情况。

(6)地下管线和其他地下及地面障碍物的分布情况。

2. 污水管道系统平面布置的原则

(1)根据城市地形特点和污水处理厂、出水口的位置,利用地形,先布置主干管和干管。城市污水主干管和干管是污水管道系统的主体。它们的布置恰当与否,将影响整个系统的合理性。污水主干管一般布置在排水区域内地势较低的地带,沿集水线或沿河岸等敷设,以便支管、干管的污水能自流接入。

(2)污水干管一般沿城市道路布置。通常设置在污水量较大或地下管线较少一侧的人行道、绿化带或慢车道下。当道路宽度大于40 m时,可以考虑在道路两侧各设一条污水干管,这样,可以减少过街管道,便于施工、检修和维护管理。

(3)污水管道应尽可能避免穿越河道、铁路、地下建筑或其他障碍物、也要注意减少与其他地下管线交叉。

(4)尽可能使污水管道的坡降与地面坡度一致,以减少管道的埋深。为节省工程造价及经营管理费,要尽可能不设或少设中途泵站。

(5)管线布置应简捷,要特别注意节约大管道的长度。要避免在平坦地段布置流量小而长度大的管道。因为流量小,保证自净流速所需要的坡度较大,而使埋深增加。

3. 城市污水管道系统的一般平面形式

(1)污水干管的布置形式按干管与地形等高线的关系分为平行式和正交式两种。

平行式布置的特点是污水干管与等高线平行,而主干管则与等高线基本垂直,如

图 4-19(a)所示,适用于地形坡度较大的城市,这样可以减少管道埋深,改善管道的水力条件,避免采用过多的跌水井。

正交式布置适用于地形比较平坦、略向一边倾斜的城市。污水干管与地形等高线基本垂直,如图 4-19(b)所示。如果设主干管,主干管布置在城市较低的一边,与等高线基本平行。

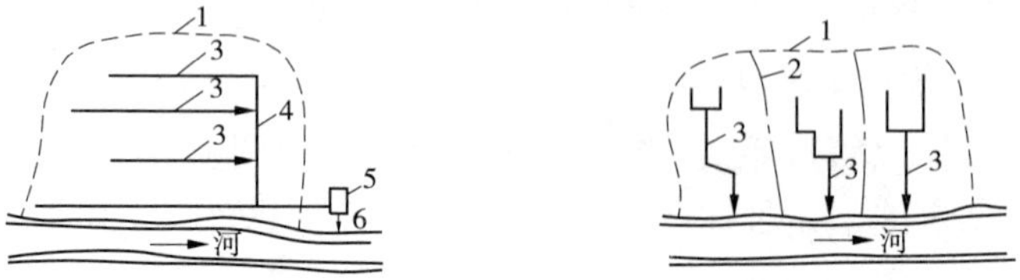

(a)平行式　　(b)正交式

1—城市边界;2—排水流域分界线;3—干管;4—主干管;5—污水厂;6—出水口

图 4-19　污水干管的布置形式

(2)污水支管的布置形式分为低边式、周边式和穿坊式。

①低边式布置将污水支管布置在街坊地形较低的一边,如图 4-20(a)所示。这种布置形式的特点是管线较短,在城市规划中采用较多。

②周边式布置将污水支管布置在街坊四周,如图 4-20(b)所示。这种布置形式适用于地势平坦的大型街坊。

③穿坊式的污水支管穿过街坊,而街坊四周不设污水支管,如图 4-20(c)所示。这种布置管线较短,工程造价较低,但只适用于新村式街坊。

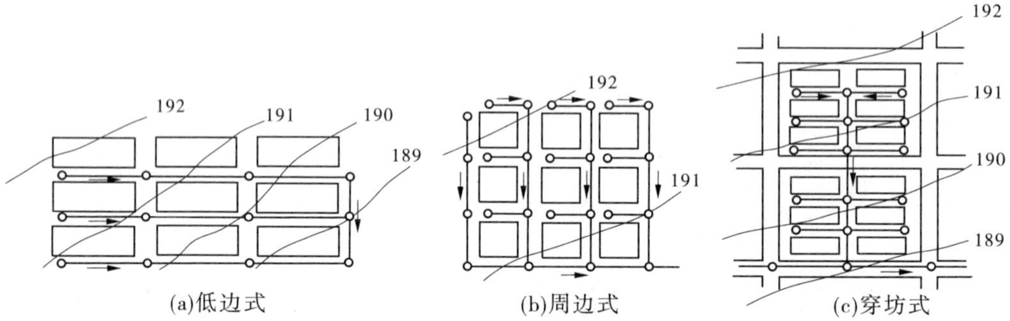

(a)低边式　　(b)周边式　　(c)穿坊式

图 4-20　污水支管的布置形式

4.2.2.2　污水管道的具体位置

1. 污水管道在街道上的位置

污水管道一般沿道路敷设并与道路中心线平行。当道路宽度大于 40 m 且两侧街坊都要向支管排水时,常在道路两侧各设一条污水管道。在交通频繁的道路上应尽量避免污水管道横穿道路,以利于维护。

城市街道下常有多种管道和地下设施。这些管道和地下设施相互之间以及与地面建筑之间,应当很好地配合。

污水管道与其他地下管线或建筑设施之间的相互位置，应满足下列要求：①保证在敷设和检修管道时互不影响；②污水管道损坏时，不致影响附近建筑物及基础和污染生活饮用水。

污水管与其他地下管线或建筑设施的水平和垂直最小净距应根据两者的类型、标高、施工顺序和管道损坏的后果等因素，按管道综合设计确定，参照表 4-11 采用。

表 4-11　排水管道与其他地下管线(构筑物)的最小净距

<table>
<tr><th colspan="3">名　　称</th><th>水平净距(m)</th><th>垂直净距(m)</th></tr>
<tr><td colspan="3">建筑物</td><td>见注 3</td><td></td></tr>
<tr><td rowspan="2">给水管</td><td colspan="2">$d \leq 200$ mm</td><td>1.0</td><td rowspan="2">0.4</td></tr>
<tr><td colspan="2">$d > 200$ mm</td><td>1.5</td></tr>
<tr><td colspan="3">排水管</td><td></td><td>0.15</td></tr>
<tr><td colspan="3">再生水管</td><td>0.5</td><td>0.4</td></tr>
<tr><td rowspan="4">燃气管</td><td>低压</td><td>$P \leq 0.05$ MPa</td><td>1.0</td><td>0.15</td></tr>
<tr><td>中压</td><td>0.05 MPa $< P \leq 0.4$ MPa</td><td>1.2</td><td>0.15</td></tr>
<tr><td rowspan="2">高压</td><td>0.4 MPa $< P \leq 0.8$ MPa</td><td>1.5</td><td>0.15</td></tr>
<tr><td>0.8 MPa $< P \leq 1.6$ MPa</td><td>2.0</td><td>0.15</td></tr>
<tr><td colspan="3">热力管线</td><td>1.5</td><td>0.15</td></tr>
<tr><td colspan="3">电力管线</td><td>0.5</td><td>0.5</td></tr>
<tr><td colspan="3" rowspan="2">电信管线</td><td rowspan="2">1.0</td><td>直埋 0.5</td></tr>
<tr><td>管块 0.15</td></tr>
<tr><td colspan="3">乔木</td><td>1.5</td><td></td></tr>
<tr><td rowspan="2">地上柱杆</td><td colspan="2">通信照明及 < 10 kV</td><td>0.5</td><td rowspan="2"></td></tr>
<tr><td colspan="2">高压铁塔基础边</td><td>1.5</td></tr>
<tr><td colspan="3">道路侧石边缘</td><td>1.5</td><td></td></tr>
<tr><td colspan="3">铁路钢轨(或坡脚)</td><td>5.0</td><td>轨底 1.2</td></tr>
<tr><td colspan="3">电车(轨底)</td><td>2.0</td><td>1.0</td></tr>
<tr><td colspan="3">架空管架基础</td><td>2.0</td><td></td></tr>
<tr><td colspan="3">油管</td><td>1.5</td><td>0.25</td></tr>
<tr><td colspan="3">压缩空气管</td><td>1.5</td><td>0.15</td></tr>
<tr><td colspan="3">氧气管</td><td>1.5</td><td>0.25</td></tr>
<tr><td colspan="3">乙炔管</td><td>1.5</td><td>0.25</td></tr>
<tr><td colspan="3">电车电缆</td><td></td><td>0.5</td></tr>
<tr><td colspan="3">明渠渠底</td><td></td><td>0.5</td></tr>
<tr><td colspan="3">涵洞基础底</td><td></td><td>0.15</td></tr>
</table>

注：1. 表列数字除注明者外，水平净距均指外壁净距，垂直净距是指下面管道的外顶与上面管道基础底间净距。

2. 采取充分措施(如结构措施)后，表列数字可以减小。

3. 与建筑物水平净距，管道埋深浅于建筑物基础时，不宜小于 2.5 m；管道埋深深于建筑物基础时，按计算确定，但不应小于 3.0 m。

2. 污水管道埋设深度的确定

图 4-21　覆土厚度

管道的埋深是指从地面到管道内底的距离。管道的覆土厚度则指从地面到管道外顶的距离,如图 4-21 所示。污水管道的埋深对于工程造价和施工影响很大。管道埋深愈大,施工愈困难,工程造价愈高。显然,在满足技术要求的条件下,管道埋深愈小愈好。但是,管道的覆土厚度有一个最小限值,称为最小覆土厚度,其值取决于下列 3 个因素:

(1)在寒冷地区,必须防止管内污水冰冻和因土壤冰冻膨胀而损坏管道。

生活污水的水温一般较高,而且污水中的有机物质分解还会放出一定的热量。在寒冷地区,即使冬季,生活污水的水温一般也在 10 ℃左右,污水管道内的流水和周围的土壤一般不会冰冻,从而无须将管道埋设在冰冻线以下。室外排水设计规范规定,没有保温措施的生活污水管道及温度与此接近的工业废水管道,其内底面可埋设在冰冻线以上 0. 15 m。有保温措施或水温较高的污水管道,其管底在冰冻线以上的标高还可以适当提高。

(2)必须防止管壁被交通车辆造成的动荷载压坏。

为了防止车辆等动荷载损坏管壁,管顶应有足够的覆土厚度。管道的最小覆土厚度与管道的强度、荷载大小及覆土密实程度有关。我国《室外排水设计规范》规定,污水管道在车道下的最小覆土厚度不小于0. 7 m;在非车行道下,其最小覆土厚度可以适当减小。

(3)必须满足管道与管道之间的衔接要求。

城市污水管道多为重力流,所以管道必须有一定的坡度。在确定下游管段埋深时就应该考虑上游管段接入的要求。在气候温暖、地势平坦的城市,污水管道最小覆土厚度往往决定于管道之间衔接的要求。

住宅排水管的出户管,其最小埋设深度通常采用 0. 55 ~ 0. 65 m,因而污水支管起段的埋深一般不小于 0. 6 ~0. 7 m。街道污水管最小埋深(见图 4-22)可按下式计算:

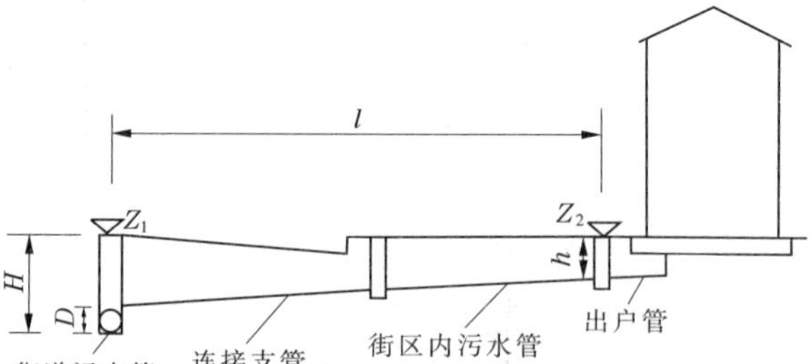

图 4-22　街道污水管最小埋深示意

$$H = h + il + Z_1 - Z_2 + \Delta h \tag{4-20}$$

式中　H——街道污水管网起点的最小埋深,m;

h——街坊污水管起端的埋深,m;

i——街坊污水管和连接支管的坡度;

l——街坊污水管和连接支管的长度，m；

Z_1——街道污水管检查井的地面标高，m；

Z_2——街坊污水管（或住宅排水管的出户管）起端检查井的地面标高，m；

Δh——连接支管与街道污水管内底高差，m。

对于一个具体管段，按上述决定最小埋深的3个条件可以得出3个不同的埋深限制数值，其中最大值即是该管段的最小埋深。

在排水区域内，对管道系统的埋设深度起控制作用的点称为控制点。各条管道的起端大都是这条管道的控制点，其中离污水厂或出水口最远最低处是整个排水管道系统的控制点。这些控制点管道的埋深，往往影响整个污水管道系统的埋深。因此，在规划设计时，应注意减少控制点管道的埋深，通常采用的措施有：①增加管道的强度；②如为防止冰冻，可以加强管道的保温措施；③如为保证最小覆土厚度，可以填土提高地面高程；④必要时设置提升泵站，减少管道埋深。

除考虑管道的最小埋深外，也应考虑污水管道的最大埋深。管道的最大埋深决定于土壤性质、地下水位及施工方法等。在干燥土壤中一般不超过7～8 m；在地下水位较高、流沙严重、挖掘困难的地层中通常不超过5 m。当管道埋深超过最大埋深时，应考虑设置污水泵站等措施，以减少管道的埋深。

3. 污水管道的衔接

为了满足衔接与维护的要求，在污水管道中，通常要设置检查井。在检查井中，上下游管道的衔接必须满足两方面的要求：①要避免在上游管道中形成回水；②要尽量减少下游管道的埋设深度。

污水管道的衔接方法（见图4-23）通常采用水面平接法和管顶平接法。

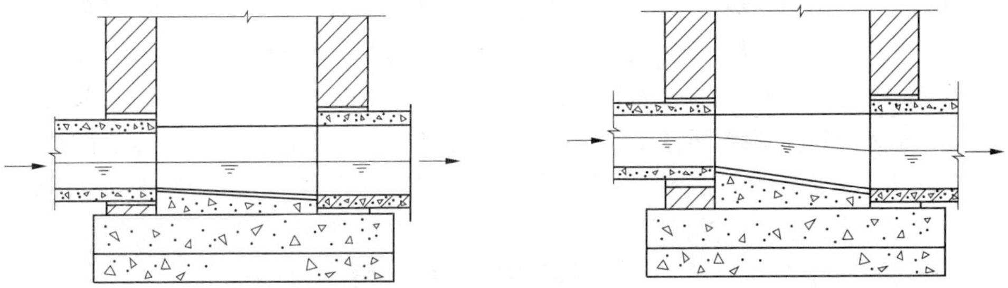

(a)水面平接　　(b)管顶平接

图4-23　污水管道的衔接

水面平接法如图4-23(a)所示，是指污水管道水力计算中，使上、下游管段在设计充满度的情况下，其水面具有相同的高程。水面平接法一般用于相同口径的污水管道的衔接。由于城市污水流量是变化的，管道中水面也将随着流量的变化而变化。较小管道中的水面变化比大管道中水面变化要大，因此当口径不相同的管道采用水面平接法衔接时，难免在上游管道中形成回水。

管顶平接法如图4-23(b)所示，是指污水管道水力计算中，使上、下游管道的管顶内壁位于同一高程。采用管顶平接可以避免在上游管段产生回水，但是，增加了下游管道的埋深。管顶平接法一般用于不同口径管道的衔接。

城市污水管道一般都采用管顶平接法。在坡度较大的地段,污水管道可采用阶梯连接或跌水井连接。城市污水管道无论采用何种方法衔接,下游管段的水面和管底都不应高于上游管段的水面和管底。

污水支管与干管交汇处,若支管管底高程与干管管底高程的高差较大时,需在支管上设置跌水井,经跌落后再接入干管,以保证干管的水力条件。

4.2.3 城市雨水管渠系统的规划布置

降落在地面上的雨水,只有一部分沿地面流入雨水管渠和水体,这部分雨水称为地面径流,在排水工程中常简称径流量。雨水径流的总量并不大,即使在我国长江以南的一些大城市中,在同一面积上,全年的雨水总量也不过和全年的日常生活污水量相近,而径流量还不到雨水量的50%。但是,全年雨水的绝大部分常在极短的时间内降下,这种短时期内强度猛烈的暴雨,往往形成数十倍、上百倍于生活污水流量的径流量,若不及时排除,将造成巨大的危害。

为防止暴雨径流的危害,保证城市居住区与工业企业不被洪水淹没,保障生产、生活和人民生命财产安全,需要修建雨水排除系统,以便有组织地及时将暴雨径流排入水体。

雨水管渠布置的主要任务,是要使雨水能顺利地从建筑物、车间、工厂区或居住区内排泄出去,既不影响生产,又不影响人民生活,达到既合理又经济的要求。布置中应遵循下列原则。

4.2.3.1 充分利用地形,就近排入水体

雨水径流的水质虽然和它流过的地面情况有关,一般来说,除初期雨水外是比较清洁的,直接排入水体时,不致破坏环境卫生,也不致降低水体的经济价值。因此,规划雨水管线时,首先按地形划分排水区域,再进行管线布置。

根据分散和直接的原则,雨水管渠布置一般都采用正交式布置,保证雨水管渠以最短路线,较小的管径把雨水就近排入水体。

4.2.3.2 尽量避免设置雨水泵站

由于暴雨形成的径流量大,雨水泵站的投资也很大,而且雨水泵站一年中运转时间短,利用率低。因此,应尽可能利用地形,使雨水靠重力流排入水体,而不设置泵站。但在某些地势平坦、区域较大或受潮汐影响的城市,不得不设置雨水泵站的情况下,要把经过泵站排泄的雨水径流量减少到最小限度。

4.2.3.3 结合街区及道路规划布置雨水管渠

街区内部的地形、道路布置和建筑物的布置是确定街区内部雨水地面径流分配的主要因素。街区内的地面径流可沿街、巷两侧的边沟排除。

道路通常是街区内地面径流的集中地,所以道路边沟最好低于相邻街区地面标高。应尽量利用道路两侧边沟排除地面径流,在每一集水流域的起端100 ~ 200 m可以不设置雨水管渠。

雨水管渠常常是沿街道铺设,但是干管(渠)不宜设在交通量大的干道下,以免积水时影响交通。雨水干管(渠)应设在排水区的低处道路下。干管(渠)在道路横断面上的位置最好位于人行道下或慢车道下,以便检修。

从排出地面径流的要求而言，道路纵坡最好在 0.3% ~6% 范围内。

4.2.3.4　结合城市竖向规划

城市用地竖向规划的主要任务之一，就是研究在规划城市各部分高度时，如何合理地利用地形，使整个流域内的地面径流能在最短时间内，沿最短距离流到街道，并沿街道边沟排入最近的雨水管渠或天然水体。

4.2.3.5　合理开辟水体

规划中应利用城市中的洼地和池塘，或有计划地开挖一些池塘，以便储存因暴雨量大时雨水管渠一时排除不了的径流量，避免地面积水。这样，雨水管渠可不按过高重现期设计，减小管渠断面，节约投资。同时，所开辟的水体（雨水调节池）可供游览、娱乐，在缺水地区，还可用于市郊农田灌溉。

4.2.3.6　雨水口的设置

在街道两侧设置雨水口，是为了使街道边沟的雨水通畅地排入雨水管渠，而不致漫过路面。街道两旁雨水口的间距，主要取决于街道纵坡、路面积水情况以及雨水口的进水量，一般为 20 ~50 m。

街道交会处雨水口设置的位置与路面的倾斜方向有关，如图 4-24 所示。

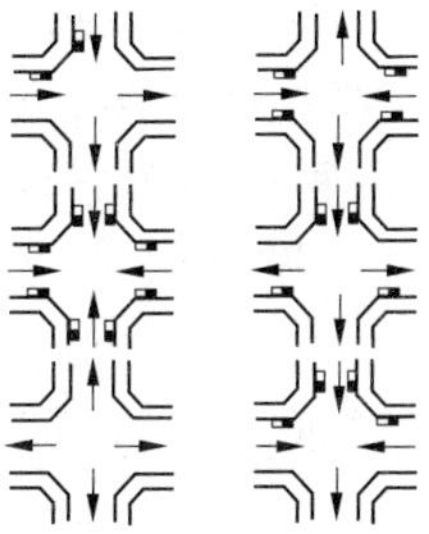

(a)道路交叉路口雨水口布置

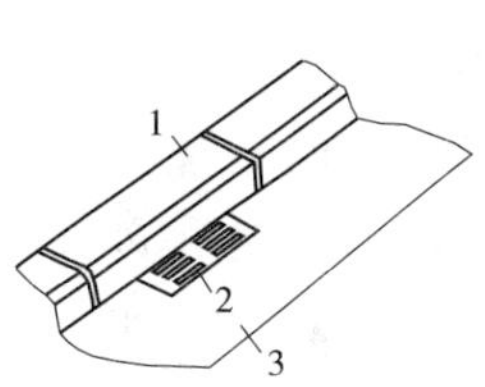

(b)雨水口位置

1—路边石；2—雨水口；3—道路路面

图 4-24　雨水口的布置

4.2.4　合流制管渠系统的规划布置

4.2.4.1　合流制管渠系统的使用条件

合流制管渠系统是在同一管渠内排除生活污水、工业废水及雨水的管渠系统。常用的有截流式合流制管渠系统，它是在临河的截流管上设置溢流井，晴天时，截流管以非满流将生活污水和工业废水送往污水厂处理；雨天时，随着雨水量的增加，截流管以满流将生活污水、工业废水和雨水的混合污水送往污水厂处理。当雨水径流量继续增加到混合污水量超过截流管的设计输水能力时，溢流井开始溢流，并随雨水径流量的增加，溢流量增大。当降雨时间继续延长时，由于降雨强度的减弱，雨水溢流井处的流量减少，溢流量减小。最后，混合污水量又重新等于或小于截流管的设计输水能力，溢流停止。

合流制管渠系统因在同一管渠内排除所有的污水，所以管线单一，管渠的总长度减少。但合流制截流管、提升泵站以及污水厂都较分流制大，截流管的埋深也因为同时排除生活污水和工业废水而要求比单设的雨水管渠的埋深大。在暴雨天，有一部分带有生活污水和工业废水的混合污水溢入水体,使水体受到一定程度的污染。我国及其他某些国家,由于合流制排水管渠的过水断面很大,晴天流量很小,流速很低,往往在管底造成淤积,降雨时雨水将沉积在管底的大量污物冲刷起来带入水体,形成污染。因此,排水体制的选择,应根据城镇和工业企业的规划、环境保护要求、污水利用情况、原有排水设施、水质、水量、地形、气候和水体等条件,从全局出发,通过经济技术比较,综合考虑确定。一般地说,在下述情形下可考虑采用合流制:

(1)排水区域内有一处或多处水源充沛的水体,其流量和流速都足够大,一定量的混合污水排入后对水体造成的污染危害程度在允许的范围以内。

(2)街坊和街道的建设比较完善,必须采用暗管渠排除雨水,而街道横断面又较窄,管渠的设置位置受到限制时,可考虑选用合流制。

(3)地面有一定的坡度倾向水体,当水体高水位时,岸边不受淹没。污水在中途不需要设泵站。

显然,上述条件的第一条是主要的,也就是说,在采用合流制管渠系统时,首先应满足环境保护的要求,即保证水体所受的污染程度在允许的范围内,只有在这种情况下才可根据当地城市建设及地形条件合理地选用合流制管渠系统。

4.2.4.2 合流制排水系统的布置

1. 管渠布置

截流式合流制的支管、干管布置基本上与雨水管渠布置方法相同——结合地形条件,管渠以最短距离坡向附近的水体。在合流制系统上游排水区域内,如雨水可沿地面街道边沟排泄,则可只设污水管道。只有当雨水不宜沿地面径流时,才布置合流管渠。截流干管一般沿水体岸边布置,其高程应使连接的支、干管的水能顺利流入,同时其高程应在最大月平均高水位以上。在城市旧排水系统改造中,如原有管渠出口高程较低,截流干管高程达不到上述要求时,只有降低高程,采用防潮闸门及排涝泵站。

2. 溢流井的布置

从减少截流干管的尺寸考虑,要求溢流井数量多一些,这样可使混合污水及时溢入水体,降低下游截流干管的设计流量。但溢流井过多,将增加溢流井和排放渠道的造价,特别当溢流井离水体较远、施工条件困难时,更是如此。通常,当溢流井的高程低于最大月平均高水位,需在排水渠道上设置防潮闸门及排涝泵站时,为减少泵站的造价并便于管理,溢流井更应适当集中,数量不宜多。从对水体的污染角度分析,截流式合流制在暴雨时溢流的混合水是较脏的,为减少污染,保护环境,溢流井也宜适当集中,并应尽可能位于水体的下游。此外,要求溢流井的位置最好靠近水体,以缩短排放渠道的长度。溢流井尽可能结合排涝泵站或中途泵站一起修建。通常溢流井设置在合流干管和截流干管的交会处,但为了节约投资及减少对水体的污染,并不是在每个交会点上都设置溢流井。溢流井的数量及具体位置可根据实际条件,结合管渠系统布置,考虑上述因素,通过技术经济比较决定。

目前,我国许多城市的旧市区多采用合流制,而在新建区和工矿区则一般多采用分流制,特别是当生产污水中含有毒物质,其浓度又超过允许的卫生标准时,则必须采用分流制,或者必须预先对这种污水单独处理到符合要求后,再排入合流制管渠系统。

4.2.5　排水管材及管道附属构筑物

4.2.5.1　排水管渠材料及制品

作为排水管材的条件是:具有一定的强度,抗渗性能好,耐腐蚀以及良好的水力条件,并应考虑造价低,尽量就地取材。

目前常用的排水管渠主要是混凝土管、钢筋混凝土管、陶土管、砖石渠道、石棉水泥管、塑料管及铸铁管。

1. 混凝土管及钢筋混凝土管

混凝土管及钢筋混凝土管制作方便,造价较低,耗费钢材较少,在排水工程中应用极为广泛。但是,混凝土管及钢筋混凝土管存在下列缺点:容易被含酸碱的污水侵蚀;管径大时重量较大,搬运不便,管段较短,接口较多。

混凝土管及钢筋混凝土管的接口形式有3种(见图4-25):①承插式;②企口式;③平口式。

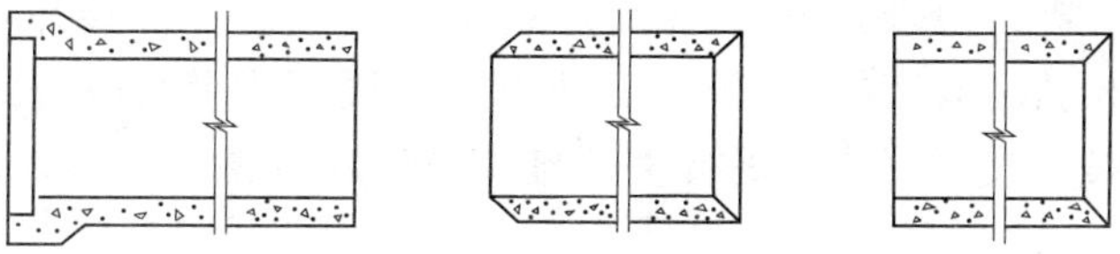

(a)承插式　　(b)企口式　　(c)平口式

图4-25　混凝土管和钢筋混凝土管接口形式

混凝土管的直径一般不超过600 mm。为了增加管子强度,直径大于400 mm时,一般做成钢筋混凝土管。

2. 陶土管

陶土管是用塑性黏土焙烧而成的。按使用要求可以做成无釉、单面釉及双面釉的陶土管。带釉的陶土管表面光滑,并且具有良好的耐磨、抗腐蚀性能。采用耐酸黏土和耐酸填料可以做成耐酸陶土管。陶土管的管径一般不超过500～600 mm,有效长度为400～800 mm。其接口形式有承插口、平口等。

上釉陶土管的优点是内壁光滑,水流阻力小,不透水性好,能耐酸碱的腐蚀,适用于排除腐蚀性工业废水或铺设在地下水侵蚀性较强的地方。陶土管的缺点是质脆易碎、抗弯抗拉强度低,不宜敷设在松土层或埋深很大的地方。陶土管的管径、长度较小,需要的接口较多。

3. 金属管

常用的金属管有排水铸铁管、钢管等。其优点是强度高,抗渗性好,内壁光滑,对水流阻力小,抗压、抗震性强,而且每节管较长,接头少。但是价格较贵、抗酸碱腐蚀性较差。金属管适用于压力管道及对渗漏要求特别高的管段,如排水泵站的进出水管,穿越其他管道的架空管,穿越铁路、河流的管段等。使用金属管道时,必须做好防腐保护层,以防污水和地下水侵蚀损坏管道。

为了节约钢材,降低排水工程造价,应少用金属管,尽可能采用混凝土管、陶土管和钢筋混凝土管。

4. 石棉水泥管

石棉水泥管常做成平口式,用套环连接。管径多为500~600 mm,长为2.5~4.0 m。可按需要做成高压管和低压管,分别用于压力流和重力流管道。

石棉水泥管的优点是强度较大,抗渗性好,表面光滑,重量轻(相对密度 $\gamma=2$,比铸铁管的比重小3.5倍),长度较大,接头较少。但石棉水泥管质脆,耐磨性稍差,目前我国产量不大,在排水工程中还未大量采用。

5. 大型排水管渠

目前,我国采用离心制管机制造的钢筋混凝土管管径最大为1 800 mm。当排水需要更大的口径时,可建造大型排水渠道。砌筑大型排水渠道的材料有砖、石、混凝土块或现浇钢筋混凝土等,可根据当地材料供应情况按就地取材的原则选择。一般多采用矩形、拱形等断面。

4.2.5.2　排水管渠的附属构筑物

1. 检查井

为了便于对管渠进行检查和清通,在排水管渠上必须设置检查井。检查井设置在排水管渠的管径、方向、坡度改变处,管渠交汇处以及直线管段上每隔一定的距离处。相邻两检查井之间的管渠应成一直线。现行室外排水设计规范规定了检查井在直线管渠上的最大间距,一般按表4-12采用。

表4-12　检查井最大间距

管径或暗渠净高(mm)	最大间距(m)	
	污水管道	雨水(合流)管道
200~400	40	50
500~700	60	70
800~1 000	80	90
1 100~1 500	100	120
1 600~2 000	120	120

检查井的平面形状通常可为圆形、矩形、扇形,常见的检查井为圆形断面。从建造材料上分,可分为混凝土和砖石检查井。检查井由井底(包括基础)、井身和井盖(包括盖座)三部分构成(见图4-26)。

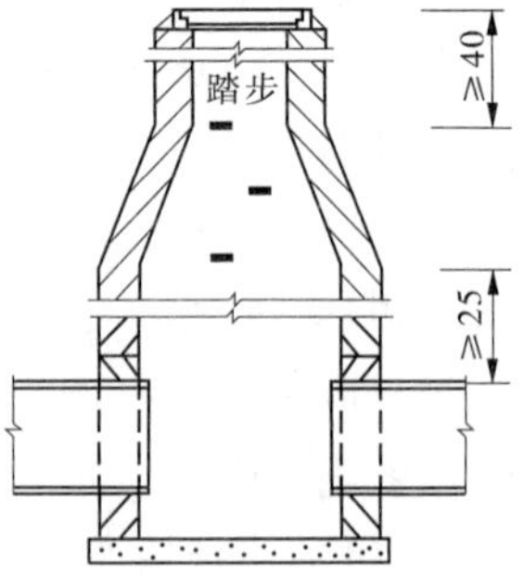

图4-26　检查井构造图
(单位:cm)

检查井基础采用碎石、卵石夯实或采用低标号混凝土,井底也采用低标号混凝土,井底设置圆弧形流槽,流槽两侧至检查井壁间的底板(称沟肩)应有一定宽度(不小于20 cm),并应有0.02~0.05的坡度坡向流槽。

井身可采用砖或混凝土砌筑,井盖采用铸铁或钢筋混凝土材料。

在大直径管道上的检查井也可以做成方形、矩形或其他各种不同形状。

检查井尺寸大小应按管道埋深、管径和设计要求而定，接入检查井的支管数量不多于3条，距建筑物的净距不小于3 m。

2. 跌水井

跌水井是没有消能设施的检查井。目前，常用的跌水井有两种形式：竖管式（或矩形竖槽式）和溢流堰式。前者适用于直径等于或小于400 mm的管道，后者适用于直径400 mm以上的管道。当上、下游管底标高落差小于1 m时，一般只将检查井底部做成斜坡，不采取专门的跌水措施。

竖管式跌水井的构造见图4-27。这种跌水井一般不作水力计算。当管径不大于200 mm时，一次落差不宜超过6 m。当管径为300～400 mm时，一次落差不宜超过4 m。

溢流堰式跌水井（见图4-28）的主要尺寸（包括井长、跌水水头高度）及跌水方式等均应通过水力计算求得。这种跌水井也可用阶梯形跌水方式代替。

3. 溢流井

溢流井是合流制管渠上最重要的构筑物，通常在截流干管交会处设置。其作用是将超过溢流井下游管道的输水能力的那部分水量排出。常见的溢流井有截流槽式、溢流堰式和跳越堰式。

4. 雨水口

雨水口是雨水管道上或合流制管道上收集雨水的构筑物，通过连接管流入雨水管道或合流制管道中去。

雨水口的设置应保证能迅速收集雨水，常设置在交叉路口、路侧边沟及道路低洼的地方。道路上雨水口间隔距离25～50 m（视汇水面积大小而定），在低洼或易积水的地段，应适当增加雨水口的数量。

雨水口的构造包括进水箅、井筒和连接管三部分，如图4-29所示。按一个雨水口设置的井箅数量多少，可分单箅、双箅、多箅雨水口。按进水箅在街道上的设置位置，雨水口可分为3种：①平箅式雨水口，进水箅水平放置在道路边沟里，并稍低于沟底；②侧石式雨水口，进水箅垂直放置，嵌入边石；③联合式雨水口，进水箅分别设置在道路边沟底和嵌入边石中，联合式效果最好。雨水口的底部由连接管和街道雨水管连接。连接管的最小管径为200 mm，坡度为0.01，连接到同一连接管的雨水口不宜超过两个。

5. 出水口

出水口是排水系统的终点构筑物。排水管渠出水口的位置及形式要根据排出水的性质、水体的水位及其变化幅度、水流方向、波浪状况、岸边地质条件以及下游用水情况等决定。一般还要与当地卫生主管部门和航运管理部门联系并征得同意。

排水管渠的出水口一般设在岸边，当排出水需要同受纳水体充分混合时，可将出水口伸入水体中，伸入河心的出水口应设置标志。

污水管的出水口一般都应淹没在水体中，管顶高程在常水位以下。这样，可以使污水和河水混合得较好，同时也可避免污水沿岸边流泻，影响市容和卫生。

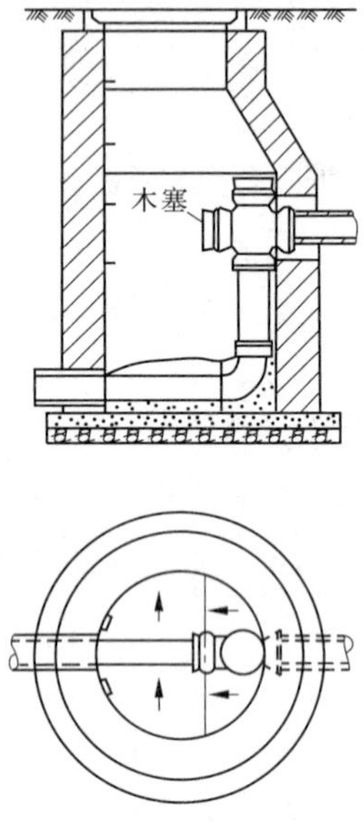

图 4-27　竖管式跌水井

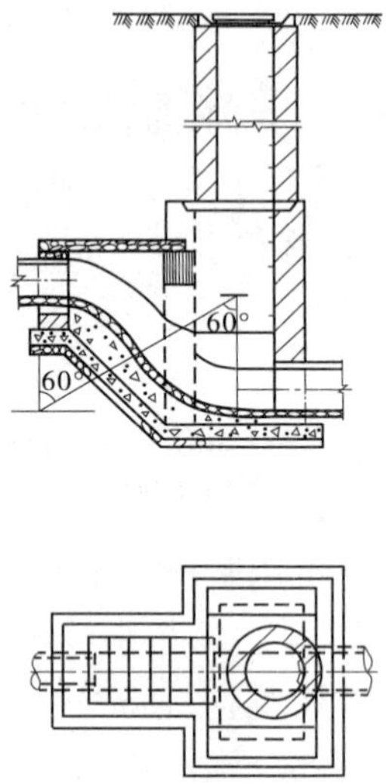

图 4-28　溢流堰式跌水井

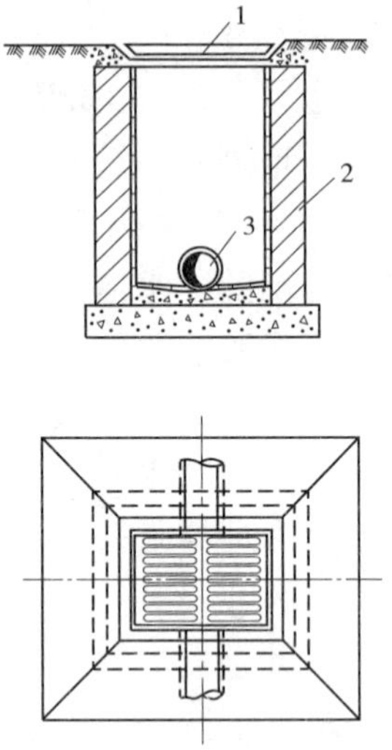

1—进水箅;2—井筒;3—连接管

图 4-29　平箅雨水口

雨水管渠的出水口通常不淹没在水中。出水口的管底标高最好设在河流最高洪水位以上,一般在常水位以上,以免河水倒灌。如果受条件限制,不能满足上述要求时,则需采取防洪及提升措施。

出水口与水体岸边连接处一般做成护坡或挡土墙,以保护河岸及固定出水管渠与出水口。如果排水管渠出口的高程与受纳水体水面高差很大时,应考虑设置单级或多级阶梯跌水。

在受潮汐影响的地区,排水管渠的出水口可设置自动启闭或人工启闭的防潮闸门,防止潮水倒灌。

6. 倒虹管

城市污水管道应尽量避免穿越障碍物,如河道、铁路及地下构筑物。当必须穿越且不能按原有坡度埋设时,可采用倒虹管。倒虹管一般由进水井、下行管、水平管、上行管和出水井组成。图 4-30 所示为一穿越河道的倒虹管。

倒虹管应尽可能与障碍物正交通过,以缩短其长度。倒虹管应选择河岸及河床较稳定不易被水流冲刷的地段及埋深较小的位置。为了保护倒虹管,管顶距规划河底一般不小于 0.5 m。

穿越河道的倒虹管,其工作管道不得少于两条,但通过谷地、旱沟或小河时,可以敷设一条。倒虹管施工比较复杂,造价较高,维护困难,需用铸铁管或钢筋混凝土管,在城市排水管渠规划时,应尽量少设倒虹管。

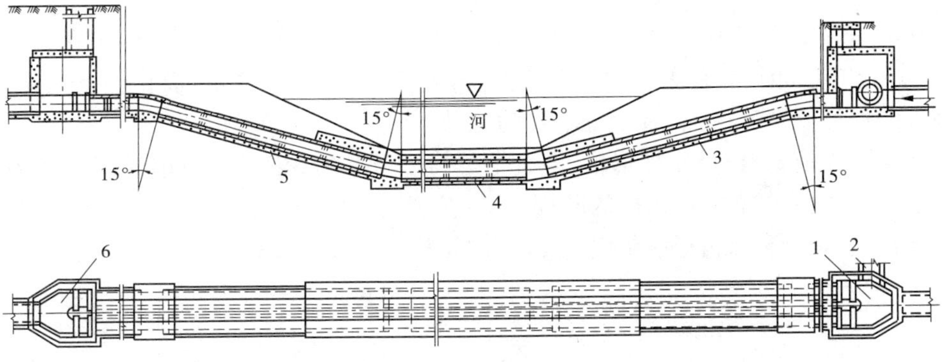

1—进水井;2—事故排出口;3—下行管;4—水平管;5—上行管;6—出水井

图 4-30 倒虹管

任务 4.3 给排水管道施工

管道施工的任务是按照设计图纸,在建造地点把设计变为现实。给水排水管道和其他多种管、线一起埋设在道路下面,施工时相互干扰。而管道尤其是排水管道,在位置上的要求比其他管线严格,埋得较深,因而施工比较困难。

在管道施工中,要严格注意质量,节约材料,并不断地提高施工的技术水平和组织水平,以保证施工全面达到多快好省的要求。

管道施工方法一般可分为两大类,即开槽法施工和不开槽法施工。

4.3.1 管道开槽施工

开槽法施工,一般包括以下工序:

(1)开挖沟槽。包括土方挖掘和运输、槽壁支撑、排水以及管道基础处理等作业项目。当道路已建路面时,还包括路面开挖。

(2)下管和稳管。下管是把管子从地面放到沟槽内;稳管是把管子按设计要求的标高和平面位置稳定在管道基础上。稳管的质量与速度是管道施工中的重要环节。

(3)管段接口。管段接口是把互不相连的管子,连接成一条完整的管道。它应保证严密不漏水和有一定的强度。

(4)砌筑检查井。包括砌筑检查井和跌水井等管渠系统上的构筑物。

(5)质量检查。包括外观检查、断面检查(中心线的平面位置和高程)和渗漏试验。

(6)土方回填和收尾工作。包括沟槽土方回填、分层夯实、场地清理、绘制竣工图等。

下面分别介绍各个工序。

4.3.1.1 开挖沟槽

开挖沟槽前,先要确定沟槽的断面形式以及是否需要支撑,当有地下水时,还应确定沟槽排水或降低地下水位的措施。同时,组织好施工力量,准备好土方开挖及运输的机具和土方堆放场地。开挖沟槽后,应及时做好槽底地基和基础的处理。

1. 确定沟槽的断面形式

在沟道开槽施工中,土方工程的工作量占整个工程的比重很大,有时可达全部工作量的60% ~70%。因此,在施工中,正确地选择断面,对减少挖方量、简化施工工序,便于槽内施工和保证安全生产,有着十分重要的意义。

沟槽断面形式有直槽、梯形槽、混合槽等,还有两条或多条管道埋设同一槽内的联合槽(见图4-31)。沟槽用什么样的断面形式,应从土的性质、地下水情况、施工现场大小、支撑条件、管道断面尺寸、管节长度及管道埋深等情况来考虑。

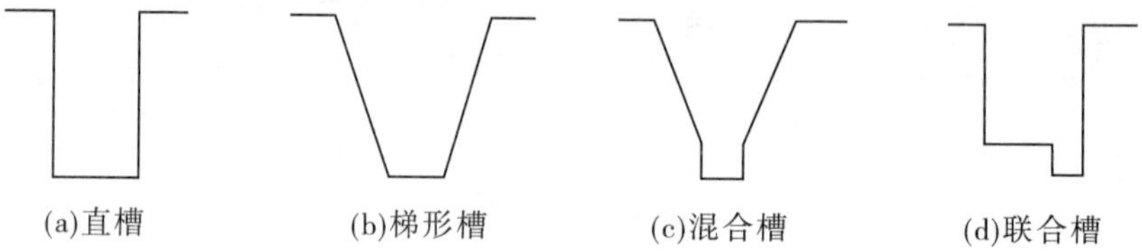

图4-31　沟槽断面种类

2. 沟槽的开挖

沟槽的开挖有人工开挖和机械开挖两种。机械开挖广泛采用单斗挖土机。

3. 沟槽的支撑

支撑是防止沟槽土壁坍塌的一种临时性挡土结构,由木材或钢材做成。支撑的荷载就是原土和地面荷载所产生的侧土压力。沟槽支撑与否应根据土质、地下水情况、槽深、槽宽、开挖方法、排水方法、地面荷载等因素确定。一般情况下,沟槽土质较差、深度较大而又挖成直槽时,或高地下水位沙性土质并采用表面排水措施时,均应支设支撑。支设支撑可以减少挖方量和施工占地面积,减少拆迁。但支撑增加材料消耗,有时影响后续工序的操作。

支撑结构应满足下列要求:

(1)牢固可靠,进行强度和稳定性计算和校核。支撑材料要求质地和尺寸合格,保证施工安全。

(2)在保证安全的前提下,节约用料,宜采用工具式钢支撑。

(3)便于支设和拆除及后续工序操作。

支撑的形式有横撑、竖撑和板桩撑等。

(1)横撑(见图4-32)用于土质较好、地下水量较小的沟槽。横撑是边挖边撑,随着沟槽逐渐挖深而分层铺设,支设容易,但在拆除时首先拆除最下层的撑杠,施工不安全。

(2)竖撑(见图4-33),撑板是竖向排列的板桩,需要一套打桩设备。用于土质较差,地下水较多或有流沙的情况下。竖撑的特点是撑板可在开槽过程中先于挖土插入土中,在回填以后再拔出,因此支撑和拆除都较安全。

(3)撑板分木撑板和金属撑板两种,木撑板不应有纹裂等缺陷。常用的是金属撑板,由钢板焊接于槽钢上拼成,槽钢间用型钢连系加固。每块金属撑板长一般为2 m、4 m、6 m等。

4.3.1.2　管道基础处理

管道基础可分三部分:地基、基础和管座(见图4-34)。

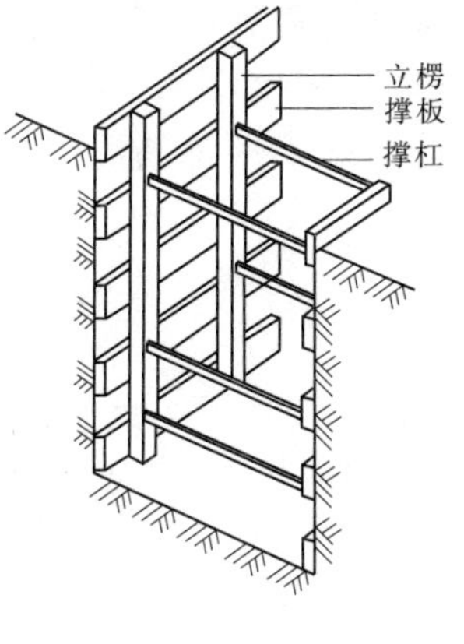

图 4-32 横撑

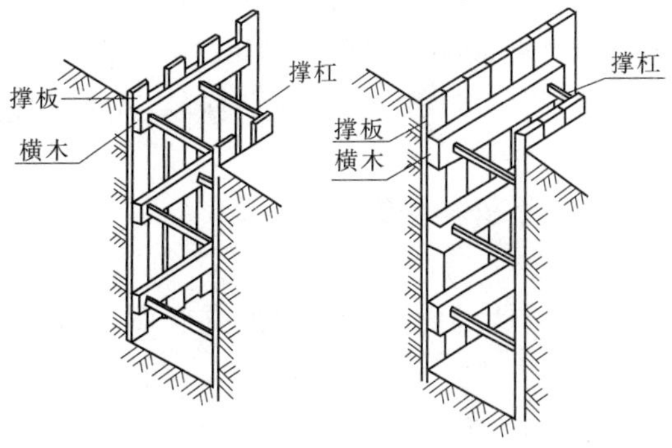

(a)疏撑(钢板桩) (b)密撑(钢板桩)

图 4-33 竖撑

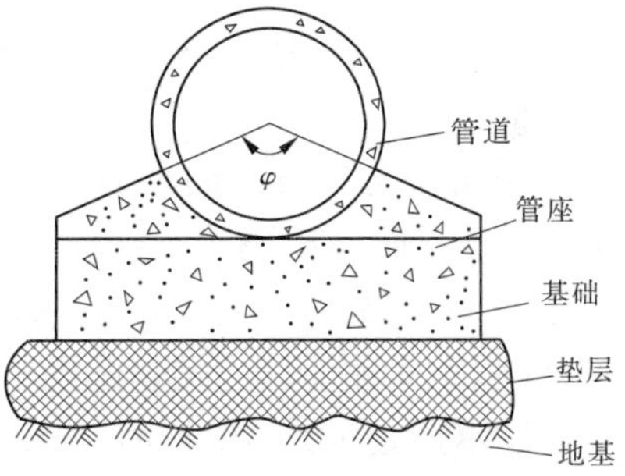

图 4-34 管道基础断面

地基是指沟槽底的土壤部分。它承受管子和基础的重量、管内水的重量、管顶土压力和地面上的荷载。

基础是指管道与地基之间的设施。有时地基的强度比较低,不足以承受上面的压力,要靠基础增加地基的受力面积,把压力均匀地传递给地基。

管座是在基础与管子下侧之间的部分,使管子和基础联成一体,以增加管子的刚度。

管座宜在管子接口、渗漏试验合格后再做,以免管座内部的接口质量不好,无法检修。

常用的管道基础有以下 3 种。

1. 砂土基础

砂土基础包括弧形素土基础及砂垫层基础。弧形素土基础是在原土上挖一弧形管槽(通常采用 90°弧形),管子落在弧形管槽里。这种基础适用于无地下水、原土能挖成弧形的干燥土壤;管道直径小于 600 mm 的混凝土管、钢筋混凝土管、陶土管;不在车行道下的次要管道及临时性管道。砂垫层基础是在挖好的弧形管槽上,用带棱角的粗砂填 10 ~ 15 cm 厚的砂垫层。这种基础适用于无地下水,岩石或多石土壤,管道直径小于 600 mm 的混凝土管、钢筋混凝土管及陶土管,管顶覆土厚度 0.7 ~ 2 m 的管道。

2. 混凝土枕基

混凝土枕基是只在管道接口处才设置的管道局部基础。通常在管道接口下用强度等级为 C8 的混凝土做成枕状垫块。此种基础适用于干燥土壤中的雨水管道及不太重要的污水支管,常与素土基础或砂垫层基础同时使用。

3. 混凝土带形基础

混凝土带形基础是沿管道全长铺设的基础。这种基础适用于各种潮湿土壤,以及地基软硬不均匀的排水管道,管径为 200 ~ 2 000 mm,无地下水时在槽底老土上直接浇混凝土基础。有地下水时常在槽底铺 10 ~ 15 cm 厚的卵石或碎石垫层,然后才在上面浇混凝土基础,一般采用强度等级为 C8 的混凝土。当管顶覆土厚度在 0.7 ~ 2.5 m 时采用 90°管座基础,管顶覆土厚度为 2.6 ~ 4 m 时用 135°基础,管顶覆土厚度在 4.1 ~ 6 m 时采用 180°基础。在地震区土质特别松软、不均匀沉陷严重地段,最好采用钢筋混凝土带形基础。

4.3.1.3 下管与稳管

1. 下管

把管子从地面放到挖好的并已做基础的沟槽内叫做下管。按管子的大小,视具体情况,可以用人工下管或机械下管。在下管时,可沿沟槽分散放置或集中在某处下管后在沟槽内滚运到安放位置。

当管径较小、重量较轻时,可采用人工下管;对于大口径的管子,一般用机械下管,只在缺乏机械设备的条件下或现场无法使用机械时,才用人工下管。

沿沟槽分散下管可减少在沟内的运输。如果沿沟槽两边堆了土,或沟槽设置支撑,则可在某几个点集中下管,然后在沟槽内运管,但应当避免沟内运管距离过长。

2. 稳管

稳管是将管子按设计的平面位置和高程,稳定在地基或基础上。对距离较长的重力流管道工程,一般由下游向上游进行施工,以便使已安装的管道先期投入使用,同时也有利于地下水的排除。

稳管时,为了便于管内接口的操作或防止金属管材的热胀,一般在两管之间留 1 cm 的间隙。铺设承插式压力流管道时,承口应朝来水方向,以防管内水压力对接口材料的冲击。

在安装铸铁管时,如管线曲率较大,可采取调整管子间隙的方法,为满足试压要求及便于操作,管口最小间隙不得小于 3 mm、最大间隙也不得大于表 4-13 中的规定。

表 4-13 铸铁管对口最大间隙

管径(mm)	沿直线敷设时(mm)	沿曲线敷设时(mm)
75	4	5
100 ~ 250	5	7 ~ 13
300 ~ 500	6	10 ~ 14
600 ~ 700	7	14 ~ 16
800 ~ 900	8	17 ~ 20
1 000 ~ 1 200	9	21 ~ 24

4.3.1.4 管道接口

管道接口就是用接口材料把一节节的管子联成一条管道,并使接口有一定的强度,通水以后,漏水在允许范围之内,并能耐受震动,不致因脱节而造成大量漏水。

管道的不透水性和耐久性在很大程度上取决于敷设管道时接口的质量。管道接口应具有足够的强度,不透水,能抵抗污水或地下水的浸蚀并有一定的弹性。

4.3.1.5 质量检查

管道工程竣工后,应分段进行质量检查,检查的内容包括外观检查、断面检查、严密性检查和给水管道的水质检查。

外观检查是对基础、管材及接口、节点及附属构筑物进行检查；断面检查是对管道的高程、中线和坡度进行检查；严密性检查是对管道进行水密性试验或气密性试验；水质检查是对给水管道进行细菌等项目检查。如果管道接缝质量不好，就会造成接口渗水、漏水，日久形成路面沉陷，影响交通及其他地下管线的安全并造成经济损失。如果污水管道渗水，将会污染地下水。

4.3.2　管道不开槽施工

穿越铁路、公路、河流、建筑物等障碍物铺管，或在城市道路下铺管，常常采用不开槽施工。不开槽敷设的室外地下管道的形状和材料，采用最多的是各种圆形预制管道，如钢管、普通钢筋混凝土管，以及其他各种合金管道和非金属管道；也可采用方形、矩形和其他非圆形的预制或现浇的钢筋混凝土管沟。

不开槽施工与开槽施工比较，管道不开槽施工的土方开挖和回填工作量减少很多；不必拆除地面障碍物，一般也不必拆除浅埋地下障碍物，施工占地面积减少很多，不会影响地面交通；穿越河底铺管时既不影响正常通航，也不需要修建围堰或进行水下作业，能消除冬季和雨季对开槽施工的影响；也不会因管道埋设较深而增加开挖土方量；工程立体交叉施工时，不会影响上部工程施工；管道不必设置基础和管座；可减少对管道沿线的环境污染等。为此，室外地下管道不开槽施工得到广泛应用。

不开槽施工一般适用于非岩性土层。在岩石层、含水层施工，或遇地下障碍物，都需要有相应的附加措施。因此，施工前应详细勘察施工地段的水文地质和地下障碍物等情况。

管道不开槽施工方法很多，主要可分为以下几类：

(1)人工、机械或水力掘进顶管；

(2)不出土的挤压土层顶管；

(3)盾构掘进衬砌成型管道或管廊等。

采用何种方法要根据管子的材料和各项尺寸、土层性质、管线长度及其他因素，如穿越障碍物性质及占地范围等选择。顶管是一种比较新的方法，有明显的优点，但是有一定的局限性。如过浅或过细的管道常常不能采用顶管法，一般来说，覆土厚度在 1.5 m 以上、口径在 900 ~ 2 400 mm 的管道常用顶管法施工。管径大于 2 400 mm 者则多用盾构施工方法，但由于造价昂贵，只在特殊情况下使用。下面主要介绍顶管法。

顶管的工作过程如图 4-35 所示。先开挖工作坑，再按照设计管线的位置和坡度在工作坑底修筑基础、设置导轨，把管子安放在导轨上顶进。顶进前，在管前端开挖坑道，然后用千斤顶将管子顶入。一节管顶完，再连接一节管子继续顶进，千斤顶支承于后背，后背支承于原土后座墙或人工后座墙上。除直管外，顶管可用于弯管的施工。

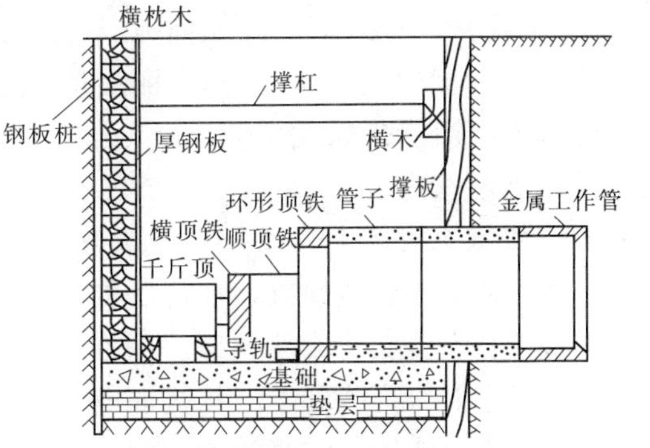

图 4-35　顶管法施工示意图

为了便于管内操作和安放施工设备,管子直径在采用人工掘进时,一般不应小于900 mm;采用螺旋水平钻进时,一般为300~1 000 mm。

采用顶管法,需要解决挖土方法、管道方向的控制、管子接口的控制、顶力的估算和顶进设备的选择、后座的设置及工作坑的布置等。

4.3.3 特殊情况下的管道施工

4.3.3.1 土方施工塌方

在土石方开挖施工中,由于处理不当,常会发生边坡塌方现象。

沟槽、基坑边坡的稳定主要是由土体的内摩阻力和黏结力来保持平衡的。当土体失去平衡,边坡就会塌方。边坡塌方会引起人身事故,同时也妨碍施工的正常进行,严重塌方还会危及附近建筑物的安全。

发生边坡塌方的原因,根据工程实践分析,主要有以下几点。

(1)基坑、沟槽边坡放坡不足,边坡过陡,使土体本身的稳定性不够。在土质较差、开挖深度较大时,常遇到这种情况。

(2)降雨、地下水或施工用水渗入边坡,使土体抗剪能力降低,这是造成塌方的主要原因。

(3)基坑、沟槽上边缘附近大量堆土或停放机具;或因不合理的开挖坡脚及受地表水、地下水冲蚀等,增加了土体负担,降低了土体的抗剪强度而引起滑坡和塌方等。

针对上述分析,为了防止滑坡和塌方,应采取如下措施:注意地表水、地下水的排除;严格按不同土质放坡规定放足边坡;当开挖深度大、施工时间长、边坡有机具或材料堆置等情况,边坡应平缓;当因受场地限制或因放坡增加土方量过大时,则应采用设置支撑的施工方法。

4.3.3.2 流沙的处理

1. 流沙的成因

沙质土经水饱和后,受动水压力和其他外界的影响,使其土壤变为液体状态的现象叫做流沙现象。

当地下水渗透过沙土层时,动水压力超过沙土颗粒在水中的自重以及相互之间的黏性骨架力时,沙的内摩擦力就将消失,处于悬浮状态,从而产生流沙现象。对于任何一种沙土,不论其成分或密实度如何,在渗透压力影响下,均能变成流动状态。但施工实践中,粗沙和中沙很少发生流沙现象,而渗透性较小的粉沙、细沙和黏性差的亚沙土等常常在动水压力下有流沙现象发生。

2. 流沙状态

流沙状态大体上分以下4种状态。

(1)轻微的流沙现象。在沟底局部串沙。

(2)中等程度的流沙现象。一堆堆细沙从沟底部缓慢冒起。

(3)严重的流沙现象。从沟底的串沙速度加快,往往形成陷脚现象。

(4)涌土现象。沟底涌沙现象加快,沟底部土层升高,沟壁下塌,附近建筑倒塌、门窗变形。

3. 处理流沙的施工措施

选择适宜的施工季节对于流沙地段的施工有着重要的意义,在可能的条件下,应当争取在全年地下水位最低的季节进行施工。这时由于动水压力的降低,在一些情况下可以避免流沙现象的发生,或者至少可以减轻流沙的严重情况。除此之外,在不同程度的流沙地段,可采取如下的施工措施。

1)普通流沙现象

(1)在有流沙的地段,采取突击施工的措施,当沟槽完成后立即下管,迅速填土。因为细沙、粉沙及亚沙土在地下水的推动下,从原有稳定状态到发生流沙现象需要一定的时间,如果在这段时间内将主要工作干完,也就相应地防止了流沙现象的发生。

(2)在沟底铺上草袋,用木板压住,使流沙中的水经草袋渗出排除,沙将会被稳住。

(3)采用集水井,排除沟内积水。

(4)在沟槽两壁,用密支撑或短板桩进行加固,使水的渗透路径增长,以增大地下水的流动阻力,从而避免或减轻流沙现象,其板桩钉入沟底的深度和地下水位、土质等因素有关,一般为地下水位和沟底间距离的0.3~0.5倍,但最小不小于0.3 m。打板桩需要打桩设备,技术上的困难较大,施工速度缓慢,不能适应一般性施工要求,只有在特殊情况下才采取这种措施。

2)较严重的流沙地带

除上述突击施工措施,也可采用下述方法:

(1)在沟槽两侧钉入长板桩来避免或减轻流沙现象。

(2)人工降低地下水位,也就是在开挖沟槽前,通过抽水降低沿线地下水位,是防止流沙现象发生的有效措施。

3)发生涌土现象的地带

在发生涌土现象的地带开挖沟槽,针对流沙形成的特征,可采取以下相应的措施:

(1)用井点排水系统来降低地下水位,使流沙无法形成。

(2)对于敷设焊接钢管的管道,可采取带水挖土、浮管法安装的措施,也可避免流沙出现。

4.3.3.3 围堰施工

围堰的作用是将水中施工部位维护起来以便在其中进行正常施工,围堰是一种临时施工设施,构造应力求简单、安全,尽量就地取材,使其造价低廉。

1. 围堰形式的选择

在选择围堰形式和施工时应考虑的因素及要求如下:

(1)河流断面内的地形条件和坑的水文地质情况。如围堰作为导流坝或在狭窄河床施工时,应考虑水流对围堰的冲刷并应注意水流对河底的冲刷。

(2)根据施工期限和季节、施工期间流量的宣泄和洪水期间泄洪条件来确定围堰断面尺寸,一般围堰高出最高水位0.5 m以上。

(3)考虑围堰的施工条件和拆除条件。应保证围堰最大不透水性,水压渗透过程中围堰的基础与围堰本身的土壤不发生管涌现象。

(4)考虑沟槽或基坑的深浅和面积大小,围堰和沟槽边界之间应有足够距离的排水和满足施工的需要。

(5)考虑当地建筑材料和其他建筑的具体情况,可就地取材,合理应用。

2. 围堰的种类及使用范围

1)土堰

土堰是围堰最简单的结构形式,凡水深在1.5 m以下、流速缓慢、无冲刷作用时均可采用。土堰堰顶宽度为1.0 m,堰高较水位高0.5 m。迎水坡为1∶2,背水边坡为1∶1.5,填筑土堰前应先将修堰河坡及河床处的各种树根乱石清除,并沿堰的纵轴挖土,挖出直至硬土层的槽道或沿堰坡脚打入短桩。然后分层填筑,填筑土堰宜采用沙质黏土。

2)草袋装土填筑围堰

草袋装土围堰适用于水深低于3 m的情况,可作为施工时的临时防水措施。草袋装土围堰可与土堰混合应用,用草袋装土做护坡,边坡可以较陡,一般为1∶(0.5～1.5)。

3)土石围堰

土石围堰适用于河床石方爆破工程,可就地取材。其结构迎水坡填筑砂壤土,堰主体用石块,这种围堰可在河流流速较小的情况下填筑,但拆除比较困难。

4)板桩围堰

板桩围堰适用于水深较大、河床上土壤容许打桩的情况,板桩围堰是用垂直木板桩来代替土堰背水坡的一种结构。这种围堰不但减小土堰的断面尺寸,同时还可减少水流的渗透。

任务4.4　城市水处理工程

4.4.1　城市给水处理

4.4.1.1　水源水质

1. 原水中的杂质

水在自然循环和社会循环过程中会混入各类杂质。按性质可分为无机物、有机物和微生物;按存在状态及颗粒大小可分为悬浮物、胶体和溶解物,见表4-14。

表4-14　水中杂质分类

杂质	溶解物 (低分子、离子)	胶　体	悬浮物	
颗粒尺寸	0.1 nm　1 nm	10 nm　100 nm	1 μm　10 μm	100 μm　1 mm
分辨工具	电子显微镜可见	超显微镜可见	显微镜可见	肉眼可见
水的外观	透明	浑浊	浑浊	

1）悬浮物和胶体杂质

悬浮物尺寸较大，易于在水中下沉或上浮，易于下沉的一般是密度大于水的大颗粒泥沙及矿物质废渣等；能够上浮的一般是体积较大而密度小于水的某些有机物。

胶体颗粒尺寸很小，在水中具有稳定性，经长期静置也不会下沉。水中所存在的胶体通常有黏土、某些细菌及病毒、腐殖质及蛋白质等。天然水中的胶体一般带负电荷，有时也含有少量带正电荷的金属氢氧化物胶体。

悬浮物和胶体是使水产生浑浊现象的根源，其中有机物如腐殖质及藻类等，还会造成水的色、臭、味。

悬浮物和胶体一般是生活饮用水处理的去除对象。粒径大于0.1 mm的泥沙去除较易，通常在水中可自行下沉；而粒径较小的悬浮物和胶体杂质，需投加凝聚剂方可去除。

2）溶解杂质

溶解杂质是指水中的低分子和离子。它们与水构成均相体系，外观透明，称真溶液。但有的溶解杂质可使水产生色、臭、味。溶解杂质是某些工业用水的去除对象，处理的方法也和去除悬浮物和胶体的方法不同。

2. 各种水源的水质特点

1）地下水

水在地层渗滤过程中，悬浮物和胶质已基本或大部去除，水质清澈，且水源不易受外界污染和气温影响，因而水质、水温较稳定，一般宜作为生活饮用水和工业冷却用水的水源。

由于地下水流经岩层时溶解了各种可溶性矿物质，因而水的含盐量通常高于地表水（海水除外）。至于含盐量多少及盐类成分，则决定于地下水流经地层的矿物质成分、地下水埋深和与岩层接触时间等。我国水文地质条件比较复杂，各地区地下水中含盐量相差很大，但大部分地下水的含盐量在200～500 mg/L。一般情况下，多雨地区如东南沿海及西南地区，由于地下水受到大量雨水补给，可溶盐大部分早已经溶失，故含盐量较低；干旱地区如西北、内蒙古等地，地下水含盐量较高。

地下水硬度高于地表水。我国地下水总硬度通常为60～300 mg/L（以CaO计），少数地区有时高达300～700 mg/L。

我国含铁地下水分布较广，比较集中的地区是松花江流域和长江中下游地区，黄河流域、珠江流域等也都有含铁地下水。我国地下水的含铁量通常在10 mg/L以下，个别可高达30 mg/L。

地下水中的锰常与铁共存，但含量比较少。我国地下水含锰量一般不超过2～3 mg/L，个别也有高达10 mg/L的。

我国除上海外，其余各省、自治区、直辖市都有不同范围的高氟水地区。高氟区的地下水，大部分含氟量为2～4 mg/L，有的为5～10 mg/L，最高可达30 mg/L以上。

由于地下水含盐量和硬度较高，故用做某些工业用水水源未必经济。地下水含铁、锰、氟量超过生活饮用水卫生标准时，需经过除铁、除锰和除氟处理后方可使用。

2）江河水

江河水易受自然条件影响，水中悬浮物和胶态杂质含量较多，浊度高于地下水。由于我国幅员辽阔，大小河流纵横交错，自然地理条件相差悬殊，因而各地区江河水的浊度也相差很大。甚至同一条河流,上游和下游、夏季和冬季、晴天和雨天,浊度也颇为悬殊。我国西北及华北地区流经黄土高原的黄河水系及海河水系等,水土流失严重,河水含沙量大,暴雨时,少则几千克每立方米,多则几十千克每立方米乃至上百千克每立方米。浊度变化幅度也很大,冬季浊度有时仅几十度至几百度,暴雨时,几小时内浊度会突然增加。

凡土质、植被和气候条件较好的地区,如华东、东北和西南地区大部分河流,浊度均较低。一年中大部分时间内河水较清,只是雨季河水较浑。一般年平均浊度为50~400 mg/L。

江河水的含盐量和硬度较低,含盐量一般为50~500 mg/L。河水含盐量和硬度与地质、植被、气候条件及地下水补给情况有关。我国西北黄土高原及华北平原大部分地区,河水含盐量较高,一般为300~400 mg/L;秦岭及黄河以南次之;东北松黑流域及东南沿海地区最低,含盐量大多小于100 mg/L。我国西北及内蒙古高原大部分河流,河水硬度较高,可达100~150 mg/L(以CaO计),甚至更大;黄河流域、华北平原及东北辽河流域次之;松黑流域和东南沿海地区河水硬度较低,一般为15~30 mg/L(以CaO计)。总的说来,我国大多数河流河水含盐量和硬度一般均无碍于生活饮用。

江河水最大缺点是易受工业废水、生活污水及其他各种人为污染,因而水的色、臭、味变化较大,有毒或有害物质易进入水体。水温不稳定,夏季常不能满足工业冷却用水要求。

3)湖泊及水库水

湖泊和水库水主要由河水补给,水质与河水类似。但由于湖(或水库)水流动性小,贮存时间长,经过长期自然沉淀,浊度较低。只有在风浪时以及暴雨季节,由于湖底沉积物或泥沙泛起,才产生浑浊现象。水的流动性小和透明度高又给水中浮游生物特别是藻类的繁殖创造了良好条件。因而,湖水一般含藻类较多,使水产生色、臭、味。同时,水生物死亡残骸沉积湖底,使湖底淤泥中积存了大量腐殖质,一经风浪泛起,便使水质恶化。湖水也易受废水污染。

由于湖水不断得到补给又不断蒸发浓缩,故含盐量往往比河水高。按含盐量分,有淡水湖、微咸水湖和咸水湖3种。这与湖的形成历史、水的补给来源及气候条件有关。干旱地区内陆湖由于换水条件差,蒸发量大,含盐量往往很高。微咸水湖和咸水湖含盐量在1 000 mg/L以上直至每升数万毫克。咸水湖的水不宜生活饮用。我国大的淡水湖主要集中在雨水丰富的东南地区。

4)海水

海水含盐最高,而且所含各种盐类或离子的重量比例相对固定,这是海水与其他天然水源所不同的一个显著特点。其中氯化物含量最高,约占总含盐量的89%;硫化物次之;再次之为碳酸盐;其他盐类含量极少。海水一般需经淡化处理才可作为居民生活用水。

4.4.1.2 给水处理方法

当天然水杂质含量超标时,就必须通过必要的处理方法,使水质达到生活饮用或工业生产所要求的水质标准。其处理方法应根据水源水质和用户对水质的要求确定。

常用的处理方法有混凝、沉淀、过滤、消毒等,有时还视水质采用除味、除铁、除锰等方法。表4-15所列为城市地表水给水处理常用工艺流程。

表4-15 城市地表水给水处理常用工艺流程

条件	给水处理流程
小型给水，原水浊度一般不大于100～150 mg/L，水质变化不大，没有藻类	原水{接触过滤→消毒；澄清→消毒}
原水浊度一般不大于2 000～3 000 mg/L，短期内到5 000～10 000 mg/L	原水→混凝、沉淀→过滤→消毒（或澄清）
山溪河流，浊度常较小，洪水时含大量泥沙	原水{混凝、沉淀或澄清；预处理→接触过滤→消毒}
高浊度水	原水→预处理→混凝、沉淀或澄清→过滤→消毒
浊度低、色度高的原水（如湖水、水库水）	原水→一次过滤（粗滤）→二次过滤→消毒

1.澄清和消毒

澄清和消毒工艺系统是以地表水为水源的生活饮用水的常规处理工艺系统，但工业用水也常需采用澄清工艺。

澄清工艺系统通常包括混凝、沉淀和过滤。处理对象是水中悬浮物和胶体杂质。原水加药后，经混凝使水中悬浮物和胶体形成大颗粒絮凝体，而后通过沉淀池进行重力分离。澄清池是混凝和沉淀综合于一体的构筑物。过滤池是利用粒状滤料截留水中杂质的构筑物，常置于混凝、沉淀构筑物之后，用以进一步降低水的浑浊度。完整而有效的混凝、沉淀和过滤，不仅能有效地降低水的浊度，对水中某些有机物、细菌及病毒等的去除也是相当有效的。根据原水水质不同，在上述澄清工艺系统中还可适当增加或减少某些处理构筑物。例如，处理高浊度原水时，往往需设置泥沙预沉池或沉沙池；原水浊度很低时，可以省去沉淀构筑物而进行原水加药后的直接过滤。但在生活饮用水处理中，过滤是必不可少的。大多数工业用水也往往采用澄清工艺作为预处理过程，如果工业用水对澄清要求不高，可以省去过滤而仅需混凝、沉淀即可。

消毒是消灭水中致病微生物，通常在过滤以后进行。主要消毒方法是在水中投加消毒剂以杀灭致病微生物。当前普遍采用的消毒剂是氯，也有采用漂白粉、二氧化氯及次氯酸钠的。臭氧、紫外线消毒也是重要的消毒方法。

1）混凝

混凝阶段所处理的对象主要是水中悬浮物和胶体杂质，是水处理工艺中十分重要的一个环节。实践表明，混凝过程的完善程度对后续处理如沉淀、过滤影响很大，应予以充分重视。

（1）水中分散颗粒的稳定性及混凝作用。天然水中，比重较大的大颗粒悬浮物易于在重力作用下自然下沉，而分散程度较高的细小悬浮物和胶体杂质都能够在水中长期保持其分散状态,并使水产生浑浊现象。

造成这种分散稳定的主要原因是:①各种细小颗粒时刻受到水分子热运动的冲击,这种冲击力克服颗粒本身重力作用的影响,使之在水中作无规则的高速运动并趋均匀分散状态。这种运动即为“布朗运动”。②细小颗粒主要以黏土胶体颗粒为主,大多属于带有同名负电荷胶体,如黏土胶体。③胶体颗粒间还存在着相互引力——范德华引力。

为了去除水中的悬浮物、胶体杂质,需向水中投加凝聚剂。凝聚剂能生成高价正离子,通过静电引力、范德华引力、共价键、氢键等物理化学吸附作用,中和胶体所带电荷压缩扩散层,使胶体失去稳定性相互凝聚。同时,由于凝聚剂溶于水后形成的多核多羟基高聚物具有线型结构,对水中的胶体颗粒有强烈吸附作用,从而使胶体颗粒相互黏结增大形成絮凝体,另外絮凝体在沉淀过程中还能吸附胶体、中性颗粒及部分溶解物质一同沉淀分离,从而达到使水由浑变清的目的。

(2)凝聚剂和助凝剂。凝聚剂的种类很多,给水处理常用的有无机盐类凝聚剂(硫酸铝、三氯化铁、硫酸亚铁)和高分子凝聚剂(聚合氯化铝、聚丙烯酰胺等)两大类。

当只用凝聚剂效果不良时,可加助凝剂以提高混凝效果。常用助凝剂有:①调节改善凝聚剂条件的石灰、重碳酸钠、氯气等;②改善絮凝体结构的高分子助凝剂,如聚丙烯酰胺、活化硅酸、骨胶、三角藻酸钠等。

(3)混合与反应。混合的目的是使凝聚剂迅速均匀地扩散于水中,以创造良好的水解和聚合条件。常用的混合方法有水泵混合、管道混合、机械搅拌混合池等。

混合完成后,水进入反应设备中,在混合过程中已生成的微小絮凝体继续相互碰撞吸附,颗粒逐渐增大,形成具有良好沉降性能的碱花。反应池也称絮凝池,常用的有隔板反应池、机械搅拌反应池、折板反应池、多级旋流反应池等。

2)沉淀

水中悬浮固体颗粒依靠重力作用从水中分离出来的过程称为沉淀。相应的构筑物称为沉淀池。沉淀池具有两种功能:一是使水澄清;二是将沉淀物排除的同时连续工作。

3)过滤

原水经过沉淀或澄清后的出水,不能达到生活饮用水标准,尚需进一步降低出水浊度,必须进行过滤处理。所谓过滤,就是使水流经过一定孔隙率的粒状材料组成的滤床,去除水中悬浮物的过程。这种处理构筑物称为滤池。

过滤不仅在于进一步降低水的浊度,而且能截留附着于悬浮物上的细菌、微生物和病毒,为消毒工艺创造良好条件,便于消毒剂发挥杀菌作用。

2. 除臭、除味

除臭、除味是生活饮用水净化中所需的特殊处理方法。当原水中臭和味严重而采用澄清和消毒工艺系统不能达到水质要求时才采用。除臭、除味的方法取决于水中臭和味的来源。例如,对于水中有机物所产生的臭和味,可采用活性炭吸附或氧化剂氧化法去除;对于溶解性气体或挥发性有机物所产生的臭和味,可采用曝气法去除;因藻类繁殖而产生的臭和味,可在水中投加硫酸铜除藻;因溶解盐类所产生的臭和味,可采用适当的除盐措施等。

3. 除铁、除锰

当溶解于地下水中的铁、锰含量超过生活饮用水卫生标准时，需采用除铁、除锰措施。最广泛的除铁、除锰方法是氧化法和接触氧化法，前者通常设置曝气装置、氧化反应池和砂滤池；后者通常设置曝气装置和接触氧化滤池。工艺系统的选择应根据是否单纯除铁还是同时除铁、除锰，原水铁、锰含量及其他有关水质特点确定。除铁、除锰方法还可采用药剂氧化法、生物氧化法及离子交换法等。通过上述处理方法（离子交换法除外），使溶解性二价铁和锰分别转变成三价铁和四价锰以及生成的沉淀物而去除。

4. 除氟

氟是有机体生命活动所必需的微量元素之一，但过量的氟则可产生毒性作用，如使人患有氟斑牙或氟骨症。我国饮用水水质标准规定的氟含量为1.0 mg/L，当地下水的氟含量超过此限制时，需采用除氟措施。适用的除氟方法是活性氧化铝吸附。活性氧化铝除氟的设备与离子交换的设备类似。

5. 软化

软化处理对象主要是水中钙、镁离子。软化方法主要有离子交换法和药剂软化法。前者在于使水中钙、镁离子与阳离子交换剂上的离子互相交换以达到去除的目的；后者是在水中投入药剂，如石灰、苏打，以使钙、镁离子转变为沉淀物而从水中分离。

6. 淡化和除盐

淡化和除盐处理对象是水中各种溶解盐类，包括阴、阳离子。将高含盐量的水如海水及"苦咸水"处理到符合生活饮用或工业用水要求时的处理过程，一般称为咸水"淡化"；制取纯水及高纯水的处理过程称为水的"除盐"。淡化和除盐主要方法有蒸馏法、离子交换法、电渗析法及反渗透法等。离子交换法的基本原理同上，但需经过阳离子交换剂和阴离子交换剂两种交换过程；电渗析法是利用阴、阳离子交换膜能够分别透过阴、阳离子的特性，在外加直流电场作用下使水中阴、阳离子被分离出去；反渗透法是利用高于渗透压的压力施于含盐水，以使水通过半渗透膜而盐类离子被阻留下来。电渗析法和反渗透法属于膜分离法，通常用于高含盐量水的淡化或离子交换法除盐的前处理工艺。

7. 预处理和深度处理

随着工业的发展和人民生活水平的提高，一方面饮用水水质标准逐步提高，而另一方面水源水质都不同程度地受到污染和恶化。城市水源遭到的各种污染中，以有机物污染最为普遍。不少有机物对人体有急性或慢性、直接或间接的毒害作用，其中包括致癌、致畸、致突变作用。为了适应上述趋势，预处理和深度处理正逐渐成为常规处理工艺的一个组成部分。预处理置于常规处理之前，深度处理置于常规处理之后，它们的处理对象均是水中有机污染物。预处理的主要方法有粉末活性炭吸附法、臭氧或高锰酸钾氧化法，生物滤池、生物接触氧化池及生物转盘等生物氧化法。这些方法除了去除水中有机物外，同时也具有除味、臭和色的作用。深度处理的主要方法有粒状活性炭吸附法、臭氧—粒状活性炭联用法、生物活性炭法、合成树脂吸附法、光化学氧化法、超滤法、反渗透法等。

4.4.2　城市污水处理

4.4.2.1　污水污染指标与水质标准

1. 污水

污水是生活污水、工业废水、被污染的雨雪融化水和其他排入城市排水系统的污染水的统称。其中排入城市污水管网的生活污水和工业废水形成的混合污水称为城市污水。

污水经处理后的最终去向有:①排入水体;②灌溉农田;③重复利用。

长期以来排入水体是污水的主要归宿,这样做一方面可以充分利用水体的稀释与净化能力,但另一方面,却恰恰是水体普遍受到污染并丧失自净能力的主要原因;农田灌溉同样利用土壤的净化能力;重复利用是污水最为合理也最具现实意义的排放途径。

2. 污水的污染指标

污水的污染物可分为无机性的和有机性的两大类。无机性的包括矿粒、酸、碱、无机盐、氮磷营养物、氰化物、砷化物和重金属离子等。有机性的包括碳水化合物、蛋白质、脂肪、芳香族化合物、高分子合成聚合物等。污水的污染指标用来衡量水在使用过程中被污染的程度,也称为污水的水质指标。常用指标分述如下。

1)反映有机污染物的指标

城市污水中含有大量有机物质,其中一部分在水体中因微生物的作用而进行好氧分解,使水体中溶解氧含量降低,甚至完全无氧;在无氧时,有机物进行厌氧分解,放出恶臭气体,水体变黑,使水中生物灭绝,水体被严重污染。

由于有机物种类繁多,用现有的分析技术难以区分与定量,所以在实际工程中采用间接、综合的污染指标表示。

(1)生物化学需氧量(BOD)。BOD是一个反映水中可生物降解的含碳有机物的含量的指标。污水中可生物降解的有机物的转化与温度、时间有关。为便于比较,一般以20 ℃温度下经过5 d时间,有机物在好氧微生物作用下分解前后水中溶解氧的差值称为5 d 20 ℃的生物需氧量,即BOD_5,单位通常用mg/L表示。BOD越高,表示污水中可生物降解的有机物越多。

(2)化学需氧量(COD)。由于BOD只能表示污水中可生物降解的有机物的量,并易受水质的影响,所以,为了更精确地表示污水中有机物的量,也可采用COD,即在高温、有催化剂及酸性条件下,用强氧化剂($K_2Cr_2O_7$)氧化有机物所消耗的氧量,单位为mg/L。化学需氧量一般高于生化需氧量,两者的差值即表示污水中难生物降解的有机物量。对于成分较为稳定的污水,BOD_5值与COD值之间保持一定的相关关系,其比值可作为污水是否适宜于采用生物处理法的一个衡量指标,所以也把该指标称为可生化性指标。该比值越大,污水越容易被生化处理。一般认为该比值大于0.3的污水才适于生化处理。

(3)总需氧量(TOD)。由于COD依然会受到污水中还原性无机物的干扰,因此仍有一定误差。TOD是利用高温燃烧原理,将水样注入含氧量已知的氧气流中,在900 ℃高温下燃烧,使水样中的有机物燃烧氧化,然后测定消耗掉的氧气量,此即总需氧量。由于在高温下燃烧,有机物氧化彻底,故有TOD > COD > BOD。

(4)总有机碳(TOC)。TOC也是目前广泛使用的一个表示有机物浓度的综合指标。

它和前三个指标的不同之处在于,它不是从耗氧量的角度而是从含碳量的角度反映有机物的浓度。TOC 和 TOD 一样,利用高温燃烧原理氧化分解有机物,然后通过分析燃烧产生的 CO_2 量,并将其折算成含碳量来表示水样的总有机碳。

2)悬浮固体

水中固体物质按其存在形态的不同可分为3种:悬浮的、胶体的、溶解的。悬浮固体是水中呈颗粒状的固体物质,在条件适宜时可以沉淀。把水样用滤纸过滤后,被滤纸截留的残渣,在105~110 ℃温度下烘干至恒重,所得重量称为悬浮固体(SS),单位为mg/L。

悬浮固体分为有机物和无机物两类,反映出污水进入水体后将发生的淤积情况。

3)pH

酸度和碱度是污水的重要污染指标,用pH来表示。pH对保护环境、污水处理及水工构筑物都有影响。生活污水和城市污水呈中性或弱碱性,工业废水则依工厂生产产品及工艺的不同而变化。

4)氮和磷

氮和磷是植物性营养物质,过量的氮、磷排放入水体会导致湖泊、海湾、水库等缓流水体富营养化,从而使水体加速老化。生活污水中含有丰富的氮、磷,某些工业废水中也含大量氮、磷。表示氮含量指标有总氮(TN)、凯氏氮(TKN)、氨氮($NH_4^+ - N$)、硝态氮($NO_x^- - N$)等,其中:

$$TN = TKN + NO_x^- - N$$

$$TKN = 有机氮 + NH_4^+ - N$$

即总氮包括污水中各种形式的氮,凯氏氮则指有机氮和氨氮。表示磷含量的指标有总磷(TP),总磷包括有机磷和无机磷,无机磷通常以磷酸盐磷($PO_4^{3-} - P$)来表示。

目前,为防止水体富营养化,无机营养物氮、磷的去除已成为污水处理的主要目标。

5)有毒化合物和重金属

这类物质对人体和污水处理中的生物都有一定的毒害作用,如氰化物、砷化物、酚以及重金属汞、镉、铬、铅等。

《污水综合排放标准》(GB 8978—1996)中给出了这类有毒有害物质的最高允许排放浓度的限制。

3.水体污染与水体自净

水体污染是指排入水体的污染物在数量上超过了该污染物在水体中的本底含量和水体的环境容量,从而使水体发生物理和化学变化,破坏了水体固有的生态系统和水体功能,降低了水体的使用价值。

造成水体污染的因素是多方面的,如向水体排放未经处理的城市污水和工业废水,施用的化肥、农药及地面污染物随雨水径流进入水体,大气中的污染物质沉降或随降水进入水体等。这些都会使水体在色、臭、味、浊度、酸碱度、有机物和无机物含量等方面发生变化,并使汞、铅、铬等重金属及酚、氰化物、有机氯等有毒物质在水体中出现,还会带来水中溶解氧的急剧减少等不良后果,对人体健康、渔业、工农业等造成严重危害。

当污水排入水体后,通过物理、化学和生物因素的共同作用,使污染物的总量减少或浓度降低,使水体部分或完全恢复原状,这一现象称为水体自净。水体自净的过程很复杂,经过水体的物理、化学和生物作用,使排入污染物质的浓度,随着时间的推移在向下游流动的过程中自然降低。但水体自净有一定的限度,即水环境对污染物质都有一定的承受能力,即环境容量。污染物的排放超过水体相应的环境容量,就会破坏水体的自净能力,尤其是有机污染物,会使水体溶解氧急剧减少,水体变黑变臭。同时,随着城镇区域化的发展,要充分考虑水体的环境容量,并从整个区域的角度考虑水污染控制问题。

4. 水环境标准

1)水环境质量标准

我国已有的水环境质量标准有《地表水环境质量标准》(GB 3838—2002)、《渔业水质标准》(GB 11607—89)、《农田灌溉水质标准》(GB 5084—2005)等。这些标准详细说明了各类水体中污染物的最高允许含量,以便保证水环境质量。

2)污水排放标准

为保护水体免受污染,当污水需要排入水体时,应处理到允许排入水体的程度。我国根据生态、社会、经济三方面的情况综合平衡,全面规划,制订了污水的各种排放标准。可分为一般排放标准和行业排放标准两类。一般标准有《污水综合排放标准》(GB 8978—1996)、《污水排入城镇下水道水质标准》(GB/T 31962—2015)、《城市污水处理厂污水污泥排放标准》(CJ 3025—93)等;行业标准有《医疗机构水污染物排放标准》(GB 18466—2005)、《制浆造纸工业水污染物排放标准》(GB 3544—2008)、《石油化学工业污染物排放标准》(GB 31571—2015)、《纺织染整工业水污染物排放标准》(GB 4287—2012)等。

4.4.2.2 城市污水处理与利用

污水处理利用方法的选择应根据整个城市经济发展情况、水环境状况、污水水量水质并认真研究污水利用的可能性,合理选择处理方法与工艺流程。

1. 污水处理技术

污水处理技术就是采用各种方法将污水中含有的污染物分离出来,或将其转化为无害和稳定的物质,从而使污水得到净化。

污水处理技术按其作用原理,可分为物理法、化学法和生物法三类。

1)物理法

污水的物理处理法就是利用物理作用分离污水中主要呈悬浮状态的污染物质,在处理过程中不改变其化学性质。常用的处理技术有以下几种。

(1)沉淀(重力分离)。沉淀是利用污水中的悬浮物和水密度不同的原理,借助重力沉降(或上浮)作用,使悬浮物从水中分离出来。沉淀处理设备有沉沙池、沉淀池、气浮池、隔油池等。

(2)筛滤(截留)。筛滤是利用筛滤介质截留污水中的悬浮物。筛滤介质有钢条、筛网、砂、滤布、塑料、微孔管等。用于筛滤处理的设备有格栅、微滤机、砂滤池、真空过滤机、压滤机(后两种多用于污泥脱水)等。

(3)气浮。气浮是将空气打入污水中,并使其以微小气泡的形式从水中析出,污水中比重接近于水的微小颗粒状的污染物质(如乳化油等)黏附到空气泡上,并随气泡上升至水面形成泡沫浮渣而被去除。根据微气泡产生方式的不同,气浮法分为溶气气浮法、电解气浮法、散气气浮法等。为了提高气浮效果,有时需向污水中投加混凝剂。

(4)离心分离。离心分离是当废水高速旋转时,利用悬浮固体和水质量不同而造成的离心力不同,质量大的悬浮固体被抛到外侧,质量小的水被推向内侧,使悬浮固体与废水分别通过不同排出口加以分离,从而使废水得到处理。常用的离心分离设备有离心机和旋流分离器两种。

2)化学法

污水的化学处理法,是通过投加化学物质,利用化学反应来分离、回收污水中的污染物,或使其转化为无害的物质。属于化学处理法的有以下几种。

(1)混凝法。水中呈胶体状态的污染物质通常都带有负电荷,胶体颗粒之间互相排斥形成稳定的混合液,若向水中投加带有相反电荷的电解质(即混凝剂),可使污水中的胶体颗粒变为电中性而失去稳定性,并在分子引力作用下,凝聚成大颗粒而下沉。这种方法用于处理含油废水、染色废水、洗毛废水等,可以独立使用也可以和其他方法配合,可用作预处理、中间处理、深度处理工艺等。常用的混凝剂有硫酸铝、聚合氯化铝、硫酸亚铁、三氯化铁等。

(2)中和法。向酸性废水中投加碱性物质如石灰、氢氧化钠、石灰石等,使废水变为中性,用于处理酸性废水或碱性废水。对碱性废水可通入含有 CO_2 的烟道气进行中和,也可用其他酸性物质进行中和。

(3)化学沉淀法。向废水中投加化学药剂,使之与要除去的某些溶解物质发生反应,生成难溶盐而沉淀分离。此法多用于处理含重金属离子的工业废水。

(4)氧化还原法。废水中呈溶解状态的有机或无机污染物,在投加氧化剂或还原剂后,由于电子的迁移而发生氧化或还原作用,使其转变为无害的物质。常用的氧化剂有空气、纯氧、漂白粉、氯气、臭氧等,氧化法多用于处理含酚、氰的废水。常用的还原剂有铁屑、硫酸亚铁、亚硫酸氢钠等。还原法多用于处理含铬、汞的废水。

(5)电解法。在废水中插入电极,并通以电流,则在阴极板上接受电子,在阳极板放出电子。在水的电解过程中,在阳极上产生氧气,在阴极上产生氢气。上述综合过程使阳极上发生氧化作用,在阴极上发生还原作用。目前,电解法主要用于处理含铬及含氰的废水。

(6)吸附法。将污水通过固体吸附剂,使废水中的溶解性有机污染物吸附到吸附剂上,常用的吸附剂为活性炭、硅藻土、焦炭等。此法可吸附废水中的酚、汞、铬、氰等有毒物质。另外,此法还有脱色、脱臭等作用,一般也用于深度处理。

(7)离子交换法。使用离子交换剂,它在吸附一个离子的同时也释放一个等当量的离子,水处理中常用的离子交换剂有离子交换树脂和磺化煤两类。离子交换法目前在工业废水处理中得到了广泛应用。

(8)电渗析法。通过一种离子交换膜,在直流电作用下,废水中的离子朝相反电荷的极板方向迁移,阳离子能穿透阳离子交换膜,而被阴离子交换膜所阻;同样,阴离子能穿透阴离子交换膜,而被阳离子交换膜所阻。污水通过由阴、阳离子交换膜所组成的电渗析器时,污水中的阴、阳离子就得以分离,达到浓缩和处理的目的。此法可用于酸性废水回收、含氰废水处理等。

属于化学处理技术的还有汽提法、吹脱法、萃取法等。这些化学处理方法广泛用于工业废水的处理,以及城市污水的深度处理中。

3)生物法

污水的生物处理法,就是利用微生物的新陈代谢功能,使污水中呈溶解和胶体状态的有机污染物被降解并转化为无害的物质,使污水得以净化。属于生物处理法的工艺有以下几种。

(1)活性污泥法。这是目前使用很广泛的一种生物处理法,将空气连续鼓入曝气池的污水中,经过一段时间,水中即形成含有大量好氧性微生物的絮凝体——活性污泥,由于活性污泥具有巨大的比表面积,能吸附污水中的有机物;同时活性污泥中的具有活性的微生物以有机物为食料,获得能量并不断生长繁殖,所以能去除有机物,使污水得到净化。

从曝气池流出的混合液,经沉淀分离后,水被净化排放,沉淀分离后的污泥作为种泥,部分地回流到曝气池。活性污泥系统流程示意图见图4-36。

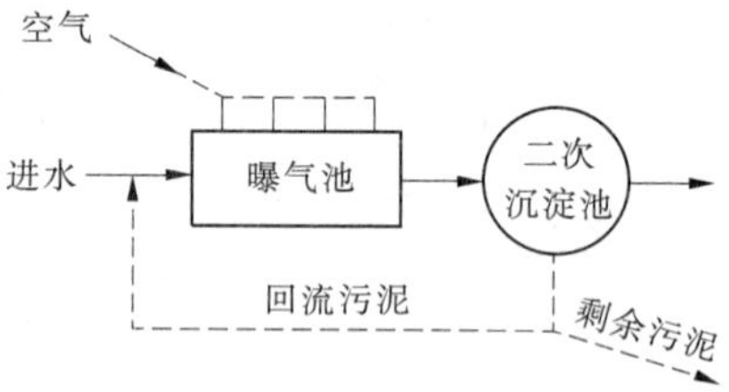

图4-36　活性污泥系统流程示意图

活性污泥法自出现以来,经过80多年的发展,出现了各种活性污泥法的变型工艺,但其原理和工艺过程没有根本性的改变。

①传统活性污泥法。这种方法被广泛使用,是许多污水厂的主流工艺。传统活性污泥法是将污水和回流污泥从池首端引入,呈推流式至池末端流出。此法适于处理要求高、水质较稳定的污水,但对负荷的变动适应性较弱。在此基础上,发展出一些改良形式。

②阶段曝气法。为了使池内有机污染物沿池长均匀分布,使有机负荷均衡,把废水从池子的几个不同部位分开流入,有利于解决冲击负荷的问题。这样既能降低能耗,又能充分发挥活性污泥的降解功能。

③吸附再生法。使活性污泥的吸附和降解功能分别在两个不同的水池或一个水池的两个不同部分中进行。吸附池中活性污泥吸附胶体和悬浮态的污染物质,污泥与水在沉淀池中分离后,再在再生池中把吸附的污染物质进行氧化分解。该法充分利用活性污泥的初期吸附能力,大大节省了曝气时间,并具有一定的抗冲击负荷能力。

④延时曝气法。又称完全氧化活性污泥法。该法延长曝气时间,使活性污泥处于完全氧化状态,污泥产量少,适用于处理水质要求高且不宜采用污泥稳定技术的小型污水厂。

⑤厌氧—好氧活性污泥法。为了在去除有机物质(COD)的同时有效地去除氮、磷等营养物质,人们把厌氧、缺氧的条件组合到活性污泥法中,在不同反应池或同一反应池内不同部位实现厌氧、缺氧和好氧状况,分别形成了厌氧—好氧活性污泥(An/O)法、缺氧—好氧活性污泥(A/O)法、厌氧—缺氧—好氧活性污泥(A^2/O)法等工艺,在去除有机物质的同时,分别达到生物除磷、生物脱氮、同步生物脱氮除磷的目的。

自20世纪90年代以来,荷兰代尔夫特工业大学(TUDelft)提出了一些生物脱氮除磷的新技术,如中温亚硝化(SHARON)、厌氧氨氧化(ANAMMOX)以及反硝化除磷等。

中温亚硝化是指氨氮氧化的终产物为亚硝酸氮。常温下的硝化过程分亚硝化和硝化两步进行,硝化细菌比亚硝化细菌的增长速率快,这意味着亚硝酸氮作为一种过渡形态很难以聚集浓度存在于环境温度之下。但当温度增高后(通常为 35 ℃),与常温时相反,通过污泥龄的选择,可使亚硝化细菌在反应器中积累。中温亚硝化即是利用了高温有利于亚硝化细菌增殖这一特点。

厌氧氨氧化是指厌氧条件下,氨氮以亚硝酸氮作为电子接受体直接被氧化成氮气。从原理可以看出,亚硝化同厌氧氨氧化结合能实现短途径的氨氮转换,如图 4-37 所示。

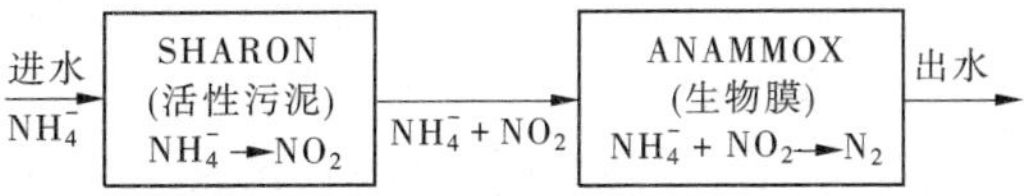

图 4-37 亚硝化与厌氧氨氧化流程示意图

反硝化除磷是指存在反硝化除磷细菌(DPB),这种细菌将反硝化脱氮与生物除磷有机地合二为一。在缺氧条件下,反硝化除磷细菌能像在好氧条件下的聚磷菌一样,利用硝酸氮充当电子接受体,产生同样的生物摄磷作用。在生物摄磷的同时,硝酸氮还原为氮气进行脱氮。显然,被 DPB 合并后的反硝化除磷过程能够节省相当多的 COD 与曝气量,同时也意味着较少的细胞合成量。

⑥间歇式活性污泥法(SBR)。它又称序批式活性污泥法。前几种活性污泥法的各种系统和运行方式都是连续的,而这种方法是间歇式的,污水不是顺序流经各处理单元,而是在一个反应池内按时间通过自动化设备控制各过程。在反应池的一个工作周期内,运行程序依次为进水、反应、沉淀、出水和待机等过程。该法适于水量较小和出水水质要求较高的场合,有利于自动化控制,通过对各运行阶段的调整,该池也可进行除磷脱氮,并有利于污水回用。

⑦AB 法。AB 法是吸附降解工艺的简称,属超高负荷活性污泥法,它是两个活性污泥系统的串联系统,两者各有独立的二次沉淀池,该法抗冲击负荷能力强,特别适于处理浓度较高、水质水量变化大的污水。

⑧氧化沟法。氧化沟为循环曝气池,属于延时曝气法的一种具体运转形式。其池体呈环形沟渠状,池深较浅,流态介于完全混合与推流之间。目前国内外常用的氧化沟系统有卡罗塞氧化沟、奥巴勒氧化沟、交替工作氧化沟等。氧化沟是低成本、构造简单,易于维护管理的处理技术,出水水质好,污泥产量低,耐冲击负荷能力强。

(2)生物膜法。使污水连续流经填料或某种载体(如碎石、炉渣或塑料蜂窝等),在填料上就能够形成膜状生物污泥,该膜状生物污泥称为生物膜。生物膜上繁殖着大量的微生物,能够起与活性污泥同样的净化作用,吸附并降解污水中的有机污染物,同时老化的生物膜从填料上脱落下来随污水流入沉淀池,经沉淀池沉淀分离,使污水得到净化。

生物膜法有多种运行形式,如生物滤池、生物转盘、生物接触氧化池、生物流化床以及曝气生物滤池等。

①生物滤池。生物滤池是以土壤自净原理为依据发展起来的。滤池内设固定填料,污水流过与滤料相接触,微生物在滤料表面形成生物膜,能净化污水。生物滤池由供微生物生长栖息的滤床、使污水均匀分布的布水设备及排水系统组成。生物滤池操作简单,费用低,适用于小城镇和边远地区。生物滤池分为普通生物滤池(滴滤池)、高负荷生物滤池和塔式生物滤池等。

②生物转盘。通过传动装置驱动生物转盘以一定的速度在反应池内转动,交替地与

空气和污水接触,每一周期完成吸附—吸氧—氧化分解的过程,通过不断转动,使污水中的污染物不断分解氧化。生物转盘流程中除了生物转盘外,还有初次沉淀池和二次沉淀池。生物转盘的适应范围广泛,除了应用于处理生活污水外,还用于处理各种行业的生产污水。生物转盘的动力消耗低,抗冲击负荷能力强,管理维护简单。

③生物接触氧化池。在池内设置填料,已经充氧的污水浸没全部填料、并以一定的速度流经填料。填料上长满生物膜,污水与生物膜相接触,水中有机物被微生物吸附,氧化分解和转化成新的生物膜。从填料上脱落的生物膜,随水流到二次沉淀池后被去除,污水得到净化。生物接触氧化法对冲击负荷有较强的适应力,污泥生产量少,能保证出水水质。

④生物流化床。它采用相对比重大于1的细小惰性颗粒如砂、焦炭、活性炭、陶粒等作为载体,微生物在载体表面附着生长,形成生物膜。充氧污水自下而上流动使载体处于流化状态,使生物膜与污水充分接触。生物流化床处理效率高,能适应较大冲击负荷,占地小。

⑤曝气生物滤池。曝气生物滤池是近年来新开发的一种污水生物处理技术。它是集生物降解、固液分离于一体的污水处理设备。本设备兼具活性污泥法和生物膜法的特点,同时因为池内不仅完成生物降解作用,还进行固液分离,所以有反冲洗系统。这类生物膜法主要用在工业废水或小型生活污水处理厂站。

(3)自然生物处理法。本法是利用在自然条件下生长、繁殖的微生物处理污水,形成水体(土壤)、微生物、植物组成的生态系统对污染物进行一系列的物理、化学和生物净化。生态系统可对污水中的营养物质充分利用,有利于绿色植物的生长,实现污水的资源化、无害化和稳定化。本法工艺简单、费用低、效率高,是一种符合生态原理的污水处理方式。其缺点是容易受自然条件影响,占地较大。主要有稳定塘、湿地、土地处理系统及上述工艺的组合系统。

稳定塘利用塘中自然生长的微生物(好氧、兼性和厌氧)分解废水中的有机物,而由塘中生长的藻类的光合作用和大气复氧作用向塘中供氧,其生化过程与自然水体净化过程相似。稳定塘按微生物反应类型分为好氧塘、兼性塘、厌氧塘、曝气塘等。土地处理是以土地净化为核心,利用土壤的过滤截留、吸附、化学反应和沉淀及微生物的分解作用处理污水中的污染物。农作物可充分利用污水中的水分和营养物。污水灌溉是一种土地处理方式。

(4)厌氧生物处理法。此法利用兼性或专性厌氧菌在无氧的条件下降解有机污染物,主要用于处理污泥及高浓度、难降解的有机工业废水。处理污泥的主要构筑物是消化池。近年来又开发了厌氧滤池、厌氧转盘、上流式厌氧污泥床(UASB)、厌氧流化床等高效反应装置用于有机工业废水的处理。本法耗能低且能产生能量,污泥产量少。

2.污水处理程度及处理流程

1)污水处理程度

现代污水处理技术按处理程度划分,可分为一级、二级、三级处理和深度处理。

(1)一级处理。采用物理处理方法,如筛滤、沉淀等,主要去除污水中呈悬浮状态的固体污染物质。一级处理出水由于BOD去除率只有30%左右,所以不能直接排放。

(2)二级处理。采用生物处理方法,如活性污泥法、生物膜法等,主要去除污水中呈胶体和溶解状态的有机污染物质。二级处理出水 BOD 去除率达 90% 以上,从有机物的角度来说,可以达到排放标准的要求。但传统活性污泥法和生物膜法对氮、磷的去除尚不能满足相应的要求。

(3)三级处理。在一、二级处理的基础上,三级处理进一步处理难降解的有机物、氮和磷等无机营养物等,主要方法有生物脱氮除磷法、混凝沉淀、活性炭吸附、离子交换、电渗析等。

(4)深度处理。深度处理指以污水回用为目的,在一级或二级处理的基础上增加的处理工艺。目前,由于水资源匮乏,水污染不断加剧,深度处理正日益引起人们的重视。

经过深度处理后的水具有以下作用:

①排放至包括经济价值较高的水体及缓流水体在内的任何水体,补充地面水源。

②回用于农田灌溉、市政杂用,如浇灌城市绿地,冲洗街道、车辆,景观用水等。

③在居民小区中水回用于冲洗厕所。

④作为冷却水和工艺用水的补充用水,回用于工业企业。

⑤用于防止地面下沉或海水入侵,回灌地下。

任何污水处理工艺都会产生污泥。污泥中不仅含有大量有机物,也含有大量细菌、生虫卵以及有毒害作用的重金属离子等,因此污泥需进一步进行稳定化和无害化处理。

2)处理流程

根据污水的水质、水量以及处理后去向,采用不同处理方法组成相应的处理流程。

传统城市污水处理的典型流程如图 4-38 所示。

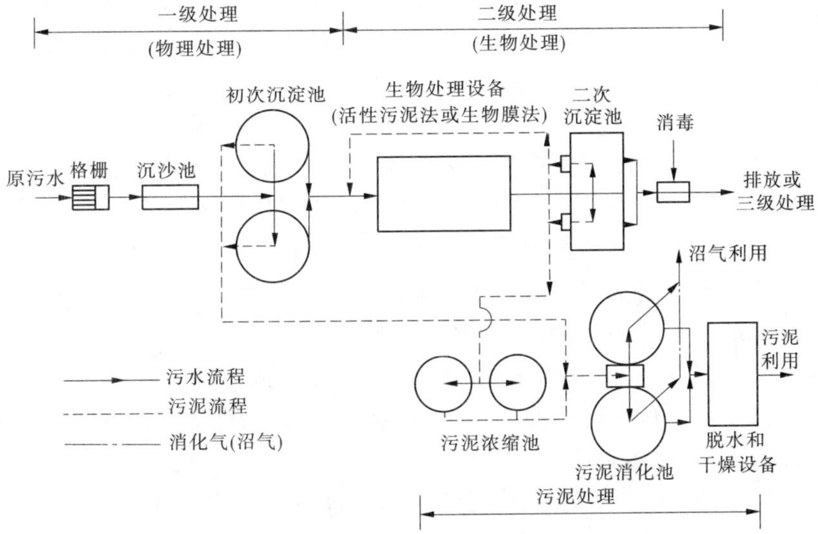

图 4-38　城市污水处理典型流程示意图

3)污染控制与污水利用

(1)严格控制污水源,减少污废水的排放量和污染物浓度,从"源头"上控制水污染。工业上通过改革生产工艺,调整产品结构,发展清洁生产,变末端处理为全过程控制,使排污量减到最小程度。工厂采用循环用水和重复用水系统,充分利用厂际的废水、废气、废渣,以废治废,回用有用的产品,可以减少或杜绝污水、污染物的排放。在环境敏感地区,规划应考虑不用水或少用水,采用少污染或无污染的工业类型及生产工艺等;在生活上,鼓励采用耗水量少的卫生器具,节约用水,以减少污水的产生。

(2)合理进行项目的选址。根据城市各分区的不同功能,合理进行重大工业项目和重要市政工程项目的选址有利于自然资源的充分利用,又能减少污水排放。

将生产大量污水的工厂和单位尽量布置在城市水源下游,风景旅游区慎重考虑工业区的发展和布置。应从宏观上优化产业结构,城市发展应本着物耗少、占地少、能耗少、污染少的原则,降低单位产品和产值的排水量和污染物负荷。

(3)大力发展区域排水系统,考虑水污染的综合整治。一个城市污水系统的处理水平和处理方案,可能影响邻近区域,特别是下游地区的环境质量,故需要从较大区域范围内综合考虑。在某个区域某个水域范围内,按照当地的生态和环境条件及环境质量目标,统一而全面地研究各种处理措施与方案,寻求地区综合效益的最优化。根据我国经济发展和城市化水平情况,相邻区域内或地域内经济条件和城市建设的同步性较强,所以完全有可能在几个城市或城镇的广大区域内,统一进行给排水规划,合理配置工程设施,考虑合并起来处理和处置的可能性。全国划分为管理区,每个区域内对它的污染源、排水管道系统和中心处理厂作为一个系统进行统一规划建设,可以节省大量投资。相邻区域或本区域内,也应考虑相邻的城市给水、雨水、污水的统一规划,如城市给水水源与污水排放的统一协调、污水回用与城市给水系统的合理衔接、区域内污泥的综合利用和处理、河道水系整治与水质保护相结合等。

(4)开源节流,提高城市污水的回收利用率。在水资源紧张、水污染加剧的情况下,可将污水回用作为开源的主要途径之一,并用它来有效地缓解水资源紧张的局面。

农业上,利用经处理的城市污水进行农田灌溉或鱼类、水生植物的养殖,既可以利用污水中的营养成分又可以使污水进一步得到净化,起到保护天然水体的作用。污水中大量的氮、磷对于灌溉农田比较适宜,但如果污水灌溉不当,则会使作物减产、恶化土壤、传染疾病,所以需慎重对待。墨西哥、智利、沙特阿拉伯、日本、以色列等国大量采用再生的城市污水作为农业灌溉用水。美国至1980年已建立了500多个回用工程,年回用水量达9.37亿 m^3,其中62%用于农田灌溉,有300多个污水灌溉系统。实践证明,再生的污水与其他水源相比成本较低,并极大地缓解了农业用水危机。

在工业方面,美国电厂冷却水是仅次于农业的主要用水户。在美国西南地区的几个主要发电厂,包括核发电厂,普遍使用处理后城市污水作为冷却水。在工业上处理后的污水除可用做冷却水外,也可作生产工艺用水和洗涤水、锅炉用水等,如电力、冶金、石油化工、机械制造、化工、轻工等有关行业,都可使用处理后的污水。在工业生产中,应努力发展循环或循序用水的方法,或几个企业联合依次使用排放的废水。

经过深度处理的污水也可就近作为城市用水水源,如用做城市杂用水,作为洗车、浇洒绿化、冲厕、消防、空调补充用水以及景观用水等,小区域如大型公共建筑或住宅小区的水资源循环回用,又称为中水工程。

经过深度处理的污水也可回灌地下,使污水得到完全净化,城市可再取用这种地下水。

目前我国正在广泛开展"污水资源化利用技术",主要包括以下几个方面的内容:①城市污水回用于工业冷却、市政景观、农田灌溉、生活杂用的水质处理技术;②雨、污水地下回灌水质技术;③油田废水及其他工业废水再生回用处理技术。

但我国污废水的总回用量相当低。我国20世纪90年代以前设计的城市污水处理厂基本上没有考虑回用问题。现在设计建造的一些污水处理厂,尽管考虑了污水回用问题,但不少缺乏从整个系统上规划污水的回用。污水回用是一个系统工程,包括污水管网的收集、污水再生、再生水的回用等。输配用水对象等需要从整个城市布局和整个给水排水的统一规划来考虑。如再生水回用于城市杂用水,可在居住区截留生活污水,就地处理后直接回用,而不一定要与工业污水混合处理或将污水处理厂建于城市郊区或河道下游;如用于工业,则可取生活污水进行再生处理,在工业区附近设污水厂;若主要用于农业灌溉,则仍可采用目前工业废水与生活污水集中后,建大型污水处理厂的方案。

(5)合理妥善地处理处置污泥,避免对环境造成二次污染。污泥的成分主要取决于污水处理的工艺和方法。污泥主要有以下几种:初沉池沉淀的悬浮固体污泥、二沉池沉淀的剩余污泥、投加化学药剂产生的化学污泥以及深度处理时过滤等工艺所产生的污泥。初沉污泥的成分以无机物为主,二沉污泥主要含有生物固体。污泥中含有大量水分,沉淀池污泥含水率一般在96%以上。含水率能大大影响污泥的体积,若将含水率为99%的剩余污泥降低到96%,则污泥体积可缩减到原来的1/4。所以,在污水处理厂污泥处理工艺中首先进行浓缩,然后经稳定化处理并脱水。污泥稳定化技术主要有好氧和厌氧生物技术两类,各有利弊。实际工程中以中温两级厌氧消化为主,但消化技术也存在运行条件严格、基建投资费用较高等问题。

此外,污泥的最终处置方法主要是根据一定的环境要求和经济条件来确定的。目前主要的处置方法有农用、填埋、焚烧、排海等。我国是发展中国家,又是一个农业大国,基本以农用为主。目前,农用和填埋是大多数国家处置污泥的两种最主要方法。

但这些处置方法都有不足之处。如焚烧法虽然能大幅度减少容积,但投资和运行费用相当高,难以采用焚烧法处理量大面广的城市污水处理厂的污泥。深海投放在近年来受到日益严格的防治海洋污染的国际公约等限制,如1988年美国开始禁止向海洋倾倒污泥,并于1991年全面禁止;欧共体1991年5月颁布《城市污水处理指南》中规定:从1998年12月31日起,不得在水体中处置污泥。由于场地有限及可能造成二次污染,填埋也有一定的困难,现在许多国家和地区坚决反对新建填埋场,如德国从2000年起,要求填埋污泥的有机物含量小于5%,美国环保局估计美国6 500个填埋场将有5 000个被关闭。污泥农用也因为污泥成分日趋复杂而受到限制,并且随着农用污泥中重金属排放标准以及卫生要求的提高,污泥农用量将日益受到限制。

项目小结

本项目主要介绍了给水、排水系统分类、组成和布置,介绍了给水、排水管道设计、施工方式,给水、排水管材及构筑物,介绍了城市给水、污水处理工程的基本工艺。

项目自测题

一、填空题

1. 给水系统由________、________、________、________、________和________等工程设施组成。

2. 给水系统按使用目的可分为________给水、________给水和________给水等系统。

3. 给水管网根据作用不同可分为________管和________管两部分。

4. 配水管网的布置形式有________网和________网两种形式。

5. 按水力坡度计算管段水头损失的公式是:________________。

6. 相邻两消火栓的间距不应大于________ m,距离建筑物外墙不得小于________ m,距离行车道边不大于________ m。

7. 固定式取水构筑物,按其构造特点可分为________式、________式、________式和________式等。

8. 城市排水可分为三类,即________、________和________。

9. 排水体制按汇集方式可分为________制和________制两种基本类型。

10. 污水干管的布置形式按干管与地形等高线的关系分为________式和________式两种。

11. 污水支管的布置形式分为________式、________式和________式。

12. 污水管道的衔接方法通常采用________法和________法。

13. 管道施工方法一般可分为________法施工和________法施工。

14. 原水中的杂质可分为________、________和________。

15. 给水处理的方法主要有________、________、________、________等。

16. 污水经处理后的最终去向有:________、________、________。

17. 污水处理按其作用原理,可分为________法、________法和________法三类。

18. 我国污泥最终处置方法主要有________、________、________、________等。

二、判断题

1. 管径大小不但和管段流量有关,还与管段水流流速大小有关。(　　)

2. 配水管网上的阀门,不应超过5个消火栓的布置长度。(　　)

3. 污水管与给水管($d \leqslant 200$ mm)的最小水平净距为0.4 m。(　　)

4. 我国室外排水设计规范规定,污水管道在车道下的最小覆土厚度不小于0.7 m。(　　)

5. 地表水的硬度一般高于地下水。(　　)

三、名词解释

1. 输配水系统

2. 循环给水系统

3. 生活用水定额

4. 最高日用水量

5. 沿线流量
6. 合流制排水系统
7. 流沙现象
8. 化学需氧量(COD)
9. 水体自净

四、简答题

1. 给水系统常用的布置形式有哪几种?
2. 给水工程规划的基本任务包括哪些内容?
3. 城市最高日设计流量怎样确定?
4. 对输水管线选择与布置有什么要求?
5. 配水干管的布置原则有哪些?
6. 简述给水管网水力计算的步骤。
7. 水源选择应考虑哪些因素?
8. 城市污水排除系统由哪几个部分组成?
9. 影响污水管道系统平面布置的主要因素有哪些?
10. 作为排水管材需要具备什么样的条件?
11. 检查井一般设置在什么位置?
12. 简述开槽法施工的工序。
13. 围堰的种类有哪几种?
14. 经过深度处理后的水具有什么作用?
15. 给水系统组成有哪些?
16. 给水工程规划用水量和城市给水用水量有什么区别?
17. 给水工程管材有哪些?
18. 简述城市排水系统排水体制。
19. 简述污水干管的布置原则。
20. 排水管材有哪些? 各自有何特点?
21. 给排水管道施工方式有哪些?
22. 常见的管道基础有哪些? 各自适用于什么情况?
23. 给水处理工艺有哪些?
24. 污水处理工艺有哪些?
25. BOD 的含义是什么?
26. 污水排放应符合什么标准?

项目5　城市消防、防洪、防灾工程

【学习目标】

掌握火灾的特点、发生规律和类别，城市消防措施，建筑物的耐火等级，洪水灾害的类型，地震的基本概念(地震类型、震源、震中、震级、地震烈度)，滑坡、崩塌、沉降、泥石流的概念；熟悉建筑材料和构件的耐火性能及耐火极限要求，防火分隔设施的种类及要求，滑坡、崩塌、沉降、泥石流的危害、防治方法和措施；了解城市火灾的消防对策，建筑总平面布置、消防道路设置要求，城市洪水灾害的特点，城市防洪策略，城市地震的特点，地震防治策略，城市防灾的策略和工作内容。

任务 5.1　城市消防工程

5.1.1　城市火灾分类及火灾特点

5.1.1.1　火灾的特征

火是一种快速的氧化反应过程，具有燃烧的现象和特点，往往伴随着发热、发光、火焰、发光的气团以及燃烧爆炸的噪声等。火所提供的能量，不仅改善了人类基本的饮食和居住条件，而且极大地促进了社会生产力的发展，对人类文明的进步起到了非常重要的作用。

火灾是火在时间和空间上失去控制而导致蔓延的一种灾害性燃烧现象，会对自然和社会造成一定程度的损害。火灾科学的研究表明，火灾的发生和发展具有双重性，即火灾既具有确定性，又具有随机性。火灾的确定性是指在某特定的场合下发生火灾，火灾基本上按着确定的过程发展，火源的燃烧蔓延、火势的发展、火焰烟气的流动传播将遵循确定的流体流动、传热传质以及物质守恒等规律。火灾的随机性主要指火灾发生的时间和地点是不确定的，是受多种因素影响而随机发生的。

火灾从发生、发展到最终造成重大灾害性事故大致可分为四个阶段：初起期、成长期、最盛期和衰减期。一旦火灾发展到最盛期，火灾所产生的浓烟、热辐射以及有毒有害物质(CO、CO_2、碳氢化合物、氮氧化物等)不仅会严重威胁人的生命安全，造成巨大的财产损失，而且还会对环境和生态系统造成不同程度的破坏。火灾造成的直接损失约为地震的5倍，仅次于干旱和洪涝，而其发生的频率则高居各种灾害之首。火灾造成的直接和间接经济损失、人员伤亡损失、灭火消防费用、保险管理费用以及投入的消防工程费用统称为火灾代价。世界火灾统计中心以及欧洲共同体研究的结果表明，世界上许多发达国家每年火灾造成的直接经济损失占国民经济总产值的2%以上，相当于人均每年20英镑，而整个火灾代价约占国民生产总值的1%，人员死亡率为2/100 000。

5.1.1.2 我国城市火灾的特点

近些年来,随着经济的飞速发展,我国城市火灾损失亦呈上升趋势,并具有如下突出特点:

(1)东部地区的城市火灾损失大于西部地区。从我国10个省市火灾损失比较,以广东、浙江两省最为突出。以1993年为例,广东省火灾损失3.5亿元,占全国的32%。在全国发生的146起超大火灾中,广东26起,占18%。这主要是由于东部地区经济高速发展,而火灾的防范意识与防范能力并未得到相应提高。

(2)分析火灾发生原因与损失的关系表明:主要是电器火灾、违反安全规定和生活用火不慎所造成,这三种原因造成的火灾损失占火灾总损失的70%。

(3)石油产品、液化石油气引起的事故增多。由于化工生产不断发展,各种氧化剂引起的火灾日益增多,压缩气体,高压、超高压气体的应用又将构成新的危险。

(4)统计资料表明,特大火灾中有54%发生在公共活动场所,如商场、歌舞厅、宾馆、饭店、集贸市场等。这是由于这些场所可燃物集中,现代化电器设备激增,建筑物防灾抗灾能力较弱,消防设施不足,消防水源严重缺乏,加上人们在主观上防火安全知识缺乏、意识淡薄、消防管理制度不健全等因素所致。

(5)城市高层建筑增多,加大了火灾的危险性,扑救困难,一旦起火很容易造成人员大量伤亡,财产大量损失。高分子聚合材料在建筑物内大量应用,不仅易于起火燃烧,而且在燃烧时还要产生浓烟和毒气,影响人员疏散,并危及人的生命。路上的车辆拥挤,消防车通行困难,不能及时赶到火场。

(6)原有地下防空设施被改变使用性质,建成地下商场、仓库、车间、旅馆等,在防火安全方面遇到了新问题。个人承包经营户、私营企业火灾明显增多。

(7)火灾极易造成重大的伤亡事故和经济损失,有时火灾与爆炸同时发生,损失更为惨重。大的火灾造成的不良后果对环境、社会造成较大的影响。1994年12月8日发生在新疆克拉玛依市友谊馆的特大火灾,共死亡323人、伤130人,直接经济损失210.9万元。

(8)确认火灾发生的具体原因往往比较困难,主要因为火源众多、可燃物广泛、用火环境多样化,灾后事故调查、取证和鉴定困难等。建筑结构的复杂性和多种可燃物的混杂也给灭火和调查分析带来很多困难。火灾事故往往是在人们意想不到的时候突然发生,虽然存在有事故的征兆,但一方面由于目前对火灾事故的监测、报警等手段的可靠性、实用性和广泛性尚不理想;另一方面是因为至今还有相当多的人员对火灾事故的规律及其征兆了解和掌握得不够。

(9)老城市存有大量易燃的简易建筑,生产与生活区混杂,防火分隔和防火间距不够,消防通道不畅,消防基础设施落后(如消防站布局不合理、水源不足、消防设备缺乏和消防通信不完善等)。

5.1.1.3 火灾类别

火灾的类型不同,其特点也有所不同。国家标准《火灾分类》(GB/T 4968—2008)根据物质燃烧特征,将火灾划分为以下六种类型:

A类火灾:固体物质火灾。这种物质通常具有有机物性质,一般在燃烧时能产生灼热的余烬,如木材、棉、毛、麻、纸张火灾等。

B 类火灾:液体或可熔化的固体物质火灾,如汽油、煤油、柴油、原油、甲醇、乙醇、沥青、石蜡火灾等。

C 类火灾:气体火灾,如煤气、天然气、甲烷、乙烷、丙烷、氢气火灾等。

D 类火灾:金属火灾,如钾、钠、镁、钛、锆、锂、铝镁合金火灾等。

E 类火灾:带电火灾,物体带电燃烧的火灾。

F 类火灾:烹饪器具内的烹饪物(如动植物油脂)火灾。

根据火灾发生的场所不同,可分为建筑火灾、森林火灾、交通工具火灾等。其中,根据建筑功能的不同特点,建筑火灾包括民用建筑火灾、公共建筑火灾、工厂仓库火灾等。根据建筑结构的不同特点,建筑火灾可分为高层建筑火灾、地下建筑火灾等。

5.1.1.4　火灾分级

根据国务院 2007 年 4 月 6 日颁布的《生产安全事故报告和调查处理条例》(国务院令第 493 号)中规定的生产安全事故等级标准,消防部门将火灾分为特别重大火灾、重大火灾、较大火灾和一般火灾四个等级,如表 5-1 所示。只要达到其中一项就认为达到该级火灾。

表 5-1　火灾等级的划分标准

火灾等级	死亡人数	重伤人数	直接财产损失(万元)
特别重大火灾	≥30	≥100	≥10 000
重大火灾	≥10, <30	≥50, <100	≥5 000, <10 000
较大火灾	≥3, <10	≥10, <50	≥1 000, <5 000
一般火灾	<3	<10	<1 000

5.1.2　消防技术的发展

5.1.2.1　消防技术的发展现状

人类从很早起就开始重视对火灾形成和发展的规律以及火灾防治技术的研究和开发,积累了大量火灾防治的宝贵经验,创造出了许多行之有效的消防技术和措施。主要包括建立各种形式的消防队伍和安全管理机构,研制和开发防、灭火的技术和装备,研究火灾形成和发展的规律,制定一系列的防火与安全用火的法律和法规等。据记载,我国早在周代就设置了分别掌管乡村、城镇和宫内等事宜的火官,以后各朝代均立类似的官员;宋朝开始建立了专司救火的“防隅军”“潜火军”以及民间的消防组织“水会”。我国在清朝末年开始引入西方的消防体制,建立了新型公安消防部队。经过多年的努力,这支队伍的知识化、专业化和正规化水平都有了很大的提高,装备了较为先进的防灭、运输、通信、管理等设备。

在消防技术设施和装备方面,据记载,我国唐代人开始用油布缝制的水袋来运水灭火;宋代人成功地用竹制唧筒喷水灭火,尽管其射程和喷水量有限,但与靠近火焰泼水或向火中投掷水袋等灭火方式相比,是一个很大的进步。18 世纪,西方国家制造出了以内燃机为动力的消防车、消防艇及消防泵等,这表明人类的灭火水平又跃上了一个新的台阶。19世纪中叶，西方国家的工程师就发明了早期的自动喷水灭火装置和火灾自动报警装置。20世纪50年代以后，各类性能先进的火灾自动报警和自动灭火系统、防排烟设备、灭火剂、防火建筑材料和构件等消防技术产品被大量开发出来，并在实际工程中得到广泛应用。

我国在消防工程研究领域的腾飞自1990年12月第二次全国消防科技工作会议开始。会议针对国内高层建筑的发展状况，确定了“八五”期间我国消防科技的重点主攻方向为“高层建筑的火灾预防与控制技术”。通过五年的攻关研究，开发成功一系列具有较高技术水平的高层建筑防火、自动报警、自动灭火设备和适合消防部队扑救高层建筑火灾的特种消防技术装置。此外，还开展了大量的基础研究和应用基础研究。例如：运用模拟方法进行了室内家具组件火灾特性和试验技术的研究以及地下民用建筑火灾烟气流动特性的研究；运用激光全息和电子测重技术开展了消防装置喷雾水粒流场特性试验的研究；开展了高层建筑楼梯间送风排烟技术的研究、粉尘爆炸及泄压的研究、承重柱和梁板耐火性能试验装置的研制等。这些基础研究及其成果，为我国消防领域有关技术法规的制订和实施，提供了科学的依据和技术手段。

“九五”期间，针对地下建筑和大空间建筑的火灾预防与扑救技术，以国家科技攻关项目为龙头，公安部的4个部属专业消防研究所、中国科学技术大学火灾科学国家重点实验室、中国建筑科学研究院建筑防火研究所等单位开展了多层次、多学科交叉的联合攻关研究。在探索地下建筑与大空间建筑的火灾规律、开发高新科技的火灾探测报警、自动灭火、防排烟设备和消防部队灭火救援装备等方面，取得了一批重要科研成果，并且建成了大空间火灾试验馆、高层建筑火灾试验塔、固定灭火系统综合试验馆等一批具有国际水平的试验装置。其中，典型感烟火灾探测器和火灾报警控制器的标准及其检测设备、民用住宅耐火性能的评价研究、消防装备喷雾水粒子流场特征试验方法、高层建筑楼梯间正压送风机械排烟技术的研究等20多项成果获得国家级科技成果奖励。

近年来，科学技术的发展和火灾的严重危害，促使国际消防界开始深入思考如何从规范和法规的完善出发，真正达到主动防火的目的。现在广泛采用的传统的“指令式规范”只是强制规定防火设计必须满足的各项设计参数指标，如建筑设施的结构要求、耐火要求、机械系统、电气系统、消防系统等。其缺点是使建筑设计千篇一律，一定程度上阻碍了新材料、新产品、新工艺和创新技术的采用，很难满足技术进步的要求。“指令式规范”对具体建筑物要达到的总的安全目标不予要求，也不进行评估。而且对于工程师来说，只单纯地计算消防系统的某一独立部分是不够的，应该把整个建筑物作为一个整体来考虑，把每一部分的消防措施放到一个大系统中去分析。

国际上在20世纪80年代初提出了建立“以性能为基础”的防火规范的概念。英国于1985年完成了建筑规范，包括防火规范的性能化修改，新规范规定“必须建造一座安全的建筑”。澳大利亚于1996年颁布了《澳大利亚性能化建筑设计规范》(BCA96)，并自1997年陆续被各州政府采用。新西兰1992年发布了性能化的《新西兰建筑规范》(NZBC，New Zealand Building Code)，1993～1998年开展了“消防安全性能评估方法”的研究，制定了性能化建筑消防安全框架，包括了防止火灾的发生、安全疏散措施、防止倒塌、消防基础设施和通道要求以及防止火灾相互蔓延五部分。美国已完成性能目标和基本完成性能级别的确定，并于 2001 年发布了国家级的建筑性能规范和防火性能规范。我国现行的消防法律体系以《中华人民共和国消防法》为基础，以消防行政法系列和消防技术法规系列构成庞大的支撑体系。就消防技术法规而言，我国发布相关法规，制订了各类消防国家标准和行业标准，建成了国家级的消防产品质量监督检验中心，建立了一套比较完整的消防产品质量监督管理制度。由于受到制订周期长、学科发展水平不高、建筑形式和功能多样化、管理智能化等因素的影响，现行技术规范越来越难以适应科技日新月异发展和我国建造业高速发展的形势。我国从 1996 年开始也开展了“性能化防火设计规范”的研究工作，并将其列入了国家“十五”科技攻关项目计划。

“十五”期间，性能化防火设计、细水雾灭火技术、火灾应急疏散和救援、火灾多参数智能探测等领域的研究和新技术开发取得了一系列可喜的成果，在国家“十一五”“十二五”“十三五”科技攻关项目计划中得到进一步的深入研究。

5.1.2.2　消防技术的发展趋势与前景

作为一门新兴的学科，消防工程的研究领域正在不断拓展，研究成果不断增加。从目前的发展趋势来看，消防工程学科领域今后的研究和发展主要体现在以下几个方面：

（1）消防设计观念的更新。消防安全工程学的发展为消防科研提出了一批新的研究课题，如：火灾发生和发展的规律及其计算机模拟、燃烧产生与传播、火灾烟气流动特性及其计算机模拟、防火系统与技术、火灾中人的行为与疏散模型、建筑物的火灾危害评估与火灾风险评估以及为消防安全提供基础数据的火灾统计与分析研究等。可以预见，这些课题的研究将对发展性能化设计、建立科学合理的消防技术标准和设计规范体系乃至带动整个消防科技领域的发展具有十分重要的意义。

（2）计算机火灾模拟技术的开发与应用。计算机火灾模拟技术的开发应用，使人们可以通过工程计算机和计算机模拟的方法，对不同空间、环境条件下火灾的发展和蔓延进行模拟和预测，并对建筑构件、材料组件以及消防设备的火灾特性进行计算和确定，为火灾调查提供科学依据。目前，国外已开发出一些具有实用价值的计算机火灾模型，并在一定范围得到应用。例如，美国的 Hazard、CFAST、FDS，加拿大的 FIRECAM，英国的 Exodus、Exit89、Phoenics，澳大利亚的 CESARERISK，日本的 BRI，德国的 KOBRA-3D 等。中国科学技术大学火灾科学国家重点实验室提出了场、区、网火灾模型，对火灾模拟技术的发展做出了很大的贡献。通过大空间建筑火灾试验，场区网模拟技术的发展将得到进一步的验证。

（3）火灾自动探测报警技术的创新。今后的工作将主要集中在以下几个方面，其一是开发具有特殊性能的火灾自动监测报警系统和自动灭火系统，使其具有高灵敏、高可靠性、早期报警、快速响应，并能适用于高大、洁净或干扰因素较多等特殊空间和环境；其二是积极运用相关专业领域的高新技术和理论，如激光微粒计数技术、红外分光光谱技术、人工智能和神经网络控制理论等，开发研究高性能、高质量的新产品；三是特别注重工程应用技术的研究，以拓展其应用范围。此外，更重要的是，人们越来越认识到，火灾基础理论研究，特别是火灾早期的声、光、热等信息特征及其与环境因素的关系等方面的基础理论研究，对于开发研制多参数、智能型、复合型火灾探测预警系统具有非常重要的意义。

（4）新型灭火剂和阻燃剂的开发与应用。由于哈龙灭火剂对臭氧层的破坏，国内外兴起了哈龙替代灭火剂的研究开发热潮。目前,已开发出一些比较成熟的产品,如七氟丙烷(FM200)和混合气体(Intergen 烟烙烬),但这些产品都存在不足之处。目前,国际上尚未研制出一种既满足环保要求,又在灭火效能、安全性和成本等方面均超过哈龙的新灭火剂;也未能研制出可以装到已使用的哈龙1310系统里直接替代哈龙灭火剂的新灭火剂。因此,开发新型哈龙替代灭火剂的工作是目前和今后几年世界瞩目的研究课题。

(5)消防队伍装备的专业化、系统化和智能化。经济和社会的发展不断地给消防部门提出新的任务。目前,各国消防部门所面临的共同难题为:各种复杂的火灾和特种灾害条件下的救援行动、特大恶性火灾的扑救、化学灾害事故的处置,并使之系统化。同时,随着自动控制和人工智能技术的发展,消防装备的智能化程度也越来越高。各种智能化的灭火救援装备和消防机器人将成为21世纪消防装备领域研究开发的重要任务。

(6)消防管理技术的信息化和网络化。计算机信息和网络技术在消防管理工作中的应用领域十分广阔,包括防火监督管理、通信调度指挥、消防训练与培训、灭火救援辅助决策、火灾统计、消防安全知识普及教育、消防队伍后勤管理、人事管理以及日常办公自动化等。消防管理技术的信息化和网络化已成为各国消防部门所共同关注的热点,信息化和网络化的管理模式与资源共享是消防管理技术的必然发展趋势。

5.1.3 城市消防的防治措施

5.1.3.1 城市火灾扑救

火灾一旦发生,及早发现、及时扑救是降低火灾损失的最有效方法。灭火策略主要包括:①除掉可燃物;②隔绝氧气;③冷却到燃点以下从而使反应终止。但是在火灾的情况下,完全去掉可燃物或长期隔绝氧气几乎是不可能的,因此灭火的原则就是把温度降到燃点以下。火灾反应初期,因为反应量少,产生的热量少,容易控制和扑灭,故初期灭火是最理想的。

灭火活动首先是人为控制火势,其次是使燃烧反应停止。同一灭火手段,灭火的机制和效果也往往不同。例如,单纯浇水灭火时,水蒸发产生冷却作用;蒸发的水蒸气起到隔绝空气或减少氧气浓度的作用;附着在可燃物表面的水有隔热作用等。这些作用相辅相成,提高了灭火的效果。另外,有的灭火剂又具有抑制火灾反应的催化作用。

为能迅速地扑灭火灾,必须按照现代的防火技术水平、生产工艺过程的特点、着火物的性质、灭火物质的性质及取用是否便利等原则来选择灭火剂和灭火器;否则其灭火效果甚至会适得其反。目前,常用的灭火物质有水、灭火泡沫、惰性气体、不燃性挥发液、化学干粉、固态物质等。我国目前生产的灭火器主要有泡沫灭火器、二氧化碳灭火器、卤代烷灭火器、四氯化碳灭火器、1211(二氟一氯一溴甲烷)灭水器、干粉灭火器、清水灭火器等。

灭火时,最有效的灭火剂是水,作为化学灭火剂的各种泡沫也是把灭火剂与水混合加压送出,因此消防泵是消防设备中重要的设备之一。消防用泵主要是离心泵,一般安装在水源点或消防栓附近,此外还有带消防泵的消防车。消防车一般有普通消防车、云梯车(空中作业车)和化学消防车、防爆式化学消防车等。防爆式化学消防车多用于石油火灾扑救。

5.1.3.2　城市火灾的安全疏散

安全疏散设计就是指根据建筑的特性设定最危险的火灾条件,针对火灾和烟气传播特性的预测,通过采取一系列防火措施,进行适当的安全疏散设施的设置、设计,以提供合理的疏散方法和其他安全防护方法,保证建筑中的所有人员通过专门的设施和路线,在可利用的安全疏散时间内,全部安全疏散到安全避难场所,或提供其他方法以保证人员具有足够的安全度。显然,建筑消防的绝对安全是不可能实现的,但通过合理的疏散设计,可以最大程度地减少火灾给人员生命安全带来的威胁,提高火灾人员的安全性。

安全疏散设计的原则及要求:①安全疏散设计是以建筑内的人应该能够脱离火灾危险并独立地步行到安全地带为原则的;②安全疏散方法应保证在任何时间、任何位置的人都能自由、无阻碍地疏散。

5.1.4　城市火灾的消防对策

5.1.4.1　城市防火策略

“预防为主,防消结合”的消防工作方针,是我国人民长期同火灾做斗争的经验总结,是指导消防工作的唯一正确方针。这个方针科学地概括了消防工作中防与消的辩证统一关系。“预防为主”就是要把预防火灾发生放在首位,作为主要任务和工作重点,做到防患于未然;“防消结合”就是在做好防火工作的同时,充分做好灭火准备,保证及时有效地扑灭火灾。防与消相辅相成,互相促进,二者不可割裂。在积极搞好城市防火规划的同时还要做好灭火设施的规划建设,而且要与长远的消防建设规划结合起来。

一般来说,防火的要点是根据对火灾发展过程特点的分析,采取如下基本措施:①严格控制火源;②监视酝酿期特征;③采用耐火材料;④阻止火焰的蔓延;⑤限制火灾可能发展的规模;⑥组织训练消防队伍;⑦配备相应的消防器材。

5.1.4.2　地震引发火灾的消防对策

地震火灾是地震的重要次生灾害之一。地震诱发火灾的因素是多方面的,不同于平时的城市火灾。地震火灾的特点有:地震发生时往往多处同时发生火灾;由于扑救不及时形成大面积燃烧;建筑物倒塌导致抢救遇难人员的任务繁重;往往伴随泄漏有毒气体;消防站、消防设施和消防装备可能遭受破坏,消防人员受到地震灾害的伤害;余震给救人和灭火造成严重威胁。

(1)震前消防对策。广泛开展地震和地震消防知识的宣传教育;建设震前火灾预防措施;制定扑救地震火灾的方案;建造抗震消防站;建立地震时期的消防指挥体系。

(2)震时消防对策。对于供电设施、易燃易爆和危险品的抢救必须慎重,防止由于不当抢救导致火灾;迅速掌握火灾情况,提出灭火力量的需求;迅速掌握消防力量的破坏和伤亡情况;正确调配灭火力量,组织群众灭火;积极抢救遇难人员。

(3)震后消防对策。抢修桥梁道路,维护交通秩序,保障消防车出动交通畅通;抢修供水设施;抢修通信设备;搞好震后防火工作和宣传。

5.1.4.3　大风天气引发火灾的消防对策

城市大面积火灾和强风有密切的关系,大风是造成火势迅速蔓延的重要因素。

大风天气火灾的特点:火灾蔓延迅速,容易形成大面积火灾;飞火多,飘落远,容易形成新的火点;大风天气给灭火带来困难。

大风天气防火措施:开展大风天气防火的宣传教育;有计划地对火灾隐患进行整改,加强消防设施建设;加强大风天气的防火预报工作;突出重点,搞好大风天气防火安全检查。

大风天气灭火工作:大风天气灭火,设立多道防线,必须有力控制火势蔓延;在火势控制住后,采取正面进攻、两侧夹击和分割包围等策略灭火;集中力量保护重要部位。

5.1.5 建筑物的耐火设计

5.1.5.1 建筑材料的耐火性能

建筑材料受到火烧以后,有的要随起火而燃烧,如纸板、木材;有的是不见火焰的燃烧,如含砂石较多的沥青混凝土;有的只是炭化成灰,不起火,如毛毡和防火处理过的针织品;也有不起火、不微燃、不炭化的砖、石、钢筋混凝土等。按照燃烧性能可将建筑材料分为以下三类材料:

(1)非燃烧材料:指在空气中受到火烧或高温作用时不起火、不微燃、不炭化的材料,如金属材料和无机矿物材料。

(2)难燃烧材料:指在空气中受到火烧或高温作用时,难起火、难微燃、难炭化,当火源移走后,燃烧或微燃立即停止的材料,如刨花板和经过防火处理的有机材料。

(3)燃烧材料:指在空气中受到火烧或高温作用时,立即起火或微燃,且火源移走后,仍能继续燃烧或微燃的材料,如木材等。

建筑材料在火灾条件下,除燃烧以外,随着火灾温度的升高,部分建筑材料的性能会发生很大的改变。金属材料虽不燃烧,但在温度升高到某一范围,或者说是达到了某一极限温度值时,强度便大幅度地下降。如钢材在20 ℃时的强度为450 MPa,在485 ℃时强度为278 MPa,几乎降到了前者的50%,而到614 ℃,钢材的强度只有70 MPa,失去其承载能力。高温时钢材遇水冷却也会变形,造成房屋倒塌,所以没有防火保护层的钢结构是不耐火的。为了提高金属结构的耐火性,必须设法推迟构件达到极限温度的时间,其主要方法是在构件表面粘贴隔热的保护层。

混凝土的耐火性主要决定于它的集料。花岗石集料混凝土在550 ℃时,因集料碎裂而出现裂纹,石灰石集料混凝土耐火可达770 ℃。一般来说,因混凝土结构的热容较大,升温较慢,所以混凝土结构在短时间内是不易被烧坏的。

钢筋混凝土是钢筋和混凝土的结合体。温度低于400 ℃时,两者能够共同受力,温度升高,钢筋变形过大,受力条件受到影响。这与钢筋保护层的厚度有关。厚度大的,耐火时间长。与金属结构比较,钢筋混凝土结构、砖石结构有着较高的耐火性能。火在短时间内对钢筋混凝土和砖石结构的影响不大,但在它们经受高温后已经膨胀的表面再受到射水的急剧冷却,引起表面收缩,在内胀外缩的情况下,往往使混凝土的表面剥落,同样,砖墙的抹灰或清水墙表面也被破坏。

石棉耐高温,是一种良好的隔热材料。石棉水泥,即石棉和水泥混合而成的板材,在均匀受热时,能耐热700~750 ℃,但高温时遇水冷却便立即破坏。

花岗石等是由不同岩石组成的石材,遇高热则开裂。石灰石等单一岩石组成的石材,可耐800~900 ℃的高温。

普通黏土砖承受800~900 ℃的高温时无显著的破坏,遇水冷却的影响也不太大。空心砖因各面受热不均,膨胀不已,产生裂缝及表面剥落。

窗玻璃在700~800 ℃时软化,在900~950 ℃时熔融。在火灾条件下,大多由于玻璃膨胀、变形受到窗框的限制,早在250 ℃左右便开裂,自行破碎了。砂浆抹灰层,作为结构的保护层,当与结构表面结合牢固、厚达15~20 mm时,能使结构的耐火时间延长20~30 min。

硅酸盐砖是由炉渣、粉煤灰、石灰等加水搅拌蒸养而成的,在300~400 ℃时,开始分解,放出二氧化碳,自身开裂,不是耐火材料。

石膏板和石膏块,在高温下能大量吸热,是良好的隔热材料。但在高温下易开裂,遇水破坏。

木材,受热后开始蒸发水分,到100 ℃以后,开始分解可燃气体,放出少量的热。遇明火点燃,便出现火焰起火燃烧。木材的燃点介于240~270 ℃之间。木材在高温作用下超过400 ℃后,达到自燃温度,不用明火点燃也能自己发火燃烧。

纤维板,燃烧性取决于黏合剂。使用无机黏合剂,得到难燃的纤维板,使用各种树脂作黏合剂,则随着树脂的不同,得到易燃或难燃的纤维板。

复合板,是根据质轻、隔热、高强度及经济性等条件设计制造的一种新型板材,由芯材和面材组成。从防火要求来说,面材应选用耐火、难燃及导热性差的板材。芯材最好选用难燃、耐热的材料。

塑料为有机合成的高分子物质,叫合成树脂。塑料制品的优点很多,如质轻、耐酸碱、不透水、便于加工成型等,但耐火性能低,耐热性能差,实用的极限温度为60~150 ℃,在火场上塑料熔化后到处流淌,易变形,刚性不足,发烟量大。在阴燃阶段,能放出很浓的烟,起火后多放出缕缕黑烟,含有不同程度的微量氧化氮、氢氰酸、醛、苯、氨等有毒气体或蒸气。

5.1.5.2 建筑构件的耐火性能

建筑构件起火或受热、稳定,会导致建筑物倒塌,造成人员伤亡。为了安全疏散人员,抢救物资和扑灭火灾,要求建筑物具有一定的耐火能力。建筑物的耐火能力取决于建筑构件的耐火性能,称为耐火极限。准确地说,规范中给出的耐火极限值,应该说是耐火极限标准设计值,它只是特定条件下的耐火极限。

1. 建筑构件的耐火试验

所谓建筑构件的耐火极限,是指按标准时间—温度曲线所规定的火灾升温曲线,对建筑构件进行耐火试验,从构件受到火的作用时起,到失去完整性、隔热性或稳定性为止的这段时间,单位为小时(h)。标准时间—温度曲线最早是由英国提出,后成为国际上通用的标准耐火试验的升温条件。它是为了方便按统一方法试验,根据数据积累给出的火灾在爆燃后的一种理想状态下的温度与时间的关系曲线。

2. 影响建筑构件耐火性能的因素

耐火性能试验中,构件的耐火极限有3个判定条件,即完整性、隔热性和稳定性。所有影响构件这3个性能的因素都影响构件的耐火极限。

(1)完整性。失去完整性是指当分隔构件(如楼板、屋面板,门、窗、墙体、吊顶等)一面受火作用时，在试验过程中，构件出现穿透性裂缝，火焰穿过构件或穿过空隙，使其背面可燃物起火。这时，构件将失去阻止火焰和高温烟气穿透或阻止背面出现火焰的性能。此时可认为构件失去完整性。

(2)隔热性。失去隔热性是指分隔构件失去隔绝过量热传导性能。在试验中，试件背火面测点的平均温度超过初始温度 140 ℃，或背火面任一测点温度超过初始温度 180 ℃时，均认为构件失去隔热性。材料的热导率和构件厚度是影响构件隔热性的两个主要因素。材料热导率越大，热量越易传到背火面，隔热性越差；反之，热导率越小，隔热性越好。由于金属的热导率比混凝土、砖大得多，所以当墙体或楼板有金属管道穿过时，构件更易失去隔热性。由于热量是逐层传导的，所以，构件厚度越大，隔热性越好。

(3)稳定性。凡影响构件高温承载力的因素都影响构件的稳定性，如构件材料的燃烧性能、有效荷载量值、钢材品种、实际材料强度、截面形状与尺寸、配筋方式、配筋率、表面保护、受力状态、支撑条件和计算长度等。失去稳定性是指构件在试验过程中失去承载能力或抗变形能力，此条件主要针对承重构件。具体叙述如下：

墙：在试验中发生塌垮，则表示试件失去承载能力。

梁或板：在试验中发生塌垮，则表示试件失去承载能力。试件最大挠度超过 $L/20$，则表示试件失去抗变形能力。其中 L 为试件跨度。

柱：在试验中发生塌垮，则表示试件失去承载能力。试件轴向压缩变形速度超过 $3H$ (mm/min)，则表示试件失去抗变形能力。其中 H 为试件在载炉内的受火高度，单位以米(m)计。如某钢筋混凝土柱，炉内的受火高度为 3 m，若其变形速度超过 9 mm/min，则该柱失去抗变形能力。

(4)受上述因素影响，不同材料和形式的建筑构件的耐火性能具有如下特点。墙体的耐火极限与墙体材料和其厚度有关。普通黏土砖墙属非燃烧体。木骨架两面板条抹灰的墙属难燃烧体。

柱和墙一样都是建筑物受力的主要构件。起火时，墙仅一面受到火的作用，而独立柱四面均受到火的包围。钢柱为非燃烧体。有保护层的和无保护层的钢柱，其耐火极限差别很大。保护层可用 60 mm 砖砌体，也可用钢丝网抹灰来做。木柱为燃烧体，加防火保护层属难燃烧体。钢筋混凝土柱和砖柱都属非燃烧体，其耐火极限随其截面的加大而上升。

现浇整体式肋形钢筋混凝土楼板为非燃烧体，其耐火极限取决于钢筋保护的厚度。木梁楼板属燃烧体，但木格栅下加板条抹灰属难燃烧体。

木屋架的杆件断面小，物架表面积大且非常干燥，非常容易被引燃。引火后受到风的作用，很快蔓延，瞬间即全面烧着。起火木屋能够支撑屋顶荷重的时间，主要取决于杆件截面的大小。钢屋架虽然是非燃烧体结构，但在高温下极易变形，变形后失去稳定而破坏。钢筋混凝土屋架的耐火极限取决于钢筋保护层厚度。用无保护层钢拉杆的钢筋混凝土组合屋架的耐火极限与钢屋架相同。

3. 建筑构件的耐火极限要求

构件的耐火极限是通过构件耐火试验的结果，并结合材料、施工质量等因素确定的。设计中必须按构件耐火极限的要求选用适宜的材料和构造。一级、二级耐火等级建筑物构件、配件的燃烧性能和耐火极限要求如表 5-2 所示。

表 5-2　建筑物构件、配件的燃烧性能和耐火极限

构件名称		耐火等级(h)	
		一级	二级
墙	防火墙	不燃烧体 3.0	不燃烧体 3.0
	承重墙、楼梯间、电梯井和住宅单元之间的墙	不燃烧体 2.0	不燃烧体 3.0
	非承重外墙、疏散走道两侧的侧墙	不燃烧体 1.0	不燃烧体 1.0
	房间隔墙	不燃烧体 0.75	不燃烧体 0.50
柱		不燃烧体 3.00	不燃烧体 2.50
梁		不燃烧体 2.00	不燃烧体 1.50
楼板、疏散楼梯、屋顶承重构件		不燃烧体 1.50	不燃烧体 1.00
吊顶		不燃烧体 1.50	不燃烧体 0.25

以木柱承重且以非燃烧材料作为墙体的建筑物,其耐火等级应按四级确定。

高层工业建筑的预制钢筋混凝土装配式结构,其节点缝隙或金属承重构件节点的外露部位应做防火保护层,其耐火极限不应低于表 5-2 相应构件的规定。

二级耐火等级的建筑物,如采用非燃烧体时,其耐火极限不限。在二级耐火等级的建筑中,面积不超过 100 m^2 的房间隔墙,可采用耐火极限不低于 0.5 h 的难燃烧体或耐火极限不低于 3.0 h 的非燃烧体。

二级耐火等级民用建筑疏散走道两侧的隔墙体,可采用 0.75 h 的非燃烧体。

二级耐火等级的多层和高层工业建筑内存放可燃物的平均质量超过 200 kg/m^2 的房间,其梁、楼板的耐火极限应符合一级耐火等级的要求,但设有自动灭火设备时,其梁、楼板的耐火极限仍可按二级耐火等级要求。

承重构件为非燃烧体的工业建筑(甲、乙类用房和高层库房除外),其非承重外墙为非燃烧体时,其耐火极限可降低到 0.25 h;其耐火极限为难燃烧体时,可降低到 0.5 h。

二级耐火等级建筑的楼板(高层工业建筑的楼板除外),如耐火极限达到 1 h 有困难时,可降低到 0.5 h。

二级耐火等级建筑的上人平屋顶,其屋面板的耐火极限不应低于 1 h。

二级耐火等级建筑的屋顶如采用耐火极限不低于 0.5 h 的承重构件有困难时,可采用有保护层的金属构件。但甲、乙、丙类液体火焰能烧到的部位,应采取防火保护措施。

4. 提高构件耐火极限的措施

提高构件耐火性能可以采取以下措施:

(1)处理好构件接缝构造,防止发生穿透性裂缝。

(2)使用热导率低的材料或增大构件厚度以提高构件隔热性。

(3)使用非燃性材料。

(4)构件表面抹灰或喷涂防火涂料。

(5)加大构件截面,尤其是厚度。

(6)配置Q345(16Mn)、Q390(15MnV)钢,把粗钢筋配于截面中部或构件内层,细钢筋配于角部或构件外层;梁采用根数较多、直径相对较细的钢筋。

(7)柱子和连续梁可提高混凝土强度等级,其余承重构件可提高材料强度等级。

(8)改变构件支撑条件,增加多余约束,做成超静定形式。

5.1.5.3 建筑物的耐火等级

耐火等级是衡量建筑物耐火程度的分级标准。各类建筑由于使用性质、重要程度、规模大小、层数高低和火灾危险性存在差异,所要求的耐火程度应有所不同。确定建筑物耐火等级的目的是使不同用途的建筑物具有与之相适宜的耐火安全储备,以做到既利于安全,又利于节约投资。

1. 影响耐火等级的因素

(1)建筑物的重要性。建筑物的重要程度是确定其耐火等级的重要因素。对于性质重要、功能和设备复杂、规模大、建筑标准高的建筑,一旦发生火灾,经济损失、人员伤亡大,甚至会造成很大的政治影响。因此,对于国家机关重要的办公楼、中心通信枢纽大楼、中心广播电视大楼、大型影剧院、礼堂、大型商场、重要的科研楼、图书馆、档案楼、高级宾馆等,其耐火等级应选定一、二级。

(2)火灾危险性。建筑的火灾危险性大小对其耐火等级的选定影响很大,特别是对火灾荷载大的工业建筑、民用建筑以及人员密集的公共建筑,应选定较高的耐火等级。

(3)建筑物的高度。建筑物越高,火灾时人员疏散和火灾扑救越困难,损失也越大。对高度较大的建筑物选定较高的耐火等级,以提高其耐火能力,可以确保其在火灾条件下不发生倒塌破坏,给人员安全疏散和消防扑救创造有利条件。

2. 一般民用建筑的耐火等级

这里的一般民用建筑,指非高层民用建筑,即住宅建筑为9层及9层以下者,其他民用建筑为建筑高度不超过24 m者。根据《建筑设计防火规范》(GB 50016—2014)(2018年版)的规定,建筑物的耐火等级分为一、二、三、四共4级。

重要的公共建筑应采用一级及以上耐火等级,如省市级以上的机关办公楼、价值在300万元以上的电子计算机中心、藏书100万册以上的藏书楼、省级通信中心、中央级和省级广播电视建筑、省级邮政楼、大型医院以及大、中型体育馆、影剧院、百货楼、展览楼、综合楼等。单、多层重要公共建筑和二类高层建筑的耐火等级不应低于二级。

3. 高层民用建筑的耐火等级

为了便于针对不同类别的建筑物在耐火等级、防火间距、防火分区、安全疏散、消防给水、防排烟等方面分别提出不同的要求,以同时满足消防安全和节约投资的目的,首先要对高层民用建筑进行分类。

《建筑设计防火规范》(GB 50016—2014)(2018年版)将性质重要、火灾危险大、疏散和扑救难度大的高层建筑划为一类,如高级住宅、层数在19层及以上的普通住宅以及重要的公共建筑。对于医院病房楼,不计高度皆列为一类建筑,主要是考虑病人行动不便、疏散困难。中央和省级(含计划单列市)广播电视楼、网局级和省级电力调度楼等,因为其重要地位,也划分为一类建筑。层数在10~18层的普通住宅、省级以下的邮政楼等政府机关楼、建筑高度不超过50 m的教学楼、普通的旅馆、办公楼等划为二类建筑。

根据高层民用建筑类别,《建筑设计防火规范》(GB 50016—2014)(2018 年版)对其相应的耐火等级规定如下:一类高层建筑的耐火等级应为一级,二类高层建筑的耐火等级不应低于二级。裙房的耐火等级不应低于二级,高层建筑地下室的耐火等级不应低于一级。

5.1.6　消防设备与措施

5.1.6.1　高层建筑的总平面布置

观众厅、会议厅、多功能厅等人员密集场所,应设在首层或二、三层。当人员密集公共场所必须设在其他楼层时,应符合下列规定:①一个厅、室的建筑面积不宜超过 400 m^2。②一个厅、室的安全出口不应少于两个。③当高层建筑内设托儿所、幼儿园时,应设置在建筑的首层或二、三层,并宜设置单独的出入口。

高层建筑的锅炉房宜离开高层建筑并单独设置。如受条件限制,锅炉不能与高层建筑分开布置时,只允许设在高层建筑的裙房内,但必须满足下列要求:①锅炉的总蒸发量不应超过 6 t/h,且单台锅炉蒸发量不超过 2 t/h。②不应布置在人员密集场所的上一层、下一层或贴邻,并采用无门窗洞口的耐火极限不低于 2 h 的隔墙和 1.5 h 的楼板与其他部分隔开,必须开门时,应设甲级防火门。③应布置在首层或地下一层靠外墙部位,并应设置直接对外的安全出口。外墙开口部位的上方,应设置宽度不小于 1 m 的不燃防火挑檐。

油浸电力变压器室和设有充油电气设置的配置室,不宜布置在高层民用建筑裙房内。如必须将可燃油油浸变压器等电气设备布置在高层建筑内时,应符合下列防火要求:①可燃油油浸电力变压器的总容量不应超过 1 260 kVA,单台容量不应超过 630 kVA。②变压器下方应设有储存变压器全部油量的事故储油设施;变压器室、多油开关室、高压电容器室,应设置防止油品流散的设施。

建筑上的其他防火要求与锅炉房相同,即应布置在首层或地下一层靠外墙部分,并应设置直接对外的安全出口。外墙开口部分的上方,应设置宽度不小于 1 m 的不燃防火挑檐。

消防控制室宜设在高层建筑的首层或地下一层,且采用耐火极限不低于 2 h 的隔墙和 1.5 h 的楼板与其他部分隔开,并应设置室外的安全出口。

5.1.6.2　工业企业的总平面布置

工厂、仓库的平面布置要根据建筑的火灾危险性、地形、周围环境以及长年主导风向等,进行合理布置,一般应满足以下要求:

(1)合理分区。规模较大的工厂、仓库,要根据实际需要,合理划分生产区、储存区(包括露天储存区)、生产辅助设施区和行政办公、生活福利区等。同一生产企业,若有火灾危险性大和火灾危险性小的生产建筑,则应尽量将火灾危险性相同或相近的建筑集中布置,以利采取防火防爆措施,便于安全管理,并应满足以下基本要求。

①厂区或库区围墙与厂区内建筑物的距离不宜小于 5 m,并应满足围墙两侧建筑物之间的防火间距要求;液氧储罐周围 5 m 范围内不应有可燃物。变压所、配电所不应设在有爆炸危险的甲、乙类厂房内或贴邻建造。乙类厂房的配电所必须在防火墙上开窗时,应设不燃烧体密封固定窗。

②甲、乙类物品库房不应设置在建筑物的地下或半地下室内。

③厂房内设置甲、乙类物品的中间库房时，其储存量不宜超过一昼夜的需要量。中间仓库应靠外墙布置，并应采用耐火极限不低于3 h 的不燃烧体墙和1.5 h 的不燃烧体楼板与其他部分隔开。

④有爆炸危险的甲、乙类厂房内不应设置办公室、休息室。如必须贴邻本厂房设置时，应采用一、二级耐火等级建筑，并应采用耐火极限不低于3 h 的不燃烧体防火墙隔开和设置直通室外或疏散楼梯的安全出口。

⑤有爆炸危险的甲、乙类厂房总控制室应独立设置；其分控制室可毗邻外墙设置，并应用耐火极限不低于3 h 的不燃烧墙体与其他部分隔开。

⑥有爆炸危险的甲、乙类生产部门，宜设在单层厂房靠外墙或多层厂房的最上一层靠外墙处。有爆炸危险的设备应尽量避开厂房的梁、柱等承重构件布置。

(2)注意风向。散发可燃气体、可燃蒸气和可燃粉尘的车间、装置等，应布置在厂区的全年主导风向的下风或侧风向。物质接触能引起燃烧、爆炸的，两建筑物或露天生产装置应分开布置，并应保持足够的安全距离。如氧气站空分设备的吸风口，应位于乙炔站和电石渣堆或散发其他碳氢化合物的部位全年主导风向的上风向，且两者必须不小于100 ~ 300 m 的距离，如制氧流程内设有分子筛吸附净化装置时，可减少到50 m。

5.1.6.3　消防道路的设置

大型民用建筑及工业建筑人员、财富和生产力高度集中，一旦发生火灾，消防扑救非常困难。消防道路的合理规划是成功完成消防扑救的必要条件。设置消防道路的目的是在发生火灾后，使消防车顺利到达火场，消防人员迅速开展灭火扑救。设计时，一般应根据当地消防部队使用的消防车辆的外形尺寸、载重、转弯半径等技术性能以及建筑物的体量大小、周围通行条件等建筑因素确定。

1. 消防车道设置的一般要求

(1)实际的规划设计中，消防车道一般可与交通道路、桥梁等结合布置。因此，消防车道下的管道和暗沟应能承受大型消防车的压力。并且，消防车道应尽量短捷，并且避免与铁路平交。如必须平交时应设置两车道，两车道之间的间距不应小于一列火车的长度。

(2)消防车道穿过建筑物的门洞时，其净高和净宽不应小于4 m，门垛之间的净宽不能小于3.5 m。

(3)消防车道的宽度不应小于3.5 m，道路上空遇有管架、桥梁等障碍物时，其净高不应小于3.5 m。

(4)当建筑物的沿街部分长度超过150 m 或总长度超过220 m 时，均应设置穿过建筑物的消防车道。建筑物的封闭内院，如其短边长度超过24 m 时，宜设有进入内院的消防车道。

(5)超过3 000 个座位的体育馆、超过2 000 个座位的会堂和占地面积超过3 000 m^2 的库房或一座乙、丙类库房的占地面积超过1 500 m^2 时，宜设置环形消防车道，如有困难，可沿其两个长边设置消防车道或设置可供消防车通行且宽度不小于6 m 的平坦空地。

(6)环形消防车道至少应有两处与其他车道连通。尽头式消防车道应设回车道或面积不小于12 m×12 m 的回车场。供大型消防车使用的回车场面积不应小于15 m×15 m。

(7)消防车道一般应与建筑物保持一定距离。

2. 高层民用建筑消防车道的设置要求

高层民用建筑的周围应设环形消防车道。当设环形车道有困难时,可沿高层民用建筑的两个长边设置消防车通道。当高层民用建筑的沿街长度超过 150 m 或总长度超过 220 m 时,应在适中位置设置穿过高层民用建筑的消防车通道。设置消防车道应与底部裙房的空当相配合,以便让消防车能够驶近主体部分。

高层民用建筑应设有连通街道和内院的人行通道,通道之间的距离不宜超过 80 m。

消防车道的宽度不应小于 4 m,消防车道距离高层民用建筑外墙宜大于 5 m,当消防车道上空遇有障碍物时,路面与障碍物之间的净空不应小于 4 m。供消防车停留的空地,其坡度不宜大于 10%。

尽头式消防车道应设有回车道和车场,回车场不宜小于 15 m×15 m。大型消防车的回车场不宜小于 18 m×18 m。

穿过高层民用建筑的消防车道,其净宽和净高度均不应小于 4 m。

消防车道与高层民用建筑之间不应设置妨碍登高消防车能够靠近高层的主体建筑,以利于迅速抢救人员和扑灭。在高层民用建筑进行总平面布置时,高层建筑的底边至少有一个长边或周边长度的 1/4,且不小于长边长度,不应布置高度大于 5 m、进深大于 4 m 的裙房,且在此范围内必须设置有直通室外的楼梯或直通楼梯间的出口。

5.1.6.4 防火分隔设施

1. 防火墙

防火墙是水平防火分区的主要防火分隔物。一般来讲,防火墙的耐火极限都应在 3 h 以上。设置防火墙时,其构造部分的处理应满足以下基本要求:

(1)防火墙应直接设置在基础上或钢筋混凝土的框架上。防火墙应截断燃烧体或难燃烧体的屋顶结构,且应高出非燃烧体屋面不小于 40 cm,高出燃烧体或难燃烧体屋面不小于 50 cm。

(2)当建筑物的屋盖为耐火极限不低于 0.5 h 的非燃烧体、高层工业建筑屋盖为耐火极限不低于 1 h 的非燃烧体时,防火墙(包括纵向防火墙)可砌至屋面基层的底部,不高出屋面。

(3)防火墙中心距天窗端面的水平距离小于 4 m,且天窗端面为燃烧体时,应采用防止火势蔓延的设施。

(4)建筑物的外墙如为难燃烧体时,防火墙应突出难燃烧体墙的外表面 40 cm,防火带的宽度从防火墙中心线起每侧不应小于 2 m。

(5)防火墙内不应设置排气道,民用建筑如必须设置时,其两侧的墙身截面厚度均不应小于12 cm。

(6)防火墙上不应开门窗洞口,必须开设时,应设置不可开启或火灾时能自动关闭的甲级防火门窗。

(7)考虑到防火墙的防火安全,应严禁煤气、氢气、液化石油气等可燃气体和甲、乙、丙类液体管道穿过防火墙,其他管道如必须穿过时,应用非燃烧材料将缝紧密填塞。穿过防火墙处的管道保温材料应采用不燃烧材料。

(8)为了防止火势从一个防火分区通过窗口烧到另一个防火分区,不应在 U 形、L 形建筑的转角处设置防火墙。如设在转角附近，内转角两侧上的门窗洞口之间最近的水平距离不应小于4 m。紧靠防火墙两侧的门窗洞口之间最近的水平距离不应小于2 m，如装有耐火极限不低于0.9 h的非燃烧体固定的窗扇的采光窗（包括转角墙上的窗洞），可不受距离的限制。

（9）设计防火墙时，应考虑防火墙一侧的屋架、梁、楼板等受到火灾的影响而破坏时，不致使防火墙倒塌。

2. 防火门

防火门是具有一定耐火极限，且在发生火灾时能自行关闭的门。防火门是一种防止火灾蔓延的有效防火分隔物，防火门的防火门锁，由手动及自动环节组成。发生火灾时，由感烟探测器或联动制盘发出指令信号使电磁锁动作，或用手拉防火门使固定销掉下，门关闭。

按照耐火极限不同，防火门可分为甲、乙、丙三级，其耐火极限分别是1.2 h、0.9 h、0.6 h。按照燃烧性能不同，可分为非燃烧体防火门和难燃烧体防火门。

钢质防火门即非燃烧体防火门，其构造不尽相同。如双层木板，两面铺石面板，外包镀锌铁皮。以上均可根据总截面尺寸的不同，而达到不同的耐火等级要求。经过耐火试验测定，仅用双层木板，外包镀锌铁皮，总厚度为41 mm的防火门，其耐火极限为1.2 h。双层木板外包镀锌铁皮、中间夹石棉板、外包镀锌铁皮、总厚度为45 mm的防火门，其耐火极限为1.5 h；双层木板，双层木棉花，总厚度为51 mm的防火门，其耐火极限为2.1 h；木质，防火门在火烧、高温的作用下，木板或其他难燃烧材料受热炭化会分解出大量的气体使外包镀锌铁皮膨胀而撑开，从而使防火门过早地失去阻火能力，因此应在铁皮上做泄气孔，泄气孔位置可设置在门的中心，且宜朝向易于起火房间一侧。

防火门作为一种防火分隔墙，不仅应具有一定的耐火极限，还应做到关闭后密封性能好，以免窜烟、窜火而丧失防止火灾蔓延的作用。因此，宜在门扇与门框缝隙处粘贴防火膨胀胶条。目前，许多品牌的防火门与火灾探测器连锁或由火灾中心控制系统操作，还可以实现自动关闭功能。在具体选用防火门时，可参照生产厂家的具体说明。

3. 防火卷帘

防火卷帘是一种类似于防火门的防火分隔物，被广泛应用于大型营业厅、展览大厅以及敞开式楼梯间或电梯间处。防火卷帘有适用于门窗洞口、室内分隔的上下开启和横向开启式，亦有适用于楼板孔道等的水平开启式。火灾发生时，放下卷帘可起到一定的阻火作用，延缓火灾的蔓延速度，以利于人员的安全疏散和消防救助。

防火卷帘一般由钢板或铝合金等金属材料组成，也有以无机织物组合而成的软质防火卷帘。防火卷帘有轻型、重型之分。轻型卷帘钢板的厚度为0.5～0.6 mm；重型卷帘钢板的厚度为1.5～1.6 mm。厚度为1.5 mm以上的卷帘适用于防火墙或防火隔墙上；厚度为0.8～1.5 mm的卷帘适用于楼梯间或电动扶梯的隔墙。

防火卷帘的卷起方法，有电动式和手动式两种。手动式经常采用拉链控制，如在转轴处安装电动机则是电动式卷帘。电动式由按钮控制，一个按钮可以控制一个或几个卷帘，也可以对所有卷帘进行远距离控制。

安装防火卷帘时，对门扇各接缝处、导轨、卷筒等处的缝隙应做防火密封处理，以防烟火外窜。钢质防火卷帘一般不具备隔热性能,对于面积较大的钢质防火卷帘,最好结合水幕或喷淋系统共同使用,对其加以保护。软质卷帘有些可具有隔热性能,耐火隔热性根据制作方式的不同可达3 h。对门扇上易被燃烧的部分,应使用防火涂料进行喷涂,以提高卷帘的耐火能力。

任务5.2 城市防洪、防灾工程

5.2.1 城市水灾及其防治

自古以来,洪涝灾害一直是困扰人类社会发展的最大的自然灾害之一。城市一旦遭受洪涝灾害,就会给人民生命财产和国家经济造成巨大损失,因此搞好城市的防洪工作关系到一个地区或国家的兴衰和稳定,具有十分重要的意义。

洪水给人类正常的生产生活所带来的损失与祸患称为洪水灾害。洪水灾害是通常所说的水灾和涝灾的总称。水灾一般指因河流泛滥淹没田地所引起的灾害;涝灾指的是因过量降雨而产生地面大面积积水、土地过湿使农作物生长不良而减产的现象。由于水灾和涝灾往往同时发生,有时也难以区分,便把水涝灾害统称为洪水灾害。

5.2.1.1 洪水灾害类型

洪水是由于暴雨或急骤的融冰化雪和水库垮坝等引起江河水量迅速猛增及水位急剧上涨的现象。洪水的形成往往受气候、地形地貌等自然因素与人类活动因素的影响。洪水按照出现地区的不同,可分为河流洪水、风暴潮洪水和湖泊洪水等。其中影响最大、最常见的是河流洪水,尤其是流域内长时间暴雨造成河流水位居高不下而引发堤坝决口对地区发展损害最大,甚至会造成大量人口死亡。河流洪水依照成因不同,可分为以下几种类型:

(1)暴雨洪水。这是最常见、威胁最大的洪水。它是由较大强度的降雨形成的,简称雨洪。我国受暴雨洪水威胁的主要地区大多分布在长江、黄河、淮河、珠江、松花江、辽河等6大江河中下游和东南沿海。此类洪水的主要特点是峰高量大、持续时间长、灾害涉及范围广。近代的几次著名水灾,如长江1954年大水、珠江1915年大水、海河1963年大水、淮河1975年大水等都属此类。

(2)山洪。它是山区溪沟中发生的暴涨暴落的洪水。由于地面和河床坡降都较陡,降雨后会较快形成急剧涨落的洪峰,所以山洪具有突发、水量集中、冲刷破坏力强、水流中挟带泥沙甚至石块等特点,常造成局部性洪灾。这种洪水如形成固体径流,则称为泥石流。

(3)融雪洪水。它主要发生在高纬度积雪地区或高山积雪地区。

(4)冰凌洪水。在有冰凌活动的河流,如松花江和黄河都有冰凌洪水。由于某些河段由低纬度流向高纬度,在气温上升、河流解冻时,低纬度的上游河段先行开冻,而高纬度的下游河段仍封冻,上游河水和冰块堆积在下游河床,形成冰坝,也容易造成灾害。在河流封冻时也有可能产生冰凌洪水。一般可分为冰坝洪水和冰塞洪水。

(5)溃坝洪水。它是指大坝或其他挡水建筑物发生瞬时溃决,水体突然涌出,造成下游地区灾害。这种溃坝洪水虽然范围不太大,但破坏力很强。此外,在山区河流上发生地震时,有时山体崩滑堵塞河流,形成堰塞湖。一旦堰塞湖溃决,也形成类似的洪水。这种堰塞湖溃决形成的地震次生水灾的损失,往往比地震本身所造成的损失还要大。

(6)在滨海地区,由于热带气旋带来暴雨,并引发洪水,以及强风暴导致的风暴潮,会使海岸区遭灾。

5.2.1.2 我国城市洪水灾害的特点

我国现有100多座大中城市处于洪水水位之下,受到洪水灾害的严重威胁。城市本身具有独特的地表形态和性质,如不透水地面面积大,有天然的和人工的地下管网等两套排水系统,导致地面径流系数大,水流速度快,时间短,下渗少。

我国城市洪水灾害主要有四大类型:第一类是洪水过大,超过了该江河近期防洪标准。第二类是很大一部分城市的防洪标准偏低,一遇普通洪水就造成灾害。第三类是河道或城市管理工作薄弱,每每侵占河道江滩,强行构筑生产堤坝,阻碍洪水下泄,或是盲目向河滩、坑塘发展城市建设,造成洪水一到,就会有重大损失。第四类是综合性因素,一、二、三种类型均兼而有之,洪灾造成的损失更为严重。具体来讲,我国的城市洪水灾害的特点如下:

(1)普遍性和多样性。我国地域辽阔,自然环境差异很大,具有产生多种类型洪水和严重洪水灾害的自然条件和社会经济条件。我国多数城市沿江河或者沿海普遍存在洪灾威胁。除沙漠、极端干旱区和高寒区,我国其余大约2/3的国土面积都存在不同程度和不同类型的洪水灾害。在我国的地貌组成中,山地、丘陵和高原约占国土总面积的70%,山区洪水分布很广,并且发生频率很高。平原约占总面积的20%,其中七大江河和滨海河流地区是我国洪水灾害最严重的地区,是防洪的重点地区。我国海岸线长达18 000 km,当江河洪峰入海时,如与天文大潮遭遇,将形成大洪水。这种洪水对长江、钱塘江和珠江河口区威胁很大。风暴潮带来的暴雨洪水灾害也主要威胁沿海地区。我国北方的一些河流,有时会发生冰凌洪水。此外,即使是干旱的西北地区,例如西藏、新疆、甘肃和青海等地,也存在融雪、融冰洪水或短时暴雨洪水。

(2)区域性和差异性。我国洪水灾害以暴雨成因为主,而暴雨的形成和地区关系密切。我国暴雨主要产生于青藏高原和东部平原之间的第二阶梯地带,特别是第二阶梯与第三阶梯(东部平原区)的交界区,成为我国特大暴雨的主要分布地带。降雨汇入河道,则形成位于江河下游的东部地区的洪水。因此,我国暴雨洪水灾害主要分布于50 mm/24 h降雨等值线以东,即燕山、太行山、伏牛山、武陵山和苗岭以东地区。从社会经济条件来看,我国东南地区又是经济发达和人口稠密地区,单位面积上的洪水损失也最大,由此形成了我国洪水灾害区域性的特点。

(3)季节性和周期性。我国最基本、最突出的气候特征是大陆性季风气候,因此降雨量有明显的季节性变化。这就基本决定了我国洪水发生的季节规律。春夏之交,我国华南地区暴雨开始增多,洪水发生机遇加大。受其影响的珠江流域的东江、北江,在5~6月易发生洪水,西江则迟至6月中旬至7月中旬。6~7月间主雨带北移,受其影响,长江流域易发生洪水。四川盆地各水系和汉江流域洪水发生期持续较长,一般为7~10月。7~8月为淮河流域、黄河流域和辽河流域主要洪水期。松花江流域洪水则迟至8~9月。在季风活动影响下,我国江河洪水发生和季节变化规律大致如此。另外,浙江和福建由于受台风影响,其雨期和易发生洪水期持续时间较长,为 6 ~ 9 月,这是我国暴雨洪水的一般规律。在正常年份,暴雨进退有序,在同一地区停滞时间有限,不致形成大范围的洪涝灾害,但在气候异常年份,雨区在某区停滞,则将形成某一流域或某几条河流的大洪水。

(4)类似性和规律性。近几十年来我国发生的多次特大洪水,在历史上都可以找到与其成因和分布极为相似的特大洪水。例如著名的 1662 年海河流域特大洪水,是由 7 天 7 夜的大暴雨所造成的。暴雨主要分布在太行山东麓的大清河、子牙河流域,其中心位于滏阳河流域。这次暴雨的时空分布和 1963 年海河南系大暴雨极为相似,都造成了流域性的特大洪水灾害。其他流域也有不同年份发生时空分布都极其相似的大洪水的情况,例如 1931 年,长江中下游和 1954 年淮河流域的特大洪水等。

(5)破坏性和突发性。与地球上同纬度的其他地区相比,我国洪水的年际变化和年内分配差异之大,是少有的。常遇洪水与非常遇洪水量级差别十分悬殊。洪水威胁的严重,从古至今,对我国社会和经济的发展都有着重大的影响。大江大河的特大洪水灾害,甚至带来全国范围的严重后果。据调查,我国主要江河 20 世纪中发生的特大洪水淹地数 10 万 km^2,受灾人口数百万至数千万,死亡人口数十万人,对生产力造成巨大破坏,甚至引起社会动荡。以 1931 年长江大水为例,洪灾遍及四川、湖北、湖南、江西、安徽、江苏等省,受灾面积达 15 万 km^2,淹没大面积农田,灾民达 2 800 万人,死亡人数达 14.5 万人。黄河的水灾更加频繁,由于含沙量大,黄河决口还将严重危害相邻流域,甚至造成水系变迁等问题,引起严重的环境后果。

(6)可预测性和可防御性。虽然不可能彻底根治洪水灾害,但通过多方努力,还是可以缩小洪水灾害的影响程度和空间范围,以减少洪灾损失,达到预防的目的。同时,通过一些组织措施,可把小范围的灾害损失分散到更大区域,减轻受灾区的经济负担;通过社会保险和救济增强区域抗灾能力。新中国成立以来,我国兴建了大量堤防工程,其中水库 8 万多座,加高培厚江河大堤 20 多万 km,显著提高了防御洪涝灾害的能力。洪灾监测研究已经从传统的雨量观测站网研究、水文观测站网研究发展到了当前结合传统观测站网的洪灾遥感监测研究的新阶段。应用遥感(RS)和地理信息系统(GIS)等高新技术对洪灾进行监测是当前及今后的重点研究课题。目前,Landsat 卫星、SPOT 卫星及云雨卫星等已用于洪灾监测。人类不可能彻底根治洪水灾害,但通过各种努力,可以尽可能地缩小灾害的影响。

5.2.1.3 我国城市防洪策略

我国城市防洪的主要任务是加快防洪工程设施与非工程设施建设,防患于未然,确保防洪安全,适应城市经济社会发展需要。当前,我国城市防洪策略中需要注意以下几点。

1. 增强城市防洪意识

增强城市防洪工作,增强水患意识,去掉侥幸心理,按照《中华人民共和国防洪法》的要求采取措施加强防洪工程设施建设。从综合减灾角度考虑防洪规划及应急预案。

2. 我国城市防洪标准普通偏低

据统计,全国 639 座防洪城市中有 85% 的城市防洪标准低于 50 年一遇,50% 的城市防洪标准低于 20 年一遇。对照国家防洪标准,全国 68% 的防洪城市低于国家规定标准,全国 78 座大城市和特大城市中仅有 11 座达到国家现行规定的防洪标准。由于城市防洪标准偏低，每年城市的洪涝灾害损失巨大，城市经济社会发展受到严重制约。

3. 保证城市防洪投入，加快防洪工程建设

城市防洪工程建设所需资金数额巨大，少则数千万元、多则数亿元。很多城市财政困难，实际用于城市防洪工程建设的投资远远不能满足工程建设要求。

4. 合理利用城市段河道的岸线和滩洲

城市段河道行洪障碍多、泄洪不畅，部分堤防堤脚冲刷严重，导致洪峰通过时间长，水位高，堤防防守压力大，受冲刷的堤防更是容易发生大的险情。1998年汛期，松花江洪峰在哈尔滨持续了31 h，长江洪峰在武汉持续了26 h，都大于洪峰通过上、下游水文站所用的时间。这种瓶颈现象在各主要城市表现得越来越明显，更增加了城市防洪的难度。

5. 保证城市防洪工程的质量

特别是由于堤防基础较差，穿堤建筑物与堤防的结合不好，造成高水位下市区的堤防险象环生，不得不投入大量的人力、物力和财力。

6. 重视城市防洪工程的规划设计、施工和日常管理及维护

防洪规划是指为流域或区域、城市制定一套包括水库、蓄滞洪区和河道堤防等在内的比较经济合理、符合实际、切实可行、顾全大局以及讲科学的防洪工程总体部署，以期待改善耕地、人口、城镇、工矿企业及铁路等水陆交通干线的防洪安保条件，减少洪水给人民生命财产带来的损失。

7. 重视洪水预报工作

防汛斗争和作战一样，“知己知彼，百战不殆”。及时报告已出现的水文现象和预报未来可能的水文发展情况，对于防汛决策部门做好防汛准备工作是至关重要的。水文预报工作就是防汛的耳目。特别是在遇到超标准洪水时，根据洪水预报就可以有计划地进行水库调度，启用分蓄洪工程，组织防汛抢险队伍等，使洪涝灾害减至最低限度。

5.2.2　地震灾害及其防治

5.2.2.1　城市地震灾害

1. 有关地震的几个概念

地震是在地球的地壳板块产生压力时产生的。地壳在释放压力时产生震动，导致对周围环境的损害。在地壳板块发生挤压的周围会产生地震波。据估计，即使是人们刚能感觉到的轻微地震也要放出$10^3 \sim 10^8$ J的能量，这些能量足以使10 000 t重的物体升高1 m。而一个8.5级的大震，其能量约为3.6×10^{17} J，比一颗氢弹爆炸所释放的能量还大，相当于一个10^6 kW发电站连续10年所发出的电能总和，可见其威力之大。

地震可以分为天然地震和人工地震两大类。天然地震主要是指构造地震、火山地震和某些特殊情况下（如岩洞崩塌、大陨石冲击地面等）产生的地震。构造地震是由于地下深处岩层错动、破裂所造成的地震。这类地震发生的次数最多，破坏力也最大，约占全球地震数的90%。火山地震是由于火山作用，如岩浆活动、气体爆炸等引起的震动。火山地震所波及的地区通常只限于火山附近的几十公里远的范围内，而且发生次数也较少，只占地震次数的7%左右，所造成的危害较轻。陷落地震往往是由洞穴的崩塌所引起的。这种地震发生的次数更少，只占地震总次数的3%左右，震级很小，影响范围有限，破坏也

较小。

人工地震是由于人为活动引起的地震。如工业爆破、地下核爆炸造成的震动;在深井中进行高压注水以及大水库蓄水后增加了地壳的压力,有时也会诱发地震。有时在人为条件下,也可能引起陷落地震。例如地下矿体被采掘后,使周围岩石失去支托,往往会引起崩塌而形成地震。这种地震有时也能造成灾难性的破坏。这种现象,在加拿大和南非等国家,特别是煤矿中常有发生。

2. 震源与震中

地震只发生于地球表面到700 km深度以内的脆性圈层中。地震时,地下岩石最先开始破裂的部位叫做震源,是地震能量积聚的地方。它是一个区域(也称震源区),但研究地震时常把它看成一个点。如果把震源看成一个点,那么这个点到地面的垂直距离就为震源深度。

地面上正对着震源的那一点称为震中,实际上也是一个区域,称为震中区。在地面上,从震中到任一点的距离叫做震中距。

按震源深度不同可把地震分为3种类型:震源深度为0~70 km的称为浅源地震,70~300 km的称为中源地震,300~700 km的称为深源地震。世界上绝大多数地震都是浅源地震,震源深度集中在5~20 km。中源、深源地震较少,约占地震总数的5%。对于同样大小的地震,当震源较浅时,波及范围较小,破坏程度较大;当震源深度较大时,波及范围则较大,而破坏程度相对较小。深度超过100 km的地震在地面一般不会引起灾害。

3. 震级

地震震级是地震的基本参数之一,用以表征地震大小或强弱,是地震释放能量多少的尺度,其数值是根据地震仪记录的地震波图来确定的。

震级一般有3种定义:里氏震级或地方震级ML、面波震级M和体波震级MB。目前,国际上比较通用的是里氏震级,其定义为1935年美国地震学家里克特(C. F. Richter)给出的,通过一次地震所能释放能量的程度来表示。其计算公式为

$$M = \lg A(\Delta) - \lg A_0(\Delta) \tag{5-1}$$

式中　M——震级;

A——待定震级的地震记录的最大振幅;

A_0——标准地震在同一震中距上的最大振幅;

Δ——震中距。

因震级直接与震源所释放的能量的大小有关,所以也可以用下述关系式表达:

$$\lg E = 11.8 + 1.5M \tag{5-2}$$

式中　E——地震所释放的能量。

小于2级的地震人们往往感觉不到,只有仪器才能记录下来,称为微震;2~4级的地震称为有感地震;5级以上的地震就会引起不同程度的破坏,统称为破坏性地震;其中7级以上的地震称为强烈地震或大地震;大于8级的地震称为特大地震。

5.2.2.2　地震烈度

对于一次地震,表示地震释放能量大小的震级只有一个,但由于地震波传播的远近和地下地质特性的差异,它对不同地点的影响是不一样的。对于地震的破坏程度,人们通常

是用“地震烈度”这一概念来讨论的。所谓地震烈度是指某一地区的地面和各类建筑物遭受到一次地震影响的强弱程度。地震烈度的大小与震源、震中、震级、地质构造和地面建筑物等综合特性有关。一般来说，距震中越远，地震影响越小，烈度就越低；反之烈度就越高。震中点的烈度称为“震中烈度”。

对于浅源地震，震级 M 与震中距 I 大致成对应关系，可用经验公式进行计算，即 $M=0.58I+1.5$；也可参照表5-3选用。

表5-3 烈度与震级大致对应关系

震级	2	3	4	5	6	7	8	8以上
震中烈度	1~2	3	4~5	6~7	7~8	9~10	11	12

为评定地震烈度，需要建立一个标准，这个标准就称为地震烈度表。它是以描述震害宏观现象为主的，即根据建筑物的损坏程度、地貌变化特征、地震时人的感觉、家畜动作反应等方面进行区分。由于对烈度影响轻重的分段不同，以及在宏观现象和定量指标确定方面有差异，加上各国建筑情况及地表条件的不同，各国所制定的烈度表也就不同。目前，除了日本采用从0度到7度共8等的烈度表、少数国家用10度划分的地震烈度表，绝大多数国家包括我国都采用分成12度的地震烈度表。

5.2.2.3 城市地震灾害及其特点

地震灾害是城市众多灾害中最为严重的，可谓“百害之首”。地球上的地震活动十分频繁，全球每年平均发生地震约500万次，可能造成破坏的地震约1 000次，可能造成严重破坏的地震约20次。

地震最引人注目的特点是它的突发性与破坏力。它可在瞬间给整个城市造成巨大灾难。如1976年7月28日发生在我国唐山的7.8级地震，顷刻间使一座城市成为一片废墟，24万居民葬身于瓦砾之中。地震除给人类带来直接灾害，往往也可能伴生火灾、水灾和海啸等次生灾害。例如，1755年里斯本地震、1906年旧金山地震和1925年云南大理地震等，其震后的破坏都是由火灾造成的，而且比地震直接造成的损失还大。2004年12月26日发生在印度洋的大地震，一些地区的海啸高达10多m，这次地震及其引发的大海啸对东南亚及南亚地区造成巨大伤亡。

表5-4和表5-5列出了1900年以来全球若干造成重大破坏和损失的地震，可见地震对人类的生存是一个严重的威胁。统计资料表明，在20世纪的100年中，有100多万人死于地震，造成的经济损失达1 000多亿美元。就是在21世纪初的近二十年里，地球上已发生7级和7级以上的地震40余次，地震造成的死亡人数近4万人。

总体来讲，城市地震灾害具有以下特点。

1. 城市地震灾害的严重性

城市地震灾害的主要特点：直接灾害是最主要的地震灾害，发展中国家、平原区城市和楼房震灾尤其严重。据世界主要地震资料统计，由于房屋倒塌和生命线工程的破坏造成的人员伤亡和财产损失是地震最主要的灾害，其造成的损失约占全部地震损失的95%。

表 5-4 1900 年以来全球若干大地震

年份	地点	震级	年份	地点	震级
1906	美国旧金山	8.3	1999	中国台湾南投	7.6
1911	哈撒克斯坦阿拉木图	8.1	2004	印尼苏门答腊岛西部沿海	9.0
1920	中国宁夏海原	8.5	2008	中国汶川	8.0
1923	日本关东	8.3	2009	加勒比岛国海地	7.0
1976	危地马拉	7.5	2010	智利	8.8
1976	中国河北唐山	7.8	2011	日本	9.0
1988	亚美尼亚斯皮塔克	7.0	2015	尼泊尔	8.1
1994	美国北岭	6.8	2015	智利	8.2
1995	日本阪神	7.2	2016	新西兰	7.8
1999	土耳其伊兹米特	7.8	2017	墨西哥近海岸	8.4

表 5-5 近年来全球造成重大损失的地震

地震名称	震级	损失情况
1995 年 1 月 17 日日本阪神地震	7.2	死亡 6 000 余人,经济损失 1 000 亿美元
1999 年 8 月 17 日土耳其伊兹米特地震	7.8	死亡 18 000 余人,伤 26 000 余人,经济损失 200 亿美元
1999 年 9 月 21 日中国台湾南投地震	7.6	死亡 2 400 余人,伤 8 000 余人,经济损失 92 亿美元
2001 年 1 月 26 日印度古吉拉特邦地震	7.9	死亡 16 480 余人,伤 15 万人,经济损失 46 亿美元
2004 年 12 月 26 日印尼地震	9.0	死亡 22 000 余人
2008 年 5 月 12 日中国汶川大地震	8.0	死亡近 7 万人,伤 37 万多人,经济损失 500 亿美元以上
2011 年 3 月 11 日日本本州岛海域地震	9.0	死亡 15 985 人,失踪 2 539 人,经济损失 77 亿美元以上
2015 年 4 月 25 日尼泊尔地震	8.1	死亡 8 786 人,22 303 人受伤,经济损失 50 亿美元以上
2017 年 9 月 7 日墨西哥地震	8.4	死亡 320 余人,经济损失超过 20 亿美元

以我国为例,由于地震活动频繁,地震震级偏高,大多数地震震源较浅,加上人口多而且密集,房屋建筑的抗震能力差等实际情况,我国的地震灾害显得特别严重。

自公元前 780 年有地震记录以来,中国大陆以及近海地区共发生 6 级以上地震近 700 次(1900 年前记录严重不全),遍布全国除贵州、浙江外的所有地区。中国以世界陆地面积的 7%,囊括了 1/3 的大陆强震。仅在 20 世纪下半叶,中国大陆死于地震的人数就达 28.5 万人,占主要自然灾害死亡人数的半数以上。进入 21 世纪,相继发生汶川地震、玉树地震、芦山地震、岷县地震和鲁甸地震,每次都对当地人民群众的生命和财产造成了重大的创伤。例如,在 20 世纪,全球因地震死亡的人数约 100 万人,其中我国约 60 万人,超过全球地震死亡人数的一半。同一时段,全球共发生造成 20 万人以上死亡的大地震两次,都发生在我国:一次是 1920 年宁夏海原 8.5 级地震,造成 23.5 万人死亡;一次是河北唐山 7.8 级地震,造成 24.4 万人死亡。根据统计,我国地震灾害造成的人员伤亡占各种自然灾害伤亡总数的54%。由此可见,我国的地震灾害是相当严重的。

2. 城市地震灾害的连锁性

由于城市空间的集中性、人口的密集性以及经济的多样性等特点,城市地震的次生灾害、诱发灾害种类多,而且形成的灾害链较长。

地震火灾是最为严重的次生灾害,如1906年美国旧金山8.3级地震,全市50多处起火,因消防系统破坏无法救火,大火烧了三天三夜,火灾造成的损失比直接损失高3倍。由地震引起的毒气污染也相当严重。1978年唐山地震时,在天津市发生毒气污染7起,18人中毒,3人死亡。

2011年3月11日日本地震(也称"东日本大地震")发生在日本东北部太平洋海域(日本称此处为"三陆冲")。根据日本警察厅的数据,该地震造成15 985人遇难,2 539人下落不明。另外,还有3 647人因避难条件、核辐射等原因死亡(日本称"震灾关联死")。

此外,还有地震引起的瘟疫、滑波、放射性污染等次生灾害。总之,地震灾害链显示出了种类纷繁的特点。

5.2.2.4 地震的防治

纵观上述国内外地震灾害防抗对策的现状,可以明显地看出世界各国的地震防抗对策具有以下几个特点。

1. 以防为主,各有侧重

世界各国对地震灾害均确定了以预防为主的方针,但在具体实施时则因各国的地震预报水平和经济实力等情况不同而有很大差别。工业发达国家的经济实力强,因而多注重地震工程学研究,加强抗震设计,提高建筑物的抗震防灾能力。如日本是以加强灾害预测和地震工程抗灾设计为减灾的主要手段,在某种意义上讲属于防、抗、救三者结合的方法。对于经济实力不强的发展中国家,多采取灾时及时快速抢救、灾后援助重建措施来减轻灾害,如土耳其、秘鲁等国。中国的具体措施是力争做好地震的临时预报,同时加强中长期趋势的预测和地震区划等工作,加强建筑物抗震设计、城市防灾设防等;在震灾发生时及时抢险救灾。从某种程度上讲,我国也是以救灾为重点的抗震减灾方针。

2. 全面防御,重点突击

对于地震灾害来讲,有的地区多震,有的地区少震,有些地区虽多震但震害并不严重,另外一些地区地震不多但灾害严重。因此,各国在抗震救灾时十分重视全面防御、重点突击的策略。

3. 多学科综合研究

地震灾害的影响因素广泛而复杂,探索其成因、过程、特点和后果涉及许多学科,如地质学、地球物理学、地球化学、地球动力学、工程学和社会科学等。因此,各国都十分重视多学科的综合研究,通过联合与协作促进地震灾害研究的发展。

4. 应用新技术新理论探索地震灾害

新理论新技术的引进和应用在减轻地震灾害方面发挥了重大作用。美国、俄罗斯、日本和中国在运用现代空间技术和计算机技术发展地震科学方面取得了明显的成果。系统论、控制论、信息论和耗散结构论、灾变论、协同论以及分形几何学、混沌论等现代系统科学也被应用于地震科学的研究。理论分析与观测试验、定性分析与定量研究、空间技术与全球观测相结合的方式,使当今地震学和地震灾害对策研究正在向综合化、全球化、立体网络化方向发展。

5. 充分发挥政府的决策指挥作用

政府在防御对策中的重要地位和作用是不容忽视的,地震多发国家在这一点上已经形成了共识。美国、日本和中国等国家在制定和实施防御对策规划中都特别强调政府在其中的决策作用、协调作用、指挥作用等。此外,政府在国土规划、防灾计划、建筑规范、法律条例、地震知识宣传、防灾演习训练等方面也起着关键作用。

5.2.2.5 地震灾害防御对策的发展趋势

国际上地震灾害防抗对策工作在最近几年有了很大的发展,尤其是国际减灾十年活动在世界范围开展以来,各国政府、科学技术界都在开展灾害防御的基础研究和应用研究工作。未来地震灾害防御对策的发展趋势主要表现在以下几个方面。

1. 防、抗、救一体化

从地震灾害的监视、预测、预报到抗震抢险救灾形成有机结合是未来地震灾害防御对策的发展趋势之一。在有地震危险的地区,从中央到基层成立防灾应急组织、制定防灾计划、颁布各种防灾法律和条例。这是灾害科学不断发展的一个必然趋势。

2. 防灾对策系统化

灾害科学研究结果说明,每一种灾害都是一个系统,各灾害系统的相互影响和相互作用又形成了复合的灾害系统。复合灾害系统所作用的对象是人类社会及其环境,它们的相互作用则造成了更加错综复杂的系统。因此,必须从系统科学的角度综合制定防灾对策,使减轻地震灾害工作系统化。

3. 防、抗、救对策最佳化

防灾对策发展的一个重要问题是探讨一个最佳对策,即采取的措施、对策等得以用最小的投入获取最大的效益。由于各国的经济实力、国情、灾情不一样,对本国地震灾害采取什么样的最佳减灾对策是各国政府考虑的一个实际问题,最佳化也是未来地震灾害防御对策的发展趋势之一。

4. 抗震减灾法规化

制定相应的法规,可确保震前防御、震时应对、震后重建的全面防震减灾措施得到落实。对我国来讲,未来的抗震减灾道路是建立和健全具有中国特色的防震减灾系统,将地震预报的经验和成果与危险性评估相结合,逐步走上防震减灾的法制化道路。

5. 地震灾害研究与防震减灾的国际化

地震的发生,尤其是破坏性大地震,其影响范围很大。在一国发生的大地震,有时使邻国也受到破坏。若震后救灾与重建不及时,可能有大量难民涌入邻国。地震灾害的科学研究成果具有推广价值,对他国具有参考价值。一国的大地震,需要各国科学家共同研究和考察,接受经验教训。有些大的灾害,一国经济力量承担不了,需要国际上的支持和援助。因此,地震灾害研究和防震减灾必须发展国际化、双边性或区域性的合作研究。

6. 建立防震减灾应急决策信息系统

破坏性地震发生后能否快速准确地做出决策,并采取相应措施,直接关系到能否尽可能多地拯救灾民生命、减少财产损失。要做到这一点，提出符合实际的震后灾害快速评估十分重要，特别是对震后区内重大工程与生命线工程的破坏现状进行快速评估更加重要。因此，建立基于地理信息系统的防震减灾应急决策系统也是未来地震灾害防御对策的发展趋势之一。防震减灾应急决策信息系统应融合地理学、地震学、工程地震学、系统理论和信息科学、计算机技术等知识，其核心是地震灾害损失快速预估子系统和地震应急决策信息子系统。这一系统可直接为有关政府部门的地震应急指挥服务。

5.2.3 滑坡、崩塌、沉降、泥石流及其防治

5.2.3.1 滑坡

在自然地质作用和人类活动等因素的影响下，斜坡上的岩土体由于重力作用沿一定软弱面(或软弱带)整体或局部保持岩土结构而向下滑动的过程和现象及其形成的地貌形态，称为滑坡。滑坡的发育是一个缓慢而长期的变化过程，通常分为三个阶段：蠕动变形阶段、滑动破坏阶段和压密稳定阶段。

1. 滑坡的危害

灾害的广泛发育和频繁发生使城镇建设、工矿企业、山区农村、交通运输、河运航道及水利水电工程等受到严重危害。

著名山城重庆是我国西南地区重要的经济中心，由于所处的特殊地质地理环境和强烈的人类活动影响，滑坡、崩塌灾害频繁，已成为影响居民生活和城市建设的主要因素之一。自1949年以来，重庆市已发生几十次严重的滑坡、崩塌灾害。如1985年王家坡滑坡，造成102户居民被迫搬迁，并严重危及重庆火车站的安全；1986年7月，向家坡、老君坡等多处滑坡活动，造成16人死亡、3人重伤，多处房屋被毁；1998年8月中旬，重庆市巴南区麻柳嘴镇和云阳县帆水乡大面村分别发生特大型滑坡灾害，500户房屋全部被毁，1 000余人无家可归，直接经济损失超过8 000万元。据最新调查资料，重庆市201.59 km^2范围内，共有体积大于500 m^3的新、老滑坡129处，其中66处滑坡处于潜在不稳定或活动状态。

2. 滑坡的防治

滑坡整治工程大致可分减滑工程和抗滑工程两大类。减滑工程主要是改变滑坡的地形、土质、地下水等的状态使滑坡得以停止或缓和，包括排水工程及挖方减重工程等。而抗滑工程则主要是利用抗滑构筑物来支挡滑坡运动的一部分或全部，使其附近及该地段的设施及民房等免受其害，包括抗滑挡土墙和抗滑桩等，这类工程主要用来制止小型滑坡或者大型滑坡的一部分，或者改变滑坡的方向。

一般来讲，治理滑坡的方法主要有“砍头”“压脚”和“捆腰”三项措施。“砍头”就是用爆破、开挖等手段削减滑坡上部的重量；“压脚”是对滑坡体下部或前缘填方反压，加大坡脚的抗滑阻力；“捆腰”则是利用锚固、灌浆等手段锁定下滑山体。

3. 滑坡防治原则

(1)综合治理，有主有次。由于滑坡往往是由多种因素综合作用形成的，必须在查明其工程地质条件的基础上，深入分析其稳定性和危害性，找出影响滑坡的因素及相互关系，综合考虑，全面规划，采用综合的方法来治理。同时，在综合整治的规划下，又要抓住

主要矛盾,对诱发滑坡的主要因素,首先采用有效措施控制其发展;然后针对各次要因素,修筑各种辅助工程,使滑坡最终趋于稳定。根据危害对象及程度,正确选择并合理安排治理的重点,保证以较少的投入取得较好的治理效益。

(2)及时治理,防患未然。滑坡并非一种突然出现的变形现象,而是有其发生发展的过程。在其活动初期,治理往往较容易。但到了滑坡的成熟期,治理工作就复杂困难得多。因此,治理滑坡,贵在及时。以长期防御为主,防御工程与应急抢险工程相结合,应急抢险工程应尽可能与防御工程衔接、配套。

(3)生物工程措施与工程措施相结合,治理与管理、开发相结合。工程治理的方法很多,诸如蓄水工程、分水工程、排水工程、拦挡工程、爆破工程、锚固工程、减载工程、反压工程、护坡工程、停淤工程、排导工程、洞体工程等。工程治理作用明显、见效快,缺点是成本高、专业性强且效果不易持久。

生物工程治理是指通过喷洒草种、移植草皮等增加植被覆盖,应用先进的农牧科学技术对山地资源开发利用,以减少水土流失,削减地表径流和控制松散固体物质补给,进而抑制滑坡的发生并促进生态环境的良性发展。生物治理功效持久,成本低,方法较简单,容易广泛开展,能较好地与经济开发相结合。因而生物治理与工程治理可以互为补充。

(4)力求根治,以防后患。对于大型滑坡,治理工作由临时工程、前期工程、根治工程来相互配合。但对于小型滑坡,则力求一次根治。

(5)因地制宜,就地取材。治理滑坡应根据滑坡的具体条件和该地区的自然环境,因地制宜进行方案选择。同时,应选择本地区现有的材料来设计抗滑工程,以尽量节省工程费用。讲求实效,治标与治本相结合。大、中型滑坡一般以搬迁避让为主,对不能采取搬迁避让措施的,才进行工程治理。治理过程中,针对滑坡形成的诱发因素,分清主次,合理选择治理方案。

(6)正确施工,安全经济。治理滑坡工程,应选择适当的时间与位置、方向来进行。要求使工程量大小适宜,并保证安全。

根据预防为主的原则,在建设项目选择场址时,应查明是否有滑坡存在,对场址进行稳定性评价,应尽量避开对场址有直接危害的大、中型滑坡。对于已有的城镇或交通线路,则应通过预测滑坡可能带来的灾害程度,通过费用权衡后,来决定是进行城镇搬迁、线路改道,还是进行防滑工程。

当必须在滑坡区内修建土木工程时,设计必须注意下列几点:

(1)尽可能少在滑坡前缘和滑坡体部位开挖或在滑坡体后部填土。如果有必要,则必须验算滑坡体的稳定性,并修建必要的防治工程。

(2)由于开挖、填土而使地形有较大变化时,要注意排除地表水与地下水。

(3)修建道路或房屋时,应注意其斜坡上部是否有蓄水的情况,如果有应及时疏干。

(4)在施工和竣工后,要注意裂缝、隆起、陷落等异常现象,要根据需要设置监视器,根据裂缝的开裂情况来确定是否停工或转移。

(5)水库第一次蓄水或水位突然变化时,发生滑坡的可能性增大。

5.2.3.2　崩塌

崩塌(崩落、垮塌或塌方)是较陡斜坡上的岩土体在重力作用下突然脱离母体崩落、滚动、堆积在坡脚(或沟谷)的地质现象。大小不等、零乱无序的岩块(土块)呈锥状堆积在坡脚的堆积物称崩积物,也可称为岩堆或倒石堆。崩塌的过程表现为岩块(或土体)顺坡猛烈的翻滚、跳跃,并相互撞击,最后堆积于坡脚,形成倒石堆。崩塌的主要特征为:①下落速度快、发生突然;崩塌体脱离母岩而运动;②下落过程中崩塌体自身的整体性遭到破坏;③崩塌物的垂直位移大于水平位移。具有崩塌前兆的不稳定岩土体称为危岩体。

按崩塌体的物质组成分为两大类:一是产生在土体中的,称为土崩;二是产生在岩体中的,称为岩崩。

1. 崩塌的危害

崩塌常使斜坡下的农田、房屋、水利水电设施及其他建筑物受到伤害,有时还造成人员伤亡。铁路、公路沿线的崩塌则阻塞交通、毁坏车辆,造成行车事故和人身伤亡。为了保证人身安全、交通畅通和财产不受损失,对具有崩塌危险的危岩体必须进行处理,从而增加了工程投资。整治一个大型崩塌往往需要几百万甚至上千万元的资金。

2. 崩塌的防治

根据崩塌的特点、规模及其危害程度,将崩塌分为三类,见表5-6。

表5-6　崩塌分类

分类	Ⅰ类	Ⅱ类	Ⅲ类
特点	山高坡陡,岩层软硬相间,风化严重;岩体结构面发育、松弛且组合关系复杂;形成大量破碎带和分离体,山体不稳定,可能崩塌的落石方量大于5 000 m^3,破坏力大,难以处理	介于Ⅰ、Ⅲ类之间	山体较平缓,岩层单一,风化程度轻微;岩体结构面密闭且不甚发育或组合关系简单;无破碎带和危险切割面,山体稳定,斜坡仅有个别危石,可能崩塌的落石方量小于500 m^3。破坏力小,易于处理

崩塌的治理应以根治为原则,当不能清除或根治时对Ⅱ、Ⅲ类崩塌区可采取下列综合措施:

(1)遮挡。在Ⅲ类崩塌区,对于在雨季才发生活动的坠石、剥落或者小型崩塌活动,可在岩石崩落滚动途中修建落石平台、落石槽和挡石墙,以拦截落石,防止破坏建筑设施,也可修筑明洞、棚洞等遮挡建筑物。

(2)设置平台或挡石墙、拦石网。对于Ⅱ、Ⅲ类崩塌区,当线路工程或建筑物与坡脚有足够的距离时,可在坡脚或半坡设置平台或挡石墙、拦石网。

(3)支撑加固。对于Ⅰ类崩塌区,在危石的下部修筑支柱、支墙。亦可将易崩塌体用锚杆、锚索与斜坡稳定部分联固。灌浆加固,增加岩体稳定性,提高岩体强度。在软基发育部位,根据形成的风化凹腔的规模和形态,采用嵌补、支撑和喷浆护壁等方法保护加固。

(4)镶补勾缝。对于Ⅲ类崩塌区,对岩体中的空洞、裂缝用片石填补、混凝土灌注。

(5)护面。对易风化的软弱岩层,可用沥青、砂浆或浆砌片石护面。

(6)排水。设排水工程以拦截、疏导斜坡地表水和地下水,堵塞裂隙和孔洞,防止过量水进入危岩斜坡,从而提高危岩稳定程度,减少崩塌的发生。

(7)刷坡。在危石突出的山嘴以及岩层表面风化破碎不稳定的山坡地段,可刷缓山坡。对规模小、危险程度高的危岩体采用静态爆破或者手工方法予以清除。对规模较大的危岩体,难以全部清除隐患,可在危岩体上部清除部分岩土体以降低临空面的高度,减小斜坡坡度和上部荷载,提高斜坡稳定性,从而降低危险程度,减少其他防治措施的工程量。

5.2.3.3　地面沉降

地面沉降又称为地面下沉或地陷,是指在自然和人为因素影响下,由于地下松散土层固结压缩,在一定的地表面积内所发生的地面水平面降低的工程地质现象。

我国出现地面沉降的城市较多。按发生地面沉降的地质环境可分为3种模式:①现代冲积平原模式。如我国的几大平原。②三角洲平原模式。尤其是在现代冲积三角洲平原地区,如长江三角洲就属于这种类型。常州、无锡、苏州、嘉兴、萧山的地面沉降均发生在这种地质环境中。③断陷盆地模式。又可分为近海式和内陆式两类。近海式指滨海平原,如宁波;而内陆式则为湖冲积平原,如西安市、大同市的地面沉降可作为代表。不同地质环境模式的地面沉降具有不同的规律和特点,在研究方法和预测模型方面也应有所不同。

另外,根据地面沉降发生的原因还可分为:①抽吸地下水引起的地面沉降;②采掘固体矿产引起的地面沉降;③开采石油、天然气引起的地面沉降;④抽吸卤水引起的地面沉降。

1. 城市地面沉降的危害

地面沉降所造成的破坏和影响是多方面的。其主要危害表现为地面标高损失,继而造成雨季地表积水,防洪能力下降;沿海城市低地面积扩大、海堤高度下降引起海水倒灌;海港建筑破坏,装卸能力降低;地面运输线和地下管线扭曲断裂;城市建筑物基础下沉脱空开裂;桥梁净空减小,影响通航;深井井管上升,井台破坏,城市供水及排水系统失效;农村低洼地区洪涝积水,使农作物减产等。我国已开始重视这个问题,控制人口增长、合理开采地下水等一系列政策的出台使我国很多地区的地面沉降现象已经或将要得到控制。

1)滨海城市海水侵袭

世界上有许多沿海城市,如日本的东京市、大阪市和新泻市,美国的长滩市,中国的上海市、天津市、台北市等,由于地面沉降致使部分地区标高降低,甚至低于海平面。这些城市经常遭受海水的侵袭,严重危害当地的生产和生活。为了防止海潮的威胁,不得不投入巨资加高地面或修筑防洪墙和护岸堤。如中国上海市的黄浦江和苏州河沿岸,由于地面下沉,海水经常倒灌,影响沿江交通,威胁码头仓库。1956年修筑防洪墙,1959~1970年间加高5次,投资超过4亿元。为了排除积水,不得不改建下水道和建立排水泵站。1985年8月2日和19日,天津市沿海海水潮位达5.5 m,海堤多处决口,新港、大沽一带被海水淹没,直接经济损失达12亿元。1992年9月1日,特大风暴潮再次袭击天津,潮位达5.93 m,有近100 km海堤漫水,40余处溃决,直接经济损失达3亿元。虽然风暴潮是气象方面的因素引起的,但地面沉降损失近3 m的地面标高也是海水倒灌的重要原因。

地面沉降也使内陆平原城市或地区遭受洪水灾害的频次增多、危害程度加重。可以说,低洼地区洪涝灾害是地面沉降的主要致灾特征。江汉盆地沉降、洞庭湖盆地沉降和辽河盆地沉降加重了1998年中国大洪灾。

2)港口设施失效

地面下沉使码头失去效用,港口货物装卸能力下降。美国的长滩市因地面下沉而使港口码头报废。我国上海市海轮停靠的码头,原标高5.2 m,至1964年已降至3.0 m,高潮时江水涌上地面，货物装卸被迫停顿。

3）桥墩下沉，影响航运

桥墩随地面沉降下沉，使桥下净空减小，导致水上交通受阻。上海市的苏州河原先每天可通过大小船只2 000条，航运量达(1 000～1 200)×10^2 t，由于地面沉降，桥下净空减小，大船无法通航，中小船只通航也受到影响。

4）地基不均匀下沉，建筑物开裂倒塌

地面沉降往往使地面和地下遭受巨大的破坏，如建筑物墙壁开裂或倒塌、高楼脱空，深井井管上升、井台破坏，桥墩不均匀下沉，自来水管弯裂漏水等。我国江阴市河塘镇地面塌陷，出现长达150 m以上的沉降带，造成房屋墙壁开裂、楼板松动、横梁倾斜、地面凹凸不平，约5 800 m^3 建筑物成为危房。地面沉降强烈的地区，伴生水平位移所造成的巨大剪切力，使路面变形、铁轨扭曲、墙壁错断倒塌、高楼支柱和桁架弯扭断裂、油井及其他管道破坏。地面下降，一些园林古迹遭到严重损坏。如我国苏州市朴园内的亭台楼群阁、回廊假山，经常被水淹没，园内常年备有几台水泵排水。

2.城市地面沉降的防治

由于地面沉降基本上是不可完全复原的，因此，对于尚未发生沉降的地区，应积极采取措施加以预防，而对于已产生沉降的地区，则应加以整治，以防止或减缓地面沉降的发展。

对已发生地面沉降的地区，则有以下几种方法：

(1)压缩地下水开采量，减少水位降深幅度。在沉降剧烈的情况下，应暂时停止开采地下水。

(2)向含水层进行人工回灌。此时要根据地下水动态和地面沉降规律，制定合理的采灌方案。回灌要严格控制水源标准，防止地下水被污染。

(3)调整地下水开采层次，适当开采更深层的地下水。

(4)采用充填开采法、条带开采法以及井下支护和岩层加固措施等。

提倡以防为主，防治结合的原则。采取“超前”治理行为。对可能发生地面沉降的地区，应预测地面沉降的可能性及其危害程度，并采取相应的防治办法：①结合水资源评价，研究确定地下水资源的合理开采方案，从而在地面沉降允许的范围内抽取地下水。②采取适当的建筑措施，避免在沉降中心或严重沉降地区建设一级建筑物。在规划设计中，应充分考虑可能发生的地面沉降。

5.2.3.4 泥石流

泥石流是介于流水与滑坡之间的一种地质作用，是山区沟谷中由暴雨、冰雪融水等水源激发的、含有大量泥沙石块的特殊洪流。典型的泥石流由悬浮着大量固体碎屑物并富含粉砂及黏土的黏稠泥浆组成。在适当的地形条件下，大量的水体浸透山坡或沟床中的固体堆积物质，使其稳定性降低，饱含水分的固体堆积物质在自身重力作用下发生运动，就形成了泥石流。泥石流是一种灾害性的地质现象，其特征是突然暴发，浑浊的流体沿着陡峻的山沟前推后拥、奔腾咆哮而下，地面为之震动，山谷犹如雷鸣，在很短的时间内将大量泥沙石块冲至沟外，在宽阔的堆积区横冲直撞、漫流堆积，具有强大的能量，破坏性极大，常常给人类生命财产造成很大危害。泥石流的活动和危害几乎遍及全球各个山区，尤其在北回归线到北纬50°之间的山区显得更为活跃。

1. 泥石流的类型

泥石流按其物质成分可分成三类:由大量黏性土和粒径不等的砂粒、石块组成的叫泥石流;以黏性土为主,含少量砂粒、石块,黏度大,呈稠泥状的叫泥流;由水和大小不等的砂粒、石块组成的称为水石流。

泥石流按其物质状态可分为两类。一是黏性泥石流,含大量黏性土的泥石流或泥流。其特征是:黏性大的固体物质占40% ~60%,最高达80%,水不是搬运介质,而是组成物质。暴发突然,持续时间短,破坏力大。二是稀性泥石流,以水为主要成分,黏性土含量少,固体物质占10% ~40%,有很大分散性。水为搬运介质,石块以流动或跃移方式前进,具有强烈的下切作用。其堆积区呈扇状散流,停积后似"石海"。

以上分类是我国最常见的两种分类,除此还有多种分类方法。如按泥石流的成因分类有:冰川型泥石流、降雨型泥石流。按泥石流的形态分类有:沟谷型泥石流、山坡型泥石流。按泥石流流域大小分类有:大型泥石流、中型泥石流和小型泥石流。按泥石流发展阶段分类有:发展期泥石流、旺盛期泥石流和衰退期泥石流等。

2. 泥石流的危害

灾害性泥石流是指造成较严重经济损失和人员伤亡的泥石流。灾害性泥石流往往突然暴发,从强降雨过程开始到泥石流暴发的间隔时间仅十几分钟至几十分钟。因此,对于低频泥石流的发生难以预测、预报。泥石流发生时还兼有崩塌、滑坡和洪水破坏的双重作用,其危害程度往往比单一的滑坡、崩塌和洪水的危害更为广泛和严重。它对人类的危害具体表现在以下4个方面:

(1)对居民点的危害。泥石流最常见的危害是冲进乡村、城镇,摧毁房屋、工厂、企事业单位及其他场所、设施,淹没人畜。毁坏土地,甚至造成村毁人亡的灾难。山区地形以斜坡为主,平地面积狭小,平缓的泥石流堆积扇往往成为山区城镇和工矿企业的建筑用地。当泥石流处于间歇期或潜伏期时,城镇建筑和居民生活安全无恙,一旦泥石流暴发或复发,这些位于山前沟口泥石流堆积扇上的城镇将遭受严重危害,并对其影响区内的道路交通、厂矿企业和农田等造成危害。

(2)对公路、铁路的危害。泥石流可直接埋没车站、铁路、公路,摧毁路基、桥梁等设施,致使交通中断,还可引起正在运行的火车、汽车颠覆,造成重大的人身伤亡事故。有时泥石流汇入河流,引起河道大幅度变迁,间接毁坏公路、铁路及其他构筑物,甚至迫使道路改线,造成巨大经济损失。例如甘川公路394 km处对岸的石门沟,1978年7月暴发泥石流,堵塞白龙江,公路因此被淹1 km,白龙江改道使长约2 km的路基变成了主流线,公路、护岸及渡槽全部被毁。该段线路自1962年以来,由于受对岸泥石流的影响已3次被迫改线。

(3)对水利、水电工程的危害。主要是冲毁水电站、引水渠道及过沟建筑物,淤埋水电站尾水渠,并淤积水库、磨蚀坝面等。

(4)对矿山的危害。主要是摧毁矿山及其设施,淤埋矿山坑道,伤害矿山人员,造成停工停产,甚至使矿山报废。

3. 泥石流的防治

1）城市泥石流防治工程设计标准

根据其形成条件、作用性质和对建筑物的破坏程度等因素，泥石流的作用强度分三级，见表5-7。

表5-7　泥石流强度分级

级别	Ⅰ	Ⅱ	Ⅲ
规模	严重（大型）	中等（中型）	轻微（小型）
形成区特征	大型滑坡、坍塌堵塞沟道，坡陡，沟道比降大于4	沟坡上中小型滑坡较多，局部淤塞沟底，堆积物厚	沟岸有零星滑塌
泥石流性质	黏性，重度大于18 kN/m^3	稀性或黏性，重度16～18 kN/m^3	稀性或黏性，重度14～16 kN/m^3
可能出现最大流量	>200 m^3/s	50～200 m^3/s	<50 m^3/s
破坏作用	以冲击和淤埋为主，危害严重，破坏强烈，可淤埋整个城镇或者部分城区，治理困难	有冲有淤，以淤为主，破坏作用大，可冲毁、淤埋部分房屋、桥涵，治理较容易	以冲刷和淹没为主，破坏作用较小，治理容易

泥石流防治工程设计标准：应根据城市等级及泥石流作用强度选定。严重（大型）的宜采用表5-8的上限值，轻微（小型）的宜采用下限值。泥石流防治应以大、中型泥石流为重点。

表5-8　城市等级与泥石流防治工程设计标准

等级	Ⅰ	Ⅱ	Ⅲ	Ⅳ
重要程度	特别重要的城市	重要城市	中等城市	一般城市
城市人口	150万人以上	50万～150万人	20万～50万人	20万人以下
泥石流防治工程设计标准	重现期100年以上	重现期50～100年	重现期20～50年	重现期20年

2）泥石流防治工程

泥石流防治应采取防治结合、以防为主，拦排结合、以排为主的方针，根据泥石流对城市及建筑物的危害形式，采用生物措施（生命防护）、工程措施（无机防护）及管理等措施进行综合防治，并根据泥石流的危害及性质，采取多种工程措施和生物措施，统一规划，综合治理，防止或减少泥石流灾害。一般情况来说，大面积的泥石流形成区应以生物措施为主，局部的泥石流源地和流通沟段宜采用工程措施。对许多流域或地段，需先辅以必要的工程措施，然后再进行生物防治。

（1）治理泥石流的生物措施。泥石流治理的生物措施主要是指保护与营造草本、灌丛和森林等植被，采用先进的农牧业技术以及科学的山区土地资源开发措施等。生物措施既可减少水土流失、削减地表径流和松散固体物质补给量，又可恢复流域生态平衡，增加生物资源产量和产值。因此，生物措施符合可持续发展的要求，是治理泥石流的根本性措施。

生物措施主要有农、林、牧业措施。

农业措施主要包括农业耕作措施和农田基本建设措施。前者包括沿等高线耕作、立体种植和免耕种植等,其主要作用在于减缓坡耕地的侵蚀作用,提高耕地的保水土效能;后者指对山区农田、引排水渠系和交通道路网的合理布局和全面规划。

在泥石流频发区营造森林水源涵养林、水土保持林、护坡防冲林和护堤固滩林等,既可削减泥石流土石体补给量,又可控制形成泥石流的水动力条件。如在泥石流形成区和流通区营造水土保持林可增加地面植被覆盖率,调节地表径流,增强土层的稳定性,减少滑坡和崩塌的发生,从而控制或减少形成泥石流的土体和水体补给量。

牧业措施包括适度放牧、改良牧草、改放牧为圈养、分区轮牧等。采取科学合理的牧业措施,既可缓解发展畜牧业与缺少草料的矛盾,间接地减轻泥石流源地过度放牧的压力,又有利于草地恢复和灌木林的营造,防止草地退化,增强水土保持能力,从而削弱泥石流的发育条件。

(2)治理泥石流的工程措施。泥石流治理的工程措施几乎适用于各种类型的泥石流防治,尤其是对急需治理的泥石流能够达到立竿见影的效果。目前,所采用的主要工程措施有排导工程、拦挡工程和综合整治工程。

①排导工程。为避免泥石流出山口后造成危害,常采用导流排放措施。这类工程主要有导流堤、急流槽、束流堤和渡槽等,有时也采用明洞和隧道。其作用是保护可能受到泥石流威胁的区域或建筑物等,它可使泥石流顺畅地排泄,防止淤积,将泥石流按指定方向排到远离建筑物或道路的地区。排洪道的尺寸大小应根据泥石流的流量大小和水力要素而定。

②拦挡工程。在泥石流形成区的上游,选择适宜的地点建造水库、水塘或其他形式的蓄水池以调节洪水,削减流经泥石流形成区的洪峰流量,以减弱泥石流形成的水动力条件。发育泥石流沟槽的斜坡上常伴生有滑坡、崩塌,某些相对稳定的斜坡由于长期受到水流、泥石流的冲刷而日趋不稳。为了防治滑坡和崩塌,需要修建拦挡土石的护坡工程。这类工程主要有拦渣坝、谷坊工程和停淤场等。

拦渣坝的作用主要是拦渣滞流、固定沟槽。在一条沟内修建多座低坝,称为“谷坊坝群”,其作用是拦挡泥石流固体物质、淤缓沟床纵坡、加大沟宽、减小流速,从而减少洪峰和固体物质下泄量;同时利用坝前的淤积物,可防止沟床继续下切,保护岸坡不再发生侵蚀,最终起到对泥石流的抑制作用。

拦渣坝、谷坊的类型很多。按建筑材料分类,有砌块石坝、干砌块石坝、混凝土坝、土坝、钢筋石笼坝、钢索坝、木质坝、木石混合坝、竹石笼坝、砖砌坝等。从结构上分类,有直线型重力坝、曲线型拱坝及格栅坝等,其中格栅坝最有特色。格栅坝是用钢筋混凝土构件装配而成的,形状为栅栏状的构筑物。它能将稀性泥石流、水石流挟带的大石过滤阻留下来,形成天然石坝,以缓冲泥石流的动力作用,同时使沟段稳定。

停淤场是指在较平缓的堆积扇上或较宽阔的沟内,修筑拦截建筑物,形成人工泥石流落淤场。其作用是在一定期限内,让泥石流物质在指定地段内淤积,从而减少泥石流固体物质下泄量。

③综合整治工程。上述防治工程除单独修建,还可根据需要联合使用。最常见的有

拦渣坝与急流槽相结合,导流堤、拦渣坝和急流槽相结合。

沟道整治工程。采用固床砂坝、水泥砂浆砌石、石笼等方法保护泥石流沟坡,防止岸坡坍塌和滑移;在沟底进行铺砌或者修建肋板稳固沟底,减少沟底冲刷。

防护工程和错避工程。对泥石流地区的建筑物、桥梁、隧道、铁路和公路等工程设施进行防护或者错避,抵御或者避开泥石流的危害,防护工程包括修建护坡、挡墙、顺坝、丁坝等。错避工程主要包括跨越式错避、穿过式错避等。前者是指修建桥梁,使工程设施架于泥石流沟上空,避免泥石流引起破坏;后者是将工程设施置于泥石流沟的地下,从而避开泥石流的破坏。

3)防治原则

在泥石流地区进行建设时,应根据泥石流的特征、破坏能力和对建筑物的要求,以预防为主、避强制弱、局部防护、重点处理和综合防治。对那些暴发频繁、规模较大、破坏力强的泥石流,应尽可能避开,不允许作为建筑场地。对于暴发次数少、规模不大、破坏力小的泥石流沟谷以及已经衰亡的泥石流堆积扇可作为建筑场地。不过,建筑物不应正对沟口,而应根据现场情况,修设排洪道、导流堤等,以便顺畅排泄泥石流,在可能条件下,还应设置泥石流停淤场,以保安全。防治的基本原则如下:

(1)全面规划,突出重点。泥石流治理需上、中、下游全面规划,各沟段有所侧重。如上游水源区通过植树造林、修筑水库以减少水量、削减洪峰,抑制形成泥石流的水动力;中游修建拦沙坝、护坡、挡土墙等固定沟床、稳定边坡,减少松散土体来源;下游修建排导沟、急流槽和停淤场,以控制灾害的蔓延。

(2)工程措施与生物措施相结合。泥石流治理的工程措施与生物措施各有优缺点,在治理方案的选择上应综合考虑,各有兼顾。工程措施工期短、见效快、效益明显,但超过使用年限或出现超标准设计的流量时,工程将失效甚至遭受破坏。生物措施见效慢、稳定土层厚度浅,但时间越长效果越好,同时可恢复生态平衡。因此,在治理前期以工程措施为主,可稳定边坡、促进林木生长;治理后期以生物措施为主,生态效益明显,也可延长工程措施的使用年限。

(3)分清类别,因害设防。泥石流的形成机制不同,造成的危害方式不同,治理对象的主次也应有所不同。对土力类泥石流宜以治土、治山为主,采用拦挡工程、固床工程和水土保持措施来稳定山坡,调节沟床纵坡,消除或减少松散土体来源。对水力类泥石流,则以治水为主,采用引、蓄水工程和水源涵养林来调节径流,削减洪峰。

(4)因地制宜,合理设计。泥石流防治工程的合理设计取决于对泥石流性质、形成过程、冲淤规律、流态特征和冲击过程的研究。一般来说,稀性泥石流的旁蚀和侧向堆积比黏性泥石流强烈,而黏性泥石流的局部下切和堆积能力又比稀性泥石流强。因此,稀性泥石流的导流堤需采用浆砌块石护面的土堤;而对于流体规模不大的黏性泥石流,在沟道顺直时可采用土堤。在选定设计方案时,还需注意区域工程地质条件、材料条件、施工条件和技术条件等。

5.2.4 城市防灾

虽然在历史上被灾害毁灭的城市不胜枚举,灾害给人类的生命和财产造成了极大的损失,给生产力的发展造成了巨大障碍,但人类社会却越来越繁荣,世界上的城市也越来越多。原因在于任何事物都有其相对性,灾害也是如此,它以其迅急的突发性和巨大的毁灭性向人类提出挑战,而人类却在防灾救灾过程中逐渐丰富和发展了自己,进而形成了科学体系,并通过先进的科学技术研究城市灾害的防治,从而取得了不断的进步。城市防灾由此而创立和发展起来。可以说,人类对于城市灾害本质的认识是随着时代的进步、经验的积累和科技的发展而不断提高的。

5.2.4.1 城市防灾的必要性、可能性及特殊性

城市是繁荣之地,是国家和地区的经济、政治、文化、科技中心和交通枢纽,是人口和国家财富的集中地。同时,城市又是多灾之地,是国家防灾减灾的中心和重点。由于城市对灾害的放大效应,所以几乎所有的大灾大难都发生在城市。随着城市化的推进,21世纪初我国已有1/3的人口聚集在城市之中,城市的综合防灾任务显得越来越重要。

城市防灾不仅必要,而且存在可能,可以从测、报、防、治、救这五个方面展开。这五项工作都需要高智商的专业人才,现代化的设备,科学的防灾规划,高效能的救灾队伍。城市,特别是大城市在这些方面有较好的基础。

城市人口、建筑、企业密度大,现代化设施集中,技术较发达,交通、通信、电力、水暖等生活支持网络与排污设施既自成体系,又互相关联,因而结构复杂,生产与生活对工程技术条件的依赖性较强。因此,在防灾减灾管理方面,城市具有以下的特殊性:

(1)人口、建筑、财产集中,因此防灾抗灾的难度较大。国内外造成严重人员伤亡的大地震无不发生于城市与经济发展程度较高的地区。如中国1976年那次发生于大城市唐山的大地震,死亡24.4万人;而有些人烟稀少地区地震的级别虽更大,伤亡却甚少。全国城市平均人口密度为全国平均人口密度的两倍多,城市越大,人口密度也越大,特别是100万以上人口的特大城市。

(2)城市对交通、电力、通信、供水、供气等生命线系统的依赖性强。这些工程往往结构复杂,管线纵横交错,抗灾难度较大,加上我国城市受经济发展水平所限,有些工程的质量又难以充分保证,布局不尽合理,且许多技术设备也较为落后,破坏后修复不易。而且局部的破坏就有可能造成停工停产、生活困难或其他社会活动的障碍。随着计算机信息网络或其他现代技术的发展,还会出现新的防灾难题。

城市的救灾关键单位(重点防灾单位)较多,如党政首脑机关、重要文物与文化单位、大型企业等,这也增加了救灾难度。

(3)防止次生灾害的难度较大。因建筑物密度大,电、易爆气体或液体、易爆物、有毒物质较为集中,次生灾害的频次、爆炸、有毒有害物质污染等,次生灾害造成的人员伤亡与财产损失有可能比地震直接造成的还严重。中国城市大多历史悠久,一般都存在街道狭窄、互通性较差、老旧的低质量房屋较多、建筑密度大的老城区,易发生火灾等次生灾害,且救援困难。

(4)城市救灾的回旋余地较小。城市,特别是较大的城市往往难以找到足够的、具有一定规模(要求并不高)的地震避难场地。道路的选择性一般也不大。尤其是震后街道、道路堵塞较为严重时,人员疏散和救援力量的进入皆会受阻,速度与效率都是低水平的,而农村这方面会相对较好。

5.2.4.2 城市防灾的主要工作

人类在城市化发展的同时也在为发展付出代价。每一座城市都必须考虑自身可持续发展的保障条件，而深入研究城市防灾减灾问题，以不断增强城市防御灾害和减轻灾害之能力的城市防灾学学科建设，便成为国家现代化建设中的一项战略性任务，它关系到国家和社会的稳定，关系到一个国家或一个地区的经济大局，是全国防灾工作的重点，加强和搞好城市防灾是保障我国改革开放、持续稳定发展的大事。

自1990年以来，国内外开始格外关注城市防灾减灾的综合研究。所谓"城市防灾"，就是尽可能地防止城市灾害的发生以及防止城市所在区域发生的灾害对城市造成不良影响。所谓"城市减灾"，包含了两重含义：一是采取措施以减少城市灾害发生的次数和频率；二是要减轻灾害对城市所造成的损失。实际上城市防灾减灾工作还应包括对城市灾害的监测、预报、防护、抗御、救援和灾后恢复重建等多方面工作。针对我国城市防灾形势，我国城市防灾减灾应坚持"预防为主、防治结合、防救结合"的方针，建立与城市经济社会发展相适应的城市灾害综合防治体系，综合运用工程技术、法律、行政、经济及教育等手段，提高城市的防灾减灾能力，为城市可持续发展提供可靠的保证。

进行城市防灾需要强化防灾减灾的基础工作，城市自然灾害的防灾的背景工作至少包括：城市人文生态环境建设、城市规划与建设以及公共设施的完善；加强防灾工作的立法。另外，城市防火是一门专业性很强的工作，必须尊重知识、尊重科学，使防灾综合机构、专业部门、决策部门和市民之间，形成一个高效率的社会防灾减灾网络。

增强城市综合防灾意识，提高对城市防灾减灾工作重要性的认识。必须通过加强综合防灾教育和其他切实可行的办法，充分利用公共传播媒体进行安全教育，营造一个社会关心城市灾害的氛围，实行终身防灾教育（从学童至暮年都应具备一定的防灾知识），进行有针对性的职业防灾教育，发挥家庭教育的作用，实行课堂与现场教育相结合，开展经常性的防灾演练与宣传活动，使全体人民熟悉各种城市灾害源的发生和发展规律，防治方法方面的基本知识，深刻意识到灾害在现代化城市中发生所造成危害的综合性、广泛性和严重性。

5.2.4.3 制定城市综合防灾规划

城市防灾规划是促进城市发展的有效措施，从城市的可持续发展战略来看，城市防灾规划不仅是针对城市建设的专门问题，更是对城市的发展提供了极为重要的安全保障。没有城市防灾规划的城市设计和建筑创作很难说是在促进城市发展，某种意义上是一种"建设性破坏"。

城市防灾是一项综合系统工程，应编制各种防灾专项规划，各专项规划要协调统一，相互配合，形成城市综合防灾规划。城市综合防灾规划应当作为城市规划的一项重要内容。在城市规划时，综合采取应有的防灾对策能起到其他措施不可替代的作用，从而可以取得事半功倍的效果。

城市的地形、地貌、地质、水文等条件往往决定了城市地区未来可能遭受的灾害及其影响程度。因此，在城市用地布局规划时，特别是消防、医疗、应急指挥等重大工程选址时应尽量避开灾害易发区或灾害敏感区，合理布置，避免布置在地质不稳定地区、洪水淹没区、易燃易爆设施与化学工业及危险品仓储区附近，以保证救护设施的合理分布与最佳服务范围及其自身安全。要强化生命线工程的防灾能力，保证受灾时，通信、供电、供水等基础设施具有必要的适应性。

城市道路系统是城市布局的骨架,对城市的防灾抗灾有着重要的影响。城市干道必须与市区或郊区的永久或者临时疏散场所直接相连,并应保证具有足够的宽度。

5.2.4.4　必须加强城市防灾工程建设

我国的城市防灾工作必须在国家灾害大区划的背景下进行,并根据国家灾害大区划来确定城市设防标准,做到因灾设施、因地减灾。同时,我国的城市防灾工作应服从区域防灾机构的指挥、协调和管理,加强区域减灾和区域防灾协作。

利用工程学的方法有效地防治城市灾害,减轻灾害对城市经济社会发展的破坏效应。工程防灾是防灾总体中的关键性环节和重中之重。无论灾害预测、预报是否及时准确,防灾的措施最终都必须体现在工程上,要特别重视工程防灾对策。1998年夏季我国发生的特大洪水灾害,在防洪工程的标准、数量、质量等问题上都有十分深刻的教训和启示,决不可重蹈覆辙。

5.2.4.5　重视城市防灾策略

从广义上讲,随着科技的进步,相信任何城市灾害都是可以预防的,这是人类同城市灾害做斗争的一条根本原则。坚持这一原则,人类才可能坚持不懈地探索灾害的成因,研究预测方法。采取防灾减灾的对策有灾前预防对策和灾后救险对策两个方面。在不同的灾害中,两种对策各有侧重。一般来说,地震、风暴、洪水等自然灾害的重点是后者,因为防止灾害的发生比较困难,但能尽早预测、防范,尽量减小灾害损失,尽快恢复生产;而人为灾害的重点应该是灾害的预防。城市的各类人为灾害是可以预测、预防的,只要了解了灾害的成因,掌握了其影响因素,就可以对灾害的组成要素进行调控,从而改变系统的状态,使其保持安全稳定状态。产生人为灾害的原因不仅有人的因素,还有物的因素,这些因素在灾害发生之前都是可以采取对策的,它要求人们以科学技术理论为基础,以系统分析方法为手段进行防灾规划。坚持防患于未然的对策比采取灾后处理对策更为重要。

一个城市只有拥有较完善的防灾体系,才能有效地防抗各种城市灾害,并减少灾害的损失。一般来说,城市防灾工作包括对灾害的监测、预报、防护、抗御、应急救援和恢复重建等六方面。灾前的防灾减灾工作包括城市灾害区划、灾情预测、防灾教育、防灾预案制定与防灾工程设施建设等内容。事实表明,灾前工作的好坏对整个防灾工作的成败有着决定性影响。在灾情尚未发生时,监测机构、人员通过仪器、设备对产生灾害的生成源灾害载体及灾害作用对象进行监测,采集信息和数据,从而为灾害预警、灾情的追踪、损失的评估及对策建议的制定提供依据。例如,我国曾经成功地预测1975年2月4日发生的辽宁海城地震,使该城市大部分人口在震前得以疏散,结果虽然发生了7.3级地震,死亡人数却仅为1 328人;而1976年7月28日河北唐山发生的7.8级地震,由于种种原因未能做出成功预报,结果死亡人数竟达24万余人。

城市的防灾策略还包括如下内容:

(1)以立法的手段来确立城市防灾在城市经济发展中的地位与作用,明确政府、企业、事业单位在防灾减灾中的责任与义务,并加强对市民的法制教育,提高以法制灾、以法保城的意识。

(2)城市防灾减灾工作离不开保险事业,因此需大力发展灾害保险业务。

(3)城市综合防灾减灾是城市实现可持续发展的重要方面,要做好这一工作,必须充分依靠科学技术，不断提高城市防灾减灾的科技水平。利用先进的科学技术推动城市防灾系统工程，大力开展城市综合防灾体系的理论研究和城市各类灾害防治措施的研究，注意借鉴国外城市防灾减灾的先进技术，研究城市灾害的综合管理系统。深入开展城市综合防灾研究，加强城市综合防灾理论和技术研究，积极开发防灾救灾新技术、新产品、新材料，努力提高我国城市综合防灾技术水平，把城市灾害损失降到最低程度。城市综合防灾是一个复杂的、综合的系统工程，需要建立一个健全的具有防灾减灾功能的部门和灾害防御统一管理部门以及网络体系。组织各方力量来制定灾害防御和救治规划设计、法规、条例、规程、规范以及人、财、物、信息的组织与管理，形成一个既有分工负责、又有协调配合的综合防灾减灾管理机制。

(4)城市综合防灾需要相应的投入，而且需要早期投入。实践证明，灾前防御支出比灾后救济支出要划算得多，并且可以避免由于灾害巨额损失所造成的对社会经济发展的波动。

(5)灾前城市防灾工作非但不能松懈和停顿，并且必须抓紧时间，对城市及周边地区已经发生过的灾害做好调查研究，总结经验教训，探索规律，教育公众，训练队伍，建设设施，做好准备，随时迎接可能发生的一切灾害。实际上，灾害的监测、预测工作以及防灾预案的制订、防灾教育和防灾工程设施建设，都在防灾工作中发挥着重要作用。各种灾害之间存在有因果关系或平行关系。为此，防治城市灾害不能各自单独地进行，要以增强城市抗灾能力为目标，用系统的观点和思想方法，采取综合对策措施。从系统的观点看，任何灾害都有其特定的环境和发生发展过程，在了解产生灾害的原因和成灾过程的基础上才能制定出防灾的原则。

然而，要完全预防灾害是困难的，这是由系统的复杂性决定的。为此，以防万一，采取充分的事后对策也是十分必要的。

项目小结

本项目主要介绍了火灾的特点、发生规律和类别，消防技术的发展状况，城市火灾的消防对策及消防措施，建筑材料和构件的耐火性能、耐火极限要求及建筑物的耐火等级，洪水灾害的类型和特点，地震的基本概念(地震类型、震源、震中、震级、地震烈度)，滑坡、崩塌、沉降、泥石流的概念，城市防灾的策略和工作内容；分析了影响建筑构件耐火性能的因素，地震、滑坡、崩塌、沉降、泥石流的危害及特点；重点介绍了建筑物的耐火设计，建筑总平面布置、消防道路设置要求，防火分隔设施类型(防火墙、防火门、防火卷帘)及设置要求，城市防洪策略，地震防治策略，滑坡、崩塌、沉降、泥石流的防治方法和措施。

项目自测题

一、填空题

1. 火灾从发生、发展到最终造成重大灾害性事故大致可分为四个阶段：________期、________期、________期和________期。

2. 分析表明：________、________和________这三种原因造成的火灾损失占火灾总损失的70%。

3. 灭火策略主要包括:________________________;________________________;________________________。

4. 我国的消防工作方针是“____________________,____________________”。

5. 影响建筑物耐火等级的因素主要有________、________和________。

6. 穿过高层民用建筑的消防车道,其净宽和净高均不应小于________ m。

7. 一般来讲,防火墙的耐火极限都应在________ h 以上。

8. 滑坡整治工程大致可分为________工程和________工程两大类。

9. 泥石流按成因可分为________型泥石流和________型泥石流。

10. 治理泥石流的工程措施主要有________工程、________工程和________工程。

二、判断题

1. 气体火灾属于 A 类火灾。(　　)

2. 死亡人数超过 10 人,直接财产损失超过 100 万元的火灾属于特大火灾。(　　)

3. 经过防火处理的有机材料属于非燃烧材料。(　　)

4. 二级耐火等级民用建筑疏散走道两侧的隔墙体,可采用 0.75 h 的非燃烧体。(　　)

5. 层数为 24 层的普通住宅建筑为二类建筑,其耐火等级应不低于二级。(　　)

6. 当高层建筑中某个观众厅设置在六楼时,其建筑面积不宜超过 400 m^2。(　　)

7. 甲级防火门的耐火极限不应小于 1.2 h。(　　)

8. 震源深度在 0 ~ 70 km 的地震称为浅源地震。(　　)

9. 一般来说,距震中越远,地震影响越小,烈度就越低。(　　)

10. 泥石流防治应采取防治结合、以防为主,拦排结合、以排为主的方针。(　　)

三、名词解释

1. 震源、震源深度、震中

2. 震级、地震烈度

3. 滑坡、崩塌、地面沉降、泥石流

四、简答题

1. 消防工程学科领域今后的研究和发展主要体现在哪几方面?

2. 安全疏散设计的原则及要求是什么?

3. 防火的要点和基本措施有哪些?

4. 地震火灾的消防对策有哪些?

5. 什么是耐火极限? 如何判断建筑构件是否达到了耐火极限?

6. 提高构件耐火极限的措施有哪些?

7. 河流洪水依照成因不同,可分为哪几种类型?

8. 当前我国城市防洪策略主要应注意哪几点?

9. 未来地震灾害防御对策的发展趋势主要表现在哪几个方面?

10. 治理滑坡的主要方法有哪些?

11. 当不能清除或根治崩塌时,对¢ 、¢ 类崩塌区可采取哪些综合措施进行治理?

12. 对已发生地面沉降的地区,可采用哪几种方法治理?

13. 城市防灾策略有哪些?

项目6 城市燃气、供热工程

【学习目标】

掌握燃气的种类及供应方式,建筑燃气供应系统的构成,供热系统的组成;熟悉建筑燃气管道的布置和敷设要求,集中供热系统的组成和基本形式,采暖工程的基本概念、采暖系统分类;了解燃气表与燃气用具,城市供热工程规划设计要点,城市采暖系统的工作原理、管道布置与敷设要求,城市集中供热系统的方案、形式及要求。

任务6.1 城市燃气工程

6.1.1 燃气的种类及供应方式

6.1.1.1 燃气的特点

燃气是一种气体燃料。气体燃料要比液体燃料和固体燃料具有更高的热能利用率,燃烧温度高,易于调节火焰大小,应用方便,燃烧时没有灰渣,卫生条件好,而且可以采用管道输送或瓶装供应。在建筑物内采用燃气作为燃料,对改善生活条件,减少空气污染和保护环境,都具有很大的作用。

燃气和空气混合到一定比例时,容易引起燃烧式爆炸,火灾危险性较大,且人工燃气具有毒性。为防止在使用时发生危险和中毒事故,对于燃气设备、燃气管道系统的设计和安装,都有严格的要求。在日常的使用中,还必须加强维护和管理,对用户要做安全用气的宣传教育。

6.1.1.2 燃气的种类

城市民用和工业用燃气是由几种气体组成的混合气体,其中含有可燃气体和不可燃气体,可燃气体含有碳氢化合物、氢和一氧化氮等,不可燃气体有二氧化碳、氮和氧等。

燃气的种类很多,作为城市气源的主要有天然气、人工燃气和液化石油气。

1. 天然气

天然气是从地下直接开采出来的可燃气体。天然气一般可以分为四种:从气井开采出来的气田气或称纯天然气;伴随石油一起开采出来的是石油气,也称石油伴生气;含油轻质馏分的凝析气田气;从井下煤层抽出的煤矿矿井气。

一般天然气的组成成分以甲烷为主,另外还含有乙烷、丙烷和丁烷及少量的戊烷以上的碳氢化合物、二氧化碳、硫化氢、氮和微量的氦、氖、氩等气体。根据种类的不同,各成分的含量有所不同。天然气既是制取合成氨、炭黑、乙炔等化工产品的原料气,又是优质燃料气,其发热值为2万~5万 kJ/m^3,是一种理想的城市气源。天然气可以用管道输送,也可以压缩成液态运输和贮存,液态天然气的体积仅为气态天然气的1/600。

天然气通常没有气味,所以在使用时需混入无害而有臭味的气体,以便易于发现漏气的情况,避免发生中毒或爆炸等事故。

2. 人工燃气

人工燃气是将固体燃料或液体燃料通过人工炼制加工而得到的。按其制取方法的不同可分为固体燃料干馏燃气、固体燃料气化燃气、油制气和高炉燃气四种。其中利用焦炉、连续式直立炭化炉和立箱炉所获得的固体燃料干馏燃气是目前我国若干城市燃气的重要气源之一。用干馏方式生产煤气,每吨煤可产生煤气 300 ~ 400 m^3。它的主要成分是甲烷和氢气,低发热值一般在 16 700 kJ/m^3 左右。

利用重油制取的城市燃气称为油制气。生产油制气的装置简单,投资省,占地少,建设速度快,管理人员少,启动、停炉灵活,既可作为城市的基本气源,也可作为城市燃气的调度气源。人工燃气有强烈的气味及毒性,含有硫化氢、萘、苯、氨、焦油等杂质,容易腐蚀及堵塞管道,因此出厂前均需经过净化。煤制燃气只能采用贮气罐气态贮存和管道输送。

3. 液化石油气

液化石油气是开采和炼制石油过程中,作为副产品而获得的一部分碳氢化合物。液化石油气的主要成分是丙烷、丙烯、丁烷和丁烯,习惯上又称 C3、C4,即只用烃的碳原子数表示。它们在常温常压下呈气态,当压力升高或温度降低时很容易转变为液态。从气态转变为液态,其体积约缩小为原来的 1/250。

6.1.1.3 城镇燃气供应方式

城镇燃气供应方式分为管道输送和瓶装两种。

1. 管道输送

天然气或人工燃气经过净化后,便输入城镇燃气管网。根据输送压力的不同,城镇燃气管网可分为如下几种:

低压管网:输送压力 $P \leqslant 4.9$ kPa　　中压管网:4.9 kPa $< P \leqslant 147.15$ kPa

次高压管网:147.15 kPa $< P \leqslant 294.3$ kPa　　高压管网:294.3 kPa $< P \leqslant 784.8$ kPa

城镇燃气管网包括街道燃气管网和庭院燃气管网两部分,庭院燃气管网是指燃气总阀门井后至各建筑物前的户外管道,见图6-1。

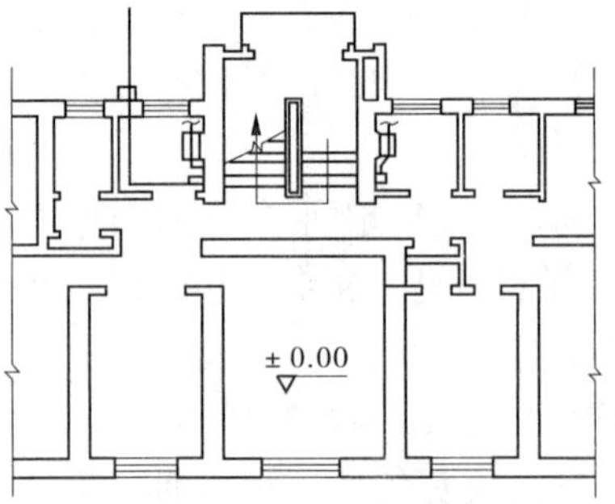

(a)一层平面图

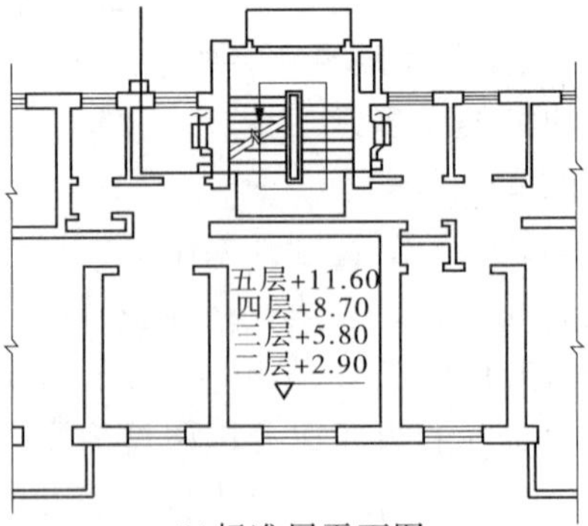

(b)标准层平面图

图6-1 室内燃气管道平面图

在供气区域较大的大城市，街道燃气管网可采用高压管网或次高压管网，以利远距离输送；在小城镇内，一般采用中、低压管网。无论采用何种压力的街道管网，在接入庭院燃气管网供居民使用之前，必须降压至低压范围，这可通过区域燃气调压站进行减压而得到。

燃气管道是承受压力的，而且所输送的燃气是有毒、易燃的气体。因此，不仅要求燃气管道要有足够的强度，而且要具有不透气、耐腐蚀等性能，其中最主要的是不透气性。城市煤气管常用钢管和铸铁管。

高压和次高压煤气管道必须使用钢管，中、低压煤气管道可采用铸铁管，但在穿过城镇主要干道时，必须采用钢管。室内燃气管一般采用镀锌钢管，即统称的“水煤气输送钢管”。

庭院燃气管道应敷设在土壤冰冻线以下 0.1 ~ 0.2 m 的土层内。根据建筑物的总体布置，庭院燃气管道宜与建筑物的轴线平行，并埋设在人行道下。管道距建筑物基础不小于 2 m，与其他地下管道的水平净距为 1 m。庭院燃气管道不能与其他管道同沟敷设，以免漏气经地沟渗入建筑物内。根据燃气的性质及含湿情况，管道有不小于 0.003 的坡度坡向凝水器，以排除管网中的冷凝水，冷凝水内的凝结水定期用手摇泵排除。

2. 瓶装供应

我国目前供应的液化石油气多采用瓶装。在储配站设球形储罐，通过一定设备把储罐内的石油气灌入气瓶内，经供应站供应用户使用。

根据用气量大小可采用单瓶或瓶组供气。其中单瓶供应采用 15 kg 钢瓶一个，连同燃具供应家庭使用；瓶组是把钢瓶并联供应给用气量较大的用户使用。

钢瓶内液态石油气的饱和蒸汽压一般为 70 ~ 8 000 kPa，在室温下可自然蒸发。在供燃具使用时，要经钢瓶上的减压阀减压至(2.8 ±0.5) kPa。

钢瓶在运输过程中，应严格按规章进行，严禁乱扔乱甩。

6.1.2 建筑燃气供应系统

6.1.2.1 燃气供应系统的构成

建筑燃气供应系统包括民用建筑燃气供应系统和公共建筑燃气供应系统。民用建筑燃气供应系统一般由用户引入管、水平干管、立管、用户支管、燃气计量表、用具连接管和燃气用具组成，其平面布置图、剖面图及管路系统图分别如图 6-1、图 6-2、图 6-3 所示。中压进户和低压进户燃气管道系统相似，仅在用户支管上的用户阀门与燃气计量表间加装用户调压器。公共建筑用户管道供应系统，一般由引入管、

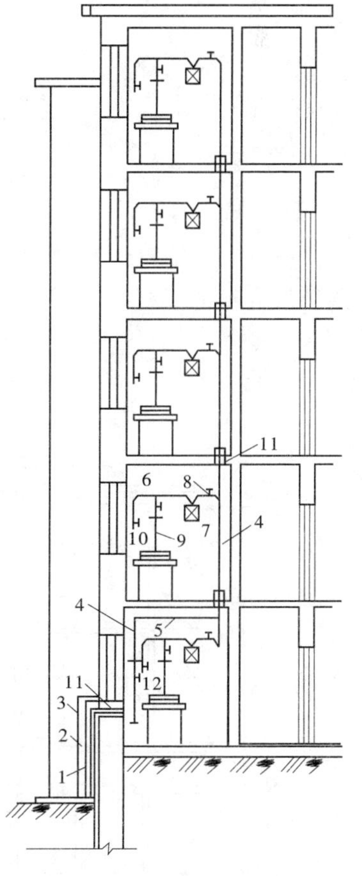

1—用户引入管；2—砖台；3—保温层；4—立管；5—水平干管；6—用户支管；7—燃气计量表；8—表前阀门；9—燃气灶具连接管；10—燃气灶；11—套管；12—燃气热水器接头

图 6-2 民用建筑燃气供应系统剖面图

用户阀门、燃气计量表、燃气连接表等组成,图6-4、图6-5分别为一公共建筑供气管路平面图及系统图。

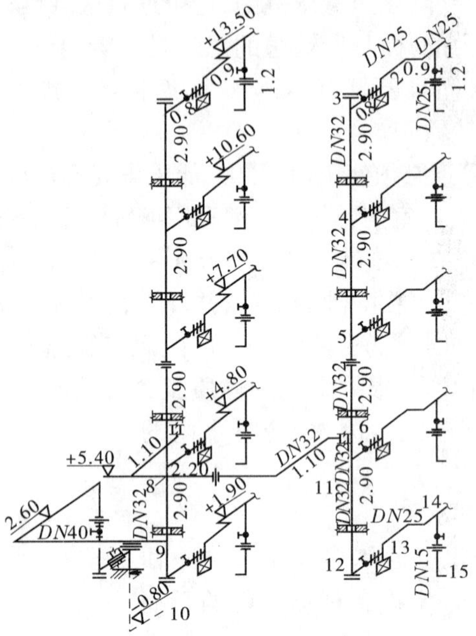

图6-3 燃气管路系统图

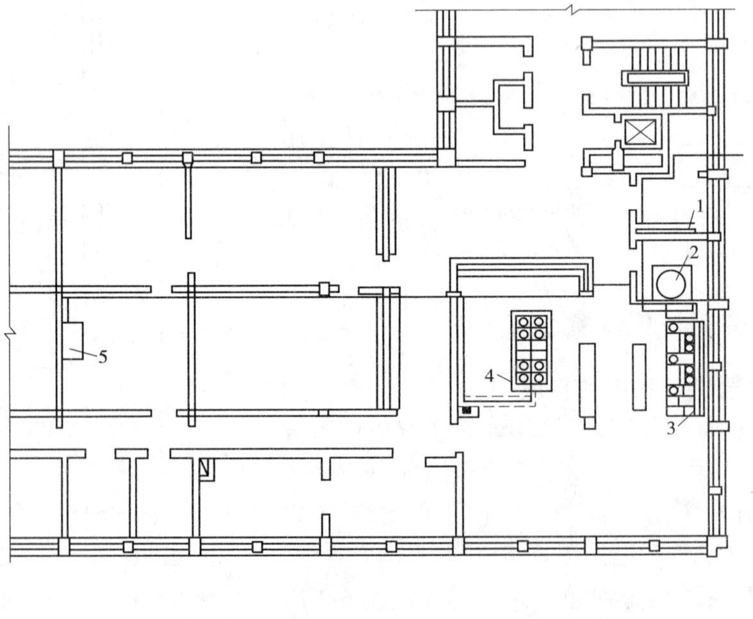

1—计量表;2—大灶;3—中餐灶;4—西餐灶;5—烤炉

图6-4 公共建筑供气管路平面图

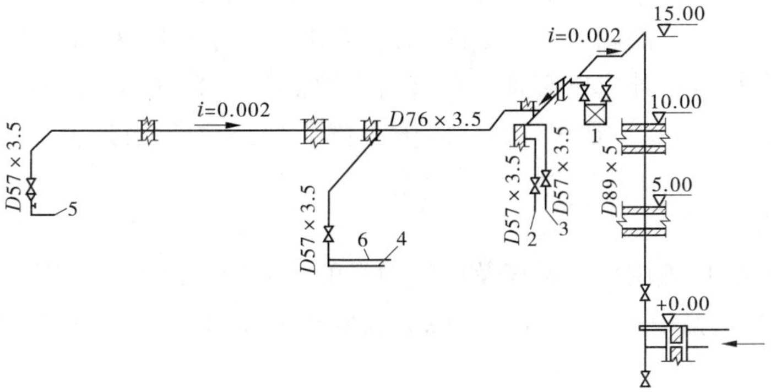

1—计量表；2—接大灶；3—接中餐灶；4—接西餐灶；
5—烤炉；6—活动地沟盖板

图 6-5 公共建筑供气管路系统图

6.1.2.2 燃气管道的布置和敷设要求

1. 引入管

用户引入管与城市或庭院低压分配管道连接，在分支管处设阀门。输送燃气的引入管一般由地下引入室内，当采取防冻措施时也可由地下引入。在非采暖地区或采用管径不大于 75 mm 的管道输送干燃气，则可由地下直接引入室内。输送湿燃气的引入管应有不小于 0.005 的坡度，坡向城市燃气分配管道。引入管穿过承重墙、基础或管沟时应预留孔洞，加套管，间隙用油麻、沥青或环氧树脂填塞。管顶内隙应不小于建筑物最大沉降量（图 6-6 为用户引入管的一种做法）。当引入管沿外墙翻越引入时，其室外部分应采取适当的防腐、保温和保护措施。

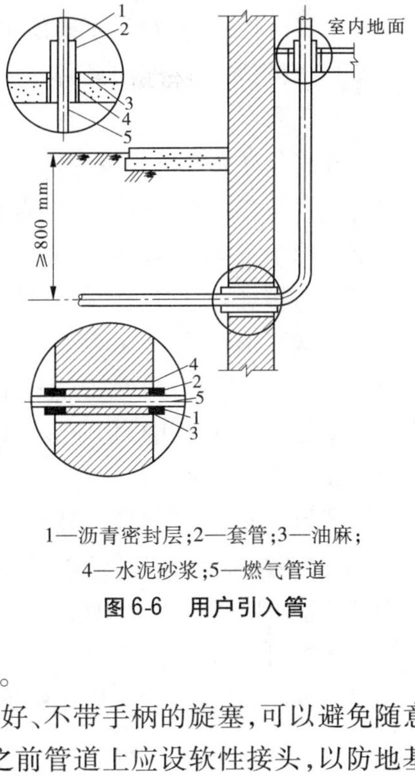

1—沥青密封层；2—套管；3—油麻；
4—水泥砂浆；5—燃气管道

图 6-6 用户引入管

引入管最好直接引入用气房间（如厨房）内，不得敷设在卧室、浴室、厕所、易燃与易爆物仓库、有腐蚀性介质的房间、变配电间、电缆沟及烟道、风道内。

引入管进入室内后第一层处，应该安装严密性较好、不带手柄的旋塞，可以避免随意开关。对于 20 m 以上建筑物的引入管，在进入基础之前管道上应设软性接头，以防地基下沉对管道的破坏。

2. 水平干管

引入管连接多根立管时，应设水平干管。水平干管可沿楼梯或辅助间的墙壁敷设，坡向引入管，坡度不小于 0.002。管道经过的楼梯和房间应有良好的通风。

3. 立管

立管是将燃气由水平干管分送到各层的管道，一般敷设在厨房、走廊或楼梯间。每一立管的顶端和底端设丝堵三通,作清洗用,其直径不小于 25 mm。当由地下室引入时,立管在第一层应设阀门。阀门应设于室内,对重要用户应在室外另设阀门。

立管通过各层楼板处应设套管。套管高出地面至少 50 mm,套管与立管之间的间隙用油麻填堵,沥青封口。立管在一幢建筑中一般不改变管径,直通上面各层,其直径不小于 25 mm。

4. 用户支管

由立管引向各单独用户计量表及燃气用具的管道为用户支管。用户支管在厨房内的高度不低于 1.7 m,敷设坡度应不小于 0.002,并由燃气计量表通向燃气用具。支管穿墙时也应有套管保护。

室内燃气管道一般为明装敷设。当建筑物或工艺有特殊要求时,也可以采用暗装,但必须敷设在有孔的门顶或有活塞的墙槽内,以便安装和检修。

燃气引入管管径大于 75 mm 时,管材采用给水铸铁管,以石棉水泥接口;管径小于 75 mm时,采用镀锌钢管,螺纹连接。室内管道全部采用镀锌钢管,螺纹连接,以聚四氟乙烯生料带或厚白漆为填料,不得使用麻丝做填料。

6.1.2.3 燃气表与燃气用具

1. 燃气表

燃气表是计算燃气用量的仪表,在居住与公共建筑内,最常用的是一种膜式燃气表。这种燃气表有一个方形的金属外壳,上部两侧有短管,左接进气管,右接出气管。外壳内有皮革式的小室,中间以皮膜隔开,分为左右两部分,燃气进入表内,可使小室左右两部分交替充气与排气,借助杠杆、齿轮传动机构,上部度盘上的指针即可指示出燃气用量的累计值。计量范围:小型流量为 1.5 ~ 3 m^3/h,使用压力为 500 ~ 3 000 Pa;中型流量为6 ~ 84 m^3/h,大型流量可达 100 m^3/h,使用压力为 1 ~ 2 kPa。

使用管道燃气的用户均应设置燃气表。居住建筑应一户一表,公共建筑至少每个用气单位设一个燃气表。

为了保证安全,燃气表应装在不受震动,通风良好,室温不低于 5 ℃、不超过 35 ℃的房间,不得装在卧室、浴室、危险品和易燃、易爆物仓库内。小表可挂在墙上,距地面和燃气用具的水平距离不得小于 0.3 m。

2. 燃气用具

根据不同的用途,燃气用具种类很多,这里仅介绍居住建筑常用的几种燃气用具。

1) 燃气灶

燃气灶的形式很多,有单眼、双眼、多眼灶等。家用的一般是双眼灶,由炉体、工作面和燃烧器三个部分组成。其灶面采用不绣钢材料,燃烧器为铸铁件。各种燃气灶根据所使用的燃料不同可分为液化石油气灶、人工燃气灶及天然气灶等不同型号。

为了提高燃气灶的安全性,避免发生中毒、火灾或爆炸等事故,目前有些家用灶增设了熄火装置,它的作用是一旦灶的火焰熄灭,立即发出信号,让燃气通路切断,使燃气不能逸漏。

灶具在安装时,其侧面及背面应离可燃物 200 mm 以上,燃气灶与可燃或难燃烧的墙壁之间应采取有效的防火墙隔热措施隔热。燃气灶与对面墙之间应有不小于 1 m 的净距。

2)燃气烤箱

烤箱由外部围护结构和内箱组成。内箱包以绝热材料减少热损失。箱内设有承载物品的托网和托盘,顶部设置排烟口,在内箱上部空间里装有恒温器的感热原件,它与恒温器联合工作,控制烤箱内的温度。烤箱的玻璃门上装有温度指示器。

3)燃气热水器

为了洗浴方便,越来越多的家庭配置了燃气热水器。燃气热水器根据排气方式可分为直接排气式热水器、烟道排气式热水器和平衡式热水器三类。目前国内应用的多为直接排气式热水器,该型热水器严禁安装在浴室内;烟道排气式热水器可安装在有效排烟的浴室内,浴室体积不小于 7.5 m^3;平衡式热水器可安装在浴室内。装有直接排气式热水器和烟道式热水器的房间,其房间门或墙的下部应设有效截面积不小于 0.02 m^2 的格栅,或在门与地之间留有不小于 30 mm 的间隙;房间净高应大于 2.4 m,热水器与对面墙之间应有不小于 1 m 的通道。热水器的安装高度,一般以热水器的观火孔与人眼高度相平为宜,一般距地面 1.5 m。

除以上介绍的几种常用燃气用具以外,还有供应开水和温开水的燃气开水炉、不需要电的吸收式制冷设备——燃气冰箱以及燃气空调机等,这里就不一一介绍了。总之,燃气的应用不仅给人们的生活带来很大方便,而且对于合理利用能源,减少环境污染具有重大意义,燃气应用的各类设备的发展前景十分广阔。燃气表、燃气灶具及燃气热水器安装示意图见图 6-7。

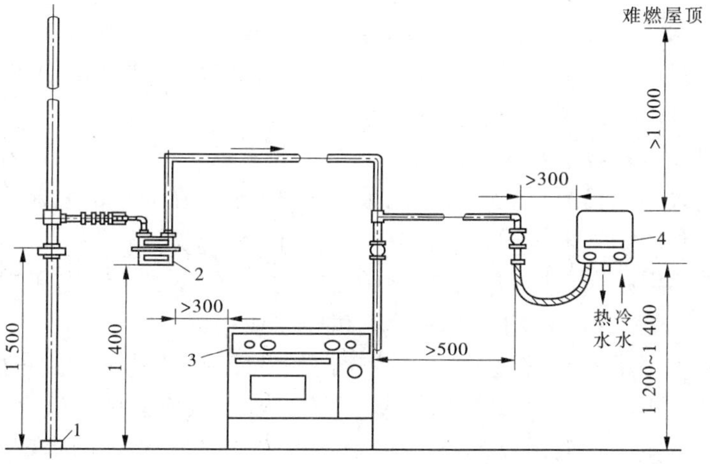

1—套管;2—燃气表;3—燃气灶具;4—燃气热水器

图 6-7 燃气表、燃气灶具及燃气热水器安装示意图 (单位:mm)

任务6.2 城市供热工程

6.2.1 城市热源的类型和供热系统

6.2.1.1 城市热源的研究对象及发展概况

1. 供热工程的研究对象

人们在日常生活和社会生产中都需要大量的热能,如在生活中煮饭、饮水、洗涤、医疗、消毒和采暖等,在生产中拖动、锻压、蒸煮、烘干以及直接或间接加热等。热能工程是将自然界的能源直接或间接地转化成热能,满足人们需要的科学技术。热能工程中,生产、输配和应用中、低品位热能的工程技术称为供热工程。热媒是可以用来输送热能的媒介物,常用的热媒是热水和蒸汽。

供热系统包括热源、供热热网和热用户三个基本组成部分。

(1)热源,主要是指生产和制备一定参数(温度、压力)热媒的锅炉房或热电厂。

(2)供热热网,是指输送热媒的室外供热管路系统。主要解决建筑物外部从热源到热用户之间热能的输配问题。

(3)热用户,是指直接使用或消耗热能的室内采暖、通风空调、热水供应和生产工艺用热系统等。室内采暖系统是冬季消耗热能的大户。

2. 供热技术的发展概况

人类利用热能是从熟食、取暖开始的,后来又将热能应用于生产中,并经过长期的实践,丰富和发展了供热理论。

供热技术的发展,起初是以炉灶为热源的局部供热。19世纪欧洲的产业革命,使供热技术发展到以锅炉为热源、以蒸汽或热水为热媒的集中供热。集中供热方式始于1877年,当时在美国纽约建成了第一个区域锅炉房向附近14家热用户供热。到了20世纪初,由于社会化大生产的出现和电力负荷的增多,使供热技术有了新的发展,出现了热电联产,且以热电厂为热源进行区域供热。最近几十年来,区域供热发展很快,能够明显地达到节约能源、改善环境、提高人民生活水平和满足生产用热要求。

我国在供热技术发展中曾对人类做出了杰出的贡献。据有关记载,在夏、商、周时期就有采暖火炉。火炉是我国宫殿中常用的采暖方式,至今在北京故宫和颐和园中还完整地保存着。这些利用烟气采暖的方式,如火炉、火干墙和火炕等,目前在我国北方农村还被广泛地使用着。但是在长期的封建社会中,供热技术的发展一直受到束缚,新中国成立前,我国只有少数的工厂有自备的供热系统,供热事业很落后。

中华人民共和国成立后,随着国民经济建设的发展和人民生活水平的不断提高,我国的采暖和集中供热事业得到了迅速的发展。在东北、西北、华北三北地区,许多民用建筑、工业企业都装设了集中式采暖设备,室内的舒适性、卫生与环境条件得到很大的改善。

自1959年我国第一座城市热电站——北京东郊热电站投入运行,到改革开放前,我国只有哈尔滨、沈阳等7个城市有集中供热。改革开放后发展迅速,1981年增加到15个城市,到1998年有集中供热设施的城市猛增到286个,供热面积也从1981年的0.225

亿 m^2 猛增至1998年的8.7亿 m^2。2000年,城镇供热面积达11.077亿 m^2。近年来我国供热需求不断增加,城市供热面积从2002年的15.56亿 m^2 上升至2016年的73.87亿 m^2。2014年,我国北方地区城镇采暖面积达120亿 m^2,其中城镇集中供热面积为71亿 m^2。

在集中供热发展的同时,也面临着许多问题和困难。我国从计划经济向社会主义市场经济全面转轨,城镇集中供热也逐渐从作为职工福利转变为适应市场经济的用热交费制度,现有的供热体制、供热收费制度等已不能适应新时期市场经济条件下供热事业发展的需要。2002年3月,中华人民共和国建设部以城建函〔2002〕49号文下发《关于改革城镇供热体制的通知》(征求意见稿),通知中明确表示,改革单位统包的用热制度,停止福利供热,实行热商品化、货币化;加大建筑节能技术的推广应用和供热设施的改革力度,提高热能利用效率,改善城镇大气环境的质量;加快供热企业改革,引入竞争机制,培育和规范城镇供热市场,更进一步明确了供热技术的发展方向。基于目前我国集中供热的能源结构、管网系统及经营管理模式等,供热节能行业是发展潜力巨大的产业,虽经十余年发展,但仍处于一个相对初级的阶段,未来供热节能行业将主要呈现出系统化、数据化、服务化三个方面的发展趋势。

此外,从20世纪60年代开始,我国已经能够自行设计大、中、小型的成套设备和各种锅炉,设计制造多种铸铁、钢制和铝合金的散热设备。2000年以后,随着国际技术交流渠道不断拓宽,大量先进技术陆续引进,国内供热技术的开发能力也不断增强,城镇供热在设计标准、工艺水平、技术性能和自动化程度等方面有了很大的进步。近年来,随着节能环保要求越来越高、可再生能源不断应用、供热方式不断创新、市场化持续发展、智能化网络化不断推广,我国集中供热系统也正从第一代(蒸汽供热系统)、第二代(加压热水系统)、第三代(计量和监测的供热系统)共存的不均衡发展状态,向"第四代供热技术"发展。所谓"第四代供热技术"是指:采用多种能源供热,逐渐降低化石能源在供热系统的使用比例,供热的控制系统能与其他能源控制方式通信,从简单的自动化控制向大数据和智能化发展的智能供热技术。

6.2.1.2　集中供热的概念

供热系统根据热源和供热规模的大小,可分为分散供热和集中供热两种基本形式。所谓分散供热,是指热用户较少、热源和热网规模较小的单体或小范围供热方式;而集中供热是指从一个或多个热源通过热网向城市、镇或其中某些区域热用户供热,它的供热量和范围比小型分散供热大得多,输送距离也长得多。

集中供热由于热效率高、节省燃料,减少了对环境的污染,而且机械化和自动化程度较高,目前已成为现代化城镇的重要基础设施之一,是城镇公共事业的重要组成部分。

1. 集中供热系统的组成

集中供热系统由三大部分组成,即热源、热力网(热网)和热用户。热源在热能工程中是指能从中吸取热量的任何物质、装置或天然能源。目前应用最广泛的是区域锅炉房和热电厂,该热源是使用煤、油、天燃气等作为燃料燃烧产生热能,将热能传递给水而产生热水或蒸汽。此外也可以利用核能、地热、电能、工业余热作为集中供热系统的热源。

2. 集中供热系统的基本形式

下面主要介绍区域锅炉房和热电厂供热系统。

(1)以区域锅炉房(内装置热水锅炉或蒸汽锅炉)为热源的供热系统,称为区域锅炉房集中供热系统。图6-8为区域蒸汽锅炉房集中供热系统示意图。

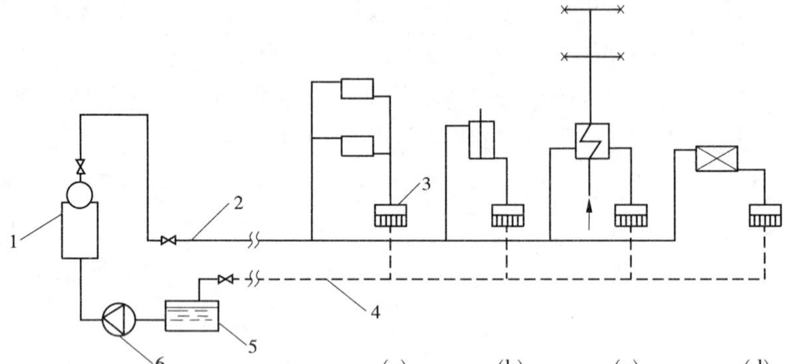

1—蒸汽锅炉;2—蒸汽干管;3—疏水器;
4—凝水干管;5—凝结水箱;6—锅炉给水泵
(a)、(b)、(c)和(d)—室内采暖、通风、热水供应和生产工艺系统

图6-8　区域蒸汽锅炉房集中供热系统示意图

由蒸汽锅炉1产生的蒸汽,通过蒸汽干管2输送到各热用户,如采暖、通风、热水供应和生产工艺系统等。各室内用热系统的凝结水,经过疏水器3和凝水干管4返回锅炉房的凝结水箱5,再由锅炉给水泵6将给水送进锅炉重新加热。

(2)以热电厂作为热源的供热系统,称为热电厂集中供热系统。由热电厂同时供应电能和热能的能源综合供应方式,称为热电联产。

热电厂内的主要设备之一是供热汽轮机,它驱动发电机产生电能,同时利用作过功的抽(排)汽供热。供热汽轮机的种类很多,下面以在热电厂内安装有两个可调节抽汽口的供热汽轮机为例,简要介绍热电厂供热系统的工作原理。

图6-9中蒸汽锅炉1产生的过热蒸汽,进入供热汽轮机2膨胀做功,驱动发电机3产电能,投入电网向城镇供电。

在汽轮机中,当蒸汽膨胀到高压可调抽汽口的压力时(压力可保持在0.8~1.3 MPa之间),可抽出部分蒸汽向外供热,通常向生产工艺热用户供热。当蒸汽在汽轮机中继续膨胀到低压可调抽汽口压力时(压力保持在0.12~0.25 MPa),再抽出部分蒸汽,送入热水供热系统的热网水加热器5中(通常称为基本加热器,在整个采暖的季节都投入运行),将热水热网的回水加热。在室外温度较低,需要加热到更高的供水温度,而基本加热器不能满足要求时,可通过尖(高)峰加热器6再将热网水进一步加热。尖峰加热器所需的蒸汽,可由高压抽汽口或从蒸汽锅炉通过减压减温装置4获得。高低压中调节抽汽口的抽汽量将根据热用户热负荷的变化而变化,同时调节装置将相应改变进入冷凝器7的蒸汽量,以保持所需的发电量不变。蒸汽在冷凝器中被冷却水冷却为凝结水,用凝结水泵8送进回热装置9(由几个换热器和除氧器组成)逐级加热后,再进入蒸汽锅炉重新加热。

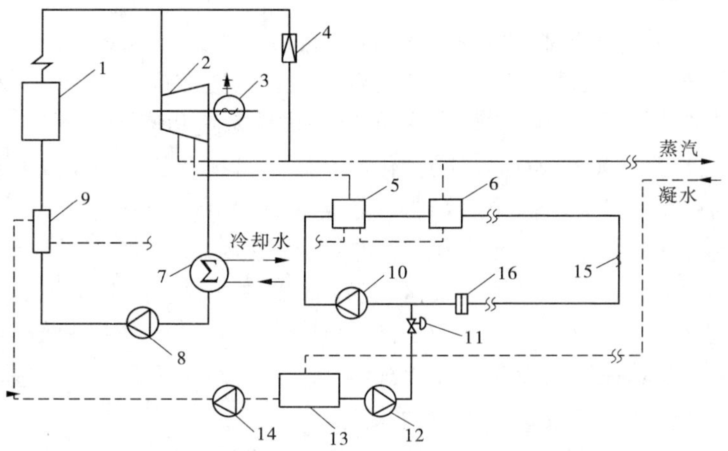

1—蒸汽锅炉;2—供热汽轮机;3—发电机;4—减压减温装置;5—基本加热器;6—尖峰加热器;
7—冷凝器;8—凝结水泵;9—回热装置;10—热网循环水泵;11—补给水压力调节器;
12—补给水泵;13—水处理装置;14—给水泵;15—热用户;16—除污器

图6-9 热电厂集中供热系统示意图

由于供热汽轮机是利用做过功的蒸汽向外供热,与凝汽式发电方式相比,大大减少了凝汽器的冷源损失,因而热电厂的热能利用效率远高于凝汽式发电厂。凝汽式发电厂的热效率为25% ~40%,而热电厂的热效率可达70% ~80%。

蒸汽在热用户放热后,凝水返回热电厂水处理装置13,再通过给水泵14送进电厂的回热装置加热。

热水热网的循环水泵10,驱动热网内的水不断循环而被加热和冷却。通过热水热网的补给水泵12,补充热水热网的漏水量。利用补给水压力调节器11,控制热水供热系统的压力。

6.2.1.3 采暖工程的基本概念

1. 采暖及采暖期

所谓采暖,就是使室内获得热量并保持一定的室内温度,以达到适宜的生活条件或工作条件的技术。所有采暖系统都由热媒制备(热源)、热媒输送和热媒利用(散热设备)三个主要部分组成。

从开始采暖到结束采暖的期间称为采暖期。《工业建筑采暖通风与空气调节设计规范》(GB 50019—2015)(以下简称《暖通规范》)规定,设计计算用采暖期天数,应按多年日平均温度稳定低于或等于采暖室外临界温度的总日数确定。对一般民用建筑和工业建筑采暖室外临界温度,宜采用5 ℃。各地的采暖期天数及起止日期,可从有关资料中查取。我国幅员辽阔,各地设计计算采暖期天数不一,东北、华北、西北、新疆、西藏等地区的采暖期均较长,少的也有100多天,多的可达200天以上。例如北京设计计算用采暖期天数可达129天。设计计算用采暖期,是计算采暖建筑物的能量消耗,进行技术经济分析、比较等不可缺少的数据,并不指具体某地方的实际采暖期,各地的实际采暖期应由各地主管部门根据实际情况自行确定。

2. 采暖系统分类

(1)根据三个主要组成部分的相互位置关系,可分为局部采暖系统和集中采暖系统。热媒制备、热媒输送和热媒利用三个主要组成部分在构造上都在一起的采暖系统,称为局部采暖系统,如烟气采暖(火炉、火墙和火炕等)、电热采暖和燃气采暖等。虽然燃气和电能通常由远处输送到室内来,但热量的转化和利用都是在散热设备上实现的。

热源和散热设备分别设置,用热媒管道相连接,由热源向各个房间或各个建筑物供给热量的采暖系统,称为集中式采暖系统。《暖通规范》规定:多年日平均温度稳定低于或等于5 ℃的日数大于或等于90天的地区,宜设置集中采暖。同时也规定:设置采暖的公共建筑和工业建筑,当其位于严寒地区或寒冷地区,且在非工作时间或中断使用的时间内,为了防止小管及其他用水设备等发生冻结,室内温度必须保持0 ℃以上,而利用房间蓄热量不能满足要求时,应按5 ℃设置值采暖。

(2)根据热媒种类不同,可分为热水采暖系统、蒸汽采暖系统、热风采暖系统。热水采暖系统的热媒是热水。根据热水在系统中循环流动的动力的不同,热水采暖系统又分为以自然循环压力为动力的自然循环热水采暖系统(重力循环热水采暖系统)、以水泵扬程为动力的机械循环热水采暖系统。

蒸汽采暖系统的热媒是蒸汽。根据蒸汽压力的不同,蒸汽采暖系统可分为低压蒸汽采暖系统(蒸汽压力在0.05 ~0.07 MPa)和高压蒸汽采暖系统(蒸汽压力在0.07 MPa以上)。

热风采暖系统以热空气作为热媒,即把空气加热到适当的温度直接送入房间以满足采暖要求。根据需要和实际情况,可设独立的热风采暖系统或采用通风和空调联合的系统。例如,暖风机、热风幕等就是热风采暖的典型设备。

(3)根据散热设备散热方式的不同,可分为对流采暖和辐射采暖。以对流换热为主要方式的采暖,称为对流采暖。系统中的散热设备是散热器,因而这种系统也称为散热器采暖系统。利用热空气作为热媒,向室内供给热量的采暖系统,称为热风采暖系统。它也是以对流方式向室内供热。辐射采暖是以辐射传热为主的一种采暖方式。辐射采暖系统的散热设备,主要采用金属辐射板或以建筑物部分顶棚、地板或墙壁作为辐射散热面。

6.2.2 城市供热工程规划设计

6.2.2.1 采暖室内计算温度 t_n

室内计算温度是指距地面2 m以内人们活动地区的平均空气温度。室内空气温度的选择,应满足人们生活和生产工艺的要求。生产工艺要求的室温,一般由工艺设计人员提出。生活用房间的温度,主要决定于人体的生理热平衡,它和许多因素有关,如与房间的用途、室内的潮湿状况和散热强度、劳动强度以及生活习惯、生活水平等有关。

许多国家规定的冬季室内温度标准,大致在16 ~22 ℃范围内。国内有关卫生部门的研究结果认为:当人体衣着适宜,保暖量充分且处于安静状况时,室内温度20 ℃比较舒适,18 ℃无冷感,15 ℃是产生明显冷感的温度界限。

《暖通规范》规定,设计采暖系统时,冬季室内计算温度应根据建筑物用途,按下列规定采用:

(1)民用建筑的室内设计温度,应符合下列规定:

①严寒和寒冷地区主要房间应采用 18 ~ 24 ℃；

②夏热冬冷地区主要房间宜采用 16 ~ 22 ℃；

③值班供暖房间不应低于 5 ℃。

(2)生产厂房、仓库、公用辅助建筑的工作地点应按劳动强度确定设计温度,并应符合下列规定:

①轻劳动应为 18 ~ 21 ℃,中劳动应为 16 ~ 18 ℃,重劳动应为 14 ~ 16 ℃,极重劳动应为 12 ~ 14 ℃；

②当每名工人占用面积大于 50 m^2,工作地点设计温度轻劳动时可降低至 10 ℃,中劳动时可降低至 7 ℃,重劳动时可降低至 5 ℃。

(3)生活、行政辅助建筑物及生产厂房、仓库、公用辅助建筑的辅助用室的室内温度应符合下列规定:

①浴室、更衣室不应低于 25 ℃；

②办公室、休息室、食堂不应低于 18 ℃；

③盥洗室、厕所不应低于 14 ℃。

(4)生产工艺对厂房温、湿度有要求时,应按工艺要求确定室内设计温度。

(5)采用辐射供暖时,室内设计温度值可低于(1) ~ (3)条规定值 2 ~ 3 ℃。

(6)严寒、寒冷地区的生产厂房、仓库、公用辅助建筑仅要求室内防冻时,室内防冻设计温度宜为 5 ℃。

6.2.2.2 采暖室外计算温度 t_{wn}

采暖室外计算温度 t_{wn} 如何确定,对采暖系统设计有重要影响。如采用过低的 t_{wn} 值,在采暖运行期的绝大部分时间里,使设备能力富裕过多,造成浪费;如采用值过高,则在较长时间内不能保证采暖效果。因此,正确地确定和合理地采用采暖室外计算温度是一个技术与经济统一的问题。

目前国内外选定采暖室外计算温度的方法,可以归纳为两种:一是根据围护结构的热惰性原理,另一种是根据不保证天数的原则来确定。

苏联建筑法规规定各个城市的采暖室外计算温度是按考虑围护结构热惰性原理来确定的。它规定,采暖室外计算温度要按 50 年中最冷的八个冬季里最冷的连续 5 天的日平均温度的平均值确定。通过围护结构热惰性原理分析得出:在采用 620 mm 厚实心砖墙的情况下,即使昼夜间室外温度波幅为 ± 18 ℃,外墙内表面的温度波幅也不会超过 ± 1 ℃,对人的舒适感不产生影响。根据热惰性原理确定采暖室外计算温度规定值是比较低的。

采用不保证天数方法的原则是:人为允许有几天时间可以低于规定的采暖室外计算温度值,亦即容许这几天室内温度可能稍低于室内计算温度 t_n 值。不保证天数根据各国规定而有所不同,有规定 1 天、3 天、5 天等。

我国结合国情、气候特点以及建筑物的热工性能等,制定了以日平均温度为统计基础,按照历年室外实际出现的较低的日平均温度低于室外计算温度的时间,平均历年不超过 5 天的原则,确定采暖室外计算温度的方法。实践证明,只要供热情况有保障,即采取连续采暖或间歇时间不长的运行制度对于一般建筑物来说,就不会因采用这样的室外计算温度而影响采暖效果。《暖通规范》规定:“采暖室外计算温度,应采用历年平均不保证5天的统计方法所计算出的日平均温度”。为保证计算温度的科学合理,根据气象部门整编数据的规定,编制组选取了1971～2000年作为统计期,部分台站因为迁站等原因有数据缺失,除长沙、重庆和芜湖外,其余台站均保证统计期大于20年。对大多数城市来说,是指1971～2000年共30年的气象统计资料里,不得有多于150天的实际日平均温度低于所选定的室外计算温度值。例如在1971～2000年间,北京市室外日平均温度低于和等于+5 ℃共有123天,日平均温度低于和等于+8 ℃共有144天。取整数值后,确定北京市的采暖室外计算温度为-7.6 ℃。

以前参照苏联采用热惰性原理进行计算,曾规定过北京市的采暖室外计算温度为-9.1 ℃。通过对许多城市的气象资料统计分析,采用不保证5天的方法确定t_{wn}值,使我国大部分城市的t_{wn}值普遍提高了1～4 ℃(与采用热惰性原理对比),从而降低了采暖系统的设计热负荷并节约了费用,而对人们居住条件则无影响。我国城市的采暖室外计算温度t_{wn}值,可查阅《民用建筑供暖通风与空气调节设计规范》(GB 50736—2012)及有关资料。

6.2.3　城市采暖系统

采暖系统根据热媒的不同,可分为热水采暖系统、蒸汽采暖系统、热风采暖系统。由于热水采暖系统的热能利用率较高,输送时无效损失较小,散热设备不易腐蚀,使用周期长,且散热设备表面温度低,符合卫生要求,系统操作方便,运行安全,易于实现供水温度的集中调节,系统蓄热能力高,散热均衡,适于远距离输送。因此,《暖通规范》规定,民用建筑应采用热水采暖系统。

热水采暖系统按循环动力的不同,可分为自然循环系统和机械循环系统。目前应用最广泛的是机械循环热水采暖系统。

6.2.3.1　自然循环热水采暖系统的工作原理

图6-10为自然循环热水采暖系统工作原理图。图中假设整个系统有一个加热中心(锅炉)和一个冷却中心(散热器),用供、回水管路把散热器和锅炉连接起来。在系统的最高处连接一个膨胀水箱,用来容纳水受热膨胀而增加的体积。

运行前,先将系统内充满水,水在锅炉中被加热后,密度减小,水向上浮升,经供水管道流入散热器。在散热器内热水被冷却,密度增加,水再沿回水管道返回锅炉。

在水的循环流动过程中,供水和回水由于温度差的存在,产生了密度差,系统就是靠供回水的密度差作为循环动力的。这种系统称为自然(重力)循环热水采暖系统。分析该项系统循环作用压力时,忽略水温在锅炉和散热器处的变化。

6.2.3.2　机械循环热水采暖系统的工作原理

机械循环热水系统设置了循环水泵,为水循环提供动力。这虽然增加了运行管理费用和电耗,但系统循环作用压力大,管径较小,系统的作用半径会显著提高。系统中设置了循环水泵、膨胀水箱、集中罐和散热器等设备。机械循环系统与自然循环系统的主要区别是:

(1)循环动力不同。机械循环系统靠水泵提供动力,强制水在系统中循环流动。循环水泵一般设在锅炉入口前的回水干管上,该处水温最低,可避免水泵出现气蚀现象。而自然系统是靠供回水的密度差作为循环动力的。

(2)膨胀水箱的连接点和作用不同。机械循环系统膨胀水箱设置在系统的最高处,水箱下部接出的膨胀管连接在循环水泵入口前的回水干管上。其作用除容纳水受热膨胀而增加的体积外,还能恒定水泵入口压力,保证采暖系统压力稳定。

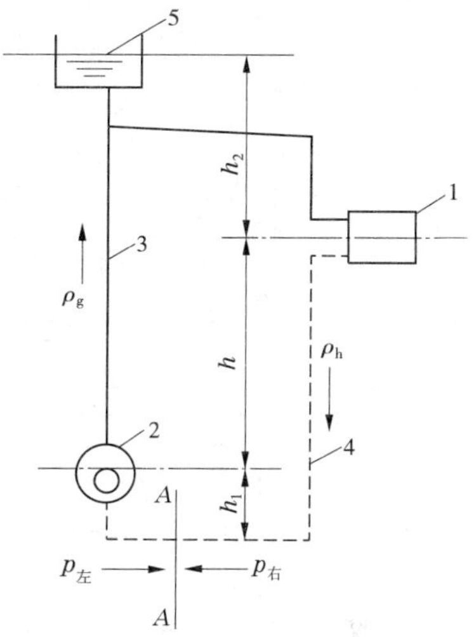

1—散热器;2—热水锅炉;3—供水管路;4—回水管路;5—膨胀水箱

图6-10 自然循环热水采暖系统工作原理图

6.2.3.3 热水采暖系统管道布置与敷设

1. 管道布置的基本原则

布置热水采暖系统管道时,必须考虑建筑物的具体条件(如平面形状和构造尺寸等)、系统连接形式、管道水力计算方法、室外管道位置或运行情况等,恰当地确定散热设备的位置、管道的位置和走向、支架的布置、伸缩器和阀门的设置、排气和泄水设施等。

管路布置的基本原则是使系统构造简单,节省管材,各个并联环路压力损失易于平衡,便于调节热媒流量、排气、泄水,便于系统安装和检修,以提高系统使用质量,改善系统运行功能,保证系统正常工作。

设计热水采暖系统一般先布置散热设备,然后布置干管,再布置立支管。对于系统各个组成部分的布置,既要逐一进行,又要全面考虑,即布置散热设备时要考虑到干管、立支管、膨胀水箱、排气装置、泄水装置、伸缩器、阀门和支架等的布置,布置干管、立支管时也要考虑到散热设备等附件的布置。

2. 环路划分

室内采暖系统引入口应根据室外管道的位置设置,并且还应考虑有利于系统的环路划分。

对于环路划分,一是要将整个系统划分为几个并联的、相对独立的小系统;二是要合理划分,使热量分配均衡,各并联环路阻力易于平衡,便于控制和调节系统。条件许可时,建筑物采暖系统南北向房间宜分环设置。下面是几种常见的环路划分方法。

图6-11为无分支环路的同程式系统。它适用于小型系统或引入口的位置不易平分成对称热负荷的系统中。图6-12为两个分支环路的异程式系统。图6-13为两个分支环路的同程式系统。同程式与异程式相比,异程式中间增设了一条回水管和地沟,同程式两大分环路的阻力容易平衡,多被采用。

3. 管路敷设要求

室内采暖系统管道应尽量明设,以便于维护管理和节省造价,有特殊要求或影响室内整洁美观时才考虑暗设。敷设时,应考虑以下几个问题。

(1)上供下回式系统的顶层梁下和窗顶之间的距离应满足供水干管的坡度和集气罐的设置要求。集气罐应尽量设在有排水设施的房间,以便于排气。

回水干管如果敷设在地面上,底层散热器下部和地面之间的距离也应满足回水干管

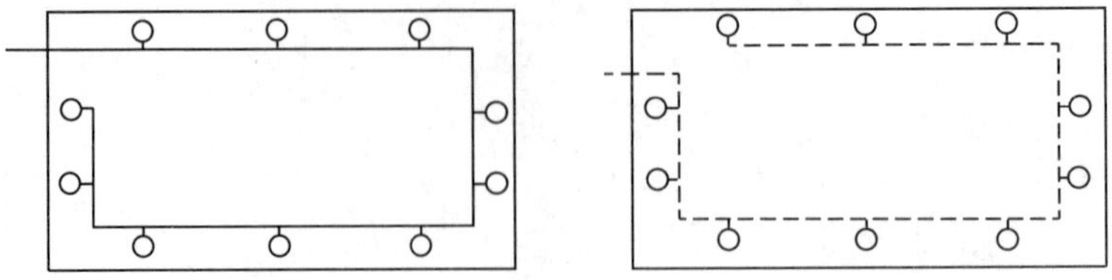

图6-11　无分支环路的同程式系统

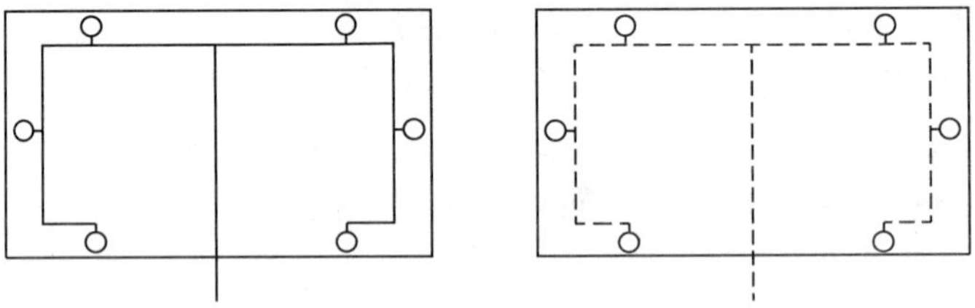

图6-12　两个分支环路的异程式系统

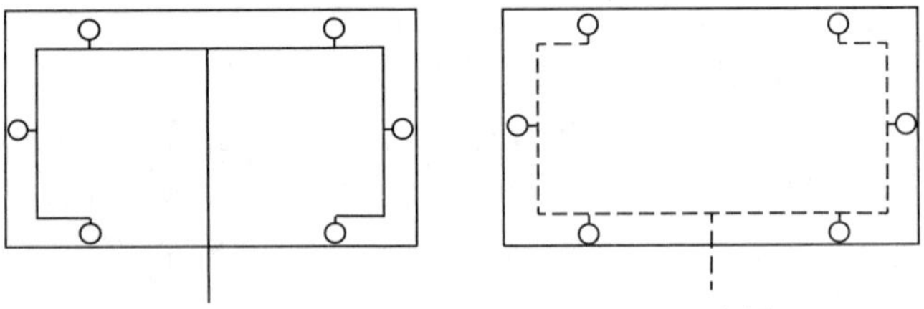

图6-13　两个分支环路的同程式系统

敷设坡度的要求。如果地面上不允许敷设或净空高度不够时,应设在半通行地沟或不通行地沟内。供、回水干管的敷设坡度应满足《暖通规范》的要求。

(2)管路敷设时应尽量避免出现局部向上凹凸现象,以免形成气塞。在局部高点处,应考虑设置排气装置。局部最低点处,应考虑设置排水阀。

(3)回水干管过门时,如果下部设过门地沟或上部设空气管,应设置泄水和排空装置。两种做法中均设置了一段反坡向的管道,目的是为了顺利排除系统中的空气。

(4)立管应尽量设置在外墙角外,以补偿该处过多的热损失,防止该处结露。楼梯间或其他有冻结危险的场所,应单独设置立管,该立管上各组散热器的支管均不得安装阀门。

(5)室内采暖系统的供水、回水管上应设阀门;划分环路后,各并联环路的起、末端应设一个阀门,立管的上、下端应各设一个阀门,以便于检修、关闭。

热水采暖系统热力入口处的供水、回水总管上应设置温度计、压力表及除污器,必要时,应装设热量表。

(6)散热器的供、回水支管应考虑避免散热器上部积存空气或下部放水时放不干净,应沿水流方向设下降的坡度。坡度不得小于1%。

(7)穿过建筑物基础、变形缝的采暖管道,以及埋设在建筑结构里的立管,应采取防止由于建筑物下沉而损坏管道的措施。当采暖管道必须穿过防火墙时,在管道穿过处应采取防火封堵措施,并在管道穿过处采取固定措施,使管道可向墙的两侧伸缩。采暖管道穿过隔墙和楼板时,宜装设套管。采暖管道不得与输送蒸汽燃点低于或等于120 ℃的可燃液体或可燃、腐蚀性气体的管道在同一条管沟内平行或交叉敷设。

(8)采暖管道在管沟或沿墙、柱、楼板敷设时,应根据设计、施工与验收规范的要求,每隔一定间距设置管卡或支、吊架。为了消除管道受热变形产生的热应力,应尽量利用管道上的自然转角进行热伸长的补偿,管线很长时,应设补偿器,适当设固定支架。

(9)采暖管道多采用水、煤气钢管,可采用螺纹连接、焊接和法兰连接。管道应按施工与验收规范要求作防腐蚀处理。敷设在管沟、技术夹层、门顶、管道竖井或易冻结地方的管道,应采取保温措施。

(10)采暖系统供水、供汽干管的末端和回水干管始端的管径,不宜小于20 mm。低压蒸汽的供汽干管可适当放大。

6.2.4 城市集中供热系统

集中供热系统是由热源、热网和热用户三个部分组成的。集中供热系统的热用户有采暖、通风、空调及生活热水供应、生产工艺等用热系统,供应范围广。根据热媒的不同,集中供热系统可分为热水供热系统和蒸汽供热系统;根据热源的不同,可分为热电厂供热系统和区域锅炉房供热系统等;根据供热管道的不同,可分为单管制、双管制和多管制供热系统。

6.2.4.1 集中供热系统方案的确定

1. 集中供热系统方案确定的原则

集中供热系统方案确定的原则是:有效地利用并节约能源,投资少,见效快,运行经济,符合环境保护要求等。在这个原则基础上,确定出技术先进、经济合理、使用可靠的最佳方案。

2. 集中供热系统热源形式、热媒的确定

确定集中供热系统的方案时,首先需要确定集中供热系统的热源形式,选择热媒的种类及参数。

1)集中供热系统热源形式的确定

集中供热系统中,目前采用的热源形式主要有:区域锅炉房、热电厂、核能、地热、工业余热和太阳能等,最广泛应用的热源形式是热电厂和区域锅炉房,核能的应用近来也逐渐增多。

在区域热水锅炉房中,设热水锅炉制备热水。在区域蒸汽锅炉房中,设蒸汽锅炉产生蒸汽。对于区域蒸汽、热水锅炉房供热系统,则应在锅炉房内分别装设蒸汽锅炉和热水锅炉,构成蒸汽供热、热水供热两个独立的系统。

在热电厂供热系统中,则应根据选用的汽轮机组不同,分别采用抽汽式、背压式及凝汽式低空热电厂供热系统等。以热电厂作为热源,实现热电联产,热能利用效率高。它是发展集中供热、节约能源的最有效措施。

在一些大型的工矿企业中,生产工艺过程往往伴随着产生大量的余热和废热,充分利用这些余热和废热资源来供热,是有效利用和节约能源的重要途径。

2)供热介质及参数的确定

(1)供热介质的确定。集中供热的供热介质(热媒)主要是热水和蒸汽。

对民用建筑物采暖、通风、空调及生活热水热负荷供热的城市热力网,应采用水作供热介质。

同时,对生产工艺热负荷和采暖、通风、空调及生活热水热负荷供热的城市热力网,供热介质按下列原则确定:①当生产工艺热负荷为主要负荷,且必须采用蒸汽供热时,应采用蒸汽作供热介质;②当以水为供热介质能够满足生产工艺需要(包括在热用户处转换为蒸汽),且技术经济合理时,应采用水作供热介质;③当采暖、通风、空调热负荷为主要负荷,生产工艺又必须采用蒸汽供热,经技术经济比较认为合理时,可采用水和蒸汽两种供热介质。

(2)供热介质参数的确定。①热水热力网最佳设计供、回水温度应结合具体工程条件,考虑热源、热力网、热用户系统等方面的因素,进行技术经济比较确定;②当不具备条件进行最佳供、回水温度的技术经济比较时,热水热力网供、回水温度可按下列原则确定:

A. 以热电厂或大型区域锅炉房为热源时,设计供水温度可取110~150 ℃,回水温度不应高于70 ℃。热电厂采用一级加热时,供水温度取较小值;采用二级加热(包括串联尖峰锅炉)时,取较大值。

B. 以小型区域锅炉房为热源时,设计供回水温度可取热用户内采暖系统的设计温度。

C. 多热源联网运行的供热系统中,各热源的设计供回水温度应一致。当区域锅炉房与热电厂联网运行时,应采用以热电厂为热源的供热系统的最佳供、回水温度。

6.2.4.2 热水供热系统

1. 热水供热系统与独立锅炉房的连接

图6-14为热水锅炉房集中供热系统。热源处主要设备有热水锅炉、循环水泵、补给水泵及水处理设备。室外热网由一条供水管和一条回水管组成。热用户包括采暖热用户、生活热水供应热用户等。系统中的水在锅炉中被加热到需要的温度以循环水泵作为动力使水沿供水管供给各热用户,散热后回水沿回水管返回锅炉,水不断地在系统中循环流动,系统在运行过程中的漏水量或被热用户消耗的水量,由补给水泵把经过处理后的水从回水管补充到系统内。补充水量的多少可通过压力调节阀控制。除污器设在循环水泵吸入口侧,用以清除水中的污物、杂质,避免进入水泵与锅炉内。

2. 热水供热系统与集中供热热网的连接

热水供热系统工程的供热对象多为采暖、通风和热水用户。

按热用户是否直接取用热网循环水,热水供热系统又分成闭式系统和开式系统。

1)闭式热水供热系统

热用户不从热网中取用热水,热网循环水仅作为热媒,起转移热能的作用,供给热用户热量,这样的系统称为闭式系统。

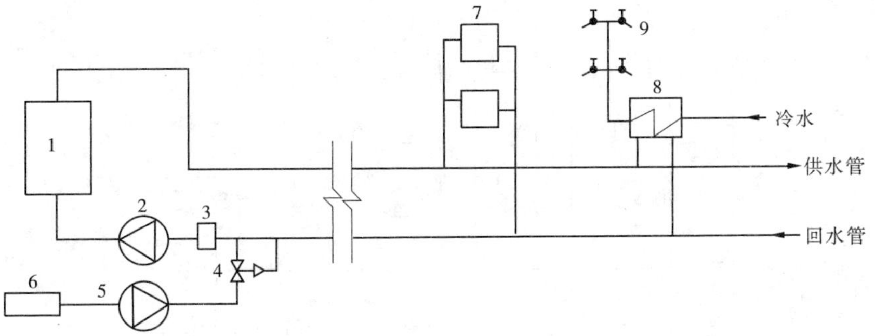

1—热水锅炉;2—循环水泵;3—除污器;4—压力调节阀;5—补给水泵;
6—补充水处理装置;7—采暖散热器;8—生活热水加热器;9—水龙头

图6-14 热水锅炉房供热系统

根据闭式热水供热系统热用户与热水热网的连接方式不同,可分为直接连接和间接连接两种。直接连接是指热用户直接连接在热水热网上,热用户与热水热网的水力工况直接发生联系,二者热媒温度相同。间接连接是指热网水进入表面式水-水换热器加热用户系统的水,热用户与热网各自是独立的系统,二者温度不同,水力工况互不影响。

闭式双管热水供热系统是应用最广泛的一种供热系统形式,通常以高温水作热媒,热网由一条供水管和一条回水管组成,故为双管,如图6-15所示。

(1)无混合装置的直接连接(见图6-15(a))。当热用户与热网水力工况和温度工况一致时,热水经热网供水管直接进入采暖系统供给热用户,在散热设备散热后,回水直接返回热网回水管路。这种连接形式简单、造价低。但这种无混合装置的直接连接方式,只能在热网的设计供水温度等于用户采暖系统的设计供水温度时方可采用,且要满足热用户引入口处热网的供、回水管的压力水头大于采暖系统热用户要求的压力损失的条件。

绝大多数低温水热水供热系统是采用无混合装置的直接连接方式。

当集中供热系统采用高温水供热,热网设计供水温度超过用户采暖系统的设计供水温度时,若采用直接连接方式,就要采用装水喷射器或装混合水压泵的形式。

(2)装水喷射器的直接连接(见图6-15(b))。热网高温水进入喷射器,由喷嘴高速喷出,出口处形成低于热用户回水管的压力,回水管的低温水被抽入水喷射器,与热网高温水混合,使热用户入口处的供水温度低于热网供水温度,达到热用户供水温度的要求。

水喷射器(又叫混水器)无活动部件,构造简单,运行可靠,热网系统的水力稳定性好。但由于水喷射器抽引回水时需消耗能量,通常要求热网供、回水管在热用户入口处有0.08~0.12 MPa的压差,才能保证水喷射器正常工作。因而装水喷射器直接连接方式,通常只用在单幢建筑物的采暖系统上,需要分散管理。

(3)装混合水泵的直接连接(见图6-15(c))。当建筑物热用户引入口处热网的供、回水压差较小,不能满足水喷射器正常工作时所需的压差,或设集中泵站将高温水转为低温水向建筑物供热时,可采用装混合水泵的直接连接方式。

混合水泵设在建筑物入口或专设的热力站处,热网高温水与水泵回压后的热用户回水混合,降低温度后送入热用户供热系统,混合水的温度和流量可通过调节混合水泵的阀

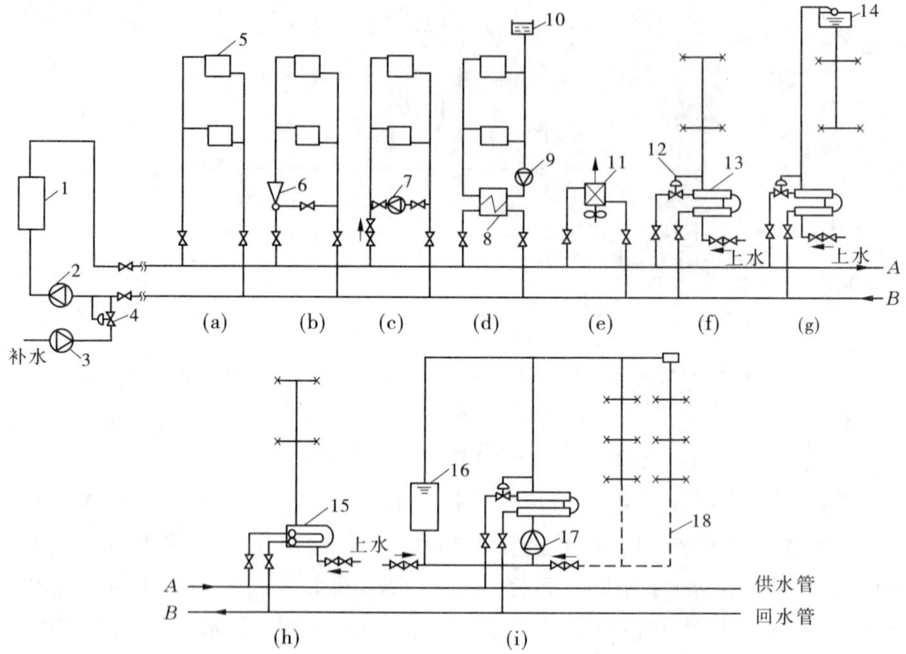

(a)无混合装置的直接连接 (b)装水喷射器的直接连接 (c)装混合水泵的直接连接
(d)采暖热用户与热网的间接连接 (e)通风热用户与热网的直接连接 (f)无储水箱的连接方式
(g)装设上部储水箱的连接方式 (h)装置容积式换热器的连接方式 (i)装设下部储水箱的连接方式
1—热源的加热装置;2—热网循环水泵;3—补给水泵;4—补给水压力调节器;5—散热器;6—水喷射器;7—混合水泵;
8—表面式水-水换热器;9—采暖热用户系统的循环水泵;10—膨胀水箱;11—空气加热器;12—温度调节器;
13—水-水式换热器;14—储水箱;15—容积式换热器;16—下部储水箱;
17—热水供应系统的循环水泵;18—热水供应系统的循环管路

图6-15 双管闭式热水供热系统

门或热网供、回水管进出口处阀门的开启度进行调节。为防止混合水泵扬程高于热网供、回水管的压差,将热网回水抽入热网供水管,热网供水管入口处应装设止回阀。

装混合水泵的连接方式是目前高温水供热系统中应用较多的一种直接连接方式。但其造价较装水喷射器的方式高,运行中需要经常维护并消耗电能。

(4)采暖热用户与热网的间接连接(见图6-15(d))。热网高温水通过设置在热用户引入口或热力站的表面式水-水换热器,将热量传递给采暖热用户的循环水,冷却后的回水返回热网回水管。热用户循环水靠热用户水泵驱动循环流动,热用户循环系统内部设置膨胀水箱、集气罐及补给装置,形成独立系统。

间接连接方式系统造价比直接连接高得多,而且运行管理费用也较高,适用于局部热用户系统必须和热网水力隔绝的情况。

有下列情况之一时,热用户采暖系统与热网连接的方式应采用间接连接:①大型城市集中供热热网;②建筑物采暖系统高度高于热网水压图供水压力线或静水压线;③采暖系统承压能力低于热网回水压力或静水压力;④热网资用压力水头低于热用户采暖系统阻力且不宜采用回压泵;⑤由于直接连接,而使热网运行调节不便、热网失水率过大及安全可靠性不能有效保证。

(5)通风热用户与热网的直接连接(见图6-15(e))。如果通风系统的散热设备承压能力较高,对热媒参数无严格限制,可采用最简单的直接连接形式与热网相连。

(6)热水供应热用户的间接连接。在闭式热水供热系统中,热网的循环水仅作为热媒供给热用户热量,而不从热网中取出使用。因此,热水供应热用户与热网的连接必须通过表面式水－水换热器。根据热用户热水供应系统中是否设置储水箱及其设置位置不同,连接方式有如下几种主要形式:

①无储水箱的连接方式(见图6-15(f))。热网供水通过水－水换热器将生活给水加热,冷却后的回水返回热网回水管。该系统热用户供水管上应设温度调节器,控制系统供给温度不随用水量的改变而剧烈变化。这是一种最简单的连接方式,适用于一般住宅或公共建筑连接用热水且用水量较稳定的热水供应系统。

②装设上部储水箱的连接方式(见图6-15(g))。生活给水被表面式水－水回热器加热后,先送入设在热用户最高处的储水箱,再通过配水管输送到各配水点。上部储水箱起着储存热水和稳定水压的作用。适用于热用户需要稳压供水且用水时间较集中、用水量较大的浴室、洗衣房或工矿企业等处。

③装置容积式换热器的连接方式(见图6-15(h))。容积式换热器不仅可以回热水,还可以储存一定的水量。不需要设上部储水箱,但由于传热系数很低,需要较大的换热面积,适用于工业企业和小型热水供应系统。

④装设下部储水水箱的连接方式(见图6-15(i))。该系统设有下部储水箱、热水循环管和循环水泵,当热用户用水量较小时,水－水加热器的部分热水直接流进热用户,多余的部分流入储水箱储存;当热用户用水量较大、水－水回热器供水量不足时,储水箱内的热水被生活给水挤出供给热用户系统,补充一部分热水量。装设循环水泵和循环管的目的是使热水在系统中不断流动,保证打开水龙头就能流出热水。为了使储水箱能自动地充水和放水,应将储水箱上部的连接管尽可能选粗一些。

这种方式复杂、造价高,但工作稳定可靠,适用于对热水供应要求较高的宾馆或高级住宅。

2)开式热水供热系统

热用户全部或部分地取用热网循环水,热网循环水直接消耗在生产和热水供应热用户上,只有部分热媒返回热源,这样的系统称为开式热水供热系统。

开式热水供热系统中,采暖、通风热用户系统与热网的连接方式,与闭式热水供热系统完全相同。

开式热水供热系统的热水供应热用户与热网的连接,有下列几种形式:

(1)无储水箱的连接方式。热网供水和回水直接经混合即送入热水用户,混合水温由温度调节器控制。为防止热网供应的热水直接流入热网回水管,回水管上应设置止回阀。

这种连接方式简单,由于是直接取水,适用于热网压力任何时候都大于热用户压力的情况。一般可用于小型住宅和公共建筑中。

(2)装设上部储水箱的连接方式。热网供水和回水经混合三通送入热水用户的高位储水箱,热水再沿配水管路送到各配水点。这种连接方式常用于浴室、洗衣房或用水量较大的工业厂房中。

(3)与生活给水混合的连接方式。当热水供应热用户用水量很大且要求水温不很高,建筑物中(如浴室、洗衣房等)来自采暖通风热用户系统的回水量不足与供水管中的热水混合时,则可采用这种连接方式。混合水温同样可用温度调节控制。为了便于调节水温,热网供水管的压力应高于生活给水管的压力,在生活给水管上要安装止回阀,以防止热网水流入生活给水管。

6.2.4.3　蒸汽供热系统

蒸汽供热系统广泛地应用于工业厂房或工业区域,它主要承担向生产工艺热用户供热,同时也向采暖、通风、空调和热水供应热用户供热。蒸汽供热系统多采用三管制,即一根管道供应生产工艺用汽和加热生活热水用汽,一根管道供应采暖、通风空调用汽,它们的回水共用一根凝结水管道返回热源,凝结水也可根据情况采用不回收的方式。

1. 热用户与蒸汽热网的连接方式

图6-16为蒸汽供热热网与热用户的连接方式。锅炉生产的高压蒸汽进入蒸汽热网,通过不同的连接方式直接或间接供给热用户热量,凝结水经凝结水热网返回热源凝水箱,经凝水泵打入锅炉重新加热变成蒸汽。

1)生产工艺热用户与蒸汽热网的连接方式(见图6-16(a))

蒸汽在生产工艺用热设备中,通过间接式热交换器放热后,凝结水返回热源。如在生产工艺用热设备后的凝结水有污染或回收凝结水技术经济上不合理时,凝结水可采用不回收的方式。此时,应在热用户内对其凝结水及其热量加以就地利用。对于直接用蒸汽回热的生产工艺凝结水不回收。

2)蒸汽采暖热用户与蒸汽热网的连接方式(见图6-16(b))

高压蒸汽通过减压阀减压后进入热用户系统,凝结水通过疏水器进入凝结水箱,再用凝结水泵将凝结水送回热源。如热用户需要采用热水采暖系统,则在热用户引入口安装热交换器或蒸汽喷射装置的连接方式。

3)热水采暖热用户系统与蒸汽供热系统的间接连接方式(见图6-16(c))

高压蒸汽减压后,经蒸汽－水换热器将热用户循环水加热,热用户采用热水进行采暖。

4)采用蒸汽喷射装置的连接方式(见图6-16(d))

蒸汽喷射器与前述的水喷射器的构造和工作原理基本相同。蒸汽在蒸汽喷射器的喷嘴处,产生低于热水采暖系统回水的压力,回水被抽引进入喷射器并被加热,通过蒸汽喷射器的扩压管段,压力回升,使热水采暖系统的热水不断循环系统中多余的水量通过水箱的溢流管返回凝结水管。

5)通风系统与蒸汽热网的连接方式(见图6-16(e))

它采用简单的连接方式,将蒸汽直接接入空气加热装置。如蒸汽压力过高,则在入口处装置减压阀。

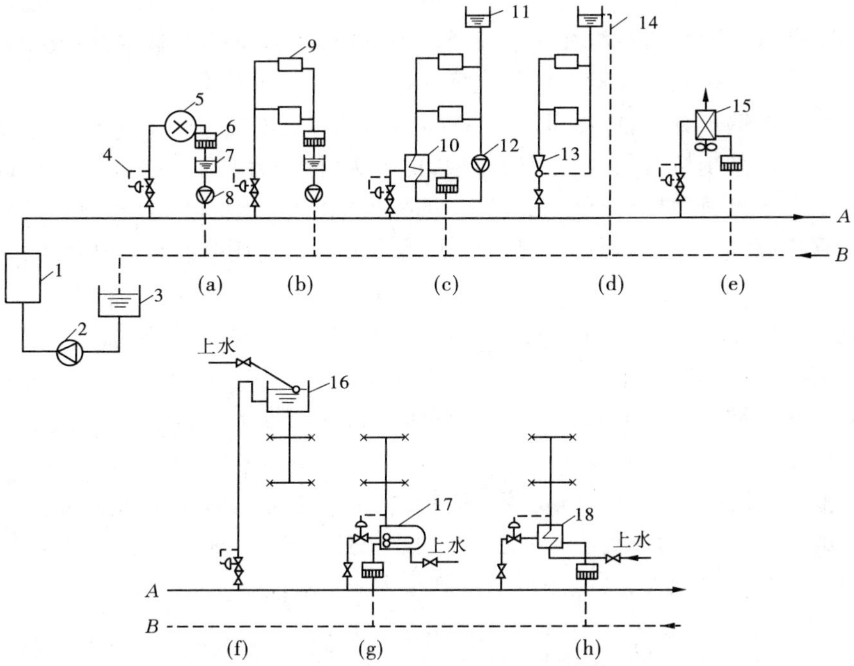

(a)生产工艺热用户与蒸汽热网连接 (b)蒸汽采暖热用户与蒸汽热网直接连接
(c)采用蒸汽－水换热器的连接 (d)采用蒸汽喷射器的连接 (e)通风系统与蒸汽热网的连接
(f)蒸汽直接加热的热水供应 (g)采用容积式加热器的热水供应 (h)无储水箱的热水供应
1—蒸汽锅炉;2—锅炉给水泵;3—凝结水箱;4—减压阀;5—生产工艺用热设备;6—疏水器;
7—热用户凝结水箱;8—热用户凝结水泵;9—散热器;10—采暖系统用的蒸汽－水换热器;
11—膨胀水箱;12—循环水泵;13—蒸汽喷射器;14—溢流管;15—空气加热装置;
16—上部储水箱;17—容积式换热器;18—热水供应系统的蒸汽－水换热器

图6-16 蒸汽供热系统

6)热水供应系统与蒸汽热网的连接方式(见图6-16(f)、(g)、(h))

图6-16(f)是蒸汽直接加热热水的热水供应系统;图6-16(g)是采用容积式汽－水换热器的间接连接供热系统;图6-16(h)是无储水箱的间接连接热水供热系统,如需安装储水箱时,水箱可设在系统的上部或下部。

蒸汽供热热网通常是以同一参数的蒸汽向热用户供热。当热用户系统的各用热设备所需要蒸汽压力不同时,则在热用户引入口处设置分汽缸和减压装置,根据热用户系统的各种用热设备的需要,直接或经减压后,分别送往各用热设备,以保证热用户系统的安全运行。

蒸汽供热热网的高压蒸汽进入高压分汽缸中,以减压装置减压后,进入低压分汽缸。热用户系统的高压用热设备可直接由高压分汽缸引出。对于低压的用热设备,则由低压分汽缸引出。各用热设备的凝结水,汇集于热用户入口的凝结水箱中,用凝结水泵返回锅炉房的总凝结水箱中去。分汽缸中的各分支管道上都应装设逆止阀,同时在分汽缸上应装设压力表、温度计和安全阀等,分汽缸内的凝结水排入凝结水箱中。

2. 凝结水回收系统

凝结水回收系统是指蒸汽在用热设备内放热凝结后,凝结水通过疏水器、凝结水管道返回热源的管路系统及其设备组成的整个系统。凝结水水温较高(一般为 80 ~ 100 ℃),同时又是良好的锅炉补水,应尽可能回收。

凝结水回收系统按其是否与大气相通,可分为开式凝结水回收系统和闭式凝结水回收系统。前者不可避免地要产生二次蒸汽的损失和空气的渗入,造成热量与凝水的损失,并易产生管道腐蚀现象,因而一般只适用于凝结水量和作用半径较小的小型凝结水回收系统。

按凝结水的流动方式不同,可分为单相流和两相流两大类,单相流又可分为满管流和非满管流两种流动方式。

按凝结水流动的动力不同,可分重力回水和机械回水。

1)非满管流的凝结水回收系统(低压自流式系统)

低压自流式凝结水回收系统是依靠凝结水的重力沿着坡向锅炉房凝结水箱的管道,自流返回的凝结水回收系统。该系统只适用于供热面积小、地形坡向凝结水箱的场合,锅炉房应位于系统的最低处,其应用范围受到很大限制。

2)两相流的凝结水回收系统(余压回水系统)

余压凝结水回收系统是利用疏水器后的背压,将凝结水送回锅炉房或凝结水分站的凝结水箱的凝结水回收系统。它是目前应用最广泛的一种凝结水回收方式,适用于耗汽量较少、用汽点分散、用汽参数(压力)比较一致的蒸汽供热系统上。

3)重力式满管凝结水回收系统

用蒸汽设备排出的凝结水,首先集中到一个高位水箱,在箱内排出二次蒸汽后,凝结水依靠水位差充满整个凝结水管道流回凝结水箱。重力式满管流凝结水回收系统工作可靠,适用于地势较平坦且坡向热源的蒸汽供热系统。

以上三种不同凝结水流动状态的凝结水回收系统,均属于开式凝结水回收系统,系统中的凝结水箱或高位水箱与大气相通,凝水管道易腐蚀。

4)闭式余压凝结水回收系统

闭式余压凝结水回收系统与前述余压回水系统情况相似,仅仅是系统的凝结水箱必须为承压水箱,而且需设置一个安全水封,安全水封的作用是使凝结水系统与大气隔断。当二次汽压力过高时,二次汽从安全水封排出;在系统停止运行时,安全水封可防止空气进入。

室外凝结水管道的凝结水进入凝结水箱后,大量的二次汽和漏汽分离出来,可通过一个蒸汽 - 水加热器,以利用二次汽和漏汽的热量。这些热量可用来加热锅炉房的软化水或回热上水,用于热水供应或生产工艺用水。为使闭式凝结水箱在系统停止运行时,也能保持一定的压力,宜通过压力调节器向凝结水箱补汽,补汽压力一般为 5 kPa。

5)闭式满管流凝结水回收系统

该系统是将用汽设备的凝结水集中送到各车间的二次蒸发箱,产生的二次汽可用于采暖。二次蒸发箱内的凝结水经多级水封引入室外凝结水热网,靠多级水封与凝结水箱顶的回形管的水位差,使凝结水返回凝结水箱,凝结水箱应设置安全水封,以保证凝结水系统不与大气相通。

闭式满管流凝结水回收系统适用于能分散利用二次汽、厂区地形起伏不大、地形坡向凝结水箱的场合。由于利用了二次汽，其热能利用率较高。

6）加压回水系统

加压回水系统是利用水泵的机械动力输送凝结水的系统。这种系统凝结水流动工况呈满管流动，它可以是开式系统，也可是闭式系统，取决于是否与大气相通。

加压回水系统增加了设备和运行费用，一般多用于较大的蒸汽供热系统。

蒸汽供热系统在选择凝结水回收系统时，必须全面考虑热源、热网和室内用户系统的情况，各热用户的回水方式应相互适应，要尽可能地利用凝结水的热量，以有效节能。

项目小结

本项目主要介绍了燃气的特点、种类及供应方式，燃气表与燃气用具，采暖的概念，采暖系统的分类，城市供热工程的规划设计，热水采暖系统的管道布置原则与敷设要求，城市集中供热系统的类型、组成、连接方式；分析了自然循环热水采暖系统和机械循环热水采暖系统的工作原理；重点介绍了建筑燃气供应系统的构成，燃气管道的布置和敷设要求，城市集中供热系统的组成和基本形式。

项目自测题

一、填空题

1. 作为城市气源的燃气种类主要有________、________和________。

2. 城镇燃气供应方式分为________和________两种。

3. 公共建筑燃气管道供应系统，一般由________、________、________、________等组成。

4. 城市供热系统包括________、________和________三个基本组成部分。

5. 供热系统根据热源和供热规模的大小，可分为________供热和________供热两种基本形式。

6. 根据热媒种类不同，采暖系统可分为________采暖系统、________采暖系统、________采暖系统。

7. 根据散热设备散热方式的不同，采暖系统可分为________采暖和________采暖。

8. 开式热水供热系统的热水供应热用户与热网的连接有________连接方式、________连接方式和________连接方式等三种形式。

二、判断题

1. 低压管网是指输送压力不超过4.9 kPa的燃气管网。（　　）

2. 中、低压煤气管道可采用铸铁管，但在穿越城镇主要干道时，必须采用钢管。（　　）

3. 钢瓶在运输过程中，应严格按规章制度进行，严禁乱扔乱甩。（　　）

4. 用户引入管可以敷设在卧室、浴室、厕所以及风道内。(　　)

5. 立管通过各层楼板处应设套管。套管高出地面至少 50 mm,套管与立管之间的间隙用沥麻填堵,沥青封口。(　　)

6. 管路敷设时应尽量避免出现局部向上凹凸现象,以免形成气塞。(　　)

7. 采暖管道不得与输送蒸汽燃点低于或等于 120 ℃的可燃液体或可燃、腐蚀性气体的管道在同一条管沟内平行或交叉敷设。(　　)

三、名词解释

1. 集中式采暖系统

2. 闭式热水供热系统

3. 开式热水供热系统

四、简答题

1. 对燃气管道有什么要求?

2. 民用燃气供应系统一般由哪几部分组成?

3. 什么是采暖? 采暖系统由哪几部分组成?

4. 简述自然循环热水采暖系统的工作原理。

5. 机械循环热水采暖系统与自然循环热水采暖系统的主要区别是什么?

6. 热水采暖系统管路布置的原则是什么?

项目7 城市电力通信工程

【学习目标】

掌握电力、电压等级、电压质量标准等基本概念和电力系统的组成,通信工程的基本概念;熟悉城市电力工程的主要设施类型、布置要求,电信系统的基本组成和分类;了解城市电力工程规划设计的原则、内容、方法和程序,城市电力工程施工内容和工艺流程,城市通信工程规划的原则、内容和方法,通信设施布置,电信工程规划设计程序、内容,广播系统、电视系统的组成、分类及规划设计,通信工程施工内容和程序。

任务7.1 城市电力工程

7.1.1 基本概念

7.1.1.1 电力

电力又称电能,是由其他形式的能源(如水能、风能、化学能、核能、太阳能等)转化而来的二次能源。随着城市化进程的不断推进,电能的适用范围和种类日益扩大。如今,电力系统已成为现代城市社会不可缺少的市政设施。

7.1.1.2 电力系统的组成

电力系统由发电厂、各级变电站(所)、电力网和用电设备(用电户)等组成。根据功能又可将电力系统分为发输电系统、供配电系统和用电系统三大类。城市电力系统主要由供配电系统和用电系统组成。供配电系统是接受电源输入的电能,并进行检测、计量、变压等,然后向用户和用电设备分配电能的系统;用电系统主要包括动力用电系统、照明用电系统以及其他用电系统(如通信等)。

(1)发电厂(站)。发电厂是产生电能的设施(即电源),其作用是将其他形式的能转化为电能。如火力发电厂、水力发电站、核电站等。

(2)电力输送。电力输送是指将发电厂输出的电能送到用户所在的区域。

(3)变电站。变电站是改变供电的输配电压,以满足电力输送和用户用电要求的设施。变电站可分为升压变电站和降压变电站两种。在输电时,为了减少电能损耗和电压损失,通常采用高压输电,即通过升压变电站把发电厂所生产的6 kV、10 kV或15 kV的电能变为35 kV、110 kV、220 kV或500 kV的高压电经输电线送达用电区。高压电到达用户端时,为方便用户低电压用电要求,再通过降压变电站把高压电降为3 kV、6 kV或10 kV,以供用户使用。

(4)电力网。电力网是指连接发电厂与变电站、变电站与变电站、变电站与用电设备之间的电力线网络,它是电能的输配载体,承担电能的接受与传输功能。

(5)用电户。用电户是将电能转化成其他形式的能量的用电设备或用电单位。如电灯、电视机、电冰箱、电动机、空调、钢铁厂、化工厂等。

将发电厂、变电站、用电设备(用电户)用电力线连接起来就构成了电力系统。输配电力网如图 7-1 所示,供配电系统如图 7-2 所示。

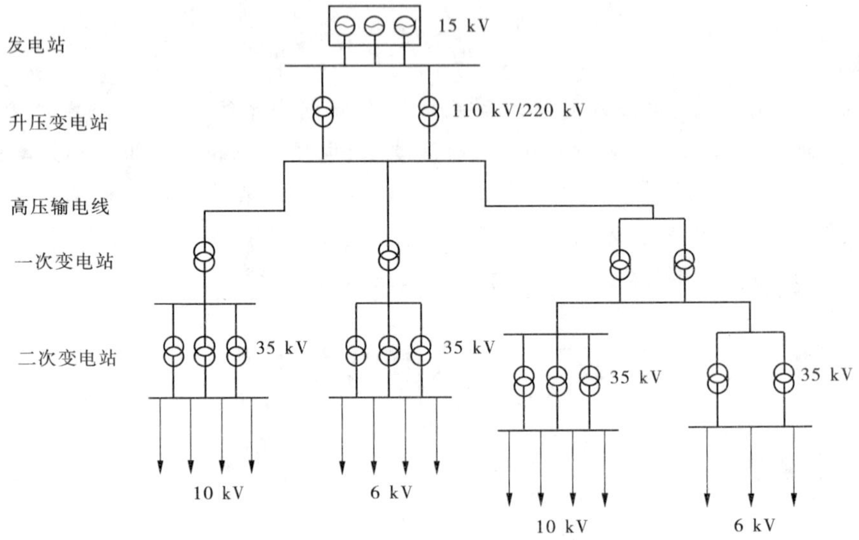

图 7-1　输配电力网

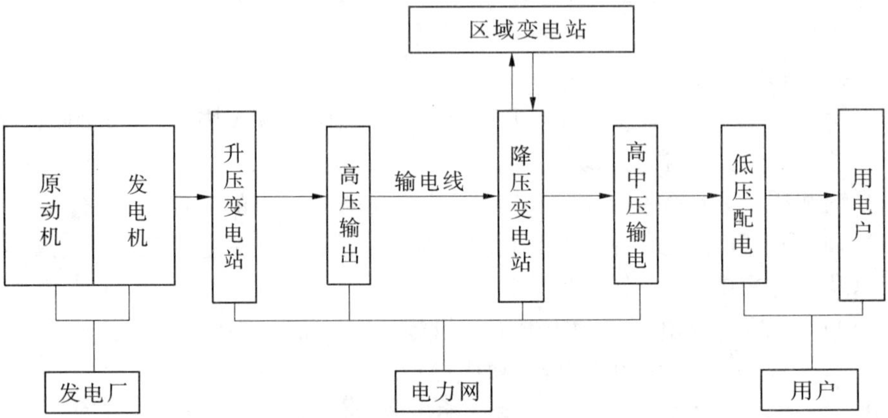

图 7-2　供配电系统

7.1.1.3　电压等级

电压等级是根据国家的工业生产技术水平、电机电器制造能力、新材料的发展情况以及社会经济发展状况,进行技术经济综合分析比较而确定的。

我国国家标准《标准电压》(GB/T 156—2017),是统一电力企业、电力设备制造行业以及用电工业和用户之间电压系列的强制性技术标准,也是城网的电压标准。电压标准以系统额定电压表示,有关输电与配电电压等级为(括号内为设备最高电压):220/380(230/400)V,3(3.6) kV,6(7.2)kV,10(12) kV,20(24) kV,35(40.5) kV,66(72.5) kV,110(126) kV,220(252) kV,330(363) kV,500(550) kV,750(800) kV,1 000(1 100) kV。

输电与配电的划分,主要是按照它们各自的性质,并依照它们在电力系统中某一发展阶段的作用和功能来区分。从电压等级上,也能够表示其输电与配电的功能和作用。配电电压可分为:高压配电电压,35 kV、66 kV、110 kV、220 kV;中压配电电压,10 kV、20 kV、35 kV;低压配电电压,380/220 V。某些地区在220 kV输电网尚未出现前,可将110 kV作为输电电压。

对于输电电压我国习惯是按照输电技术特点划分输电电压等级为三段:特高压输电电压,1 000 kV及以上;超高压输电电压,330 kV、500 kV、750 kV;高压输电电压,220 kV。

在同一个电网中采用的各层次的电压等级,组成电网的电压系列。国家电压标准列举了允许使用的标准电压,电网电压可不必逐级依次采用。

电网的电压系列是电网统一规定并形成的电压等级分层序列,但在具体应用于某一特定地点时,则可以依次沿用,也可以越级使用,以利于减少降压层次,避免重复降压,节约变电损失。

至于原有的3.3 kV和6.6 kV两级电压等级,则绝大部分升压为10 kV。从电网中逐步取消3.3 kV和6.6 kV两级电压,以达到简化电压层次的目的。

在城市中,尤其是民用建筑用电电压,我国目前采用的仍然是1956年规定的三类电压标准:

(1)第一类额定电压。电压<100 V,主要用于安全照明、蓄电池和其他开关设备的操作电源。

(2)第二类额定电压。电压100~1 000 V,主要用于低压动力和照明。城市用电主要属于这个电压等级范围。

(3)第三类额定电压。电压>1 000 V,主要用于高压用电设备及发电、输电的额定电压值。

注:(设备的)额定电压是指由制造厂家确定,用以规定元件、器件或设备的额定工作条件的电压。

7.1.1.4　电压质量标准

(1)系统标称电压:用以标志或识别系统电压的给定值。

(2)系统最高电压:系统正常运行的任何时间,系统中任何一点上所出现的最高运行电压值。瞬态过电压(例如由开关操作引起的)及不正常的暂态电压变化均不包括在内。

(3)系统最低电压:系统正常运行的任何时间,系统中任何一点上所出现的最低运行电压值。瞬态过电压(例如由开关操作引起的)及不正常的暂态电压变化均不包括在内。

(4)设备额定电压:由制造商对一电气设备在规定的工作条件下所规定的电压。

(5)设备最高电压:是指该设备可以应用的"系统最高电压"的最大值。

(6)电压偏移:指供电电压偏离用电设备额定电压的数值占用电设备额定电压值的百分数,规定一般不超过±5%。

(7)电压波动:指用电设备接线端电压时高时低的变化。《电能质量 供电电压偏差》(GB/T 12325—2008)允许的供电电压偏差如下:35 kV及以上供电电压正、负偏差绝对值之和不超过标称电压的10%;20 kV及以下三相供电电压偏差为标称电压的±7%;220 V单相供电电压偏差为标称电压的+7%,-10%。

(8)频率。我国电力工业的标准频率(简称工频)规定为50 Hz。交流电的频率直接影响到电动机的转速、工业产品的产量和质量,威胁到电力系统的稳定。因此,对频率的要求比电压值的要求要严格得多。供电局供电频率的允许偏差为:电网容量>300万kW时,其波动范围为±0.2 Hz;电网容量<300万kW时,其波动范围为±0.5 Hz。

(9)电压平衡。供电系统应保证三相电压平衡,以维持供电系统安全和经济运行,三相电压不平衡程度不应超过2%,短时不超过4%。

(10)容载比。容载比是城网内同一电压等级的主变压器总容量(kVA)与对应的供电总负荷(kW)之比,用R_S表示。容载比是反映城网供电能力的重要技术指标之一。容载比过大,供电基建投资过大,电能成本增加;容载比过小将使电网适应性差,调度不灵,甚至发生"卡脖子"现象。因此,各地在电网规划时应根据现状统计资料和用电结构形式,合理确定容载比。一般情况下,220 kV变电站的容载比取1.6~1.9、35~110 kV变电站的容载比取1.8~2.1比较合适。

7.1.2 城市电力工程规划设计

城市是电力负荷集中地区,据统计,其用电量占全国总用电量的70%~80%。随着我国城市经济的不断发展和城市用地面积的扩大,城市用电量增长很快。中华人民共和国成立以来,1980~1985年期间平均年增长率仅6.2%,其余各期的年平均增长率都超过10%,2004年平均增长率达到15.18%。而我国的用电需求与经济增长高度相关,预计2019~2020年我国GDP增速分别为6.6%和6.5%。根据对GDP增速的预测,采用电力弹性系数法对全社会用电需求做出预测,预计2019~2020年,我国用电需求增速分别为4.95%和4.68%。从用电分类构成看,工业用电仍占我国总用电量的主要部分,历年来占70%~80%,但近年其占总用电量的百分比正呈下降趋势,第三产业和生活用电比重正进一步上升。我国城市电力负荷增长的趋势已逐步呈现现代化城市的特点。我国城市人均生活用电指标、公共设施用电负荷等都不断呈现远期增长趋势。2017年,第一、二、三产业和居民生活用电量分别为1 155亿kW·h、44 413亿kW·h、8 814亿kW·h和8 695亿kW·h,分别同比增长7.3%、5.5%、10.7%和7.8%。用电量增幅分解表明,第二产业对全社会用电量增长的贡献高达60%,其次是第三产业和居民生活部门,分别为22%和16%。

由于电能是一种没有仓库的特殊商品,要使电能达到"产""供""销"的动态平衡,使电力系统经济运行,就必须根据城市的经济、社会发展和人民生活水平,对用电量进行预测,按用户的需求来编制发电机机组的容量和开停计划、变配电站的规模和数量、输配电线路以及如何分布等。这些关于城市发输电、变配电、用电等方面的规划和设计就称为城市电力工程规划设计。

7.1.2.1 城市电力工程规划设计的原则

1997年12月,电力工业部颁发了《电力发展规划编制原则》(电计〔1997〕730号文),1993年能源部以能源电〔1993〕228号文颁发了《城市电力网规划设计导则》,2005、2006

年又修订了该导则。在以上两个文件精神的指导下,各省市、地区、县级电力工业部门制定了各自的技术原则。城市电力工程规划设计的原则主要是:可靠性、灵活性和经济性。具体有如下几点:

(1)城市电力工程规划设计要符合城市规划和城市电力系统规划的要求。

(2)城市电力工程规划设计的编制期限应与城市规划期限相一致,一般分为:近期5年,远期20年,必要时还可增加中期期限(5~15年)。

(3)城市电力工程规划设计应做到新建与改造相结合、远期与近期相结合,电力工程的供电能力能适应远期负荷增长的需要,结构合理,便于实施和过渡。

(4)发电厂、变电所等城市电力工程的用地和高压线路走廊宽度的确定,应按城市规划的要求,节约用地,实行综合开发,统一建设。

(5)城市电力工程设施规划设计必须符合城市环保要求,减少对城市的污染和其他公害,同时应当与城市交通等其他基础设施施工工程规划相互结合,统筹安排。

7.1.2.2 城市电力工程规划设计的内容

城市电力工程规划设计是在城市规划的基础上进行的。城市电力规划的主要内容应包括:预测城市电力负荷,确定城市供电电源、城市电网布局框架、城市重要电力设施和走廊的位置和用地。

城市电力规划应符合地区电力系统规划总体要求,并应与城市总体规划相协调。城市电力规划编制阶段、期限和范围应与城市规划相一致。城市电力规划应根据所在城市的性质、规模、国民经济、社会发展、地区能源资源分布、能源结构和电力供应现状等条件,结合所在地区电力发展规划及其重大电力设施工程项目近期建设进度安排,由城市规划、电力部门通过协商进行编制。城市变电站、电力线路等各类供电设施的设置应符合现行国家标准《电磁环境控制限值》(GB 8702)和《环境电磁波卫生标准》(GB 9175)的有关规定。规划新建的各类电力设施运行噪声及废水、废气、废渣“三废”排放对周围环境的干扰和影响,应符合国家环境保护方面的法律、法规的有关规定。城市电力规划编制过程中,应与道路交通、绿化、供水、排水、供热、燃气、通信等规划相协调,统筹安排,空间共享,妥善处理相互间的影响和矛盾。

7.1.2.3 城市电力工程规划的基本任务

结合城市和区域电力资源状况,合理确定规划期内的城市用电标准、用电负荷预测,进行城市电源规划;确定城市输、配电设施的规模、容量以及电压等级;科学布局变电所(站)等变配电设施和输配电网络;制定各类供电设施和电力线路的保护措施。构建安全、经济、方便、优质、技术先进的城市供电网络体系,满足国民经济各部门用电增长的要求,为国民经济和人民生活提供“充足、可靠、合格、廉价”的电力。

7.1.2.4 城市电力工程规划设计的设计方法和程序

1.城市电力工程规划设计的设计方法

城市电力工程规划设计的设计方法主要有如下几种。

(1)基本条件分析。如电力负荷需要、动力资源开发及运输条件许可、变配电设备的制造及供应等。

(2)基本功能分析。对基本功能的分析要分层次进行,首先是全网供电范围、电源建设地点、电源的作用、分区电网之间的送受电关系等;其次应分析主力电源的合理送电范围、功率流向及相应的网架;最后是地区电网、设备等的情况。随着电力系统的发展,电网各部分无论是电源、网架还是输电线的功能都是变化的。

(3)基本形态分析。基本形态分析就是分析电网的结构。最基本的电网结构有辐射型、链型及环型3种,电网结构主要取决于电厂和负荷的分布、电网覆盖地域的情况等。

电网结构设计的基本原则是分层分区原则,即不同电压等级电网构成不同的层次,不同地域的下一级电网解列构成不同的地区电网,地区电网本身具有足够的电压支撑和无功储备。

(4)动态分析。动态分析即弹性分析或可变因素分析,主要是指电网实际的发展进程与设计预计有差别时规划电网的适应能力。可变因素主要是指:负荷的实际增长超过或低于预计;电源建设进度或顺序发生变化;主要送电线路投产时间提前或推迟等。因此,电力系统的规划要采取滚动的方法不断加以修正。

(5)限制性条件分析。限制性因素主要有:自然地理条件,供水水源条件,煤炭供应条件,运输条件,输电线路存在跨江、河问题,主要电气设备制造困难等。

(6)可靠性与经济性分析。通过系统稳定计算、无功补偿及调压计算、工频过电压和过电流计算、方案经济评价计算等对设计系统的技术经济特性进行全面综合评价,提出最佳方案。

2.城市电力工程规划设计的程序

在上述规划设计方法的指导下,城市电力工程规划设计主要应按下述程序进行。

1)收集资料

资料包括区域动力资源分布及可开发利用的情况,城市供电及有关电力系统的现状和发展资料,工业、农业、市政、生活等方面的电力负荷情况,地形、气象、水文、地质、雷电日数等自然资料,城市规划有关资料等。

2)分析、归纳资料,进行电力负荷预测

电力负荷预测包括电量需求预测和最大负荷预测。

(1)电量需求预测应包括:各年(或水平年)需电量;各年(或水平年)一、二、三产业和居民生活需电量;各年(或水平年)部分、分行业需电量;各年(或水平年)按经济区域、行政区域或供电区需电量。

需电量的具体预测方法有:用电单耗法、电力弹性系数法、回归分析法、时间序列法、综合用电水平法、负荷密度法等。其中,综合用电水平法和负荷密度法都是预测城乡居民生活用电的方法。综合用电水平法是按照预测的人口数及每人平均耗电量来预测居民总用电量;负荷密度法是指根据对不同规模城市的调查,参照城市发展规划、人口规划、居民收入水平增长情况等,每平方千米面积用电千瓦·小时数来测算城乡居民生活用电的方法。

(2)电力负荷预测包括:各年(或水平年)最大负荷;各年(或水平年)代表月份的日负荷曲线、周负荷曲线;各年(或水平年)年时序负荷曲线、年负荷曲线;各年(或水平年)的负荷特性和参数,如平均负荷率、最小负荷率、最大峰谷差、最大负荷利用小时数等。

最大负荷值预测方法主要有:最大负荷利用小时数法和同时率法。

①最大负荷利用小时数法。可用下式来预测规划期的最大负荷,即

$$P_{max}=\frac{E}{T_{max}} \tag{7-1}$$

式中　P_{max}——预测其最大负荷；

E——预测期需用电量；

T_{max}——年最大负荷利用小时数。

②同时率法。用所求各供电地区的最大负荷之和乘以同时率K,得到整个系统的综合用电最高负荷。如果再加上整个系统的线损和厂用电,就可以求得整个系统的最大发电负荷。

城市电力工程总体规划设计时,一般采用以规范制定的各项用电指标作为远期用电负荷的控制指标。分区规划设计电力负荷预测宜采用负荷密度法。城市供电详细规划设计采用城市建筑用电负荷分类负荷指标进行预测。城市居民人均生活用电量指标、规划单项建设用地供电负荷密度指标、分类综合用电指标、城市建筑单位建筑面积负荷密度指标等见表7-1～表7-4。

表7-1　规划人均生活用电指标

指标分级	城市生活用电水平类别	人均生活用电量[kW·h/(人·年)]	指标分级	城市生活用电水平类别	人均生活用电量[kW·h/(人·年)]
Ⅰ	较高生活用电水平城市	2 500～1 501	Ⅲ	中等生活用电水平城市	800～401
Ⅱ	中上生活用电水平城市	1 500～801	Ⅳ	较低生活用电水平城市	400～250

表7-2　规划单项建设用地供电负荷密度指标

类别名称	单项建设用地负荷密度(kW/hm^2)	类别名称	单项建设用地负荷密度(kW/hm^2)
居住用地用电	100～400	公共设施用地用电	300～1 200
工业用地用电	200～800		

表7-3　分类综合用电指标

用地分类及其代号			综合用电指标(W/m^2)	备注
居住用地	一类居住用地	高级住宅别墅	18～22	每户2台及以上空调、2台电热水器、有烘干的洗衣机、有电灶、家庭全电气化
	二类居住用地	中级住宅	15～18	有空调、电热水器、无电灶、家庭基本电气化
	三类居住用地	普通住宅	10～15	每户一般76 m^2以下,安装有一般家用电器

续表 7-3

用地分类及其代号		综合用电指标(W/m^2)	备注
公共设施用地	行政办公用地	15～26	行政、党派和团体等机构用地
	商业金融业用地	20～44	商业、金融业、服务业、旅馆业和市场等用地
	文化娱乐用地	20～35	新闻出版、文艺团体、广播电视、图书展览、游乐设施用地
	体育用地	14～30	体育场馆和体育训练基地
	医疗卫生用地	18～25	医疗、保健、卫生、防疫、康复和急救设施等用地
	教育科研设计用地	15～30	高校、中专、科研和勘测设计机构用地
	文物古迹用地	15～18	
	其他公共设施用地	8～10	宗教活动场所、社会福利院等
工业用地	一类工业用地	20～25	无干扰、无污染的工业，如高科技电子工业、缝纫工业、工艺品制造工业
	二类工业用地	30～42	指部分有一定干扰、污染的工业，如食品、医药等工业
	三类工业用地	45～56	重型机械、电气工业企业

表 7-4　城市建筑单位建筑面积负荷密度指标

大类	小类	用电指标
居住建筑用地	多层普通住宅	2～3 kW/户
	多层中级住宅	3～5 kW/户
	高层高级住宅	5～8 kW/户
	别墅	7～10 kW/户
公共建筑用地	高级宾馆、饭店及40层以上高层写字楼	120～160 W/m^2
	中档宾馆及40层以下、15层以上写字楼	100～140 W/m^2
	普通宾馆及15层以下写字楼	70～100 W/m^2
	科技馆、影剧院、医院等大型公共建筑	60～100 W/m^2
	银行	60～100 W/m^2
	大型商场	80～120 W/m^2
	一般商场	25～50 W/m^2
	行政办公楼	40～60 W/m^2
	科研设计单位	20～60 W/m^2
	中小学、幼儿园、托儿所	20～50 W/m^2
	体育馆	70～100 W/m^2
	停车场建筑	15～40 W/m^2
工业建筑用地	工业标准厂房	45～80 W/m^2
仓储建筑用地	一般仓库	2～6 W/m^2
	冷藏仓库	8～15 W/m^2
其他建筑用地		12～18 W/m^2

3)根据负荷及电源条件确定供电电源方式

电源规划设计的具体内容有:确定发电设备总容量;选择电源结构(确定各类型电厂容量);确定电源布局;电源建设方案优化;提出电源建设项目表等。城市电源通常分为城市发电厂和变电站(所)两类。城市发电厂主要有火力发电厂、水力发电厂、核电站等。发电厂应靠近负荷中心,有方便的运输条件,保证燃料供应稳定,有高压线进出的可能性,系统运行安全可靠、经济合理,系统装机容量得到充分利用,满足调峰要求,卫生防护距离达到国家标准。变电站一般建在工程地质条件良好、地耐力高、地质构造稳定的地方,少占农田,交通方便,不污染环境。

4)按负荷分布,拟定若干个输电和配电网布局方案,进行技术经济比较,提出推荐方案

方案中主要应确定输电方式、城市电力网络电压等级、电力网接线方式(放射式、多回线式、环状式、格网式等)、电力线路分类和敷设方式、升压和降压变电所的类型、供电半径、供电范围和布局、电力变压器的选择等。

5)进行规划可行性论证

其工作内容主要包括城市电力工程建设必要性论证、工程建设任务书编制、研究输电方案、初选代表性厂(站)址和线路布置方案、初选工程规模、建设征地和移民安置初步规划、估算工程投资、资金筹措方式以及初步经济评价等。

6)编制规划、设计文件及规划图表

其工作内容包括可行性研究报告、规划书、初步设计、设计说明书、技施设计、工程材料表、设备清单、工程预算书等。

7.1.3 城市电力工程主要设施

7.1.3.1 变电配电设施

变电站按其在电网中的位置、作用和特点可划分为:枢纽(中心)变电站、区域(中间)变电站、终端变电站、配电变电站、配电开关站和用户变电站等。

枢纽变电站一般有人值班,总平面布置中包括主控楼、配电装置场地和辅助设施场地等。主控楼的大小按变电站规模确定,楼内包括继电器室、计算机房、自用电室、蓄电池室、检修和实验室,以及主要为载波机房和微波机房的通信设施。配电装置场地占变电站用地的主要部分,可采用占地较少的高层或半高层的户外或半户外布置。其他辅助生产建筑主要有空气压缩机站、油库、锅炉房、汽车库等。

区域变电站规模较枢纽变电站小,一般位于市区外环,为节约投资和用地,多采用半户内型布置,主变压器安装在户外,其他设施均安装在室内。

终端变电站和其他变电站多数已深入负荷中心,主变压器容量很大且有户外安装条件的可采用半户内布置,其余均宜全户内布置。全户内变电站可以独立建造或与其他建筑物混合建造,如无合适场地也可建造在地下。

箱式变电站也是近年来城网中用得较多的设施。箱式变电站是将电力变压器与中、低压配电装置组装在同一箱体内,可以整体运输吊装的配电站,它节约用地,安装迅速,外形美观。

变电站的主要设备有:电力变压器、断路器和开关设备、继电保护和自动装置以及无

功补偿设备等。

1. 电力变压器

电力变压器的类型很多,可以按不同方法进行分类。

(1)按用途不同可分为:升压变压器、降压变压器、联络变压器、站用(厂用)变压器、接地变压器、配电变压器、箱式变压器、杆架变压器以及用于直流输电的换流变压器等。

(2)按相数不同可分为:单相变压器、三相变压器和多相变压器等。

(3)按绕组数及其结构形式不同可分为:双绕组变压器、三绕组变压器、多绕组变压器、自耦变压器和分裂变压器等。

(4)按铁芯与绕组的组合结构不同可分为:芯式变压器和壳式变压器。

(5)按绝缘介质不同可分为:油浸变压器(内注矿物油或硅油等合成油)和干式变压器(内充空气,采用固体绝缘材料或环氧树脂浇注等)。

(6)按冷却方式不同可分为:油浸自冷变压器、油浸风冷变压器、强迫油循环风冷变压器、强迫油循环水冷变压器、强迫油导向循环风冷变压器、强迫油导向循环水冷变压器和蒸发冷却变压器等。

变压器一般是由铁芯、绕组、油箱、绝缘套管和冷却系统等五个主要部分构成。

变压器在电力系统中的主要作用是:变换电压,以利于功率的传输。在同一段线路上传送相同的功率,电压经升压变压器升压后,线路传输的电流减小,可以减少电压降落和降低线路损耗,提高电能质量与送电经济性,达到远距离送电的目的,而降压则能满足各级使用电压的用户安全用电需要。

2. 断路器和开关设备

城市变电站用的断路器和开关设备主要在于型式的选择。断路器的型式有多油、少油、压缩空气、六氟化硫(SF_6)和真空等几种。多油式断路器已经被完全淘汰,对220 kV及以下的电网,若无特殊要求,可采用较为经济的少油断路器,但目前少油断路器的发展已接近尾声,逐步被SF_6断路器所替代。110 kV及以上一般采用SF_6落地罐式断路器扩大组合型的开关设备,除母线、电压互感器和避雷器外,隔离开关、接地开关、电流互感器和断路器都组装在一个充有SF_6气体的容器内;另一种是SF_6全封闭组合式电器(GIS),把整个变电站除主变压器以外的一次设备全部封闭在一个接地的充有SF_6气体的金属压力容器内,更加缩小了占地面积与空间。10~35 kV的开关设备则是成套装配式的开关柜,开关柜用金属外壳封闭,柜内各功能隔室用金属或非金属隔板隔开,所装电流互感器既作穿墙套管,又作为连接触头,支持绝缘子均由环氧树脂浇注。断路器一般用SF_6或真空断路器装于手推车上,可推入或拉出,因而省去了隔离开关,更缩小了体积。

城网中用得较多的中压开关设备还有环网开关,因为城市电缆网的接线一般采用开环运行的单环网。单环网支接至用户由环网开关来完成。环网开关柜按柜体结构不同分为二回路单元或多回路单元,其中二回路分别为进线和出线,其他回路接至负荷,一般为配电变压器或用户变压器,进出线回路中装负荷开关,负荷回路中装负荷开关和断路器并带熔断器和继电保护。

所谓一次设备,是指直接生产和输配电能的设备,包括发电机、变压器、断路器、隔离开关、自动空气开关、接触器、闸刀开关、母线、电力电缆、电抗器、避雷器、熔断器、互感器等。

所谓二次设备,是指对一次设备的工作进行监察测量和控制保护的辅助设备,包括仪表、继电器、自动控制设备、信号设备及保护电源等。

3. 继电保护和自动装置

变电站中的线路、电力变压器、电容器、电抗器、调相机、消弧线圈等设备都需要配置可靠的、有选择性的、动作迅速和灵敏度高的继电保护装置。继电保护通常分为电流保护、电压保护、差动保护、距离保护、高频保护、微机保护等。保护装置可由电磁继电器、整流型继电器、半导体元件、集成元件或微机等构成。

集成元件或微机型继电保护,由于成本低、性能好、体积小,已取代了传统的电磁继电器。

自动装置包括在变电站内就地控制的自动装置(如自动重合闸,按频率紧急减负,自动调节无功补偿和主变压器电压分接开关,以及故障录波器等设施),还包括电力调度中心用来对变电站实行遥控、遥信、遥测、遥调的技术装备,由具有发射和接收功能的主控制装置、远方终端装置组成。装置内部一般采用模块化、组合化和总线结构。基本部件包括中央处理器、存储器、模数转换器和数模转换器、通信控制器、调制器与解调器、实时时钟和电源部件等。输入与输出有模拟量、开关量、数字量和脉冲量等。

早期的"四遥"装置以及电器作为主要元件,称为有触点远动,其功能简单、容量小、动作速度慢。随着电子元件、通信和计算机技术的发展,无触点和微机远动装置先后得到发展和应用,功能日臻完善,数据更新也大大加快。近年来引入的数字化控制和保护装置,把所有硬件部件集中在一起,通过软件完成控制、连锁、保护、显示、监视、记忆以及通信等功能,新的适合于数字化控制单元特性的传感器体积也更小,可靠性更高。

4. 无功补偿设备

在交流电路中,负载向电网吸取的电力有有功功率和无功功率之分。有功功率可以将电能转化为其他形式的能量,如热能、机械能、光能等。无功功率则用来产生用电设备所需要的磁场,特别是电动机等感性设备。无功功率是不消耗电能的,之所以称之为无功,是意味着能量的交换。它要在电路中产生电感性电流,电感性电流同样会增加电气线路和变压设备的负担,降低电气线路和变压设备的利用率,增加电气线路的发热量;但没有它,用电设备又不能正常工作。于是,人们就找一种在同一电源下,所产生的电流与电感性电流方向相反的电器接在线路上,用来抵消电感性电流。这样,既不影响电动机产生磁场,又能消除或减少线路上的电感性电流,这种电器就是电容器。这种电容器就叫补偿电容器,也叫电力电容器。它在线路上的电流正好与电感性电流相反。只要在线路上接的电容数量与负载的电感分量相匹配,所产生的电容性电流就能非常有效地消除或减少线路上的电感性电流,也就是消除或减少负载向电网吸取的无功功率。这样就能减少电气线路和变压设备的负担,提高电气线路和变压设备的利用率,降低电气线路的发热量。那么,在电气线路上安装补偿电容器就称为无功补偿,也叫对线路进行无功优化。补偿设备主要有补偿电容和有载调压变压器两种。

7.1.3.2 输电、电网设备

城市电力线路分为架空线路和地下电缆线路两类。

1. 架空线路

1)架空线路的组成

架空线路由杆塔、横担、绝缘子、金具、导线、地线、拉线等主要部件组成。杆塔通常有钢筋混凝土杆、金属杆(铁塔、钢管杆、型钢杆等)。35 kV 及以下一般采用钢筋混凝土单杆,63 kV 及 110 kV 线路进城的,用钢管焊或轻型窄基铁塔。架空线用导线有铝线、铜线、钢芯铝线和(耐热)铝合金线等。主干导线的品种、截面按电气和机械方面的设计要求,在同一个城市电网内应力求一致。每个电压等级可选用2种规格。一般可参考表7-5和表7-6。

表 7-5　35 kV 及以上送电线路选用导线截面

电压等级(kV)	导线截面(按钢芯铝绞线考虑)(mm^2)			
35	185	150	120	95
63	300	240	185	150
110	300	240	185	150
220	400*	300	240	

注:* 必要时可采用 $2\times400\ mm^2$ 或 $2\times300\ mm^2$ 布置。

表 7-6　10 kV 及以下配电线路选用导线截面

电压等级		导线截面(按铝绞线考虑)(mm^2)		
380/220 V(主干线)		150*	120	95
10 kV	主干线	240	185	150
	次干线	150	120	95
	分支线	不小于 50		

注:* 有些城市采用小一号截面的铜线以避免众多的铜铝连接。

架空线路用的绝缘子有针式绝缘子、外胶装的支柱绝缘子(或瓷担)、悬式绝缘子、长棒形瓷绝缘子、合成绝缘子等。

架空线路常用电气设备有跌落式熔断器、隔离开关、高压柱上开关(负荷开关)、避雷器、柱上电力容器等。

2)城市架空电力线路要求

城市架空电力线路应符合下列要求:

(1)应根据城市地形、地貌特点和城市道路规划要求,沿道路、河渠、绿化带架设。路径选择应做到:短捷、顺直,减少同河渠、道路、铁路的交叉。对 35 kV 及以上高压线路应规划专用走廊或通道,并应加以保护。

(2)架空线杆塔的选择,应采用占地少的混凝土杆、钢管杆及自立式铁塔。110 kV 架空线路在占地限制或高度要求条件下,可采用钢管杆,一般地带直线型采用混凝土杆,转角耐张型采用铁塔。35 kV、10 kV 架空线路一般采用混凝土杆,对特高杆及受力较大的转角、耐张杆,为取消拉线可采用钢管杆或窄基铁塔。380 V 低压架空线路一般都采用混凝土杆。市区高压架空电力线路宜采用占地较少的窄基杆塔和多回路同杆架设的紧凑型线路结构。杆塔外表、色调应与周围环境协调。

(3)为美化市容、提高空间利用率,线路走廊拥挤地区,配电线路宜合杆架设,做到"一杆多用"(包含电力通信线)和"一杆多回路"。

(4)中、低压架空线在电网联络分段处及支接点,需要时可加装负荷闸刀。

(5)城市架空电力线路的导线安全系数一般选用3~4;市区架空线路安全系数,根据导线截面、档距大小,可增加至5以上,合成绝缘子的机械强度安全系数应不小于3.5,线路外绝缘的泄露比距应符合地区污秽分级标准。

(6)架空线路的规划设计,应满足导线与树木及建筑物之间的安全距离。市区或县级城镇低压架空线路应使用绝缘导线或沿墙敷设的成束架空绝缘导线,现有裸导线应逐步更换为绝缘导线。人口稠密地区中压架空线路推广使用绝缘导线。对线路走廊及安全距离有矛盾时,应通过规划、电力、绿化等部门协调解决。

中压、高压、超高压架空线路的导线,宜推广稀土铝导线。经过技术经济比较,也可选用耐热铝合金导线。

(7)架空电力线路的规划建设应注意对邻近通信设施的干扰影响及电台距离,其干扰值应符合国家有关标准允许范围。

2. 电缆线路

1)适用范围

大城市中架空线电网已越来越不适应负荷增长和环境的要求,因此电力电缆得到不断发展并成为建设现代化城市电网的一个重要环节。按照我国的具体条件,目前在下列情况下采用电缆线路:

(1)繁华地区、主要道路、重点旅游区等按照城市规划不宜通过架空线的地区。

(2)走廊狭窄、架空线对建筑物不能保持安全距离的道路。

(3)负荷密度和供电可靠性要求高的地区,用架空线不能满足要求时。

(4)深入市区的110 kV 及以上线路。

(5)严重腐蚀和易受热带风暴侵袭的主要城市的重点供电区。

2)常用电缆的型式

(1)黏性油浸渍纸绝缘电缆。使用黏性油浸渍纸作为绝缘材料的电缆,在6~35 kV电网中广泛使用,但截面较小,大部分为铝芯240 mm^2,近年来随着城市负荷的增高,已逐步采用大截面的交联聚乙烯电缆来代替。

(2)PVC电缆。它是用聚氯乙烯塑料作为绝缘材料的电缆,广泛应用于低压线路中。

(3)充油电缆。它主要是自容式充油电缆,有单芯和三芯两种,单芯用于60~500 kV电网,三芯一般用于35~110 kV 电网。其特点是采用经过脱气的低黏度绝缘油充入电缆内部,并借补油设备给以一定压力以消除内部产生气隙的可能性。但需有一套共有设备,在城市中取得塞止接头和油箱的安装空间愈来愈困难。

(4)交联聚乙烯电缆。这是利用高能辐射或化学方法对聚乙烯分子进行交联作为绝缘介质的一种电缆。与油纸电缆及充油电缆相比较,交联聚乙烯电缆具有载流量大,质量轻,坚固,适用于恶劣环境,接头、终端头等附件制作简单等优点,目前已应用于各级电压电网。

3)电缆敷设方式

(1)直埋敷设方式。这是最简单、经济的敷设方式,一般敷设于市区人行道下部,三芯电缆并排敷设,单芯电缆成品字形排列。品字形排列的隔一定间距用绑带扎紧。

(2)电缆沟敷设。当电缆在人行道上需多层敷设时可以采用电缆沟,但沿线妨碍建沟的横向管道均需切断,故建设时也有一定难度。因此,一般只在变电站内部和个别变电站出线处使用。

(3)排管敷设。对于密集的电缆线路可用排管敷设,一路排管最多可有 3 ×7 孔。隔一定长度设置接头工井,线路转角较大时设置转角井。排管一般适用于电缆条数较多,且有机动车等重载的地段。

(4)隧道敷设。电缆敷设在隧道内是最好的敷设方式,安装、运行、检修都比较方便。但隧道施工费用较昂贵,地下管线复杂时,施工困难。施工时还需长期封锁交通,虽然这种困难可用顶管或盾构法施工解决,但价格昂贵,要求施工场地大,在市区也是同样困难重重。因此,一般只在大型变电站、进出线密集的地方采用。

各种敷设方式如图 7-3 ~ 图 7-6 所示。

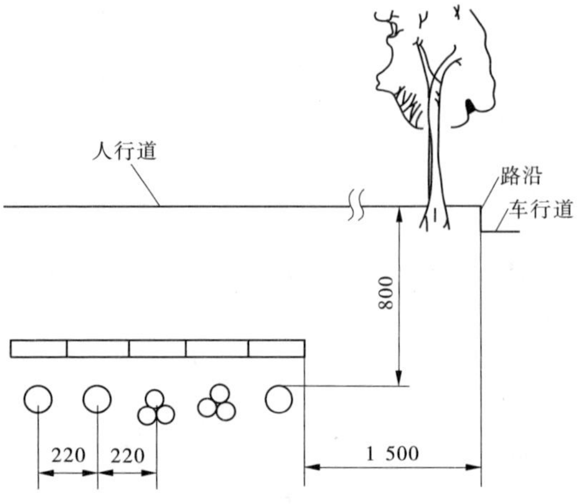

图 7-3　直埋电缆安装方式　(单位:mm)

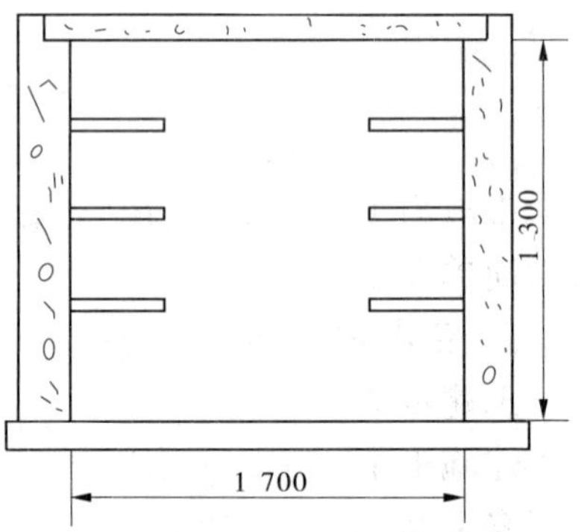

图 7-4　电缆沟断面　(单位:mm)

(5)电缆过桥。电缆利用交通桥梁过桥是最经济的过河办法。通过采取一定措施后,在防火、通信干扰和桥梁安全运行等方面均不存在问题。但电缆过桥须与桥梁管理单位协商,在桥梁结构上考虑增加的电缆荷重和预留通道。过桥时宜穿管,并推荐使用玻璃纤维增强型塑料管,其质量轻,耐振动,便于施工,见图 7-7。

3. 用电设备

用电设备主要包括动力用电设备、照明用电设备及其他用电设备。动力用电设备主要指各种带有电动机的动力设备,照明用电设备主要有各类照明器具、配电箱、开关等,其他用电设备包括广场音响、部分家用电器、充电设备等。

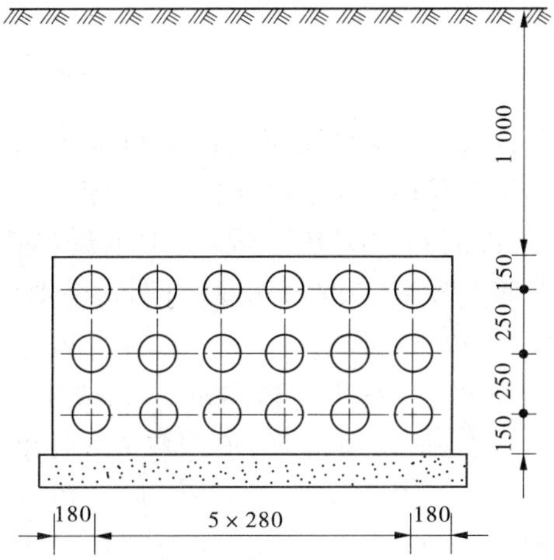

图7-5 排管断面 (单位:mm)

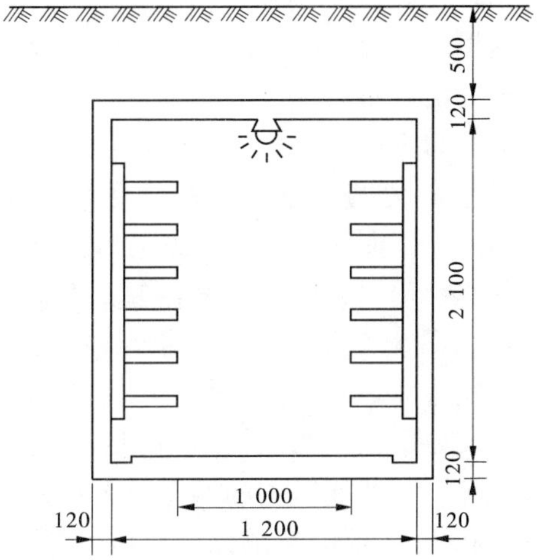

图7-6 方形电缆隧道断面 (单位:mm)

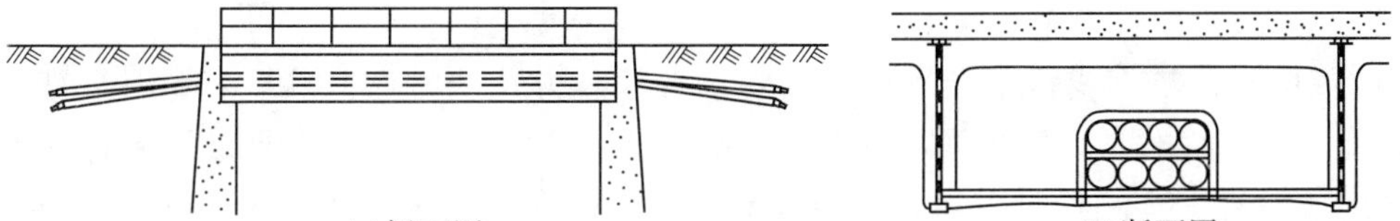

(a)侧面图 (b)断面图

图7-7 电缆排管过桥

7.1.4 城市电力工程施工

城市电力工程施工包括变电站施工和输电线路施工两部分。限于篇幅,对这部分内容仅做简单介绍。

7.1.4.1 变电站施工

1. 土建施工

土建施工主要包括配电房工程(一般包括配电室、主控室及其他功能室、电容器室等),设备基础施工,接地坑开挖,电缆沟施工,构支架安装,围墙、道路、大门、水暖、照明施工等内容。

配电房施工包括测量放线、土方开挖、垫层施工、基础施工、主体施工、预埋件安装、屋面施工等。设备基础施工主要包括基坑开挖、钢筋笼绑扎就位、连接件预埋、模板支设、混凝土浇筑及养护等。构支架安装主要是把钢筋混凝土或钢结构的构架和支架按设计图纸的要求固定好,以便于安装电气设备。围墙、道路、大门、水暖、照明施工等与一般土木工程类似,这里不做详细介绍。电缆沟施工在本项目后续内容中介绍。

2. 电气安装

电气安装包括变压器安装、断路器安装、高压隔离开关安装、互感器和消弧线圈安装、避雷器安装、电抗器安装、电容器安装、母线装置安装、接地装置安装、控制电缆敷设及接线、盘(柜)安装等。这些电气安装工作须由相关专业人员来完成。

7.1.4.2　输电线路施工

这里主要介绍架空线路和电缆线路的施工。

1. 架空线路施工

1)线路测量

工艺流程:施工准备→线路复测→基础分坑→质量检验。

(1)施工准备。施工准备包括技术准备(熟悉设计文件和图纸,进行详细的现场调查,图纸会审与技术交底,材料复试与报验,仪器检测,技术标准准备等)、施工机具准备(经纬仪、GPS、全站仪、塔尺、钢尺、花杆、小木桩等)、施工人员准备(持证上岗的测工、普工)、材料准备、资金准备等。

(2)线路复测。线路复测的内容主要包括档距、转角、相对高程、重要跨越等。复测的重点是核对所测数据的偏差是否在允许范围之内。复测时应进行跨越物、拆迁物、树木的登记和统计工作,复测完毕后应及时编制复测成果。

(3)基础分坑。其内容包括确定线路方向和基础编号、定出杆塔中心桩位置、钉好辅助桩、开挖基础分坑等。分坑时要注意复核档距、角度,绘制塔基平面草图,做好分坑记录等工作。

(4)质量检验。①线路路径复测质量要求及检查方法应按《110 kV～750 kV架空输电线路施工质量检验及评定规程》(DL/T 5168—2016)中表4.2.2的质量检验标准及检查方法进行检查。②测量时重点核对杆塔位中心桩(作为测量基准)、地形危险点标高、塔位中心桩移桩的测量精度、新增障碍物位置及处理等。

2)土石方工程施工

工艺流程:施工准备→基础开挖→接地沟开挖→基坑回填→接地沟回填→地貌恢复→质量检验。

(1)施工准备。包括技术准备(如熟悉设计文件和图纸,进行现场调查,图纸会审与技术交底,制订施工方案等)、施工机具准备(经纬仪或全站仪、挖坑工具、挖掘机、凿岩机、抽水泵等)、施工人员准备(持证上岗的指挥工、安全员、质量员、测工、电工等)、资金准备等。

(2)基础和接地沟开挖。其主要内容有界面清理、探坑、开挖和扩孔、修坑、验坑、垫层施工等。垫层一般采用C10混凝土或M7.5水泥砂浆铺石灌浆制作。

(3)基坑和接地沟回填。现浇基础在拆模后即取土回填,回填时应清除坑内的树枝、枯草等杂物,排除坑内积水,并不得在边坡范围内取土。回填宜选取未掺有石块及其他杂物的泥土,并应分层夯实。

(4)回填完成后,进行地貌恢复。

3)基础浇筑工程施工

工艺流程:施工准备→模板安装→钢筋制作及安装→地脚螺栓安装和角钢插入就位→混凝土浇筑→基础养护→模板拆除→质量检验。

(1)施工准备。包括技术准备(熟悉设计文件和图纸,现场调查,图纸会审与技术交底,原材料复试、混凝土配合比确定等)、人员准备(包括持证上岗的指挥工、安全员、质量员、混凝土振捣工、混凝土工、钢筋绑扎工等)、施工机具准备(混凝土搅拌机、插入式振捣器、磅秤、手推车、溜槽、模板等)、施工现场布置、原材料准备等。

(2)模板安装。包括选择合格的模板和支架,检查、清理基坑,做好垫层,拼装模板,模板调整和固定等工作。

(3)钢筋制作及安装。包括钢筋调直、钢筋加工、钢筋连接、配置箍筋、钢筋笼(网)安装等。

钢筋调直可采用机械方法或冷拉方法,要控制好冷拉率。钢筋弯钩和弯折应符合规范规定。钢筋加工的形状、尺寸应符合设计要求,其偏差应符合表7-7的规定。

钢筋连接一般采用机械连接、焊接连接或绑扎连接。纵向受拉钢筋采用绑扎连接时,其最小搭接长度应符合表7-8的规定。

钢筋笼绑扎的允许偏差应符合表7-9的规定。

表7-7 钢筋加工的允许偏差 (单位:mm)

项目	允许偏差
钢筋顺长度方向全长的净尺寸	±10
弯起钢筋的弯折位置	±20
箍筋内净尺寸	±5

表7-8 纵向受拉钢筋的最小搭接长度

钢筋类型		混凝土强度等级			
		C15	C20 ~ C25	C30 ~ C35	≥C40
光圆钢筋	HPB235级	45*d*	35*d*	30*d*	25*d*
带肋钢筋	HRB335级	55*d*	45*d*	35*d*	30*d*
	HRB400、RRB400级		55*d*	40*d*	35*d*

注:*d*为钢筋直径,单位:mm。

表7-9 钢筋安装后的允许偏差 (单位:mm)

项目		允许偏差	项目			允许偏差
绑扎钢筋网	长、宽	±10	受力钢筋	保护层厚度	基础	±10
	网眼尺寸	±20			柱、梁	±5
绑扎钢筋骨架	长	±10	绑扎钢筋,横向钢筋间距			±20
	宽、高	±5	钢筋弯起点位置			20
受力钢筋	间距	±10	预埋件	中心线偏差		5
	排间	±5		水平高差		+3,0

(4)地脚螺栓安装和角钢插入就位。地脚螺栓采用井字架和限位板进行安装,安装时控制好地脚螺栓间距、外露高度、同组螺栓对中心偏移。角钢插入坑底事先设置的垫块上,控制好插入式角钢各部位的尺寸、倾斜角、高程,将定位螺栓穿过角钢上的定位孔,然后对插入角钢的上外角(包括位置、角度、高程、扭转等)和坡比进行找正和校核。

(5)混凝土浇筑。其工艺流程为:施工准备→搅拌混凝土→浇筑混凝土(含试块制作)→混凝土振捣→基础抹面。

(6)基础养护。混凝土浇筑后,应在 12 h 内开始浇水养护,当天气炎热、干燥有风时,应在 3 h 内进行浇水养护。对普通硅酸盐和矿渣硅酸盐水泥拌制的混凝土,浇水养护时间不得少于 7 昼夜。

(7)模板拆除。基础拆模时的混凝土强度,应保证其表面及棱角不损坏,特殊型式的基础底模及其支架拆除时的混凝土强度应符合设计要求。模板拆除后,基础外观质量不应有严重缺陷。对已经出现的严重缺陷,应由施工方提出技术处理方案,并经监理认可后进行处理。对经处理的部位,应重新检查验收。对于出现的一般质量缺陷,应由施工方按技术处理方案进行处理,以满足规范要求。

4)杆塔组立工程施工

在架空线路杆塔组立之前,首先要做好充分的准备工作,包括场地平整、清理障碍物,抱杆检查,起重机具检验或现场试验,清点和检验塔材,人员准备(如组塔指挥工、安全员、质量员、机动绞磨机手、吊车司机等)、技术资料准备(如线路明细表、铁塔施工组装图、组塔作业指导书、铁塔施工工艺手册、施工记录表等)及施工机具材料的准备(如塔料、普通螺栓、防盗螺栓、扣紧母、塔脚母、垫等)等。

杆塔组立施工方法可分为整体组立和分解组立两种。

(1)整体组立是指在地面上将铁塔组装好,然后利用牵引装置把整个铁塔竖立和就位的方法。常用的方法是倒落式抱杆整体组立杆塔施工法(见图 7-8)。整体组立适用于重量轻、高度小的铁塔。

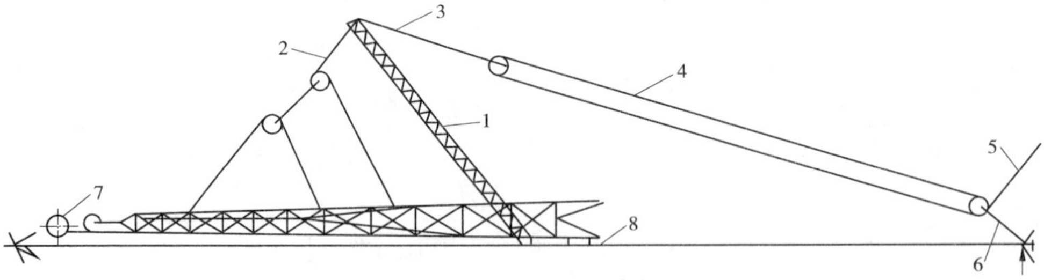

1—抱杆;2—固定钢绳系统;3—总牵引钢绳;4—牵引复滑车组;
5—至牵引设备;6—至牵引地锚;7—制动系统;8—塔基垫木(滑板)

图 7-8　倒落式抱杆整体组立杆塔施工法

(2)分解组立是指在地面上将铁塔按部位或按构件类型进行局部组装,然后起吊并在空中分段分节组装就位的施工方法。常用的方法有:吊车组塔施工、铁抱杆分解组立铁塔施工、内悬浮抱杆分解组塔施工、落地摇臂抱杆分解组塔施工、塔式起重机分解组塔施工等(见图7-9～图7-16)。分解组立适用于重量较重、高度较大的中型铁塔和大型铁塔。

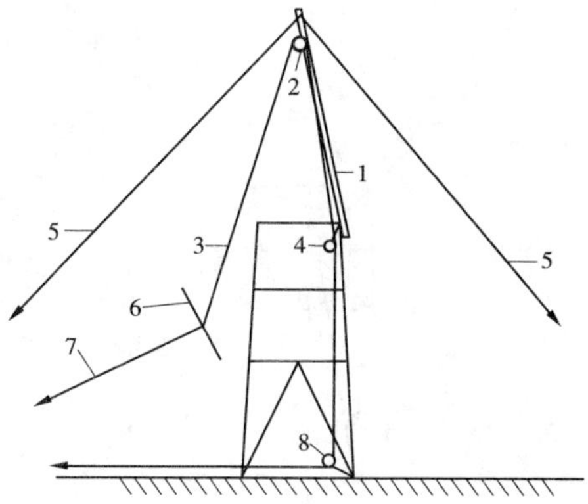

1—抱杆;2—起吊滑车;3—牵引钢绳;4—腰滑车;
5—外拉线;6—起吊塔件;7—制动绳(控制大绳);
8—转向滑车

图7-9　铁抱杆分解组立铁塔现场布置示意图

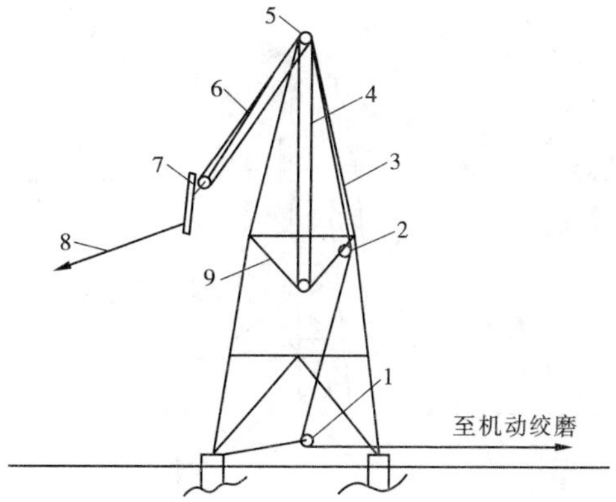

1—地滑车;2—腰滑车;3—内拉线;4—抱杆;
5—朝天滑车;6—起吊滑车组;7—吊件;
8—控制绳;9—承托绳

图7-10　内悬浮内拉线抱杆分解组塔现场布置示意图

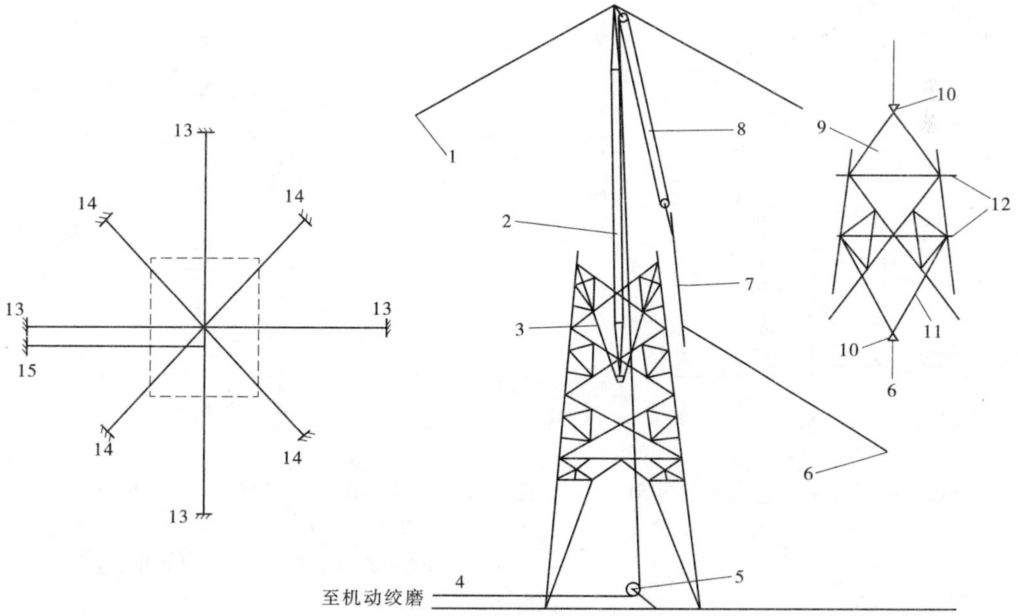

1—抱杆拉线;2—抱杆;3—承托绳;4—牵引绳;5—地滑车;6—控制绳;7—吊件;8—起吊滑车组;
9—吊点绳;10—卸扣;11—V形控制绳;12—补强木;13—控制地锚;14—抱杆拉线地锚;15—动力地锚

图7-11　内悬浮外拉线抱杆分解组塔现场布置示意图

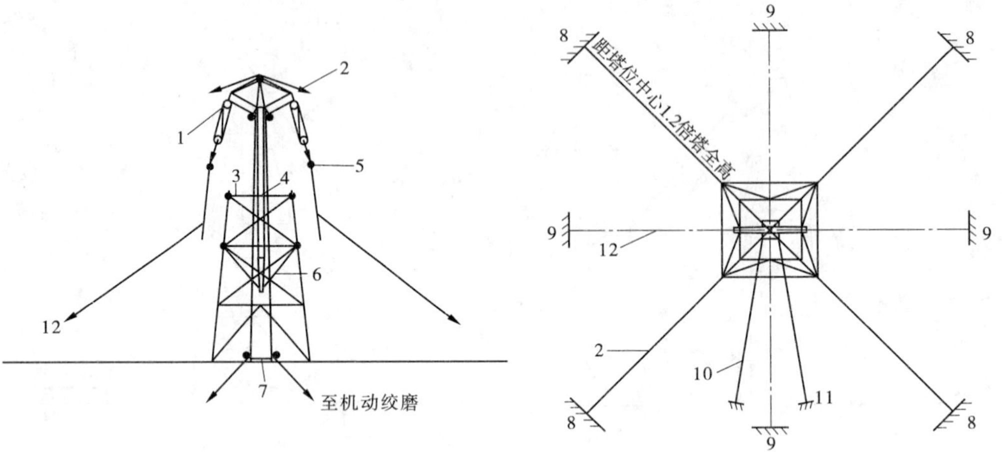

1—起吊滑车组;2—抱杆拉线;3—双钩紧线器;4—腰环;5—吊件;6—承托绳;7—转向架;
8—抱杆拉线地锚;9—吊件控制绳地锚;10—牵引绳;11—机动绞磨地锚;12—吊件控制绳

图7-12　内悬浮外拉线摇臂抱杆分解组塔现场布置示意图

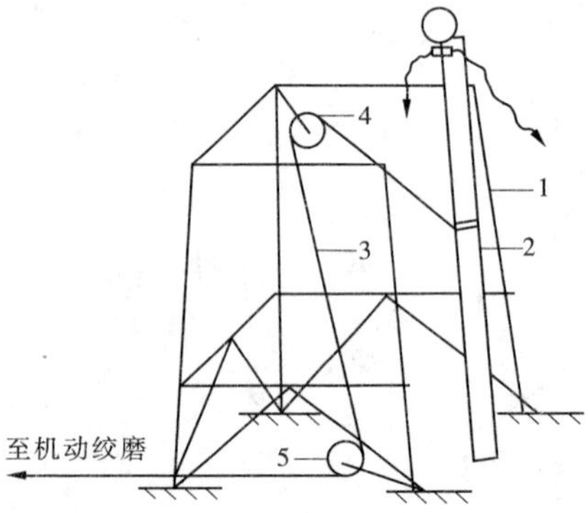

1—已组立的塔腿;2—抱杆;3—牵引绳;
4—滑车;5—地滑车

图7-13　竖立抱杆的方法示意图

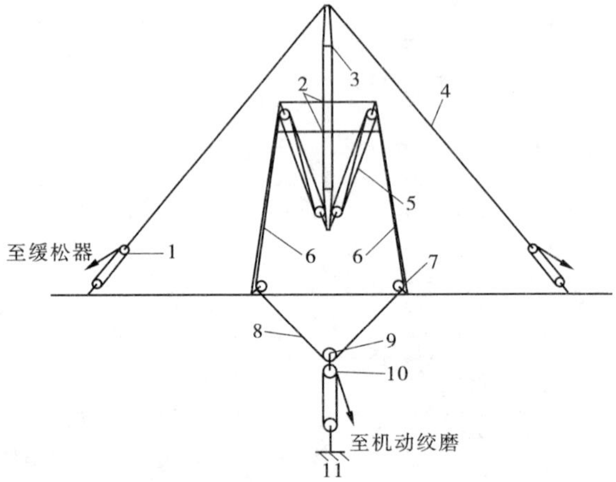

1—拉线调节滑车组;2—腰环;3—抱杆;4—抱杆拉线;
5—提升滑车组;6—已立塔身;7—转向滑车;
8—牵引绳;9—平衡滑车;10—牵引滑车组;11—地锚

图7-14　内悬浮抱杆提升布置示意图

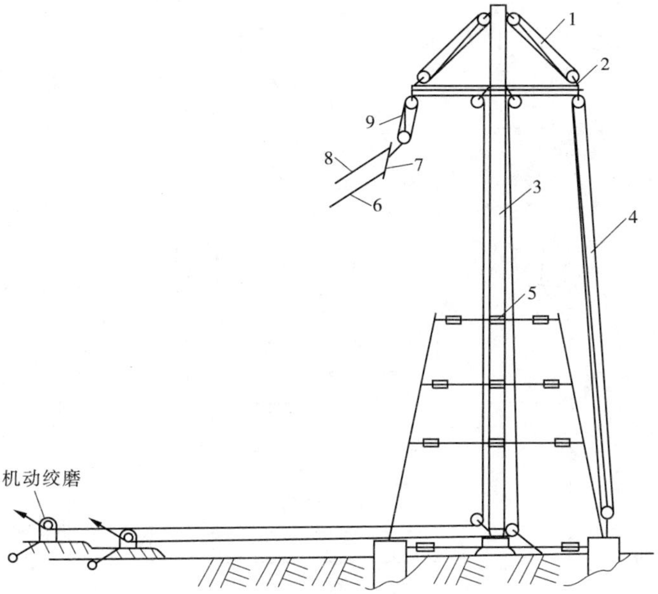

1—变幅滑车组;2—摇臂;3—抱杆;4—起吊滑车组(平衡);5—腰拉线;
6—下控制绳;7—塔片;8—上控制绳;9—起吊滑车组(吊装)

图 7-15　落地摇臂抱杆组塔现场布置示意图

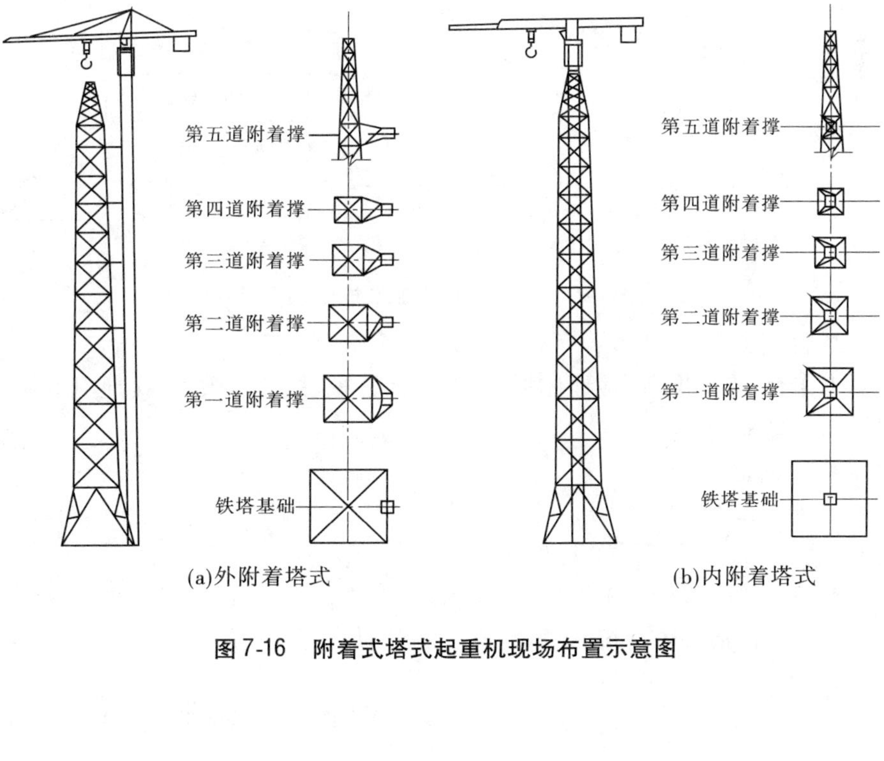

图 7-16　附着式塔式起重机现场布置示意图

5)架线工程施工

架线工程施工工艺流程见图 7-17。

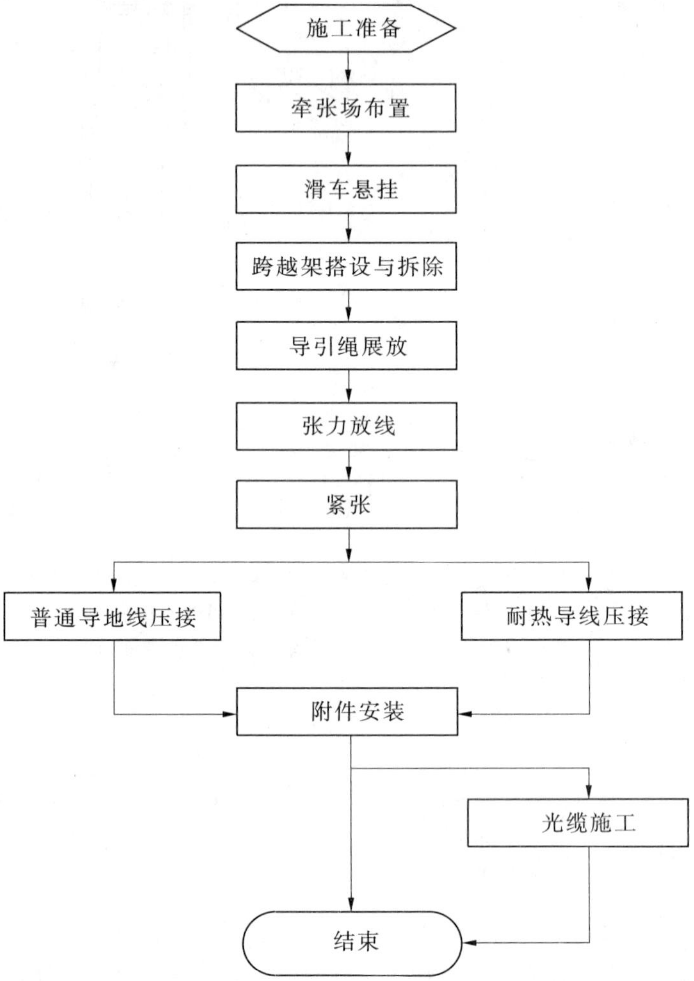

图 7-17 架线工程施工工艺流程图

6)接地工程施工

其主要工作有:施工准备、接地体加工、接地沟开挖、接地体敷设、接地引下线安装、接地电阻测量和质量检验等。

2. 电缆线路施工

1)电缆沟道施工

(1)电力沟施工,包括以下施工工作。

①施工准备工作。包括施工调查、原材料进场、机械设备进场、人员进场等。

②工程测量。包括桩位交接、桩位复测、控制网加密测量、施工测量放线、竣工测量等工作。

③降水、排水施工。主要包括明沟排水、轻型井点降水及管井降水等施工方法。通过

降水、排水，达到在无水的条件下进行沟槽开挖、结构施工、暗挖施工及顶管施工，保证工程施工质量及安全。明沟排水一般在沟槽或工作竖井内进行，轻型井点降水、管井降水一般在开槽边线外或结构边线外 1.5 m 处布设，井点间距、深度根据降水设计计算确定。

④沟槽开挖。主要工作有沟槽开挖、边坡修整和人工清底。需要注意以下几方面：

A. 在沟槽开挖前，先要确定沟槽断面形式、边坡坡度、开挖深度、底部开挖宽度，然后根据施工组织设计确定的开挖方法（人工开挖或机械开挖）进行开挖，一般多采用分段分层法开挖。

B. 检查井与沟槽同时开挖。开挖过程中要根据实际情况考虑好是否设置沟槽支护、余土外运、处理流沙、季节性施工等措施。

⑤地基与基础施工。沟槽挖至基底设计标高，宽度符合设计或施工方案要求，土质特性等符合设计要求，表面平整、无虚土时，按规范要求进行钎探。钎探深度必须符合要求，准确记录锤击数。钎探合格后，进行基础施工。具体基础类型有灰土基础、砂石和砂基础、换填地基等。施工时要注意配合比、每层虚铺厚度、分段处搭接长度、压实系数、顶面标高等指标的控制。

⑥防水施工。明挖电力沟一般采用多种防水措施以保证电力沟不渗不漏，达到隧道运营使用要求。其主要防水措施有防水混凝土、水泥砂浆防水层、聚合物改性沥青卷材防水层、双组分聚氨酯防水层、水泥基渗透结晶防水涂层等。变形缝、施工缝等防水薄弱环节则采取相应的构造措施。

A. 防水混凝土施工。这是通过控制混凝土材料、浇筑质量、细部构造，并适当添加防水剂的方法达到混凝土结构自防水的施工方法。其施工方法与普通混凝土施工类似，但对浇筑质量、施工缝处理、止水构造及养护要求更严格一些。

B. 水泥砂浆防水层施工。这是将质量合格的水泥、砂、水和外加剂按施工配合比搅拌均匀，然后分层涂抹在经过处理的砖墙或混凝土基层上的施工方法。施工中要处理好基层、控制好分层抹灰厚度、处理好细部构造、控制好环境温度等。

C. 高聚物改性沥青卷材防水层施工。防水材料常用 SBS、APP 高聚物改性沥青防水卷材。这类材料是以聚酯毡或玻纤毡为胎体，两面附以隔离材料所制成的防水卷材制品，与防水卷材配套的辅助材料必须和防水卷材材料性能相容。施工方法可采用外防外贴法（防水层贴在保护墙上）或外防内贴法（防水层贴在结构外表面）。具体铺贴方法有满粘铺贴法、空铺法、点粘铺贴法和条粘铺贴法四种。施工时要注意控制基层处理、阴阳角附加层、卷材铺贴、卷材搭接等工序的施工质量，加强检查和监督。

D. 双组分聚氨酯防水层施工。双组分聚氨酯防水涂料由甲组分（异氰酸基含量以 3.5% ±0.2% 为宜）和乙组分（羟基含量以 0.7% ±0.1% 为宜）两部分按产品说明书的比例混合搅拌而成。

E. 水泥基渗透结晶型防水涂层施工。水泥基渗透结晶型防水涂料是一种粉状防水涂料，经与水拌和后可调配成刷涂或喷涂在混凝土表面的浆料。材料中的活性化学物质向混凝土内部渗透，在混凝土表面及一定深度范围内形成不溶于水的结晶体，填塞毛细孔道，从而使混凝土致密、防水。

⑦电力沟结构施工。电力沟的受力结构常用钢筋混凝土结构和砖砌体结构两种。

A. 钢筋混凝土结构施工工艺流程见表 7-10。

表 7-10　钢筋混凝土结构施工工艺流程

施工程序	具体工艺流程
混凝土垫层施工	测量放线→清理基底→模板支护→混凝土浇筑→振捣→找平→养护
底板钢筋绑扎	弹出钢筋位置线→绑扎底板下层钢筋→绑扎底板上层钢筋→绑扎墙体插筋→隐蔽验收
底板模板支护	模板清理→安装底板外侧模板→焊堤坎模板定位筋→安装堤坎模板→安拉杆、支撑并校正→模板质量检查验收
底板混凝土浇筑	作业准备→混凝土搅拌→混凝土运输→混凝土浇筑与振捣(混凝土试块留置)→拆模、养护→质量检查验收
侧墙、顶板内模支护	基底清理→模板清理→内模、支撑系统安装→检查、校正、加固
侧墙、顶板钢筋绑扎	放位置线→绑竖向钢筋→绑水平钢筋→绑斜拉筋及定位筋→安装预埋螺栓等预埋件→绑顶板主筋→绑分布筋→检查验收
侧墙、顶板外模安装	外模安装→外模支撑安装→工作缝清理→验收
侧墙、顶板混凝土浇筑(以泵送混凝土为例)	混凝土泵、布料设备选择→混凝土泵、布料设备就位固定→泵管铺设→设备调试→管道润滑→混凝土泵送(混凝土入场检验)→混凝土布料→泵及管道拆除、清洗

B. 砌体结构施工工艺流程见表 7-11。

表 7-11　砌体结构施工工艺流程

施工程序	具体工艺流程
工程测量 施工降水 沟槽开挖 混凝土垫层施工 防水施工	文中已述
底板钢筋绑扎 底板模板支护 底板混凝土浇筑	同表 7-10 中对应内容
侧砖墙砌筑施工	确定组砌方法→砖浇水→拌制砂浆、排砖撂底→砖墙砌筑→抹面→验收
变形缝施工	主要是在变形缝处按设计要求安装止水带,位置要正确
水泥砂浆抹面施工	基层清理湿润→抹底层砂浆→抹面层砂浆→墙角加细修整→养护
预制盖板安装	支座铺筑砂浆→构件吊装就位→勾缝→验收
防水施工	文中已述

⑧土方回填。沟槽回填材料一般为素土,淤泥、沼泽土、冻土、有机土以及含有草皮、树根、垃圾和腐殖土不得作为回填材料。当素土回填密实度达不到要求时(通过压实度检测可知),应回填石灰土、砂砾等材料,砂、石级配要合理。

(2)电缆埋管施工。电缆埋管是电缆敷设的一种常见方式,根据电缆埋管类型不同可分为海泡石电缆管埋管、钢管埋管、塑料管埋管、玻璃钢埋管、镀塑钢管埋管等种类。按照设计要求,埋管外部可作混凝土、钢筋混凝土包封,以适应不同的环境。电缆埋管均采用明挖方法施工,其主要施工内容有工程测量、沟槽开挖、管道安装、包封混凝土浇筑、土方回填等。电缆埋管施工工艺流程见表7-12。

表7-12　电缆埋管施工工艺流程

电缆埋管类型	施工工艺流程
海泡石电缆管埋管	测量放线→沟槽开挖→基槽验收→素土夯实→垫层混凝土→下层钢筋绑扎→管道安装→上层钢筋绑扎→检查验收(拉棒试通)→支模→浇筑包封混凝土→养护→验收→回填土方
钢管埋管	
CPVC(氯化聚氯乙烯)电缆管埋管	测量放线→沟槽开挖→基槽验收→素土夯实→条基浇筑与安装→管枕安装→管间回填→验收

(3)浅埋暗挖施工。电力隧道浅埋暗挖施工方法是在浅埋软质地层的隧道中,基于新奥法而发展的一种工法。主要施工内容有:施工测量、监控测量、工作竖井施工、浅埋暗挖隧道施工、防水层施工、二衬模筑混凝土施工及附属构筑物施工等。初期支护是施工的重点和难点,施工中必须坚持"管超前、严注浆、短开挖、强支护、快封闭、勤测量"的十八字原则,确保隧道施工和周边建筑物、地下管线等的安全。具体工艺如下。

①隧道测量。在隧道测量时,需要明确两点:

A. 隧道测量工艺流程为控制桩交接→控制桩复测→施工控制网加密测量→施工竖井联系测量→电力隧道掘进测量→竣工测量。

B. 电力暗挖施工控制网应符合下列技术和精度要求。

a. 精密导线测量主要技术要求见表7-13。

表7-13　精密导线测量主要技术要求

平均边长(m)	导线总长度(km)	每边测距中误差(mm)	测距相对中误差	测角中误差(″)	测回数		方位角闭合差(″)	全长相对闭合差	相邻点的相对位中误差(mm)
					DJ1	DJ2			
350	3~5	±6	1/60 000	±2.5	4	6	$5\sqrt{n}$	1/35 000	±8

注:n 为单程测站数。

b. 水平角方向观测法的技术要求见表 7-14。

表 7-14　水平角方向观测法的技术要求

仪器型号	光学测微器两侧重合读数之差(″)	半测回归零差(″)	一测回中 2 倍照准差较差(″)	同一方向值各测回较差(″)
DJ1	1	6	9	6
DJ2	3	8	13	9

c. 电磁波测距的主要技术要求见表 7-15。

表 7-15　电磁波测距的主要技术要求

平面控制网等级	测距仪精度要求	观测次数		总测回数	一测回读数较差(mm)	单程各测回较差(mm)	往返较差
		往	返				
三等	Ⅰ	1	1	4	≤5	≤7	$\leqslant 2(a+b\times D)$ a—标定精度中的固定误差,mm; b—标定精度中的比例误差系数,mm/km; D—测距长度,km
	Ⅱ			6	≤10	≤15	
四等	Ⅰ	1	1	2	≤5	≤7	
	Ⅱ			4	≤10	≤15	

d. 精密水准测量主要技术要求见表 7-16。

表 7-16　精密水准测量主要技术要求

每千米高差中数误差(mm)		路线长度(km)	水准仪的型号	水准尺	观测次数		往返较差、附合或环线闭合差	
偶然中误差(mm)	全中误差(mm)				与已知点联测	附合或环线	平地(mm)	山地(mm)
±2	±4	2~4	DS1	铟瓦尺	往返各1次	往返各1次	$\pm 8\sqrt{L}$	$\pm 2\sqrt{n}$

注:L 为往返测段、附合或环线的路线长度(以 km 计);n 为单程的测站数。

e. 精密水准测量观测视线长度、视距差、视高差应符合表 7-17 的规定。

表 7-17　水准观测主要技术要求　(单位:m)

水准尺	水准仪的型号	视线长度	前后视较差	前后视累计差	视线离地面最低高度	
					视线长度 20 m 以上	视线长度 20 m 以下
铟瓦尺	DS1	≤60	≤1	≤3	0.5	0.3

f. 精密水准测量测站观测限差应符合表 7-18 的规定。

表7-18　精密水准测量测站观测限差　(单位:mm)

基辅分划读数差	基辅分划所测高差之差	上下丝读数平均值与中丝读数平均值之差	检测间歇点高差之差
0.5	0.7	3.0	1.0

②工程注浆施工。电力隧道注浆施工主要包括地层超前注浆加固、初衬回填注浆和二衬背后回填注浆三种。根据开挖土质情况不同,所注浆液可分为水泥浆、改性水玻璃浆液、水泥-水玻璃双液浆等。

③土方开挖。其包括竖井开挖和隧道开挖。竖井开挖按工艺流程不同又分为全断面开挖和分部(或半断面)开挖两种:全断面开挖适用于土质稳定、开挖断面较小的竖井土方开挖;半断面开挖适用于土质较差或开挖断面较大的竖井土方开挖。一般采用人工开挖,然后用龙门架吊土。

④格栅钢架构件制作安装。其主要工作有钢筋或型钢加工、焊接成型、钢构架验收、格栅钢架架设、安装外层钢筋网片、焊接纵向连接钢筋和安装内层钢筋网片等。

⑤喷射混凝土施工(一衬)。其主要包括配料、拌和、喷射混凝土和混凝土养护。

⑥浅埋暗挖防水施工。其工作内容有清理喷射混凝土基面、验收基层、堵漏及抹找平层防水、涂刷水泥聚合物灰浆、粘贴聚乙烯丙纶防水卷材、排气压实、粘贴盖条、检验复合卷材施工质量、底板防水保护层施工和验收。

⑦模筑混凝土施工(二衬)。其主要包括基面清理、测量放线、底板钢筋绑扎、底板混凝土浇筑及养护、拱顶钢筋绑扎、模板支立、拱墙混凝土浇筑、拱墙模板拆除、拱墙混凝土养护、二衬背后注浆和验收等工作。

(4)电力顶管施工。电力顶管施工一般指钢筋混凝土顶管施工,管径由设计根据电缆需要确定,管道顶进到位后,在管道内安装电缆支架等附属设施,以敷设电缆。顶管施工主要内容包括工作竖井及后背施工、注浆和管道顶进等方面。

①工作竖井及后背施工。其主要工作包括工作竖井类型确定、位置选择、工作竖井的开挖断面及支撑确定、后背墙安装等。

②注浆施工。顶管施工注浆是管道施工的重要工序,主要指压注触变泥浆和回填注浆(多为水泥粉煤灰浆)。压注触变泥浆在管道顶进过程中进行,随顶随压,触变泥浆充填于管周,以减小顶进阻力;回填注浆在管道顶进结束后进行。

③管道顶进。其包括顶进设备安装和管道顶进施工两方面。

顶进设备安装工艺流程:导轨安装→工作平台安装→垂直起重运输设备安装→顶进设备(液压千斤顶)安装→检查验收等。

管道顶进工艺流程:测量放线→首节管空顶就位→初始顶进→顶进测量→压注触变泥浆→管道顶进→回填注浆→检查验收。

(5)电力检查井及附属构筑物施工。电力检查井包括明挖检查井、暗挖工作竖井、暗挖井室等类型,电力附属构筑物包括通风设施、井筒、井盖、集水井、步道、电缆出入口和钢构件的制作安装等内容。

①明挖钢筋混凝土检查井施工。其工艺流程为:测量放线→井孔土方开挖→地基与基础处理→防水层施工→检查井钢筋绑扎(底板、侧墙、顶板筋)→安装预埋件→模板支护(底模、侧墙模、顶模)→混凝土浇筑、养护、拆模→防水层施工→土方回填等。

②浅埋暗挖井室初衬施工。其施工顺序为:测量放线→井口圈梁施工(同时安装竖井提升架和起重设备)→喷射混凝土初衬施工(土方开挖、格栅钢架等安装、喷射混凝土)→竖井封底→检查验收→盖板安装等。

③电力(隧道)附属构筑物施工,包括以下内容:

A. 电力沟通风管道施工,包括承插式柔性接口混凝土管、平口混凝土管、企口混凝土管等混凝土管,常常采用明挖法、平基法、垫块法和沉管法等施工方法。

B. 电力沟砖砌通风亭的工作内容有准备工作、底板浇筑、通风亭砌筑、盖板安装、抹面勾缝、井周回填、验收;集水井、井筒、井盖等施工内容有作业准备、砖浇水、拌制砂浆、砌筑井筒和验收。

C. 步道施工工艺流程为:基层清理→弹出步道中心线及边线→模板支护→浇筑步道混凝土→压实打光→养护→拆模→验收。

④钢构件制作与安装施工。电力沟(隧道)及其检查井中钢构件主要包括预埋铁、电缆支架、吊架、接地极、地线、拉力环、休息平台、挂梯、爬梯、井箅子等。钢构件的制作、热刷锌防腐处理、现场安装焊接是其施工的主要内容。电力沟(隧道)钢构件一般由专业厂家制作成型,并要求全部进行防腐处理;现场采用手工焊接方式进行,经检查验收合格后,涂刷防锈漆进行防腐处理。

(6)盾构施工。盾构施工是采用盾构机掘进的不开槽施工地下隧道方法之一,一般用于管径1 500 mm以上有特殊要求的长距离隧道施工。

盾构有土压平衡式、泥水加压式、手掘式、半机械式、机械式等几种形式,盾构机的选型应根据工程水文地质、施工范围内地上地下构筑物、管线埋深等要求,经技术经济比较后确定,盾构机的选型应满足以下要求:

①盾构机必须满足施工范围内各种土层的掘进。

②盾构机必须满足施工过程需要的安全保障要求。

③盾构机强度与刚度应符合设计要求。

④盾构机的推进力、液压油缸推进速度、输土能力、刀盘切削的切削扭矩等应匹配,密封系统应严密,符合设计要求。

盾构法施工工艺流程见图7-18。

盾构法施工过程中,要注意加强安全、卫生、作业环境(包括通风、照明、排水、通道设置、劳保用品、噪声等)等方面的管理工作,特别是做好火灾、缺氧、瓦斯中毒、地面沉陷、触电、机械伤害、轨道事故等灾害的预防和救护措施的落实工作。

(7)电缆敷设非开挖施工。电缆敷设非开挖施工,是指敷设电缆时不开挖电缆沟而利用钻机钻孔、扩孔并敷设电缆套管和电缆线的施工方法。按施工工艺不同可分为拉管施工和夯管施工两种。

①拉管施工适用于城区(或郊区)不具备明开条件的电力套管敷设,如过路、过河、过构筑物等不具备拆迁条件的场所,适用于除岩石层、砂卵石层以外的各种地质情况。拉管施工工艺流程见图7-19。

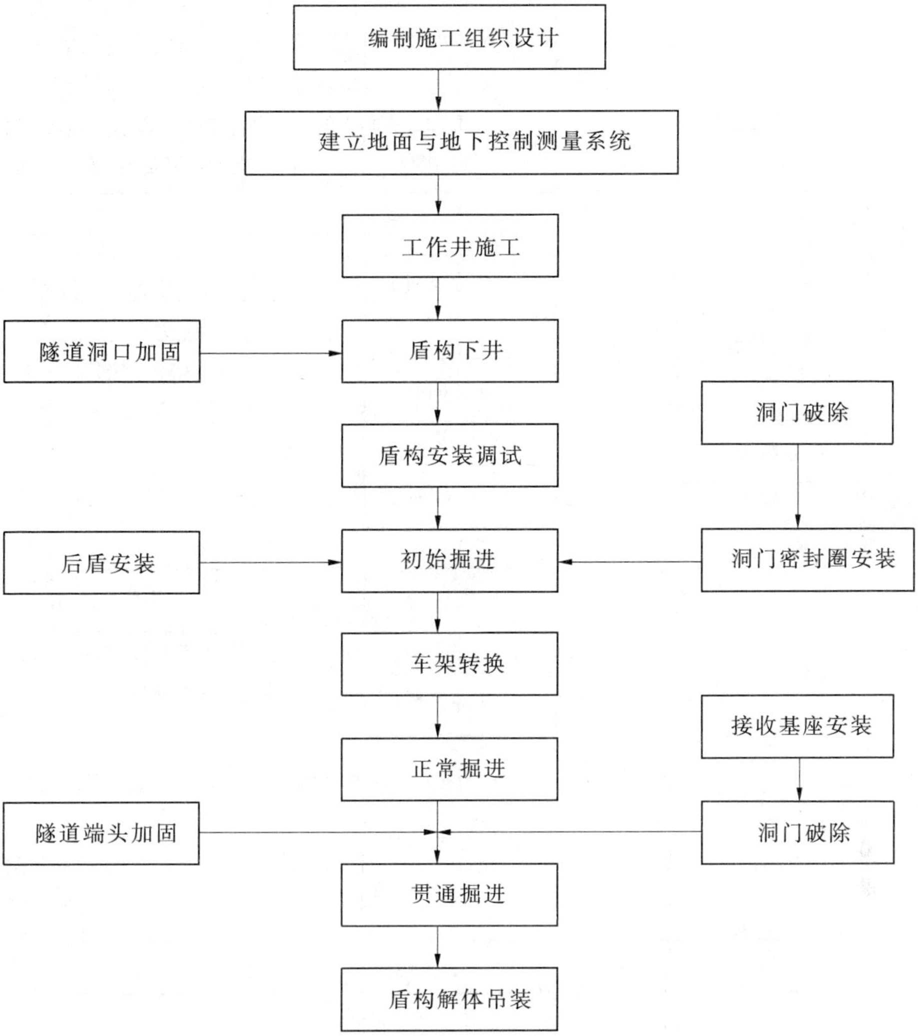

图 7-18　盾构法施工工艺流程图

②夯管施工适用于不具备明开条件，跨越距离短（40 m 以内）的直线电缆套管施工；对地层的适应性较强，适用于除岩石以外的各类地层。夯管施工工艺流程见图 7-20。

2）电缆及附件的运输与保管

10～220 kV 工程的电缆及附件的运输一般采取拖板车、电缆凹形运输车、卡车等运输方式。电缆及附件的保管包括仓库存放、环境条件控制和日常管理。

3）电缆敷设

电缆敷设是电力电缆工程施工中的重要工序，电缆敷设的质量、进度是整个电缆工程能否顺利投入运行的关键。电缆敷设是通过不同的敷设方法（人工、机械、人机组合）将电力电缆按设计要求展放到预定位置的施工过程。电缆敷设包括隧道电缆敷设、夹层电缆敷设、竖井电缆敷设等不同的敷设形式。电缆工程施工总流程、电缆敷设工艺流程见图 7-21、图 7-22。

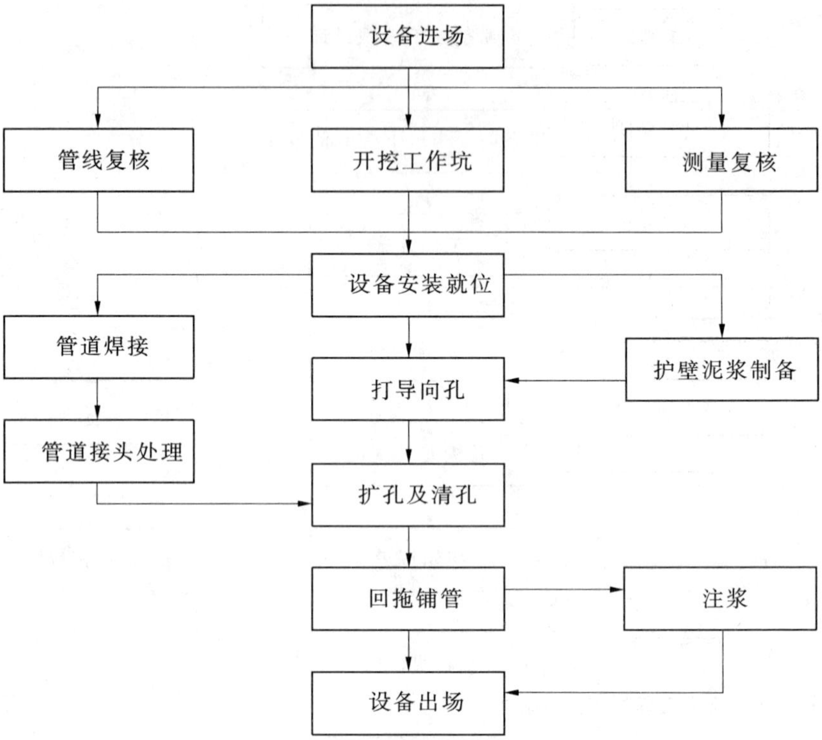

图 7-19　拉管施工工艺流程图

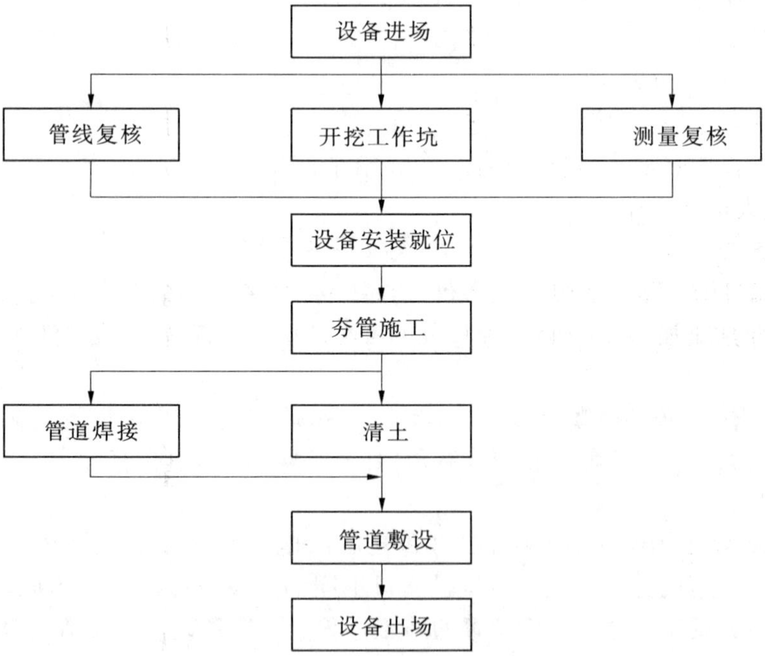

图 7-20　夯管施工工艺流程图

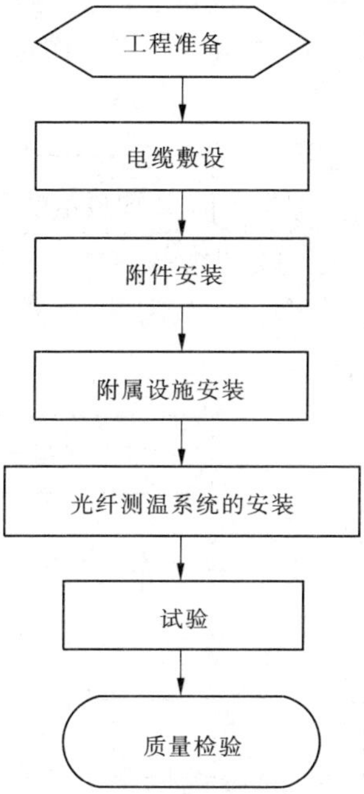

图7-21　电缆工程施工总流程图

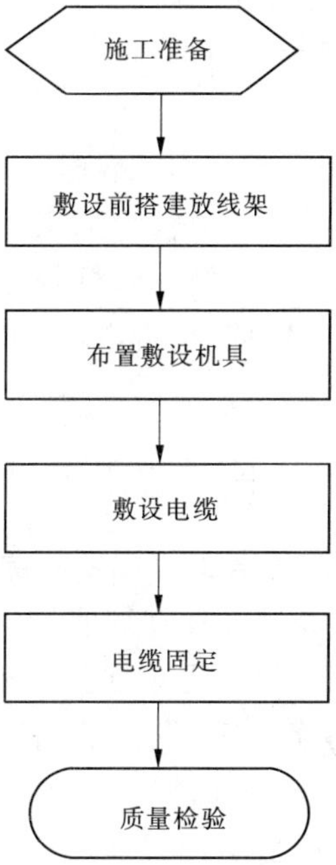

图7-22　电缆敷设工艺流程图

4)电缆附件安装

电缆附件包括终端、中间接头、接地系统、油路附件等。终端可分为空气终端、GIS终端和变压器终端,中间接头可分为绝缘中间接头、直通中间接头、过渡中间接头、塞止中间接头等,接地系统可分为交叉互联箱、接地箱等。

电缆附件安装是电力电缆工程施工中的关键工序,电缆附件的安装质量关系着电缆线路是否能够长期安全、稳定地运行。电缆附件的安装对人员的技能、施工环境要求很高,需要专业人员来操作。

5)附属设施安装

电缆附属设施安装一般包括:电力电缆防火槽安装;电缆穿过竖井、墙壁、楼板或进入盘柜的孔洞防火封堵;防火隔断安装;灭火弹安装;变电站电缆夹层与电力隧道之间阻水装置安装等。

任务7.2　城市通信工程

所谓通信,是指使用某种媒质由一地向另一地(单向或双向)传递消息。通信所用的媒质可以是人、飞鸽、书信、包裹、烽火等实物,也可以是电波、光波等信号。所传递的消息也有不同的形式,可以是声音、文字、符号、音乐、图像、数据及视频等。

目前,通信业务根据内容可分为邮政通信和电信通信两方面。所谓邮政通信,是指用人工方式将用户的信息资料(如固体、液体或气体等形式)进行传输的活动。邮政通信主要传输实物信息,如信函、包裹、汇款、报刊等,处理程序包括:收寄、分拣、封发、运输、投递等。目前只有少数内部作业采用机械化和自动化的分拣传输,大量工作都靠人工进行传递。

电信通信是指利用无线电、有线电、光等电磁系统传递声音、文字、符号、图像或数据等信息的通信方式,被誉为国家的神经系统。电信是用电波来传递信息的,传输的不是原物的信息,收到的是信息的复制品。按通信方式可分为有线和无线两类。按业务分为电话、电报、传真、数据、可视电话、电视等。从广义上看,广播、导航、雷达、遥控、遥测等也可列入通信的范畴。

7.2.1 城市通信工程规划设计

7.2.1.1 城市通信工程规划的原则

(1)城市通信工程规划要纳入城市规划,依据城市发展规模和布局进行。

(2)城市通信工程规划要以社会信息化的需求为主要依据,考虑社会各行业、各阶层对基本通信业务的需求,保证向社会提供普遍服务的能力,通信工程要符合国家和通信相关部门颁布的各种通信技术体制和技术标准。

(3)城市通信工程规划要充分考虑原有设施的情况,充分挖掘现有通信工程设施能力,合理协调新建通信工程的布局。规划必须论证方案的技术先进性、网络的安全可靠性、工程设施的可行性和经济合理性,同时还要考虑今后通信网络的发展,以适应电信技术的智能化、数字化、综合化、宽带化和电信业务的多样化的发展趋势。

(4)城市通信工程的规划要综合考虑,避免通信基础设施的重复建设。

(5)城市通信工程规划要考虑电信设施的电磁保护,以及其他维护电信设施安全的措施;也要考虑无线电信设施对其他专用无线设备的干扰。

(6)城市通信工程的规划要按远粗近细的原则进行。

7.2.1.2 城市通信工程规划的内容深度

城市通信工程规划可分为总体规划和详细规划。在不同的规划阶段,其内容深度有所不同。

1. 城市通信工程总体规划的内容

(1)依据城市经济、社会发展目标、城市性质与规模及通信有关基础资料,宏观预测城市近期和远期通信需求量,预测与确定城市近、远期电话普及率和装机容量,研究确定邮政、移动通信、广播、电视等发展目标和规模。

(2)依据市域城镇体系布局、城市总体布局,提出城市通信规划的原则及其主要技术措施。

(3)研究和确定城市长途电话网近、远期规划,确定城市长途网结构方式、长途局规模及选址、长途局与市话局间的中继方式。

(4)研究和确定城市电话本地网近、远期规划,包含确定市话网结构、汇结局、汇接方式、模拟网、数字网(IDN)、综合业务数字网(ISDN)及模拟网向数字网过渡方式,拟定市话网的主干路规划和管道规划。

(5)研究和确定近、远期邮政、电信局(所)的分区范围、局(所)规模和局(所)选址。

(6)研究和确定近、远期广播及电视台、站的规模和选址，拟定有线广播、有线电视网的主干路规划和管道规划。

(7)划分无线电收发讯区，制定相应的主要保护措施。

(8)确定城市微波通道，制定相应的控制保护措施。

(9)绘制城市通信工程总体规划的系列图纸，包括市域通信工程现状图、市域通信工程设施规划图、城市通信工程现状图和城市通信工程总体规划图等。

2. 城市通信工程详细规划的内容

(1)预测规划范围内的通信需求量。

(2)确定邮政、电信局(所)等设施的具体位置、规模。

(3)确定电信线路的路由、敷设方式、管道埋深等。

(4)划定规划范围内电台、微波站、卫星电信设施控制保护界线。

(5)估算规划范围内电信线路造价。

(6)绘制城市通信工程详细规划图纸。

7.2.1.3 邮政通信规划

1. 邮政需求量预测

城市邮政设施的种类、规模、数量主要依据邮政通信总量来确定，城市邮政需求量通常用邮政通信总量来表示。城市邮政通信总量是以货币形式表现一个城市的邮政企业在生产过程中产品量的总和，是反映邮政通信企业劳动量(业务量)的综合指标，其单位用RMB表示。

预测通信总量常采用发展态势延伸法、单因子相关系数法、综合因子相关系数法等预测方法。

(1)发展态势延伸法。找出历年邮政量的数据变化规律，从中分析其走势，以预测未来预知量。预测公式为：

$$y_t = y_0(1+\alpha)^t \tag{7-2}$$

式中 y_t——规划期内某年邮政通信总量，万元；

y_0——规划基年的需求量(现状业务总量)，万元；

α——邮政业务收入或通信总量增长态势系数，$\alpha > 0$；

t——规划年限 。

(2)单因子相关系数法。在影响邮政需求量的各个变化因子中，寻找出其中的一个与其变化相关最密切的因子，用该因子的变化分析邮政需求的变化，通过对该因子进行修正，以达到规划期末邮政需求量的预测。预测公式为：

$$y_t = x_t c(1+\alpha)^t = x_t \frac{y_0}{x_0}(1+\alpha)^t \tag{7-3}$$

式中 x_t——规划期某年的经济社会因子值；

c——现状邮政年业务收入量 y_0 与经济社会因子值 x_0 之比值；

y_t、α、t 含义与式(7-2)相同。

(3)综合因子相关系数法。在单因子相关的基础上,将各个因子对城市邮政需求量的预测进行综合因子修正,以达到规划期末城市邮政需求量的预测。预测公式为:

$$y_t = \sum_{i=1}^{n} \beta_i x_{it} c_i (1+\alpha)^t \tag{7-4}$$

式中　i——其中某一因子;

n——因子的数目;

x_{it}——规划期内预测年的经济社会因子 x_i 的值;

β_i——各因子的权重;

y_t、c、α、t 含义同前。

2. 城市邮政局(所)规划

1)城市邮政局(所)等级划分及标准

邮政局是设置在城市内的邮政企业分支机构,邮政支局是具有营业功能和投递功能的分支机构,邮政所是归属邮政支局管辖的,只办理部分邮政业务。

城市邮政支局的等级划分及标准根据《城市邮政支局(所)工程设计暂行技术规定》(YDJ 61—90)执行(见表7-19、表7-20)。

表7-19　城市邮电支局的等级划分及标准

项目	单位	一等局	二等局	三等局
城市邮电支局邮政营业席位数	席	18~25	15	9
城市邮电支局邮政部分生产面积标准(建筑面积)	m^2	1 041~1 181	936	739
城市邮电支局生产辅助用房面积标准(建筑面积)	m^2	653	920	409
城市邮电支局生活辅助用房面积标准(建筑面积)	m^2	319	243	183
城市邮电支局所含电信部分的生产用房面积	m^2	398	270	178
城市邮电支局建筑标准(合计)	m^2	2 411~2 551	1 969	1 509
处理标准邮件的数量	件	≥2 000	≥1 000	≥250

注:建筑标准中,包括邮政营业、投递、发行等生产面积,生产辅助用房和生活辅助用房的面积。

表7-20　城市邮电所的等级划分及标准

项目	单 位	一等所	二等所	三等所
邮电所的建筑面积	m^2	254~278	215~239	141~165
邮电所使用面积	m^2	216~236	183~203	120~140
处理标准邮件的数量	件	≥55	≥18	<18

2)邮政局(所)的设置原则

(1)邮政支局、所是面向社会和广大群众、直接为用户提供服务的网点。从整个城市规划发展来看,邮政支局、所建设与整个城市的发展建设密切相关,应与城市总体规划相符合。

(2)邮政企业要考虑社会经济效益,其建设要体现广泛性、群众性和服务性,使其构成布局合理、技术先进、功能齐全、迅速方便的服务网络。

(3)邮政支局、所的设置既要立足现实,满足当前需要,又要兼顾长远,满足远期城市发展的需要。规划时要留有余地,在建设的数量和规模方面要以邮政各类业务发展为前提,并向现代化、标准化、规范化的邮政支局、所发展。

(4)邮政支局、所的设置应根据人口密度制定相应的服务半径。为方便广大群众能够就近投递,通常以不同的人口密度制定相应的服务半径、标准来确定邮政局(所)的数量及分布。规划邮政局(所)时,服务半径参照表7-21执行。

表7-21 邮电局(所)服务半径

城市人口密度(万人/km^2)	2.5	2.0~2.5	1.5~2.0	1.0~1.5	0.5~1.0	0.1~0.5	0.05~0.1
服务半径(km)	0.5	0.51~0.6	0.61~0.7	0.71~0.8	0.81~1.0	1.01~2.0	2.01~3.0

城市邮政局(所)具体位置的选择要考虑便于邮件的收集与投递。对于负担邮件集散功能的邮政支局,要根据投递范围以及邮路投递道段数量合理规划。按我国邮政部门要求,一般邮政支局的投递道段数为15~20条比较适宜。

3)城市邮政局(所)的位置选择

(1)邮政局(所)应设在邮政业务量较为集中及方便人群邮寄或领取邮件的地方,如闹市区、商业区、车站、机场、港口、文化游览胜地等。

(2)邮政支局应设在面临主要街道、交通便利的地段,便于快捷、安全传递邮件。

(3)邮政支局(所)既要布置均衡,又便于投递工作的组织管理。投递区划分要合理,投递道路要组织科学。

(4)邮政支局(所)应选择在火车站一侧,以方便接发邮件,同时要有方便的邮政交通通道。

3. 其他邮政设施规划

邮政支局(所)是基本服务网点,其他邮政设施是邮政支局(所)功能的补充和延伸、服务范围的扩大,是邮政通信网必不可少的物质基础。

1)邮亭

邮亭是设置在繁华地段定点办理邮政业务的简易设施,大多为过往用户提供方便的服务。在尚不具备设置邮政局(所)服务网点,且有一定邮政业务市场的条件下,可采用邮亭这种设施。邮亭设施面积见表7-22。

表7-22 邮亭设施面积

项目	单人亭	双人亭
面积标准(m^2)	8	12

2)信报箱、邮筒设置

信报箱、邮筒是邮政部门设在邮政支局(所)门前或交通要道、较大单位、车站、机场、码头等公共场所,供用户就近投递平信的邮政专用设施。信报箱、邮筒由邮政局(所)设专人开取,严格遵守开启频次和时间。

信报箱群(间)是指设置于城镇新建住宅小区、住宅楼及旧房改造小区的邮政设施。居民住宅楼房必须在每幢楼的单元门地面一层楼梯口的适当位置设置与该单元住户数相对应的信报箱或信报间。

根据《住宅区信报箱群(间)工程设计规范》(YD/T 2009—93),信报箱亭的使用面积可按信报箱的服务人口数来确定(见表 7-23)。

表 7-23　信报箱亭设施面积

类型	单位	前开总门		后开总门	
		600 户	1 200 户	600 户	1 200 户
无人值守	m^2	20	30	40	60
有人值守	m^2	25	35	45	65

3)报刊亭

报刊亭是邮政部门在城市合适地点设置的专门出售报刊的简易设施,是报刊零售的重要组成部分。报刊亭设置应符合《邮亭、报刊亭、报刊门市部工程设计规范》(YD 2013—94)的规定。其等级与面积见表 7-24。

表 7-24　报刊亭设施等级与面积

项目	一类亭	二类亭	三类亭
面积标准(m^2)	16	12	8

7.2.1.4　电信工程规划

1. 电信系统的基本组成

电信网由电话局(交换中心)及用户线路构成。电话网一般有全互联网、格状网、星形网及部分互联网四种结构。各市话局之间的线路叫中继线路,用于市话之间的接续中继呼叫的交换局称为汇接局。

电信系统指在城镇区域内外的电信部门(局)与微波站、卫星及卫星地面站,电信局与中转设备,电信局与用户集中设备,电信局与用户终端设施以有线和无线的形式进行信息传输的系统。

按设备组成因素,电信系统可分为发送设备系统、传输设备系统、接收设备系统三个子系统。

(1)发送设备系统即把需要传送的信息(文字、语音等)变成电信号的设备。

(2)传输设备系统即传输电信号的线路或电路系统。

传输系统的方式包括有线传输、无线传输和卫星传输。有线传输主要是通过光缆、电缆实现通信传输的工程，其中对称电缆容量只有 60 路，用于短距离传送；同轴电缆可开通 480 ~ 1 800 路，用于本地长途网中的各种路由。而光缆则因其容量大（为同轴电缆容量的数十倍以上），不受电磁干扰、投资比同轴电缆省 20% 而备受青睐。无线通信传输主要通过微波站接力的方式进行传递，可装 1 800 ~ 2 700 多门载波电话，是全国自动长途电信网的基础。一般每 100 ~ 150 km 设一枢纽站，50 ~ 70 km 设一中间站，用于长途干线网。卫星通信依托天上的通信卫星和地面收发站传递信息。目前我国已建成 37 座大型卫星地面站，覆盖了全国主要大城市，可同时提供 65 300 多条数字卫星通信网已基本完成。

公用移动通信系统是典型的移动通信方式，使用范围广，用户数量多，由移动台、基地站、移动控制台及自动交换中心等组成，并由自动交换中心接入市话汇接局进入公共电话网，是一种无线和有线传输的结合。大中城市多实行小区制，每区设一个基地台。

（3）接收设备系统即把经过传输线路传输送来的电信号复制成原来信息的设备。

2. 电信系统的分类

1）按业务，电信系统分为电话系统和电传系统

（1）电话系统。把用户的声音以电信号或数字电信号传输的行为称为电话。其中，按通信方式分为电话通信方式和数字电话通信方式；按传输媒质可分为有线电话和无线电话。

（2）电传系统。将用户的图文资料以电码信息或直接转换为电信号的传输称为电传。其中，电报是用户文字资料以电码信息的方式以无线形式进行传输的；电话传真是把用户图文资料利用普通电话网络以有线的形式进行传输的。

2）按局制，电信系统分为单局制和多局制

单局制适用于业务量少、用户少的小城镇。多局制适用于服务量大、业务量大的城市或中继站。

电信通信网可分为市话通信网、长途通信网、农用话网。

长途通信网的结构形式分为直达式、汇接式和混接式三种。直达式，即对固定的对象使用，无中间环节，传递最迅速、可靠，但费用高，线路复杂（如图 7-23 所示）；汇接式（辐射式），以长话为中心进行转接（如图 7-24 所示）；混接式，是直达式和汇接式的混合形式。对于高级别传递用直达式，而对于其他传递则用汇接式。

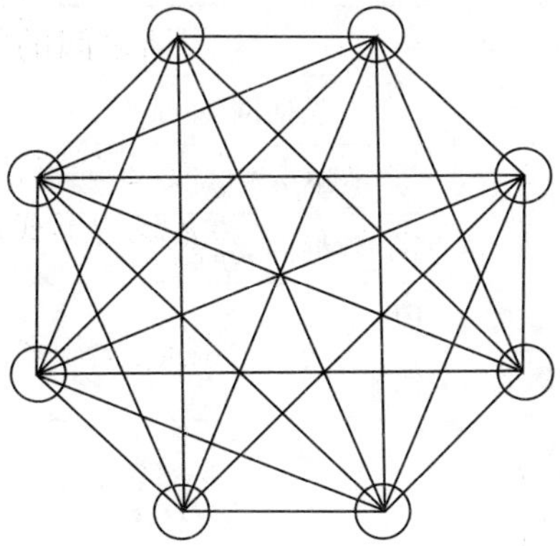

图 7-23　直达式

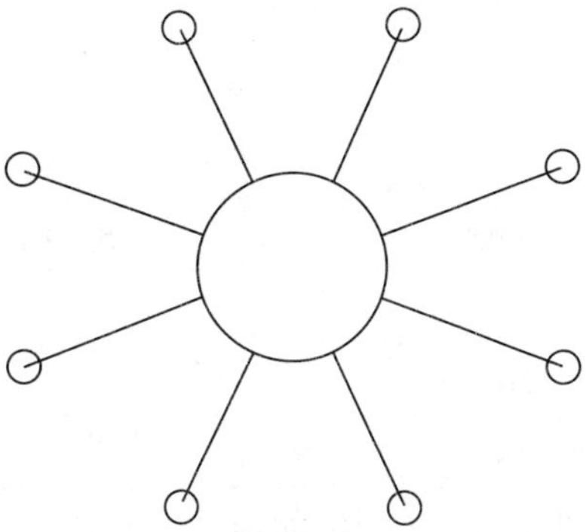

图 7-24　汇接式（辐射式）

按混接式线图将电信号分为四级：一级为省际间的电信网，二级为省内的电信网，三级为县际间的电信网，四级为县内范围的电信网。

与此对应，我国将电信线路分为四级：一级线路为长途通信中的干线网络，为省中心以上的线路；二级线路为省中心以下县级中心以上之间的线路；三级线路为县中心以下的线路；四级线路为乡级之间的线路，主要为农用线路。

3）按系统，电信系统分为通信系统和通信网

（1）通信系统。指由完成通信全过程的各相关功能实体有机组合而成的体系。通信系统一般由发端、信道和收端等几大部分组成。

通信系统按信源分为电报通信、电话通信、数据通信、图集通信、多媒体通信等类型。电报通信是指发端的符号、表格、图形、图像等书面消息由电报机转换成书面消息的通信方式。电话通信是指通过电话的方式传递语音的通信方式，是目前全球范围引用最广的电信业务。数据通信是指为满足计算机间的数据、表格、图形等的相互传递，将计算机技术与通信网络相结合而形成的通信方式。图像通信是指专门用于传递图像信息或同时携带语音信息的通信方式。多媒体通信是指多媒体信息有机结合进行传输，给信息以视觉、听觉感受的新型通信方式。

通信系统按信道可分为有线通信系统和无线通信系统两大类。有线通信系统是利用电磁波在导体中的导引传播进行通信的通信系统；无线通信系统是指借助电磁波在自由空间的传播、散射进行通信的通信系统。

通信系统按传输信号类型可分为模拟通信系统和数字通信系统。模拟通信系统是传递模拟信号的通信系统；数字通信系统是传递数字信号的通信系统。

（2）通信网。将众多的通信系统按一定的拓扑结构和组织结构组成一个完整体系，称为通信网。通信网由用户终端设备、交换设备、传输链路组成。

用户终端设备是通信网通信的汇点和终点，亦称原始消息和发射信号间的交换；交换设备是组织、构建交换型通信网的核心，基本功能是完成介入接点信号和汇集转接接续和分配；传输链路是连接办理交换节点、实现信号传输的通路，常由传输媒质（有线通道或无线通道）附加一定的传输设备（如放大器、均衡器等）构成。

通信网的分类如表7-25所示。

表7-25　电信通信网分类

特征属性	分类	
服务范围	电话网	长话网/本地网
	非话网	广域网/城域网/局域网
开放业务	电话网/移动网/电报网/传真网/数据网/综合业务	
服务对象	公用网/专用网	
信号类型	模拟网/数字网	
传输媒质	有线网/无线网	
处理方式	交换网/广播网	

本地网是指局部地区的电话网;长话网是指承载本地网间长途电话业务的网络。非话网主要是指包括计算机通信网以内的数据通信网。局域网是指一个房间或几个相邻房间或一幢楼内的网络;城域网是指直径在50~100 km范围内或一个城市中进行通话的网络;广域网是指一个国家或几个相邻国家或全球通信的网络。

公用网是由国家通信主管部门或经过国家有关机构认可的机构建设并管理的面向全社会开放的通信网;专用网是指由某一专用部门或单位专用并管理的通信网。

模拟网是传输模拟信号的网络;数字网是传输数字信号的网络。

有线通信网是借助固体媒质进行信号传输的通信网;无线通信网是借助电磁波在自由空间的传播进行信号传输的通信网。

交换网是指由交换节点和传输链路构成的具有信号分配、交换的通信网;广播网无交换功能,所有终端共享传输链路,即一点发送信号后,网络上任一点均可收到此信号。

3. 城市电信工程需求量的预测

1)城市电话需求量的预测

(1)简易市话需求量相关预测。即寻找城市电信增长与国内生产总值增长的关系。其预测公式为:

$$y_t = y_0(1+\alpha)^t \tag{7-5}$$

式中 y_t——规划期期末的城市电话需求量;

y_0——规划开始时的城市电话量;

α——市话变化增长量与国内生产总值增长的比值,一般采用调查值,无资料时,可取1.5;

t——预测年数。

(2)国际推荐预测方法。其计算式为:

$$y = 1.675x^{1.4156} \times 10^{-4} \tag{7-6}$$

式中 y——电话普及率,部/百人;

x——人均国民生产总值,美元。

(3)根据我国规定的发展目标进行预测。其计算方法如下:

交换装机容量=(1.2~1.5)[目前所需电话容量+(10~20)年后的远期发展总容量]

中继线数量是通信部门总体规划的内容,为了路由规划方便,暂按装机容量的20%~30%计算。

(4)单项指标套算法。可分总体规划阶段和详细规划阶段。

总体规划阶段可用指标进行套算:每户住宅按1部电话进行计算;非住宅电话占总住宅电话的1/3;电信局设备装机率规划近期为50%,中期为80%,远期为85%;端局最终电话达4万~6万门,电话站最终期电话容量1万~2万门。

详细规划阶段主要是通过市话的服务面积来套算需求量,每部电话的服务面积如表7-26所示。

表7-26 每部电话的服务面积 (单位:m^2)

用地类别	面积指标	用地类别	面积指标
办公	20~25	商业	3~40
多层住宅	60~80	幼托	80~95
高层住宅	80~100	医院	100~120
仓库	150~200	学校	90~110
旅馆	35~45	文化	110~130

其中,小区内每50~100户必须至少设置2部公用电话(来话去话各1部),电话配线间(室内)一处,使用面积不小于6 m^2。

(5)电话增长率预测法。其计算公式为:

$$y_t = P_t R_t \tag{7-7}$$

式中 y_t——规划年的电话机总量;

P_t——预测年的电话机普及率;

R_t——预测年的人口总量;

t——预测年。

根据国家人口增长确定不同阶段的人口增长率,预测人口 R_t。根据全国及地区电信发展目标、城市经济发展特点来确定电话总量的增长率,最后得到电话普及率等发展目标。

2)移动电话需求量及普及率预测

(1)用移动电话占市话的百分比来预测,一般而言,移动电话与市话之间存在一定的比率。参考国外移动电话的发展比例,我国城市移动电话可按下式预测:

移动电话用户数 = 公用电话用户数 ×(0.7~1.0)

(2)弹性系数预测法。移动电话发展与经济发展关系极为密切。根据二者的关系,移动电话量按下式计算:

$$y_t = y_0(1+\alpha k)^t \tag{7-8}$$

式中 y_t——预测年的移动电话量;

y_0——基准年的移动电话量;

k——经济发展平均增长速度;

α——弹性系数,由历史数据中移动电话的增长率除以经济发展的增长率;

t——预测年数。

(3)移动电话普及率法。根据国际电信联盟(ITU)的统计和预测,世界不同国家的移动电话的普及率如表7-27所示。随着经济、贸易、交通、市政公用设施、移动通信技术、互联网等方面的高速发展,我国已成为移动通信第一大国,城乡移动电话普及率在短短十多年的时间里,已突破1 000部/千人。

表7-27 不同国家移动电话普及率 （单位：部/千人）

国别	1980年	1988年	2000年	2017年
美国	1.29	6.54	41.3	>1 000
瑞典	1.38	20.40	47.1	>1 000
德国	0.37	3.34	32.4	>1 000
英国	0.26	5.02	26.2	>1 000
芬兰	1.75	14.99	45.2	>1 000
挪威	3.42	29.31	52.2	>1 000
日本	—	1.21	42.8	>1 000
中国	—	—	—	>1 000

4.城市电信局规划

1)电信局(所)的分区

由于电信局(所)有限,但管理范围较大,故而通常将电信局覆盖的范围划分为不同的区块。分区时应遵循以下原则:

(1)按不同时期发展要求进行配置,把城市作为整体进行划分,并且近、远期相协调。

(2)分区要照顾到自然地形、铁路、地貌、人工设施等因素,同时分析各分区用户间的话务量情况,通话关系密切的地区尽量划在同一区内,以减少局间中继线和中继设备的数量。

(3)根据人口规模及预测的话务量。

(4)划区时,尽可能避免大拆大移,尽可能保留使用原有设备。

(5)当分区块人口较少时,交换机容量可小些;反之则大些,但要有预留容量,详见表7-28。

建议城市每个交换局容量10万~20万门,服务面积10~20 km^2。

表7-28 局(所)容量与电话密度服务面积的关系

用户密度	类别	交换机(万门)	服务面积(km^2)	服务区边长(km)
100部/hm^2	上限	20	20	4.5
	最优	15	14	3.8
	下限	10	10	3.3
10部/hm^2	上限	4	36	6
	最优	3.5	30	5.4
	下限	2	21	4.7

2)电信局(所)的选址

(1)电信局(所)的勘定。视其为单局制或多局制而定:

① 单局制,通常将电信局(所)设在区域中心或靠近中心处或用户交换中心处。

② 多局制,将电信局(所)设在各个中心位置。

(2)电信局(所)的地址选择。地址选择要以网络规划和通信技术要求为主,结合水文、地质、城市规划、投资效益等因素比较确定。电信局(所)选址时应遵循下列原则:

① 局址尽可能选在较安静、卫生条件良好、无干扰的地方。

② 避开高层密集区内或高楼大厦包围地区。

③ 局址应选在地形平坦、土质良好的地段,避开地质不良地段及洪水淹灌区。

④ 局址应有安全环境,远离易燃、易爆的建筑物或堆积物。

⑤ 满足通信安全、保密、人防、消防等条件。

⑥ 选址要考虑近期适用、远期发展的可能,留有建设余地。

3)城市电信楼的规划设计要求

(1)电信楼的分类。一般分为综合电信枢纽楼、一般电信局楼和综合电信楼三种。

① 综合电信枢纽楼,一般安装长途干线传输设备。设置长途交换机房、长途网管中心、长途计费中心等。

② 一般电信局楼,主要安装本地普通传输设备,电话交换局、电话基站设备等。

③ 综合电信楼,除具有一般电信局楼的功能外,还应考虑安装本地重要的传输设备、移动电话交换设备等。

(2)电信楼设置。分类设置如下:

① 电信枢纽楼的设置,一般特大城市 3 ~ 4 个,较大省会城市 2 ~ 3 个,其他一般城市 1 个,个别较大城市根据需要可设 2 个。

② 综合电信楼设置,大城市 12 ~ 20 个,中等城市 2 ~ 10 个,一般不超过 12 个,其他城市应根据本地区人口及城市规模设置,如表 7-29 所示。

表 7-29　综合电信楼设置

综合电信楼数量(个)	8 ~ 20	4 ~ 8	2 ~ 4	2
城市人口(万人)	500 以上	200 ~ 500	100 ~ 200	100 以下

③一般电信局楼设置,按下式计算

$$\text{一般电信局楼数量} = \mathrm{INT}(0.4 \div \alpha \times R + 0.5) \tag{7-9}$$

式中　INT( )——取整函数,表示对括号内算出的数字进行取整数处理;

α——取 3 ~ 10,对于较大城市 α 取值应大些;

R——城市人口,百万。

设置原则为,最远用户离电信局 2.5 ~ 3.5 km,一般电信局楼的密度为 8 ~ 10 km^2 设一个。

(3)电信建筑的规划设计要求,应考虑以下几点:

① 有利于信息的交换和传输,卫生、安静、安全。

② 楼内布局合理,空间灵活可变,有利于远期发展。

③ 创造无人值守和少人值守的条件,减少不必要的房屋。

④ 考虑防火要求。

5. 城市有线通信线路规划

城市有线通信线路按使用功能分为长话、市话、郊区电话、有线电视、有线广播、计算机信息网络等;按通信线路材料来分,主要有电缆、光缆、金属线等三种;按敷设方式分,有架空敷设和地面敷设(地面埋入)两种。

线路是各类电话局之间、电话局与用户之间的联系纽带,是电话通信系统最重要的环节。合理确定线路路由和线路容量是电话线路规划的两个重要因素。线路应优先采用通信光缆以及同轴电缆等高容量线路,以提高其安全性和可靠性。线路敷设的最理想方式是管道敷设,其次是直埋。在一般情况下,线路应尽量直达,避免拐弯。

在城市市区内,光缆线路应采用管道敷设方式。当现有管道不能利用或暂时不具备建筑管道的条件或费用较高时,可采用架空敷设作为过渡措施。光缆线路在城市郊区,当没有管道或不能建筑管道时,宜采用直埋敷设。

1)规划原则

(1)电缆路由应符合城市规划,使电缆路由长期安全稳定地使用。

(2)电缆路由应尽量短直,并应选择在比较长久性的道路上敷设。

(3)主干电缆与配线电缆走向一致,互相衔接。在多局制的电缆网络设计时,用户主干电缆应与局间中继电缆的路由一并考虑。

(4)环境条件良好,安全性好。

(5)光缆、电缆集中。

(6)重要的主干电缆和中继电缆宜采用迂回路由,构成环形回路。

(7)充分利用原有线路设备,尽量减少不必要的拆移而使线路设备受损。

2)电缆路由不宜选择的地段

(1)预留发展用地或规划未确定的用地。

(2)电缆局主控地区。

(3)易受腐蚀地区或地下水位较高,有岩石的地段。

(4)易燃、易爆和有腐蚀性气体的地方。

(5)架空电缆有碍绿化或影响公共建筑美观的地段。

(6)在高等级道路下的地段。

3)电缆建筑方式的选择

电缆建筑方式一般有管道电缆、直埋电缆、架空电缆和墙壁电缆。电信管道是结合电信网的远期发展规划要求而建设的,具有通信效率高、安全可靠以及维护管理方便的特点。

(1)管道电缆线路,适用于以下情况:

①要求管道隐蔽。

②线路重要,有较高安全要求。

③近期出线的电话机容量在600对及其以上,且有发展的趋势。

④与市内电话通信管道有接口要求。

(2)直埋电缆线路,应用于以下情况:

①用户较固定,电缆容量和条数不多,且今后较长时间内不增加电缆时。

②要求线路安全的电缆条数不多。

③不允许采用架空或墙壁电缆,又不能使用管道。

④跨越一般铁路、公路或城市街道不宜采用架空电缆时。

(3)架空电缆线路,可应用于以下情况:

①总体规划无隐蔽要求。

②远期电缆总容量在200对及以下。

③地下情况复杂或土壤具有腐蚀性。

(4)墙壁电缆线路,可应用于以下情况:

①电缆容量在100对以下,且没有相邻的房屋建筑物敷设的配线电缆。

②墙面较干净,建筑物较坚固、整齐。

③旧市区街道两侧有紧密相连的骑楼。

④住宅小区室外配线宜采用。

4)管道电缆的位置设置

(1)一般在人行道或非机动车道下,不允许在机动车道下。

(2)平行于道路中心线。

(3)埋深0.8~1.2 m,确因条件限制无法满足时可适当减小。

(4)位于冰冻层以下,且在地下水位以上。

管道敷设应有一定坡度,一般为3‰~4‰,但不得小于2.5‰,以利于排水。

5)直埋电缆的位置设置

直埋电缆、光缆路由要求与管道线路路由相同,埋深应为0.7~0.9 m,并应加覆盖物保护,设置标志。直埋电缆、光缆穿过电车轨道或铁路轨道时,应设置于水泥管或钢管等保护管内,其埋深不宜低于管道埋深的要求。

6)架空电话线路的位置设置

架空电话线路不应与电力线路、广播明线线路合杆架设。如果必须与1~10 kV电力线合杆时,电力线与电信电缆之间的距离不应小于2.5 m,与1 kV电力线合杆时,电力线与电信电缆之间的距离不应小于1.5 m 。

一般情况下,市话线路的杆距为35~40 m ,郊区杆距为45~50 m 。

6. 城市无线通信规划

目前,无线通信主要是移动电话,规划也主要是移动电话网络规划。

1)移动电话网络的结构

按覆盖范围可分为三区制,其分区技术指标如下:

(1)大区制移动通信系统。服务区内只设一个基站,其本身承担的用户不太多,几十户到几百户,覆盖半径达30~60 km ,使用频率为450 MHz。

(2)中区制移动通信系统。把整个服务区划分为若干个中区,每个中区设一个基站,为中区内移动用户服务,覆盖半径15~30 km ,可服务用户1 000~10 000户。

(3)小区制移动通信系统。把每个中区划分为若干个小区,每个小区设一个基站,为该小区内用户服务,覆盖半径1.5~15 km,小区制的基站发射功率一般≤20 W 。最大容量为100万户,使用频率为900 MHz 。每个基站都与无线中心控制局或交换局相连。

2)移动通信频点的配制

(1)移动通信的频率划分。1982 年,国家无线电管理委员会将我国陆地移动业务使用的频率划分为如表 7-30 所示的频段类型。

表 7-30 移动通信的频率划分 (单位:MHz)

频段类型	频率	频段类型	频率
VHF 频段	27.5 ~ 48.5	UHF 频段	403 ~ 420
	72.5 ~ 74.6		450 ~ 470
	138 ~ 149.9		789 ~ 960
	150.5 ~ 167		1 710 ~ 1 814

(2)工作频段,按下列划分。

A. 50 MHz 频段:138 ~ 149.9 MHz;150.5 ~ 167 MHz。

B. 窝状公众网工作频段,分为 450 MHz 频段和 900 MHz 频段。

450 MHz 频段:450.5 ~ 453.5 MHz;460.5 ~ 463.5 MHz。

900 MHz 频段:879 ~ 899 MHz;924 ~ 944 MHz。

(3)频道间隔,根据收发频率,确定频道间隔。

A. 短波调频通信的相邻频道间隔是 25 kHz。

B. 900 MHz 和 1 800 MHz TDMA 数字移动网的同步频段相邻频道间隔为 200 kHz。

C. 基站工作频率发送取最高端,接收取最低端。不同收发间隔频率为:150 MHz 收发间隔 5.7 MHz;450 MHz 收发间隔 10 MHz;900 MHz 收发间隔 45 MHz;1 800 MHz 收发间隔 95 MHz。

(4)频道配制。在蜂窝移动通信网中,将服务区划分为若干个六边形小区,每个小区使用一组频道。为了避免同频干扰和邻频干扰,在枢纽小区内使用的频道应有足够的隔离。然而在保护距离之外的不同小区内则可再次使用,达到频道重复使用,扩大网络容量的目的。

按照网络的容量和频道区地形可采用不同频道配制的特点,我国规定了 7 个基站 21 个扇区的频道配置方式,这样可尽量减少全国网时由于频道复用而发生的干扰。

在实际建网中,其服务区内各部分的用户分布是不均匀的,因此在用户密度高的地区将小区划分得小些,频道配置数也相应增加;反之,对用户密度小的地区,应做相应的调整。

7.2.1.5 广播规划

广播分为有线广播和无线广播。有线广播是指企事业单位内部或某一建筑物(群)自成体系的独立有线广播;无线广播主要是指国家、政府等机构对外传输信息的电台。广播规划主要用于有线广播系统的布置。

1. 有线广播系统的组成和分类

1)系统组成

有线广播系统主要由播音室、线路、放音设备三部分组成。

2)系统分类

(1)按播音方式可分为集中播放分路播放系统、利用共用电视天线系统传输的高频调制广播系统等。

①集中播放分路广播系统,即采用一台扩音机作信道分多路,同时广播相同的内容。

②利用共用电视天线系统传输的高频调制广播系统,是用在CCTV系统的前端,将音频信号调制成发射频信号,通过同轴电缆传输到用户后,经过频道解调器后被收音机接收。

(2)按播放功能,可分为业务性、服务性、报警性广播系统。

①业务性广播系统,即以业务及行政管理为主的语言广播要求,它由主管部门管理。

②服务性广播系统,包括一至三级的旅馆、大型公共活动场所设的服务性广播等,主要以欣赏音乐类广播为主。

③火灾事故、保安报警广播系统,主要是满足火灾时引导人员疏散的要求以及危险时的报警要求。

2. 有线广播设施布置

1)有线广播控制室及其设置原则

(1)办公楼建筑,广播控制室宜靠近主管业务部门,当与消防值班室合用时,应符合消防控制室的有关规定。

(2)旅馆类建筑,服务性广播宜与电视播放合并设置控制室。

(3)车站等建筑,宜靠近调度室。

2)广播控制室的技术用房

一般符合以下几项规定:

(1)一般广播系统只设控制室,当有噪声干扰时,应设立录播室。

(2)大型广播系统宜设置面积较大,有办公室、录播室、机房等用房。

(3)录播室与机房间应设观察窗和联络信号,其设置应符合现行《有线广播录音(播音)室声学设计规范和技术房间的技术要求》的要求。

(4)广播控制室技术用房的土建及其他设施应符合有关规范。

3)有线广播系统的信号接收和发生设备

(1)天线,主要是接收空间调频调幅广播的无线电波。

(2)话筒,又称麦克风,是一个将声能转换为电能的器件,是最直接的信号发生设备。其常用的有电容式和动圈式等。

(3)转播接收机,用来转播中央或地方广播电台的广播节目,目前主要有调频调幅接收功能。

(4)录放音机,兼有录、放、收音等功能,是有线广播系统中的重要设备之一。

4)放大设备

节目源的信号在空中传播时,将随着距离的增大而衰减,在一定的距离之外信号很弱,必须由放大设备放大后才能驱动发声器(扬声器)。放大设备又称扩音机,是有线广播系统中的重要设备之一。

扩音机主要由前级放大器、功率放大器和电源三部分组成。其主要工作过程是:扩音机在电源供电正常工作时,通过前级放大器将输入的信号初步放大,使放大的信号能满足功率放大器对输入电平的要求；再通过功率放大器把信号进一步放大，以达到有线广播系统广播所需的功率。有线广播系统还设置有前线增音机（又称调音台）、声频处理设备，其主要用于改善播音质量，提高广播技术性能指标。

5）扬声器

扬声器俗称喇叭，是终端设备，也是向用户直接传播音响信息的基本设备。

扬声器的工作原理是：驱动设备把电能转换为机械能，驱动音膜振动，激励其周围空气作声音振荡。

为增强扬声器的音响效果，通常将其放置于一封闭的盒内，称为扬声箱。不同的扬声器按一定形式要求组合在一起称为音柱。

民用建筑中扬声器安装应满足以下要求：

（1）办公室、生活室、客房等可采用1～2 W的扬声器。

（2）走廊、门厅及公共活动场所的背景音乐、业务广播等场所，宜采用3～5 W。

（3）建筑物内的扬声器明装时，安装高度（以箱底部距地面的高度）≥2.2 m。

6）广播线路的敷设

（1）当广播线路沿建筑物敷设时，不宜设于建筑物的正立面。

（2）室内配线宜采用铜芯塑料绞合线，但旅馆内服务性广播线路宜采用电缆。

7）有线广播系统的工作程序

有线广播系统内的节目是广播控制室内组织的，其节目来源有自制节目和通过信号接收来的节目，节目电信号在控制室内经扩音机放大后，再经广播线路及变压器转运至用户扬声器。

广播线路分为输送较高音频电压的反馈电线和输送较低音频的用户线。为了适应不同性质广播用户的不同要求，控制室一般采用多路输出，而在每一分路上连接性质相同的用户。

7.2.1.6 电视工程规划

电视是可视信息传输系统。从传输媒介分，可分为有线电视系统和无线电视系统。电视系统工作原理是通过电视台或发射台把实物的影像变成电信号，以电磁波的形式或通过线路传输其信号，达到电视机后，电视机把接收到的电视信号再还原成影像映在荧光屏上。

有线电视系统均设有公用天线，所以亦称为共用天线电视系统（简称CATV系统）。

共用天线电视系统是许多用户电视机共用一组室外天线的设备，共享设备之间采用大量的同轴电缆作为信号传输线，因而，CATV系统又叫电缆电视系统或有线电视。

CATV系统的工作原理是：由公用天线接收电视台的电视信号，经调整放大后由专用部件将信号合理地分配给各用户电视机。其优点是：电视信号强烈，信息完整，电视图像清晰，不受地形条件和气象条件的影响，且利于各种信息传递工作，可形成功能完善的电视服务网络。

1. 有线电视系统的分类和组成

1）分类

CATV系统按其规模大小，即按其室内用户输出口的数量分为四类，见表7-31。

表 7-31　CATV 系统分类

A类		10 000 户以上
B类		2 001 ~ 10 000 户
其中	B_1 类	5 001 ~ 10 000 户
	B_2 类	2 001 ~ 5 000 户
C类		301 ~ 2 000 户
D类		300 户以下

2)组成

(1)接收天线。它是接收预定空间的高频电视信号能,并转化为高频电流能的部件。

接收天线的安装位置通常要求放在较高处,避开接受电波传输方向上的阻挡和周围金属构件的影响,并远离公路、电气化铁路、高压线及工业干扰源等。

接收天线应符合下列要求:

①天线与天线竖杆应承受设计规定的风荷载和冰荷载,且应防潮、防霉、抗腐蚀,其金属构件表面应镀锌或涂防锈漆。

②天线在竖杆上调整时,应能上下转动,其组件应安装方便,固定可靠。

(2)前端设备。主要包括自办节目设备、调制器、混合器等。

①自办节目设备,包括摄像机、录像机和电影电视转换设备等,这些设备用于提供自播节目的电视信号。

②调制器是将视频信号、单频信号调制成电视射频信号的专用设备,可直接与摄像机、卫星接收机等配合使用。

③混合器是将两路及两路以上高频输入信号混合一路输出的部件。通常将天线接收的电视节目信号、卫星节目信号和自办节目信号混合,然后由一根同轴电缆线传输出。

(3)传输与分配网络。

①线路放大器。包括干线放大器、干线延长放大器,主要用于补偿传输线上的损失,从而确保以标准电平的电视信号分配用户。

②均衡器。它是一种由电容、电感和电阻构成的无源器件,对较低频率信号衰减较大,而对较高的频率信号衰减较小,因而可弥补传输电缆不均匀的辐射特性造成的频率失真。

③分配器。为合理地传递高频信号电能,必须根据全网络的大小确定若干条传输干线,分配器就是将一路高频信号电能分成几路干线的器件,其通常接于放大器输出端或把一条主干线分成几条支干线等。

④分支器。它是从传输高频电视信号的传输干线中取出一部分信号分给电视用户插座的部件。有一个分支输出端的称为一个分支器,有两个分支输出端的称为二分支器。

分配器平均分配电能,而分支器是从传输线中取出一部分信号电能给用户,大部分电能继续向后传输。

⑤传输线。用以连接天线和电视机之间的导线称为传输线或馈线，是专门用于传输高频电视信号的。

(4)用户终端。有线电视系统的用户终端是供给用户电视机电视信号的接线器，又称用户接线盒。盒中有电视信号插座，分配网络中的分支线就是与该插座连接。用户接线盒又分为明盒与暗盒两种。

有线电视系统的设施工作环境温度要求是：在寒冷地区室外工作的设施，温度要求在 -40 ~ +35 ℃；其他地区室外工作的设施，温度要求在 -10 ~ +55 ℃；室内工作的设备，工作温度以 -5 ~ +40 ℃为宜。

2. 有线电视系统建设规模与安装要求

1)建设规模

电视系统的传输线路、专用建筑与电信系统、广播系统类似，在专用建筑建设时，可考虑合建，以便于资源设备共享。省级电视中心建设规模及分类见表7-32。

表7-32 省级电视中心建设规模及分类

项目		Ⅰ类	Ⅱ类
播出节目量(h)	一套综合节目	4 ~ 5	8 ~ 10
	二套综合节目	3 ~ 4	6 ~ 8
自制节目量(h)	自制综合节目	1	2
	自制教育节目	1 ~ 2	3 ~ 4
建筑面积(m^2)		14 000	19 000
占地面积(hm^2)		3 ~ 4	4 ~ 5

2)安装要求

(1)天线应架设在天线竖杆或专用铁塔上，其机械承载能适应当地气象条件，一般情况下基本风压不小于300 Pa。

(2)天线杆周围的范围内应为净空，在净空范围内不得有除天线及天线架设构件外的其他金属物体。

(3)前端设施应设置在用户区域的中心部位，宜靠近接收天线和自办节目源。

(4)前端设备应组装在结构紧固、防尘、散热良好的标准箱、柜或主架中，部件和设备在主架中应便于组装、更新。

(5)前端机房和演播控制室宜设置控制台。控制台正面与墙净距不小于1.2 m；侧面与墙或其他设备的净距，与主要通道不应小于1.5 m、与次要通道不应小于0.8 m。

(6)有自办节目的前端机柜正面与墙净距不小于1.5 m，背面需检修时不应小于0.8 m。

(7)前端机房内的电线敷设宜采用地槽。对改建工程或不宜设置地槽的机房，可采用电缆或电缆架。

(8)传输分配设备的部件不得安装在高温、潮湿或易受损伤的场所。

(9)室外线路敷设方式宜符合下列要求:

①当用户的位置和数量比较稳定,要求电缆线路安全隐蔽时,宜采用直埋敷设方式。

②当有可利用管道时,可采用管道电缆敷设方式,但不得与电力电缆共管敷设。

③当不宜采用直埋或管道电缆敷设方式时,用户的位置和数量变动大,且需要扩充和调整,并有可供用的架空通信、电力杆路时,可采用架空电缆敷设。

(10)电缆与其他架空明线线路共杆架设时,其两线间的最小间距应符合表 7-33 的规定。

表 7-33　电缆与其他架空明线线路共杆架设的最小间距　(单位:m)

种类	间距	种类	间距
1 ~ 10 kV 电力线	2.5	广播线	1.0
1 kV 以下电力线	1.5	通信线	0.6

(11)电缆在室内敷设,应符合以下规定:

①新建或有室内装饰的改造工程,宜采用暗管敷设方式。在已有建筑内,可采用明敷方式。

②明敷的电视电缆同照明线、低压电力线平行间距不应小于 0.3 m,交叉间距不应小于 0.3 m。

③不得将电视电缆与照明线、电力线槽同出线盒、连接箱安装。

(12)有线电视系统用单相 220 V、50 Hz 交流电供电,电源一般都靠近前端的照明配电箱以专用回路方式供给。

(13)有线电视系统应有可靠的防雷与接地措施。

7.2.2　城市通信工程施工

7.2.2.1　电缆线路施工

电缆线路施工包括架空、管道、直埋、墙壁及暗管等工程。

1. 架空电缆

架设在电杆上的电缆称为架空电缆。它主要应用于地质不稳定、市区无法直埋且无通信管道的地区,具有架设简单、维护方便、建设成本低的特点,但易受外界影响,施工过程包括放设吊线和挂设电缆。

1)放设吊线

在安装好的线担(即固定吊线的支撑物)上固定吊线夹板,在吊线夹板上再布放用钢绞线做成的电缆吊线。放设吊线的目的在于挂设电缆并把电缆提升到需要的高度。挂吊线应本着先上后下、先难后易的原则设置。在同一杆路架设两层吊线时,两吊线间距应为 40 cm。

2)挂设电缆

挂设电缆是通过电缆卡挂件把电缆挂在吊线上,并以人工拉放或机械牵引方法使电缆线张紧的过程。电缆挂放到承载钢绞线上后,施工人员可以用长竹梯沿线加挂U形钢绞线线卡固定电缆。如果钢绞线线径较粗,跨度又不太大,施工人员可以采用滑动吊篮式施工工具,沿钢绞线挂放U形卡。

2. 管道电缆

敷设在事先建好的地下管道中的电缆称为管道电缆。管道电缆的施工方法与电力电缆类似,这里不再详述。

3. 直埋电缆

将电缆直接埋在挖好的电缆沟里称为直埋电缆。其施工方式简单、线路安全可靠且建设成本低,适用于长途线路。

敷设直埋电缆时,如遇有腐蚀性土壤,应按设计规定的措施处理。当电缆埋设于市区、居民区或将来有可能被掘动的地段,应在电缆上覆土10 cm后再铺红砖作为电缆保护标志。直埋电缆的标志应采用石桩或混凝土桩等。在穿越铁路、公路等重要地段时,直埋电缆需要加保护钢管。电缆进人(手)孔处应设置保护管,电缆敷设完毕后用沥青麻布或油絮等将保护管两端的管口封堵严密。直埋电缆敷设后,应按规定进行回填夯实。

4. 墙壁及暗管电缆

1)墙壁电缆

墙壁电缆是沿着墙壁敷设的电缆,可采用吊线式或卡钩式两种敷设方法。吊线式一般适用于室外或电缆对数较大时;卡钩式则适用于室内小对数电缆敷设。

墙壁电缆在穿越墙壁时应设预留穿墙管。墙壁电缆跨越街道、院内小路等,缆线最低点距地面不小于4.5 m;在有过街楼的地方穿越,缆线应不低于过街楼底的高度。

2)暗管电缆

暗管电缆是指在建筑物内预埋的通信用暗管穿放电缆。

敷设暗管电缆之前必须穿通并清刷暗管,同时校核设计图样与现场实际是否相符。建筑物内为通信电缆设置的暗管管径,应根据所穿放的缆线外径而适当选配,一般所有电缆穿放的容量不大于管径的三分之二。为了便于布放,电缆穿放时应涂抹黄油,并在暗管两端口与电缆间衬垫铅皮。

通信用壁式箱(柜)内的电缆应排列整齐、钉固,并应尽量做到电缆不重叠、不交叉。皮线下线整齐,一条以上的皮线应适当捆扎成束,不应散乱布放。箱内应清洁,不得在箱内存放他物。

房屋建筑预埋的通信暗管、配线箱及预留孔、洞应视具体情况确定规格、尺寸等,并必须事前征得通信部门的配合与协作。

7.2.2.2　光缆线路施工

光缆线路施工是建设高质量光缆通信系统的重要环节。为了提高光缆通信系统的可靠性,提供传输性能优良且工作长期稳定的传输信道,要有高质量的光缆,还必须有高水平的施工技术。

1. 光缆施工程序

光缆敷设常采用管道、架空、直埋等方式。由于光缆重量轻,直径小,给施工带来了方便;又由于光缆盘长度远远超过普通电缆,因此给敷设提出了新的要求。光纤直径小、韧性差等特点对于光纤的熔接技术、熔接机具以及测量仪表等方面的要求更加严格。光缆线路施工一般可以分为准备阶段、施工阶段和竣工阶段。

1)准备阶段

(1)单盘检验。光缆从出厂到工地,经过运输、储存等过程,施工前必须进行单盘检验测试。各项参数检验结果是光缆配盘的重要依据,也是保证光纤通信系统质量的第一关。检验的相关内容,主要是利用仪表对光缆的各种出厂技术参数进行复测,并测量光缆的实际长度。

(2)路由复测。路由复测应以工程施工图为依据,主要核对路由的具体走向、敷设方式、环境条件、接头位置以及到地面的距离等,为光缆配盘、光缆分屯以及为敷设提供必要的资料。

(3)光缆配盘。根据路由复测计算出的光缆敷设总长度以及光缆全程传输质量要求,选配单盘光缆。其目的是为了合理使用光缆,尽量减少光缆接头数目并降低光纤接头损耗,以便提高光缆通信系统的质量。

(4)路由准备。不同敷设方式应有不同的路由准备工作。如采用管道敷设方式,路由准备工作有管道清理、预放铁丝或塑料导管等;采用架空敷设方式,路由准备工作有杆路建筑、光缆的支承方式选择等;采用直埋敷设方式时,准备工作有埋设光缆穿越铁道、公路的顶管,预埋过河、渠、塘的塑料管,跨过河堤以及公路的预埋钢管等工作。

2)施工阶段

(1)敷设光缆。它是光缆施工中的关键步骤,必须根据预先确定的敷设方式,严格按有关设计施工的规定进行。

(2)接续安装。单盘光缆因受制造、运输和施工等条件的限制,长度一般只有2~4 km。为了获得足够的长度,就必须进行光缆接续。通常光缆由光纤、加强芯和外护层构成,有些光缆还有铝护层和铜导线等。光缆的接续不仅包括光纤的接续、加强芯的连接,而且还包括铝护层和铜导线的接续等。光缆接续完毕,还需要将接头置入光缆接头盒中保护起来。光缆接头盒是个密闭体,具有密封防水性能,必要时可以充气或填充油膏。

(3)中继测试,又称全程测试、中继段测试。光缆线路敷设施工完成一个中继段后,作为工程质量检验,必须进行中继测试。中继测试主要包括光纤特性测试和光缆电气性能测试。

3)竣工阶段

竣工阶段的主要工作就是竣工验收。此项工作包括检查工程是否完成设计要求的全部工程量;质量是否符合设计要求,竣工资料是否齐全等。实际上,验收工作在施工过程中也是不可缺少的,施工过程中的验收称为随工验收,与竣工验收一样是质量保证的监督手段之一。

2. 管道光缆敷设

通信光缆线路在城市建筑中通过时,常用管道敷设方法。管道敷设方式占地少,有利于市政建设统筹安排,有利于美化城市。管道光缆的敷设一般包括勘测、管道选用、清刷、穿放光缆、接续、引上、终端等工序。

3. 直埋光缆敷设

将光缆置于预先挖掘好的合格光缆沟内的敷设方法称为直埋敷设。长途光缆线路大部分采用直埋敷设方式，通常一个中继端直埋部分不少于30 km，个别中继段中有水底敷设或管道敷设时，可以形成几个自然段。直埋光缆施工工序主要有：路由复测、光缆布放、光缆接头和预留、光缆沟回填、线路标石设置等。

4. 架空光缆敷设

架空光缆是将光缆架挂在距地面有一定高度电杆上的一种光缆敷设方式，与地下光缆相比，虽然受外界影响较大，不够安全，也不美观，但架设简便，建设费用低，所以在离局端较远，用户较少而变动较大，敷设地下光缆有困难的地方仍被广泛应用。

光缆重量轻，机械强度较差，所以不能直接悬挂在杆路上，必须另设吊线，然后把光缆支承在吊线上。架空光缆的支承方式有两种：吊线托挂式和吊线缠绕式。吊线托挂式是一种用挂钩或挂带将光缆吊挂于钢绞线上的方式；吊线缠绕式是将不锈钢扎线通过缠绕机，沿杆路将光缆与吊线捆为一体的方式。两种支承方式都适用于各种程式的光缆。

7.2.2.3 移动通信基站施工

移动通信基站施工项目包括基站设备的安装、基站附属设备的安装、线缆的布放和铁塔的安装。基站设备是供货厂家的技术人员负责安装，而且不同厂家不同型号设备的安装规范也有差别，所以这里不介绍基站设备的安装，只简单介绍基站附属设备、线缆布放和通信铁塔的施工。

1. 基站附属设备的安装

基站附属设备安装包括机架、配线架、线缆走线架及槽道安装等。

(1)机架的安装，包括控制机架与墙、机架与机架的距离，机架的固定和接地等。

(2)配线架的安装，包括总配线架底座安装、抗震加固、保护接地、防雷接地等。

(3)走线架及槽道安装，包括安装位置确定、走线架及槽道安装、电缆穿板孔或墙洞、电缆保护、接地线连通等。

2. 线缆的布放

基站的线缆从功能上可分为信号线缆和电源线两种。

(1)信号线缆的布放，主要是确定信号线缆的位置、线缆布放和绑扎。

(2)电源线的布放，包括安装路由、确定布放位置、布放和固定、油漆、绝缘电阻测试等。

3. 通信铁塔

(1)铁塔基础施工。铁塔基础施工包括基础的放线、基坑的开挖、坑壁的支撑、施工排水、验槽及基底土的处理、钢筋工程、混凝土工程、模板工程、避雷接地和土壤回填等项目。

(2)铁塔塔身施工。铁塔塔身的安装可采用单件吊装、扩大拼装和综合安装等方式，有条件时可采用整体起吊的安装方法。当采用扩大拼装时，对容易变形的构件要进行强度和稳定性验算，需要时应采取加固措施。铁塔塔身施工主要工序有：铁塔安装、警航灯安装、天线固定、爬梯安装、防锈处理等。

(3)铁塔的避雷。其主要工序是塔顶避雷针焊接和铁塔接地。山区接地电阻必须小于5 Ω，平原接地电阻小于1 Ω。

(4)天线的安装。天线要安装在铁塔避雷针保护范围内,天线伸出铁塔平台距离不小于1 m。

项目小结

本项目主要介绍了电力、电压等级、电压质量标准等基本概念和电力系统的组成,通信工程的基本概念、设施布置,电信系统的基本组成和分类,城市电力工程规划设计的原则、内容、方法和程序,广播系统、电视系统的组成、分类及规划设计;归纳了城市电力工程的主要设施类型、布置要求、施工内容和工艺流程;分析了城市电力工程规划设计中用电负荷及相关参数的确定方法;重点介绍了城市电力工程、城市通信工程规划的原则、内容和方法,电信工程规划设计程序、内容,通信工程施工内容和程序。

项目自测题

一、填空题

1. 电力系统由________、________、________、________和________等组成。
2. 根据功能可将电力系统分为________系统、________系统和________系统三大类。
3. 变电站可分为________变电站和________变电站。
4. 衡量电压质量标准的指标主要有________、________、________、________和________。
5. 城市电力工程规划设计的原则主要是:________、________和________。
6. 变电站按其在电网中的位置、作用和特点可划分为:________变电站、________变电站、________变电站、________变电站、________开关站和________变电站。
7. 变电站的主要设备有:________、________和________、________和________以及________等。
8. 补偿设备主要有________和________两种。
9. 架空线路由________、________、________、________、________、________、________等组成。
10. 用电设备主要包括________用电设备、________用电设备和________用电设备。
11. 变电站施工主要包括________和________两部分内容。
12. 杆塔组立施工方法可分为________组立和________组立两种。
13. 电力沟的受力结构常用________结构和________结构两种。
14. 通信业务根据内容可分为________通信和________通信两方面。
15. 电信网由________、________及________构成。
16. 按设备组成因素,电信系统可分为________系统、________系统、________系统三个子系统。
17. 传输系统的方式包括________传输、________传输和________传输。
18. 长途通信网的结构形式分为________式、________式和________式。

19. 通信系统按信源分为：________通信、________通信、________通信、________通信、________通信等类型。

20. 有线电视系统由________、________、________和________组成。

二、判断题

1. 发电厂是产生电能的设施(即电源)，其作用是将其他形式的能转化为电能。(　　)

2. 特高压输电电压是指220 kV的输电电压。(　　)

3. 我国电力工业的标准频率(简称工频)是50 Hz。(　　)

4. 变压器在电力系统中的主要作用是变换电压，以利于功率的传输。(　　)

5. 变电站中的线路、电力变压器、电容器、电抗器、调相机、消弧线圈等设备不需要配置继电保护装置。(　　)

6. 无功功率不消耗电能。(　　)

7. 城市架空电力线路的导线安全系数一般选用2.0。(　　)

8. 架空线路的规划设计，应满足导线与树木及建筑物之间的安全距离。(　　)

9. 深入市区的110 kV及以上线路不应采用架空线路，而应采用电缆线路。(　　)

10. 电信是用电波来传递信息的，传输的不是原物的信息，收到的是信息的复制品。(　　)

11. 当城市人口密度为1.0万～1.5万人/km^2时，邮政局(所)的服务半径应为2.0 km比较合适。(　　)

12. 架空电话线不应与电力线路、广播明线线路合杆架设。如果必须与1 kV电力线合杆，电力线与电信电缆之间的距离不应小于1.5 m。(　　)

13. 不得将电视电缆与照明线、电力线槽同出线盒、连接箱安装。(　　)

三、简答题

1. 什么是供配电系统?

2. 什么是电力网?

3. 城市电力分区规划设计的主要内容有哪些?

4. 城市电力工程规划设计的方法主要有哪几种?

5. 简述城市电力工程规划设计的程序。

6. 变压器一般是由哪五个主要部分构成的?

7. 什么是一次设备、二次设备?

8. 架空线路常用电气设备有哪些?

9. 电缆的敷设方式主要有哪几种?

10. 什么是电缆敷设非开挖施工?

11. 什么是电缆敷设? 电缆敷设包括哪些不同的敷设形式?

12. 什么是通信? 通信所用的媒质有哪些? 所传递的消息有哪些形式?

13. 城市通信工程详细规划的内容有哪些?

14. 城市邮政局(所)的位置一般应怎样选择?

15. 电缆路由不宜选择的地段有哪些?

项目8 城市环境卫生及其他公用设施工程

【学习目标】

掌握城市环境卫生设施的构成,生活垃圾收集方式、收集设施类型和布置、转运流程和运输设备,垃圾处理的原则;熟悉城市生活垃圾卫生填埋场选址设计要点,公共厕所的分类、布局及内部设计要点;了解垃圾处理技术,公共厕所节水、卫生防疫及发展,粪便清运、处理方法和设施,其他环境设施。

任务8.1 城市环境卫生设施

我国环境卫生行业起步较晚,体系还不健全,生活垃圾处理系统的覆盖面不够广,30% ~50%的生活垃圾并未真正进入环境卫生系统,而是随意堆放、丢弃在农、林、河、湖、海中,严重污染环境和影响市容美观。20世纪90年代前就出现了"垃圾围城"的现象,大量生活垃圾不仅极度影响生态环境、土壤、水源、大气等,而且生活垃圾中还含有大量的可回收利用的资源,如不加以利用就进入垃圾系统,将会造成处理负荷过重,处理成本增加。垃圾中可利用部分,一方面可作为成本较低的再生资源,另一方面则可避免由于开发新资源而对我们本来就紧缺的资源造成浪费。在我国资源紧缺、人均占有资源量少的国情下,更要求在生活垃圾的处理和处置上做到"减量化、资源化、无害化"。对环境卫生基础设施的规划要做到经济、社会、环境相协调。

城市环境卫生基础设施,主要包括垃圾收集、运输、转运或中转及分选、预处理、污染控制等过程需建设的专有设施或建筑。

8.1.1 生活垃圾收集运输系统

从垃圾产生到被送到处理处置场所需要进行收集、运输,这一系统称为生活垃圾的收集运输系统。生活垃圾的收集运输系统是整个生活垃圾处理处置系统的重要环节,收集运输系统的设置规划直接影响到后续垃圾处理处置工艺与成本,收集运输系统还应与其后的垃圾中转、运输、处置方式相适应。

8.1.1.1 生活垃圾的收集

1.收集方式

垃圾的收集方式在不同国家与地区存在很大的差异。经济水平的高低、公众的意识也对垃圾的收集产生着影响,发达国家和城市的垃圾收集方式更规范、卫生,收集效率高。

1)混合收集

混合收集这是城市居民的生产生活活动产生的各种生活垃圾未经任何处理混合在一起收集的方式。它运行简单,方便容易,经济投入低,对设施的作业要求不高,我国目前大部分城市通常采用的就是这种方式。由于各种垃圾混合在一起,降低了垃圾的纯度,各类垃圾很有可能产生化学反应造成进一步污染,不利于资源回收利用与垃圾分类处置。实践证明,分类与分选工作放在生活垃圾处理系统的后端几乎不能达到满意的效果。因此,对混合垃圾中的有价值的回收物进行回收利用是比较困难的,垃圾的处理效果也不佳,远不能达到垃圾处理"无害化、减量化、资源化"的要求,应尽可能分类收集。

2)分类收集

按照生活垃圾的组成,采取适用的处置方式来将垃圾进行分类收集。这种方式在收集点的选择上比较复杂,投入成本较高,但能够提高可回收的资源利用率,如在美国1 t废纸中可回收0.8 t作为再生产资源,极大地减少了对新资源的开发利用。分类回收还可减少垃圾处理量和垃圾处理体积,减轻垃圾处置工程设施负荷,符合资源化与减量化的要求,使后续处理工艺简化,降低处理成本。将分类收集放在垃圾处理系统的前端是经济可行的。

垃圾分类收集可根据各城市和地区的具体情况设置垃圾桶,作上醒目明确的标识,通常采用的有"可回收物""危毒物品""干垃圾""湿垃圾"和其他等标识语,将其进行组合,一般采用2~3类,如"可回收物—危险物品—垃圾",组合成一个垃圾收集箱,这种组合分类收集的垃圾通常适用于填埋或焚烧的方式处理。

2.收集设施

《环境卫生设施设置标准》(CJJ 27—2012)规定:垃圾收集容器或垃圾收集容器间等垃圾收集设施,应设置在居住区、商业文化大街、城镇道路以及商场、集贸市场、影剧院、体育馆(场)、车站、客运码头、大型公共绿地等场所附近及其他公众活动频繁处。

垃圾收集设施主要有垃圾收集点、废物箱、垃圾收集站。

1)垃圾收集点

垃圾收集点常见的有垃圾桶和垃圾间。它的设置需满足日常生活和工作中产生的生活垃圾的分类收集要求,收集点固定,便于居民使用,且不影响城市卫生和市容市貌,还要便于分类投放和分类清运,与收运系统中的中转、运输、处置、利用等设施统一规划,配套建设,达到较好的社会效益与经济效益。

垃圾收集点的服务半径不宜超过70 m。在规划建造新住宅区时,未设垃圾收集站的多层住宅每4幢应设置一个垃圾收集点,并建造垃圾容器间,安置活动垃圾箱(桶)。容器间应设有给排水和通风设施。

2)废物箱

在室外公共场所一般设置废物箱,如在道路两侧或路口、各级交通客运设施、广场、停车场等地方,以满足行人和沿街居民的垃圾投放要求。越来越多的城市将废物箱分成多格,明确标识,以便于垃圾的分类清理。由于在户外,废物箱易受雨水的影响,垃圾易腐烂发臭,废物箱的设置必须考虑通风良好,底下设排水孔。废物箱的间隔一般按下列要求。

(1)商业、金融业街道:50~100 m。

(2)主干路、次干路,有辅道的快速路:100~200 m。

(3)支路,有人行道的快速路:200~400 m。

3)垃圾收集站

在新建、扩建的居住区或旧城改建的居住区设置垃圾收集站,同时考虑居住区远期近期规划,同步建设与投入使用。其主要类型有带压缩装置和不带压缩装置两种类型。服务半径不超过 0.8 km。

其他收集方式有管道收集(已废止)、上门收集、餐厨垃圾自行处理(在国外甚为广泛)等。

8.1.1.2 垃圾运输系统

生活垃圾的运输是将垃圾收集点、废物箱及上门收集的生活垃圾最终运至处理处置设施的过程。运输也叫清运,这一过程是整个生活垃圾处理系统中最耗资、耗力的工作,该过程主要由具有运输设备(垃圾车、船等)的转运站(中转站)来承担。运输流程一般是垃圾收集车进行一段短程运输,将垃圾送至转运站,在转运站将垃圾集中装入大型垃圾运输车或设备后,进行长途运输。垃圾转运流程如图 8-1 所示。

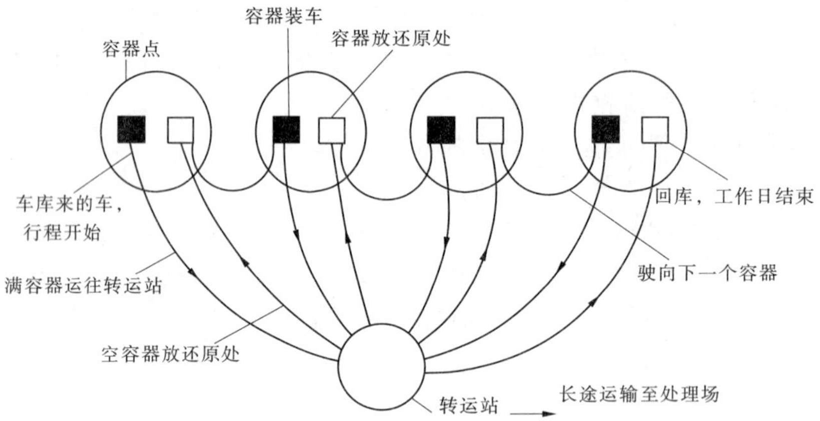

图 8-1 垃圾转运流程

1. 运输设备

运输设备型号主要与垃圾运输距离和体积有关,还与城市和地区经济水平、环卫部门对环境质量要求有关。以下是几种常见短途运输设备。

(1)自卸式垃圾车,具有液压聚生机构,能将车厢倾斜一定角度,垃圾在自重作用下自行卸落,这类垃圾车是我国中小城市常见的设备。结构简单,操作方便,但车厢敞开,在运输过程中垃圾飞扬散落,污水滴漏,容易造成二次污染。为避免对沿途环境造成影响,对自卸式垃圾车进行改造,出现了加盖自卸式垃圾车。

(2)自装式垃圾车,是以自身的配置装置和动力,配合集装垃圾的定性容器如垃圾箱,自行将垃圾装入车厢,转运和倾卸的专用车辆。

(3)压缩式垃圾车,装有液压举升机构和尾部填塞器,将垃圾自行装入车厢和倾卸。

(4)车厢可卸式垃圾车,液压装置能将车厢托吊到车上或倾斜一定角度卸下垃圾或将车厢卸下,使用方便灵活,应用较广。

2. 转运及转运站

随着城市的发展,垃圾处理工程位置越来越远离城区、居民区,造成垃圾运输距离的增加。长距离运输使短途运输垃圾车的运输费用增加，且造成车辆返回空载的浪费，工作效率低，不经济。因此，设立转运站（中转站）是十分必要的。注意：这里并不是每个城市或地区都需要设置转运站，须分析哪种运输方式更合理，成本更低一些。

1）中转站类型与设置要求

按照运输规模将中转站分为小型中转站（日转运量在 150 t 以下）、中型中转站（日转运量在 150 ~ 450 t）、大型中转站（日转运量在 450 t 以上）。

根据垃圾转运量可确定转运站规模，按照下式确定：

$$Q = \frac{\delta \times n \times q}{1\ 000} \tag{8-1}$$

式中 Q——转运站规模，t/d；

δ——垃圾产量变化系数，按当地实际资料采用，若无资料时，一般取 1.13 ~ 1.40；

n——服务区域人口数；

q——人均垃圾产量，kg/（人 · d），按当地资料采用，若无资料时，可采用 0.8 ~ 1.8 kg/（人 · d）。

转运站内根据规模配置相应的压实设备与型号匹配的机械设备。

小型转运站每 2 ~ 3 km^2 设置一座，用地面积不宜小于 800 m^2。垃圾运输距离超过 20 km，应设置大中型转运站，其服务半径与垃圾收集方式有关。采用人力方式收集垃圾，收集服务半径为 0.4 km 以内，最大不应超过 1.0 km；采用小型机动车收集运输时，服务半径为 3.0 km 以内，最大不应超过 5.0 km。

2）垃圾转运站的选址

垃圾转运站选址应符合以下要求与原则：垃圾收集车辆与转运站的运输距离尽可能不超过 5 km，应将中转站设置在服务区内垃圾产量较多且集中的地方；设置在交通便捷、道路宽敞、靠近主干道的地方；对附近道路交通秩序不产生明显影响的地方；设置在对居民影响小的地方；有较好的供电、给排水、排污等市政条件的地方；符合《城市环境卫生设施设置标准》的要求。

8.1.2 垃圾处理工程

城市垃圾处理基本方式主要有堆肥、焚烧、卫生填埋以及由几种技术相结合的综合处理方式。本项目主要介绍卫生填埋技术。

城市垃圾的处理应该采用何种方式，应依据垃圾的组成、处理原则以及城市经济发展水平确定。

8.1.2.1 垃圾处理原则

《中华人民共和国固体废物污染环境防治法》中明确了固体污染防治“三化”原则，即“减量化、资源化、无害化”。

1. 减量化

垃圾的减量化是指通过适当的手段使固体废物的数量和体积减少。要做好减量化应从以下几个方面着手：一是从“源头”治理，从垃圾产生链的始端有效控制垃圾的产量，最大限度地减少产生和排放固体废物；二是采用各种垃圾处理处置技术，在末端进行减量处理;三是改变粗放经营模式,遵循循环经济的思想,合理充分利用原材料、能源及其他资源。

2. 资源化

采用一定的工艺措施,将废弃物中的有利用价值的物质、能源回收利用,称为垃圾的资源化。资源化表现在以下几个方面:①物质回收,垃圾通过分类收集,有利于回收其中可利用的资源,如废纸、金属、玻璃等;②物质转化,利用废物制取新的物质形态,如炉渣生产水泥和建筑材料,有机垃圾堆肥产生肥料;③能量转换,即回收能量,如利用填埋气体燃烧的能量发电,垃圾厌氧发酵产生甲烷,作为居民生活之用。

3. 无害化

垃圾经过物理、化学或生物的方法,进行对环境无害或微危害的安全处理、处置,达到废物消毒、解毒或稳定化。无害化过程需通过垃圾的处理工程实现,如焚烧、卫生填埋、堆肥、热解和解毒处理。

垃圾处理的趋势必然是从"无害化"走向"资源化"。"三化"的关系是:以减量化为前提,以无害化为核心,以资源化为归宿。

8.1.2.2 垃圾焚烧处理技术

焚烧处理技术能高效地实现减量化、资源化和无害化,焚烧技术在经济发达、土地资源紧缺的国家和地区备受欢迎。垃圾焚烧技术的主要优点是:占地面积小,能源有一定程度利用,"减量化"效果甚佳(经焚烧处理后的垃圾可减重80%以上);焚烧可杀灭细菌、病原菌,可回收热能并以电能的形式输出。其缺点是:焚烧技术难度大,运行成本较高,焚烧过程中产生的烟气与二噁英控制难度高。我国目前已制定了完善的垃圾焚烧污染控制标准,在污染问题上已有较成熟的治理技术。

8.1.2.3 堆肥化处理技术

堆肥化是最早的垃圾处理方法之一。堆肥是在人工控制下,在一定的水分、碳氧比和通风条件下,通过微生物的发酵作用将有机物转变为肥料的过程。

城市生活垃圾、纸浆、下水污泥、粪便、树皮、糠壳、秸秆等均可作为堆肥的原料。堆肥可使土壤松软,易耕作,土壤保水性好,透气性、渗水性强;堆肥可保持土壤中氨、氮、钾等养分,并使其以团粒形式存在,提高保肥能力;腐殖质中的微生物能分泌各种有效养分以被作物根部吸收,有利于根系发育和生长。

8.1.2.4 城市垃圾卫生填埋技术

卫生填埋主要是卫生土地填埋,是土地填埋处理的一种,其根本目的是使城市垃圾找到一个最终的归宿(详细内容将在任务8.2介绍)。

任务8.2 城市垃圾卫生填埋

城市生活垃圾是固体废物的一种,我国每年有大约7亿t固体废物产生,固体废物污染是我国乃至世界环境污染的严重问题之一。在我们生活的环境中,无时无刻不产生生活垃圾,城市生活垃圾的问题是涉及产生、收集、运输、处理处置、管理、政策和技术多种因素的一个复杂问题,其处理处置不容推迟。

8.2.1 城市生活垃圾

城市生活垃圾是指在城市日常生活中或者为城市日常生活提供服务的活动中产生的固体废物,以及法律法规、行政法规规定视为城市生活垃圾的固体废物。如商业活动、企事业单位办公、旅游等过程中产生的废纸、织物、废料、玻璃、陶瓷碎片等。

城市生活垃圾成分复杂,在我国生活垃圾主要具有以下特点:无机类物质含量高,可燃物质含量低;高热值物质少,有机类垃圾中含水量高。

生活垃圾的一般处理技术有焚烧、堆肥、卫生填埋,以及集堆肥、焚烧和填埋于一体的综合处理——“三合一”工程。我国大部分垃圾采用焚烧和填埋的处理技术,如松江生活垃圾卫生填埋场,深圳市下坪垃圾卫生填埋场,澳门生活垃圾焚烧厂,浦东新区生活垃圾焚烧厂;也有某些采用综合处理的例子,如常州市环境卫生综合厂。无论采用哪种处理技术,垃圾处理都应秉承“减量化、资源化、无害化”的处理原则。

8.2.2 卫生填埋

《生活垃圾卫生填埋处理技术规范》(GB 50869—2013)中对卫生填埋这样解释:采取防渗、铺平、压实、覆盖对城市生活垃圾进行处理和对气体、渗滤液、蝇虫等进行治理的垃圾处理方法。

垃圾的卫生填埋主要是在填埋处理过程中,同时进行对环境因子的保护,如防止渗滤液对地下水的污染和垃圾产气对大气的污染以及蝇虫的危害,而采取了相关工艺以解决诸如此类的问题。城市生活垃圾的填埋处理,不仅涉及填埋和废液废气的处理工艺,还涉及填埋场封场之后的运行管理和严格的法律法规、污染防治技术政策,对工作人员有着较高的综合素质要求。

8.2.2.1 填埋场选址

根据《生活垃圾卫生填埋处理技术规范》(GB 50869—2013),填埋场的场址选择应符合以下原则:填埋场场址设置应符合当地城市建设总体规划要求;符合城市区域环境总体规划要求;符合当地城市环境卫生事业发展规划要求。对周围环境不应产生污染或对周围环境影响不超过国家相关现行标准的规定。在选址前应对照国家和当地的有关法律、法规和规定,填埋场应与当地的大气防护、水资源保护、大自然保护及生态平衡要求一致,应将填埋场选址纳入城市总体规划中。

1. 填埋场选址应考虑的因素

选址应以场地详细调查、工程设计和费用研究、环境影响评价为基础,以合理的技术经济方案,尽量少的投资,达到最理想的经济效益,实现环保目的。需考虑的因素有以下几点:

(1)填埋场应具备相应的库容,使用年限宜超过10年以上,特殊情况下不应低于8年。目前国内的填埋场大多能达到20年及以上的使用年限。

(2)选择场址应有建设、规划、环保、国土管理、设计、地质勘察等部门有关人员参加。

(3)填埋场不应设在以下地区:洪泛区、淤泥区,填埋区距居民居住区或人畜供水点500 m以内的地区和距河流、湖泊50 m以内的地区;填埋区应具备合理的运输距离和便利的交通条件,一般情况下填埋区距离转运站的距离不超过 20 km。

(4)具有良好的气候条件,填埋场应处于下风向。

(5)地表水文条件,所选场地需位于 100 年一遇洪水区之外。

2. 填埋场选址程序

填埋场的选址应按下列程序进行:

(1)场址初选。根据城市总体规划、区域地形、地质资料在图纸上确定 3 个以上候选场址。

(2)候选厂址现场踏勘。选址人员对候选场址实地考察,分析地形、地貌、植被、水文、气象、交通运输和人口分布等确定预选场址。

(3)预选场址方案比较。对 2 个及以上的预选场址比较,地形测量、初步勘查和初步工艺方案设计,完成报告,并通过审查确定场址。

8.2.2.2 填埋场设计

1. 填埋场规模

填埋场面积和容积大小的确定,与城市的人口数量、垃圾的产率、废物填埋的高度、废物与覆盖材料的比值以及填埋后的压实容重有关。某一年中需要填埋的固体废物的体积按下式计算:

$$V = 365 \cdot \frac{WP}{D} + C \tag{8-2}$$

式中 V——年需填埋固体垃圾量,m^3/a;

W——城市垃圾和无害废物的产率,kg/(人·d);

P——服务区的人口总数,人;

D——填埋厚垃圾的压实容重,kg/m^3;

C——覆土量,m^3。

若填埋高度为 H(m),则每年所需的场地面积 A(m^2)为:

$$A = \frac{V}{H} \tag{8-3}$$

【例 8-1】 一个 4 万人的城市,平均每人每天产垃圾 2.0 kg,采用填埋法处理,填埋高度为 8 m,试求每年填埋生活垃圾多少立方米?占地面积为多少?(常用设计参数为:覆土与填埋垃圾之比为 1∶4或 1∶3;固体废物的压实容重为 50 ~ 700 kg/m^3;场地容积使用 25 年)

解:(1)确定容积,取废物压实容重为 600 kg/m^3,覆土与填埋垃圾之比为 1∶4。

$$\begin{aligned} V &= 365 \cdot \frac{WP}{D} + C \\ &= \frac{365 \times 2.0 \times 40\ 000}{600} + \frac{365 \times 2.0 \times 40\ 000}{600 \times 4} = 60\ 833(m^3/\text{年}) \end{aligned}$$

(2)每年占地面积:

$$A = \frac{V}{H} = \frac{60\ 833}{8} = 7\ 604(m^2/\text{年})$$

运行 25 年,填埋面积为:$A_{25} = 7\ 604 \times 25 = 190\ 104(m^2)$

运行 25 年,填埋总体积为:$V_{25} = 60\ 833 \times 25 = 1.5 \times 10^6(m^3)$

2. 垃圾预处理

在对垃圾进行填埋处理之前需先将垃圾进行预处理,以节省占用空间,减少运输量和运输费用。预处理通常包括压实、破碎和分选。

1)压实工艺

压实工艺流程如图 8-2 所示。

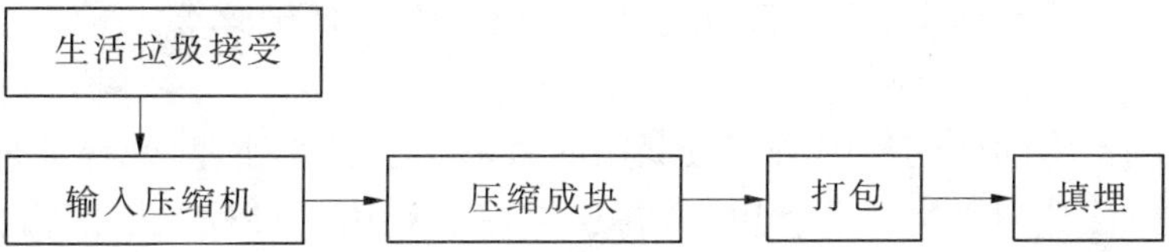

图 8-2 压实工艺流程示意图

压实设备也称压实器,常见的压实器有水平压实器、三项联合压实器、回转式压实器。

(1)水平压实器,如图 8-3(a)所示,主要用于城市垃圾的处理,依靠具有压面的水平压面作用使垃圾致密定形,然后将坯块推出。破碎杆的作用是将坯块表面杂乱废物破碎,以有利坯块移出。

(2)三向联合压实器,如图 8-3(b)所示,适用于金属类废物的压实。三个互相垂直的压头依次启动,即可压实。

(3)回转式压实器,如图 8-3(c)所示,适用于压实体积小、质量轻的废物。废物装入容器单元后,先按水平压头 1 的方向压缩,然后按箭头运动方向驱动旋动式压头 2,使废物致密化,最后按水平压头 3 的运动方向将废物压至一定尺寸推出。

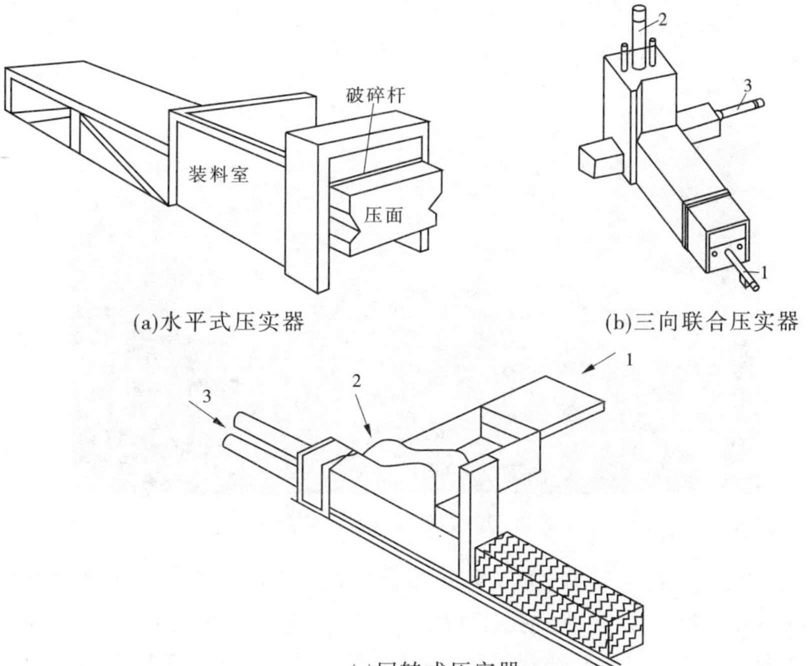

(c)回转式压实器

1—水平压头;2—旋动式压头;3—垂直于水平压头 1 的水平压头

图 8-3 压实设备示意图

2)破碎

通过人为或机械等外力的作用,破坏物体内部的凝聚力和分子间的作用力,使物体破裂变碎的操作过程,统称为破碎。

破碎是为了使运输、焚烧、压缩等操作容易进行,为分选和进一步加工提供合适的粒度,有利于综合利用;破碎增大垃圾的比表面积,提高焚烧、堆肥处理的效率。

破碎的方法主要有冲击破碎、剪切破碎、挤压破碎、摩擦破碎等。

3)分选

分选的目的是将固体废物中可回收利用的或不利于后续处理、处置工艺要求的物料,用人工或机械方法分门别类地分离出来,并加以综合利用的过程。根据物料的物理或化学性质(包括粒度、容重、重力、磁性、电性、弹性等),采用不同的分选方法。分选方法包括人工捡选和机械分选,机械分选又分为筛分、重力分选、磁力分选、电力分选。

3. 填埋作业

填埋作业方式为垃圾倾倒、摊铺、压实、及时覆盖。

如图8-4所示,填埋场设有盘山道和临时的道路使用,作业车辆可到达作业区域。在建好的填埋场防渗层应该先铺一层2 m厚的垃圾,且填埋过程中垃圾堆体稳定。每天填埋的垃圾体积为一填埋单元或者每班次填埋的垃圾体积为一单元,根据《生活垃圾卫生填埋处理技术规范》(GB 50869—2013)规定,作业单元应采用分层压实方法,垃圾压实密度应大于600 kg/m^3;单元每层垃圾厚度依填埋作业设备的压实性能及垃圾的可压缩性确定,宜为2~3 m,最厚不得超过6 m。

图8-4　垃圾填埋场运行前全貌

垃圾堆体边坡不是越大越好,为了防止堆体滑坡,边坡的坡度为1∶3是最合适的。填埋作业从垃圾运输车将垃圾倾倒到指定的地点开始,倾倒点和压实点应保持一定的安全距离。这有助于防止事故发生,确保运输车和压实机间的移动空间,也有助于运输车司机和压实机司机能相互看见。

垃圾在摊铺过程中应根据垃圾作业面的实际情况使用推土机进行摊铺。推土机将垃圾摊铺成薄层,压实机再进行压实。压实是为了增加垃圾堆体的稳定性,减小垃圾体积,增大填埋场的使用时间,减少雨水渗透。通常在压实地点,垃圾被撒铺成 60 ~ 80 cm 厚的薄层,然后压实机在其上压实 2 ~ 4 个来回,压实密度应大于 0.9 t/m^3。在不具备完善设备情况下密度可达 0.6 t/m^3。垃圾摊铺和压实作业见图 8-5、图 8-6。

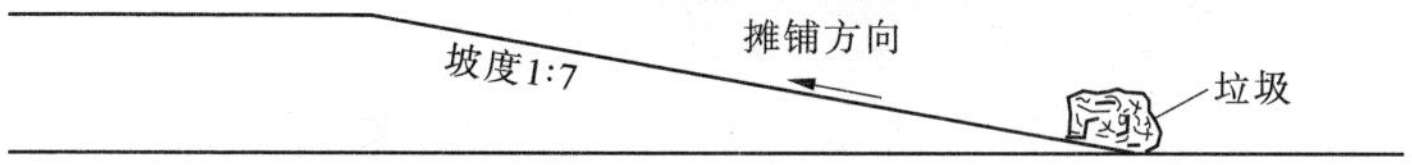

图 8-5　垃圾摊铺作业

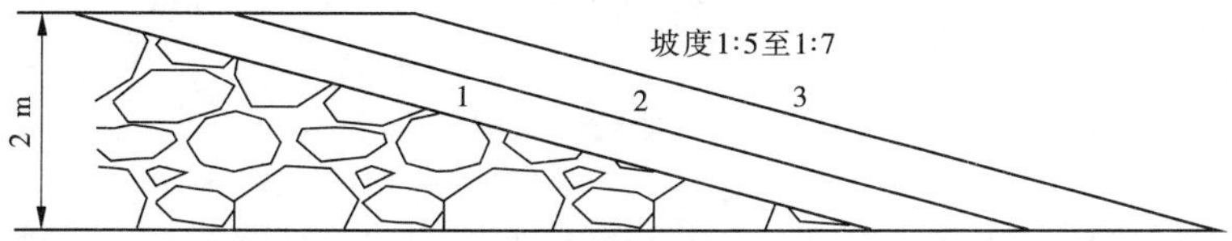

1、2、3—摊铺压实的顺序

图 8-6　垃圾压实作业

每作业一个填埋单元必须在作业表面进行覆盖,以防止垃圾的飘散,减少气味、渗滤液等。覆土体积约为垃圾体积的 1/4,可采用黏土或人工衬层材料进行覆盖,黏土覆盖层厚度应为 20 ~ 30 cm。

4. 渗滤液的产生、来源、控制措施

渗滤液(也叫渗滤水、浸出液)是指废物在填埋或堆放过程中分解产生的水或废物中的游离水、降水、径流及地下水入渗而淋滤废物形成的成分复杂的高浓度有机废水,包括垃圾本身含的水分以及在降解过程中产生的水分。

渗滤液主要由以下途径产生:

(1)降水是渗滤液产生的主要途径,包括降雪、降雨量、降雨强度、降雨频率、持续时间等参数,对渗滤液的产生量有着极大的影响。

(2)地表径流。降雨的一部分形成地表径流,其大部分从填埋场边坡的截洪沟排走,未排走的一部分向下渗透的水分经过垃圾形成渗滤液。

(3)地下水。地下水位高于填埋场底部时,会反渗进入填埋区垃圾层,形成渗滤液。

(4)垃圾与覆盖材料中的水分。垃圾被运往填埋区前,本身已经含有一定的水分,每当进行完一个填埋单元后都会对其进行覆盖,覆盖材料含的水分也会渗进垃圾层,形成渗滤液。

(5)垃圾降解,主要指有机物降解。在此过程中有机物转化成无机物,并且产生水分,其产量与垃圾成分、pH、菌种有关。

渗滤液是一种高污染液体,为尽可能地防止渗滤液的渗透,除了在渗滤液产量上进行控制(如控制入场的垃圾含水量)以外,还应在垃圾填埋场场底和四周边坡设计防渗结构,形成完整有效的防水屏障,以防止地下水和降雨的入侵,以及已经产生的渗滤液对地下水的污染。此外,防渗层还应具有一定的物理力学性能、抗化学腐蚀能力和抗老化能力。

防渗方式有水平防渗和垂直防渗。

水平防渗是填埋场最主要的防渗方式,应用最多、最普遍。防渗结构分为单层衬层,双层衬层。水平防渗结构单层衬层结构如图8-7所示。

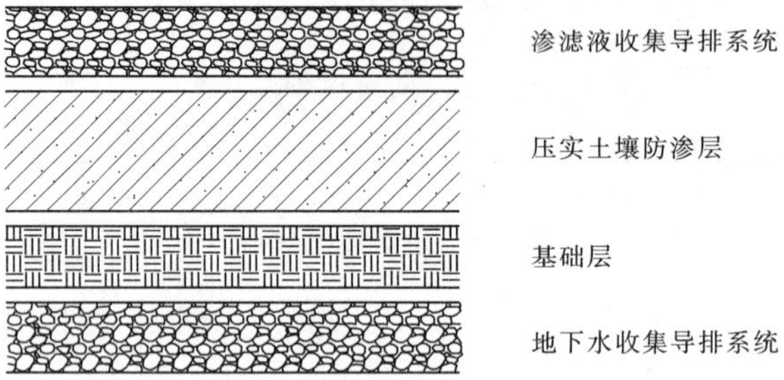

图8-7　单层防渗结构示意图

单层防渗结构层从上至下依次为:渗滤液收集导排系统、防渗层(含防渗材料及保护材料)、基础层、地下水收集导排系统。

双层防渗结构层从上至下为:渗滤液收集导排系统、主防渗层(含防渗材料及保护材料)、渗漏检测层、次防渗层(含防渗材料及保护材料)、基础层、地下水收集导排系统,如图8-8所示。

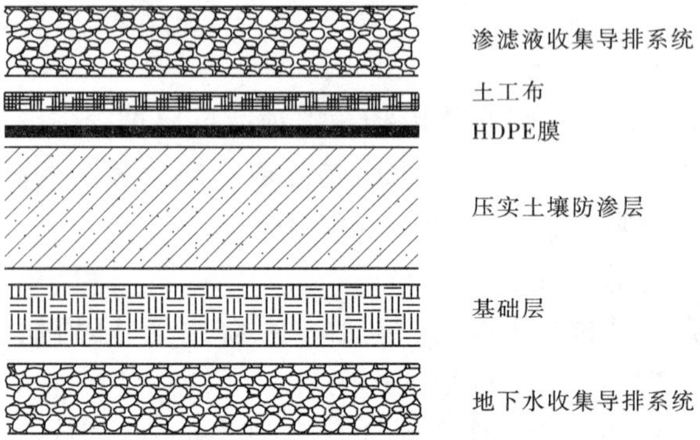

图8-8　双层防渗结构示意图

垂直防渗通常采用帷幕灌浆,防止渗滤液在水平层上渗透进入边坡,对填埋场周围甚至以外的土地造成污染。

5.填埋场气体控制

1)气体组成

填埋气体(LFG)主要由CH_4、CO_2、H_2、CO、NH_3、H_2S等组成,其中CH_4、CO_2是主要成分。填埋层释放的气体如不加以处理,容易引起恶臭,填埋气体中的可燃气体与空气混合后易产生爆炸。因此,对填埋气体的收集与利用至关重要。

2)填埋气体产生方式

填埋气体产生主要分为五个阶段:

(1)好氧阶段。可降解有机物快速被好氧生物降解。

(2)好氧向厌氧转化阶段。随着氧气的逐渐被消化,由好氧环境转化为厌氧环境。此过程 NO_3^- 被转化成 N_2,SO_4^{2-} 被还原成 H_2S。

(3)产酸阶段。产生有机酸,产物为 CO_2 和少量 H_2,环境 $pH \leqslant 5$。

(4)产甲烷阶段。厌氧条件下,产甲烷菌将有机酸与 H_2 转化为甲烷与二氧化碳。

(5)稳定阶段。

3)产量估算

(1)经验估算。典型垃圾填埋场,每年 LFG 产生量约为 0.06 m^3/kg。若比较干旱,产气量可降到 0.03 ~0.045 m^3/kg;若比较湿润,产气量可上升到 0.15 m^3/kg。

(2)化学计量法。填埋垃圾中有机物除塑料外,分解的化学计量方程为:

$$C_aH_bO_cN_d + \left(\frac{4a-b-2c-3d}{4}\right)H_2O \longrightarrow \left(\frac{4a-b-2c-3d}{8}\right)CH_4 + \left(\frac{4a-b+2c+3d}{8}\right)CO_2 + dNH_3$$

4)填埋气体的迁移

LFG 的迁移运动与填埋场的地质构造及设计有关。运动方式分为向上迁移、向下迁移、地下横向迁移。

(1)向上迁移。LFG 中的 CH_4 和 CO_2 可通过对流运动和扩散释放到大气中。

(2)CO_2 的密度是空气的 1.5 倍,有向填埋场底部运动的趋势,并最终聚集在场底。CO_2 可通过扩散经天然防渗衬层进入地下水层,使地下水 pH 下降,增加地下水的硬度和矿化度。

(3)横向迁移。LFG 的横向迁移可渗透地质介质,在填埋区的疏松层、洞穴、沟壑、渠、裂缝和管道的裂缝等地方释放,甚至会迁移到离填埋区较远的地方释放。若不采取有效收集、导排措施,会形成安全隐患。

5)填埋气体的收集处理与利用

填埋气体(LFG)中的 CH_4 是可利用的资源,其利用技术有:

(1)能源回收。将气体转换成能源,通过内燃机组燃烧气体发电。

(2)净化、回收使用。即将 CH_4、CO_2 分离,经过干燥过滤,除尘,得到洁净的 CH_4,通过管道输送到邻近使用点,如填埋场员工食堂、就近的居民住户;也可收集作为汽车燃料,这在国外十分普遍。

虽然 LFG 有利用的价值,但在产能系统出现故障的时候,应对填埋气体进行燃烧处理,控制其迁移。

6.填埋场封场

填埋场封场后,填埋物上应覆盖黏土或人工合成材料,组成最终覆盖系统,以减少渗滤液的产生。最终覆盖系统由表土层、保护层、排水层、屏障层、基础层、气体收集层组成。黏土的厚度为 20 ~30 cm,其上再覆盖 20 ~30 cm 的自然土。均匀压实,封场坡度为 5%。

填埋场土地达到安全期后方能使用,由于填埋物是生活垃圾,不具备建筑地质的承重性质,因此填埋土地不能用做永久性建筑物用地,即一般作为绿化用地。封场后覆盖植被,总覆土厚度应在80 cm以上。

任务8.3 公共厕所

8.3.1 概念

公共厕所是指在道路两旁或公共场所等处设置的厕所,简称公厕,包括商场、宾馆饭店为服务对象开放的厕所,有城市环卫部门管理的、固定的,也可以是移动式卫生间。公厕的设计卫生、美观、与环境协调是一个城市或国家的文明体现。

8.3.2 分类

8.3.2.1 按建筑形式分类

1. 独立式公共厕所

独立式公共厕所的建筑构造与其他建筑无关,不依附于其他建筑物而独立建造于城市的广场、公园、商业街、车站等附近,为在这些场所和途经该场所的公众提供如厕方便服务的环境卫生公共设施。我国80% ~90%的公厕都是独立式公共厕所。

独立式公共厕所独立建造,独立使用,它与附属式公共厕所相比,可避免影响其他建筑的人类活动。

2. 附属式公共厕所

附属式公共厕所为依附于其他建筑供公众使用的厕所,在超市、商场、饭店、体育馆(场)、机场、展览馆、火车站、地铁和公共设施等服务性部门,根据其客流量建设相应规模和数量的附属式公共厕所,管理与维护较为便利。

3. 活动式公共厕所

活动式公共厕所为能移动使用的公共厕所。不受场地限制,一般占地较少,5 ~10 m^2,活动性强,可以重复且较为方便地移动到需要的地方,在短时间内人流量大的集中地,能满足公众的应急性需求,特别是用于车站、码头、机场、公园、商业街、体育馆等场所。活动式公共厕所的类型包括车载式流动厕所、标准型流动厕所、船舶型流动厕所、火车型流动厕所。

8.3.2.2 按建筑类别分类

1. 独立式公共厕所

独立式公共厕所按建筑类别应分三类。其规定如下:

(1)商业区、重要公共设施、重要客运设施、公共绿地及其他环境要求高的区域,应设置一类公共厕所。

(2)城市主、次干路及行人交通量较大的道路沿线,设置二类公共厕所。

(3)其他街道和区域,设置三类公共厕所。

2. 附属式公共厕所

附属式公共厕所按建筑类别分为二类。其规定如下:

(1)大型商场、饭店、展览馆、机场、火车站、影剧院、大型体育场(馆)、综合性商业大楼和省市级医院,应设置一类公共厕所。

(2)一般商场(含超市)、专业性服务机关、体育场(馆)、餐饮店、招待所和区县级医院,应设置二类公共厕所。

8.3.2.3　**其他**

其他厕所在这里指无障碍专用厕所。其为供老年人、残疾人和行动不方便的人使用的厕所,可以是活动式公厕,也可以与附建式公厕或独立式公厕统一规划建设。目前,许多城市的公厕设计都考虑到伤残人士、老年人如厕的方便性,无论是附属式还是独立式都设置了单独的厕所间,称为第三卫生间。

8.3.3　公厕设计

公厕是城市环境卫生公共设施之一,不仅为公众提供如厕的方便,也关系到城市的形象。公厕的建设已经不再单独考虑其功能,现代文明已经将美学、生态、环境的概念因素加入到公厕的设计中,融入"绿色"的概念,"以人为本",共存的形象在某种意义上反映了城市、国家的卫生技术水平,体现了一个城市的文化水平和文化素质。现代公厕的设计强调以人为本,符合可持续发展的要求,与城市建设协调统一,使公厕功能进一步延伸和强化,向智能化、艺术化、保健化方向发展。

8.3.3.1　**设计原则**

公共厕所是城市基础设施建设中必不可少的一部分,公共厕所的规划和建设已纳入城市新建、扩建、改建的详细规划中,它体现了城市文明的元素,现代文明的要求,在城市建设中占有十分重要的位置,有其独特的意义和地位。

1. 公厕设计应与环境相协调

公厕不仅在功能上满足人们的生理要求,在建筑艺术上也应力求美观、简洁、识别性强,与环境相协调、融洽。城市、风景区、民族村寨的公共厕所外观应和当地的人文景观一致,在文化背景上,体现各地的风俗习惯。在西方发达国家,厕所被看成是清洁、卫生、调整精神状态的方便之处。总之,公厕的设计要因地制宜,使之成为有使用价值和观赏价值的建筑小品,成为城市建筑的点缀。

2. 公厕设计应注重环境保护的要求

城市环境污染日益严重,公厕的环境问题如臭气、细菌、粪便污水等处理成为公厕设计的重要部分。公厕将人类的排泄物集中,这一过程产生的臭气,细菌、病原菌繁殖、粪便污水的外溢等问题如得不到及时控制处理,对环境和人们的身体健康都会有很大的影响。

3. 功能与外观统一

公厕设计在一定程度上反映了一个国家或地方的经济水平。公厕内部设施的合理布局,功能齐全,如干手、自动冲水等功能,加上人性化的考虑如设置休息沙发等,均反映了公厕的设计水平。公厕不仅有生理功能还应具有心理功能,能使如厕的人在精神上放松解压。公厕还有社会功能,公厕的设计水平标志着城市的经济发展水平和居民的生活质量水平,反映出国家的文化素质和社会文明。

8.3.3.2 公厕布局

一个城市的公厕建设应逐步建立以固定式公厕为主、活动式公厕为辅,沿街公共建筑内厕所对外开放的城市公共厕所的布置格局。为使我国城市公共厕所的布置格局与国外现代化城市接轨,根据国外经验和实践提出了逐步发展附属式公共厕所的方向。附属式公共厕所是现代城市公共厕所建设的主要方向,只有大力发展附属式厕所才能满足日益发展的城市商业活动,逐步减少独立式公共厕所,这也是我国公共厕所发展的方向。活动式公共厕所是为特定场所和特定时期对公共厕所的需要而配置的,为满足大型活动(如大型体育活动、节日庆典、集会)对辅助设施的需要,大、中型城市应储备一定数量的活动厕所。

8.3.3.3 内部设计

1. 卫生洁具的平面布置

卫生洁具的使用空间,是指除卫生洁具所占用的空间外,使用者日常使用和清洁维护的空间,不同的卫生洁具其使用空间不同,基本规定见表8-1。

表8-1 常用卫生洁具平面尺寸和使用空间

洁具	平面尺寸(mm)	使用空间(宽×进深,mm)
洗手盆	500×400	800×600
坐便器(低位,整体水箱)	700×500	800×600
蹲便器	800×500	800×600
碗形小便器	400×400	700×500
水槽	500×400	800×800
擦手器	400×300	650×600

洁具尺寸决定使用空间的大小位置(如图8-9所示),以一个厕所间为例,通常厕所内有若干个厕位,在厕所间内,应为人体转身、出入提供无障碍圆形空间,直径为450 mm,无障碍圆形空间可用在坐便器、邻近设施及门的开启范围内画出的最大圆表示。

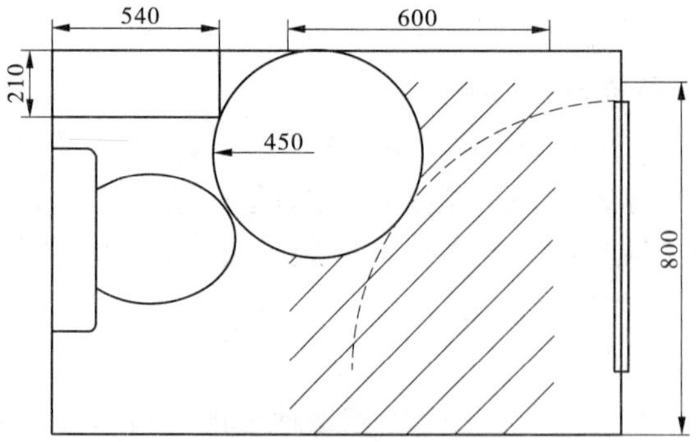

图8-9 内开门坐便器厕所间人体活动空间 (单位:mm)

2. 大便器

大便器有蹲便器与坐便器之分。蹲便器是较为普遍的卫生器具,对于女性,蹲式比坐式更有益,但蹲便器使用起来不如坐便器舒适,却又被人认为是卫生可靠的;坐便器带来的担心往往是引起细菌、病毒感染等问题。蹲便器在使用过程中,经常会感到腿的麻木,实验结果表明,15°的足踏倾斜度是最合适的,足踏要采用凸纹表面以防滑。坐便器高度在450 mm左右,对于儿童则设计高度为300 mm为宜,残疾人使用的标准是450～470 mm。

3. 小便池

小便池使用者应享有私密的权利,小便池占据空间不大,使用空间为700 mm×500 mm。小便池适用对象不一,对于残疾人来说一般不设置台阶,还应设置专门的扶手,高度在500 mm左右,对使用轮椅者应设置为380 mm。

为防止小便设备尿滴的现象而导致的地面污染问题,可辅助设置荧光灯,使使用者视觉清晰,利于其靠近小便器,在小便器前铺设一条50 cm的花岗岩条文,为使用者的站立姿势增加一些前倾趋势。

4. 冲洗器具与洗手、干手设施

1)冲洗器具

冲洗器具主要有三类,即手开手关式、手开自闭式和常开不闭式。根据使用者是否接触器具分为接触式与非接触式,根据冲洗器具的结构形式又可分为阀门式和水箱式。

手开手关是需要由使用者用手打开,用完后由使用者用手关闭,其安装简易,价格便宜,但打开后要等待粪便冲走后才将阀门关闭,不少使用者不愿等待;手开自闭式适用于单间蹲位式厕所;常开不闭式无须使用者接触器具,水箱自动冲洗,适用于冲槽式公厕,目前越来越多的公厕使用自动冲洗设备,更卫生可靠。

2)洗手、干手设施

每两个蹲位数应设一个洗手盆,洗手用水器具应符合《节水型生活用水器具》(CJ 164—2002)的规定;干手设施可采用电子干燥机或纸巾。干燥机耗电,但不会造成浪费,进风过滤器应常清洗,防止干燥器以空气为媒介传播细菌和微生物;纸巾不需耗电,但需要对废弃纸巾进行处理,废弃纸巾过多会造成垃圾问题。

8.3.3.4 通风和无臭设计

1. 通风

公厕的异臭味来源于粪沟、小便池及化粪井,有效地控制异味发生源是解决公厕通风问题的重要环节。在平面设计时,考虑在粪沟、小便池及化粪井的中心位置加直通屋顶的通风道,直径大于200 mm,自然通风相对于人工通风更为有效地缓解厕所内的气味问题。

我国现在大部分的公共厕所的氨和硫化氢的含量都超标,这说明我国公厕的通风问题较为严重,虽然采取了一些措施,如砌通风道、安抽风机、设置天窗等,但绝大多数公厕通风效果仍不理想,其原因有以下几个方面。

1)公厕的窗户设置问题

公厕由于受使用功能限制,窗台高度一般以遮挡人们视线为宜,距自然地面一般不低于1.8 m,室内窗台以下和窗框以上均不通风;有的公厕虽然设置了天窗,但是由于天窗的位置不合理或天窗没有挡风墙,也没有起到通风的作用。

2)机械通风存在的问题

有的公厕封闭较严,采用排风扇通风时,门和墙的下部无进风口,易把地漏和化粪池下的沼气抽入室内。不开排风扇时,室内空气憋闷。

通风应优先考虑自然通风。公厕的自然通风一般是利用风压作用形成的。当风吹向建筑物时,气流受到建筑物的阻挡,使建筑物迎风面的空气压力增大。风压超过了大气压的区域叫做正压区(+);越过建筑物正面边缘,气流加速,在建筑物顶部以及与风向平行的两侧形成小于大气压的区域叫做负压区(-)。在正压区设置进风口,而在负压区设置排风口,风由进风口进入,室内的热气或有害气体由排风口排至室外,使室内外空气进行交换。风沿房屋流动时压力状况见图8-10。

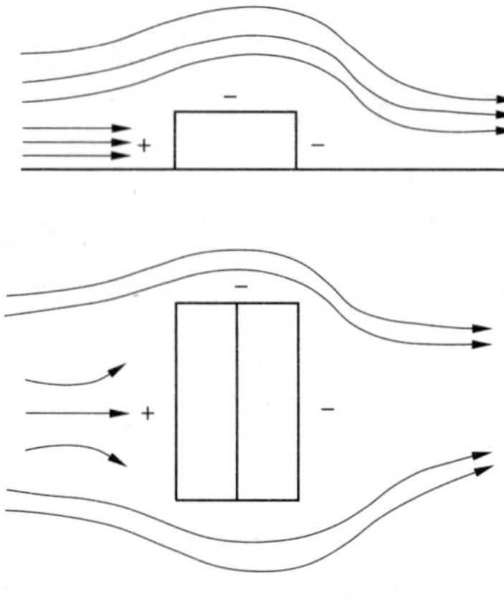

图8-10　风沿房屋流动时压力状况示意图

公厕设计时,应根据自然通风的原理设计,正确布置进、排气口的位置,合理组织气流,使室内达到换气目的。

2. 无臭设计

目前,厕所排臭气无论是自然通风还是机械通风,大多采用下送上回或上送上回式(见图8-11、图8-12)。这类厕所即使有机械通风,原蹲坑中的臭气和大小便时产生的臭气都往上串,难免吸入人的鼻孔。实际情况是上下空气比重无多大差别,尤其是在有风的时候,空气是不会按图中所示的方向流动并带走臭气的。只有当臭气达到一定浓度的时候,才会自然向室外扩散。

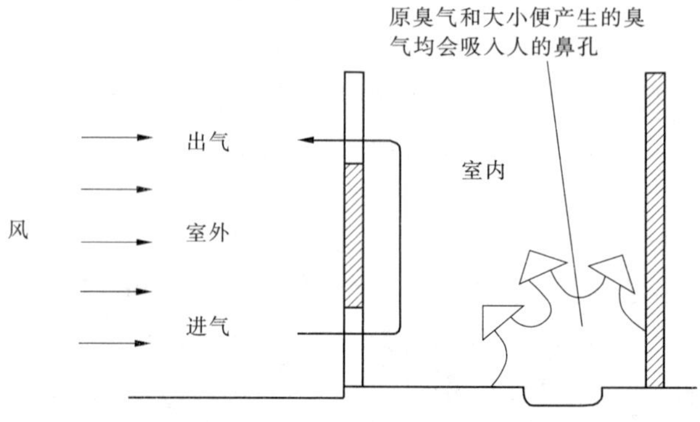

图8-11　下送上回式通风

所谓无臭公厕,在通风上与习惯做法相反。

首先,增设管道井(见图8-13),其作用为:像烟囱一样抽走厕所中的臭气(自然通风或机械通风均可);将臭气通过管道井上部的特殊装置和绿化进行吸收、净化处理。每一个管道井供四个坑用,这样既节约空间、又节约资金。

其次,通风采用上送下回式,臭气由管道井上距地≥300 mm高的风口直接抽走,因而鼻孔吸入的只有清新空气。同时在管道井壁上部,设置除臭剂包,内装陶粒等混合物(空隙大),将臭气进行第一次吸收、净化处理后,由屋顶上的绿色植物再次吸收净化(绿色植物最好夹种能释放出香味的花草等),绿化可结合建筑小品,这样既能丰富建筑第五

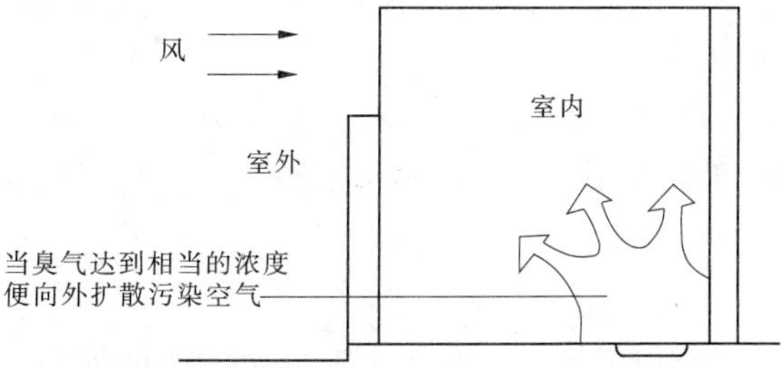

图 8-12 上送上回式通风

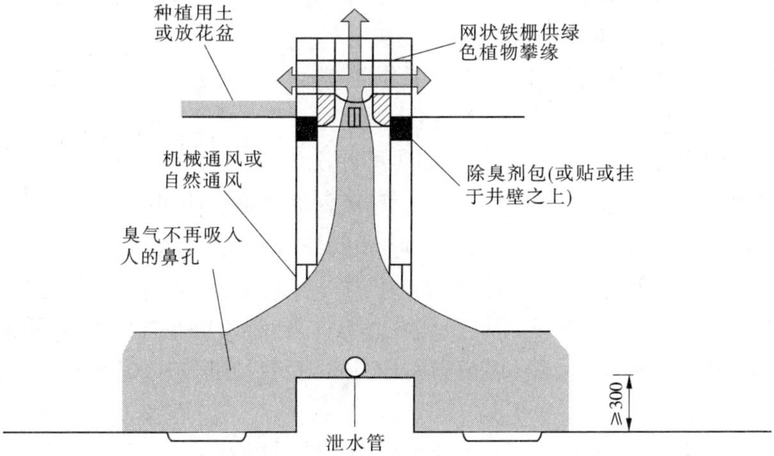

图 8-13 增设管道井除臭方式 (单位:mm)

立面,美化环境,又能净化空气,减少污染。

现代无臭公厕并不难实现。与原公厕相比,造价根据标准的不同而有差异。就通风而言,仅仅多一管道井和除臭设施,却彻底改变了原公厕的现状,改善了人们的卫生条件。

8.3.4 公厕的其他要求

8.3.4.1 节水问题

1. 用水现状

公共厕所的保洁除人工清洁以外主要靠水冲洗。根据使用对象不同,公厕的用水情况也不一样。城市街道公用厕所一般设专人管理,采取入厕收费的办法,所以浪费水的现象比较少;机关、团体、服务及游乐场所等,由于单位大小不等,领导重视程度以及管理水平不一样,因而浪费水的程度也不一样,而工厂的办公楼、车间、单身职工楼等部门的公用厕所浪费水现象比较普遍。

2. 用水浪费的原因

(1)厕所用水未计量。附属式公厕没有独立的水表,引不起有关人员重视。

(2)人为原因。公厕用水的多少与使用者的经济利益无直接联系,不少使用者对冲洗器具、洗手器具用水只开不关。

(3)卫生器具质量不高。老式卫生器具设计不合理,经常出现关闭不严而漏水的现象。目前市面出售的器具有些质量不高,易损坏,卫生器具使用频繁,冲洗阀损害后又无备用品更换,造成厕所用水量的浪费。

(4)结构原因。单间式公厕比冲槽式公厕的用水量多。单间式公厕每个蹲位的每次使用都要单独用水冲洗,而冲槽式公厕的1~5个蹲位可实现一次冲洗。

3. 节水途径和措施

1)改造使用器具

(1)停止使用阀门直接冲洗便器。因为由闸阀或球阀直接冲洗便器不能控制冲洗水量,容易出现不关阀门的长流水现象,应改为延时自备冲洗阀或高位水箱冲洗。

(2)改进沟槽式便器冲洗方式。沟槽式便器应尽量少用,目前还需采用沟槽式便器的场所,应改变冲洗方式,以减少水的浪费。

(3)更换冲洗水箱配件,采用节水型卫生器具。老式便器冲洗水箱配件由于设计不合理,常因为关闭不严而漏水,应逐步更换其配件。

(4)正确使用卫生器具。选择卫生器具及冲洗方式一定要根据当地条件。如靠城市自来水管网供水时,在高峰供水时水压不足或楼层较高时,使冲洗阀不能正常工作,不仅影响使用,也易损坏。另外,选择卫生器具时还要注意产品质量。

2)利用中水、生产废水及雨水冲厕所

(1)利用中水冲厕所。宾馆、饭店、机关、团体及有条件的部门等,可建中水处理系统,将洗涤等杂用水收集起来,经过处理后用于冲厕所。由于中水处理系统建设及运行管理费用高,国内应用还不普遍。

(2)利用生产废水冲厕所。工厂生产过程中排出的废水属于轻污染费水,经简单处理,甚至不必处理,收集起来就可以用来冲厕所。

(3)利用雨水冲厕所。在北方人们利用窖井、涝池将雨水蓄积起来供人畜饮用,在有条件的单位或部门也可将雨水蓄积起来用于冲厕所。

3)强化管理,端正思想

对独立式或附建式公厕加强管理,或专门设置厕管人员;增强节水意识教育,宣传节水思想,让公众养成良好的用水习惯。

8.3.4.2　卫生防疫

粪便中含有大量病原体,有引起伤寒、痢疾、急性肠胃炎等肠道传染病的细菌;有引起病毒性肝炎、脑炎的病毒;有多种肠道寄生蠕虫卵;粪便腐烂后分解会产生有害气体。因此,做好粪便的卫生防疫工作十分重要。

我国卫生部门采取了多种预防措施,其中包括各地因地制宜地创建与农业生产体制相适应的粪便无害化处理设施的试点,并在大力推广中。

1. 粪便无害化处理

粪便卫生管理和无害化处理是农村环境卫生的基本内容,可减轻环境污染,提高生活环境质量,是预防肠道传染疾病和寄生虫病的根本措施。

2. 改厕改水

改厕粪管是控制肠道寄生虫病的治本措施之一,对于保护环境和建设生态农业具有重要作用,是目前爱国卫生工作的重要内容。适宜的粪便处理设施和施工质量对厕所的粪便无害化卫生处理效果起着决定性作用,其中适宜的粪便处理设施,一方面能提高粪便的无害化效果,另一方面也能降低构筑物的施工技术难度,从而保证施工质量。农村改厕粪管是一项系统工程,其中构筑物设施的建造技术是其中心内容。因改厕技术融合了卫生学、建筑学、社会学等多学科的因素,虽然厕所设施在建筑技术上并不复杂,但在农村要想短时期内取得推广无害化卫生厕所的成功也并非一件易事。

改善饮水可预防由饮水引起的感染性腹泻病及其他肠道病的发生。

3. 加强宣传教育

要加强宣传教育,使群众更新传统不良用厕习俗和观念,建立健康文明的生活方式。

4. 建立应急防疫系统

发生紧急疫情时,应具备相应应急防疫体系。如卫生监督监测、疾病控制、病毒消杀、药械管理、行政管理等方面。

8.3.5　公厕发展

公厕是城市建设中必不可少的设施之一,是整个城市建筑的一部分,是城市功能的组成部分,体现着时代所要求的文明程度,是城市诸项构成要素中必不可少的,是一种客观存在。随着经济的发展,厕所已不再是人类生理代谢的简陋且随意的场所,而是一个地方经济发展水平和生活质量的标志。未来的厕所设计应具有足够的建筑美学、环境美学和人文科学观念,不仅要做到设施先进卫生、节水节能、内部经济合理、实用方便、建筑新颖、外形美观高雅、环境协调,还要以人为本,重视解决老、幼、妇、残等人的如厕问题。

8.3.5.1　生态卫生厕所

生态厕所是指不污染环境、能利用污染物自净功能、能对污染物进行处理、能充分循环利用各种资源的一类厕所。生态厕所的作用在于能减少或根除人类粪污带来的环境污染问题,通过各种技术或非技术手段,对厕所收集的粪污进行就地处理或异地处理,使粪污无害化后再回归环境,减少了厕所对外界资源的依赖性并节约资源,扩大了厕所的应用范围,提高了生活水平。

8.3.5.2　休闲厕所

休闲厕所,普遍存在于意大利一些大型超市中,不仅可以为顾客提供"方便",而且兼作休息室。有的休闲厕所还准备了杂志、音乐等,使来这里的人感受到了浓厚的文化气息。

8.3.5.3　现代多功能厕所

公厕已成为现代城市文明形象的窗口之一,公厕建筑也已成为城市环境的一个有机组成部分,特别是与街道绿化、美化的完美结合。在公厕内部功能方面,方便、休息、享受和保健功能已集于一身;而且,高科技环保技术在厕所的设计和建设中也有不少应用。现代多功能厕所将是公厕发展的趋势。

任务8.4　粪便处理

随着城市非农业人口的增长,粪便排出量亦随之增加。粪便的处置已逐渐成为突出的社会和环境问题。粪便是人类生活中不可避免的副产品,产量巨大(据估计,全国1年可产生9.5亿t纯粪便)。然而我国市政、环卫基础设施建设严重落后于城市发展速度,尤其是老城区或中、小城市。粪便中少部分经污水处理厂处理,大部分则在公共厕所、倒粪站和化粪池暂存后,用车转运至农村做肥料或运至郊区填埋或经污水管道排入江河,填埋渗滤液及发酵恶臭气体对水环境和大气环境的污染日益严重。粪便排入江河后,其中大量的有机污染物和细菌严重污染水体,致使病原菌繁殖、传播,危害人群健康,造成大气、土壤、水体的污染。由于城市扩张后郊区地价上涨,填埋场地征用困难,费用高,一些城市则将粪便任意倾倒,露天堆放。

粪便中含有大量的有机物和氮、磷、钾等应用成分,是我国传统的农业资源,粪便又含大量的病原菌、病毒微生物和易使水体富营养化的污染物,其产生、贮存、处理及处置过程均有可能危害环境。粪便的处理本着"稳定化、无害化、减量化、资源化"的原则,通过稳定化消除恶臭,通过无害化杀虫卵和致病微生物等有害物,通过减量化使之便于运输和处理,通过资源化使之得到有效回收和利用。

8.4.1 粪便处理厂

粪便处理厂是对从旱厕及化粪池等粪便污水前端处理设施收运而来的粪便等进行无害化处理的场所。随着城市社会经济的发展、城市排水系统的完善,多数城市将不再需要粪便处理厂。但在一定时期内,部分城市还将有旱厕和粪便污水处理设施存在,由于粪便处理方式的多样性,这些城市可设置粪便处理厂,一般用来处理旱厕粪便和粪便污水前端处理设施中的粪渣。粪便处理厂不是每个城市都必须规划设置,是否设置应根据当地的外部条件来确定。

当规划期的城市污水处理要求较为完善时,规划可以不设置粪便处理厂及其专用粪便处理系统。但在近期或中期,城市污水处理尚不完善时,可以保留及建设此设施,但它们具有过渡性质,可以作为临时市政设施。

8.4.2 城市粪便清运

8.4.2.1 我国城市粪便清运现状

我国城镇现行的粪便收运系统大多直接由重力冲水厕所、化粪池、黑水与灰水的混合排污管网或吸粪车等组成。重力冲水厕所的大耗水量和黑水与灰水的混合排污使粪便的固含量大幅度下降,旱厕粪便的固含量是6% ~9%,而重力冲水厕所粪便的固含量不足0.1%,已严重丧失了其原有的利用价值,只能通过化粪池和有待完善的污水处理厂进行无害化处理。另外,污水处理厂的污泥中混入了大量重金属和有毒难降解物质,不宜用做农田肥料,粪便的流失和污染也就难以避免。

事实证明,城市粪便清运量在不断增加,其主要原因是城市人口的不断增加。1986~1998年间,城市粪便清运量年平均增长率为0.6%。1998年全国城市共有垃圾粪便处理厂1 021座,其中粪便处理厂655座;垃圾粪便无害化处理能力达到28.876万t/d,其中粪便处理能力达到5.340 6万t/d,垃圾粪便无害化处理率达到58.49%。随着城市规模的扩大和城市化进程的加速,近20年来,城市粪便清运量总体上呈不断增长趋势,尤其是近5年,增长速度急剧加快,呈直线上升。快速增长的粪便清运量与处理设施能力发展滞后的矛盾日益突显，另外，粪便农用市场衰退等因素导致粪便最终处置陷入困境。

8.4.2.2　**粪便与生活污水分开处理**

将粪便管道与雨水及其他生活污水管道系统分开设置，单独将粪便收入集粪池，如民用建筑的化粪井。集粪池不得开任何缺口让粪便流入下水道，并由专人监管，定时用粪便清运车清运。此法能很好地控制粪便对水质的污染，减少其他污水对粪便的稀释作用，减少运输量，降低清运成本。

8.4.2.3　**真空分类收运系统**

真空收运系统是由真空便器（或真空吸粪器）、真空破碎抽吸器（收集有机废物）、阀件、管网、真空泵、真空罐、排污泵机控制柜等组成。该系统利用真空泵抽取真空罐及真空管网内的空气形成相对真空，使真空管网具有抽吸污物的能力，随着各类阀门的相应动作，进入管网的粪便被逐级输送，最终进入真空罐内。粪便真空收运系统处理工艺流程见图 8-14。

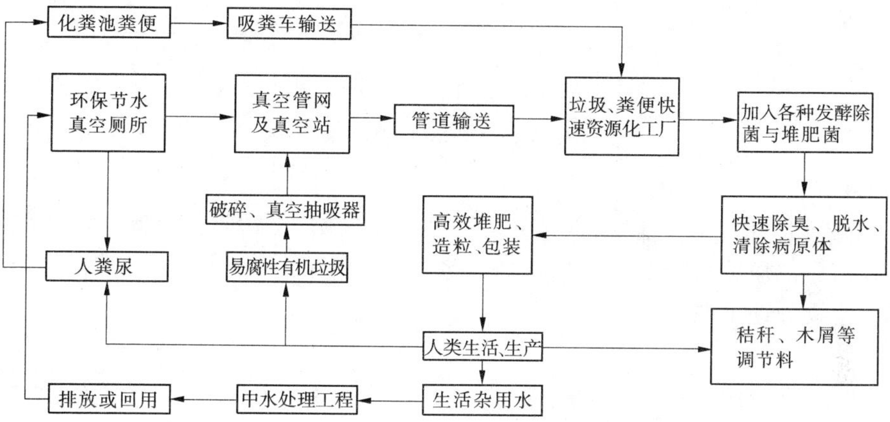

图 8-14　粪便真空收运系统处理工艺流程

与传统的粪便收运系统相比，真空收运系统具有以下特点：

(1)节水。真空便器的冲水量约为 1 L/次，是重力冲水厕所的 1/9 ~ 1/6。

(2)粪便与生活废水被独立收集，可使废水的中水回用成本降为原来的 1/3 ~ 1/2。

(3)粪便的固含量约为 1.7%，是重力冲水厕所的 20 倍，有力促进了粪便的资源化。

(4)卫生。真空管道臭气控制好，不易招惹蚊蝇，造成二次污染。

(5)适用性强。工作半径达 3 ~ 4 km，系统终端入户数不限，可多至几千套，系统越大工作越稳定，尤其适合于人口相对分散、缺水及远离污水处理厂的地区。

(6)经济性。达到一定规模后，一次性建设投资低于传统收运系统，若考虑节水费用及制肥效益，还可产生一定量的经济效益。

此外，真空收运系统中的破碎抽吸器与真空管网相接，可破碎、收运厨余物等易腐性垃圾和粪便混合后制肥，做到了城市生活垃圾的减量化及资源化。

8.4.3　粪便处理工艺

8.4.3.1　预处理

1. 臭气处理

粪便臭气中的物质包含 H_2S、NH_3、甲硫醇、三甲胺、低级脂肪酸等。除臭方法主要有：①感官除臭法，即加入相应的物质以抵消或掩盖臭味；②化学除臭，用中和、氧化还原、络合等化学反应；③物理除臭，利用活性炭吸附作用吸附易挥发的物质，物理方法效果较慢或较弱；④生物除臭，微生物对臭味物质进行分解。

2. 除渣

粪便中含有大量渣滓，在处理前去除渣滓可减轻后续处理负担。粪水倒入粪池，用河水稀释，经格栅过滤，再送至城市污水处理系统。除渣工艺流程见图8-15。

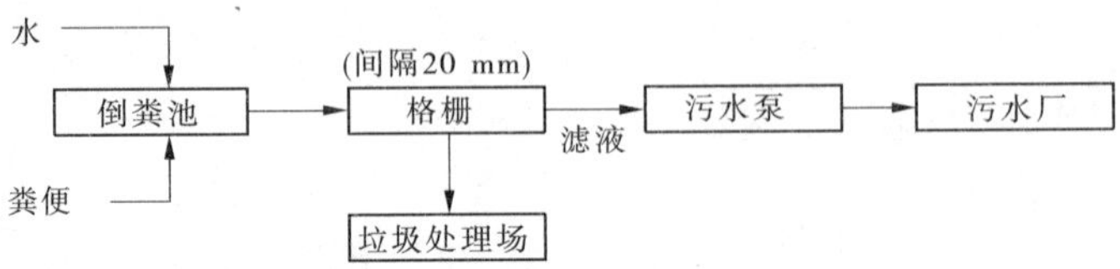

图8-15　除渣工艺流程

3. 固液分离

粪便倒入贮粪槽，用水稀释，再排入固液分离密闭箱，经转刷圆筒栅分离，分别由螺旋清渣机清渣，分离压缩排出的粪渣运往填埋场，分离出的粪液流入污水管网。

8.4.3.2　生物处理工艺

1. 化粪池

化粪池是20世纪初德国人创造的，作为我国城镇生活污水主要局部处理构筑物，在消除病原体、减少污染等方面曾发挥了巨大的作用。化粪池的功能是接收、贮存家庭生活污水。它能截流生活污水中的粪便、纸屑、病原虫等杂质的50%，BOD降低20%，减轻了污水处理厂的负荷或水体污染压力。池内分为漂浮层、淤泥层和中间清水层三个区域。清水可采用污水灌溉的方式作最终处理。

改良型化粪池由腐化槽、沉淀槽、过滤槽、氧化槽和消毒槽组成。污水经腐化槽腐化分离后，再经沉淀、过滤和氧化，最后经消毒后排出，沉淀污泥则定期清掏。立体多槽式化粪池是将各槽分隔叠置以节约用地。好氧曝气式化粪池的最大特点是利用好氧曝气方式来处理有机物质。这种化粪池的污水停留时间很短（一般为2～4 h），出水水质稳定，池子容积较小，但运行和管理费用较高。

2. 厌氧消化法

厌氧消化法是将粪便倒入粪池经格栅除渣，沉淀8 h，上清液由泵提升至倒粪池。倒粪池的粪水经沉淀后再由泵提升至厌氧消化池，常温密闭厌氧发酵，二级消化，停留时间90 d，寄生虫卵和菌群被杀灭。消化池上清液排入污水处理厂，粪渣排入污水厂污泥处理系统。其工艺流程见图8-16。

3. 好氧堆肥

好氧堆肥是指将粪便脱水，加入除臭、发酵生物菌种和调整物料混合后，在一次发酵仓、二次发酵仓进行为期10~30 d的动态、强通风发酵,产生有机肥。目前常用的堆肥工艺多为快速好氧堆肥。堆肥化处理,粪便中的有机物分解时产热,使材料温度上升,促进水分蒸发,杀死病原菌、寄生虫卵、杂草种子,促使粪便干燥,成为使用方便的肥料。同时使其中对作物有害的物质分解,成为无恶臭、安全、能广泛流通利用的有机质资源。

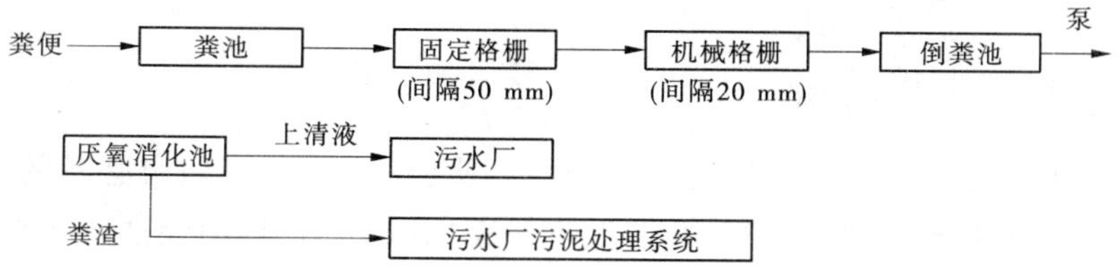

图8-16 厌氧消化法的工艺流程

4. 人工湿地

人工湿地是由砾粒、砂、土壤等组成的过滤器,上面种植了挺水植物,如芦荟、灯芯草、香蒲等。曼谷亚洲技术研究所早在1997年就已研究了三种小规模的种植有香蒲的湿地。

8.4.3.3 化学法

1. 高温高压法

在高温高压的条件下,粪便中的有机物经过约1 h连续不断的氧化分解,可达到较好的处理效果。此法的设备是反应塔。高温高压法的原理为反应釜内粪便经加热后以热能使各种病原菌体和寄生虫卵体蛋白凝固、变性或使其氧化变性,以杀灭病原体和寄生虫卵,其无害化效果可靠,而又不致使粪便氨化,为下一步粪便垃圾混合造粒稳固肥效奠定了基础,以适应当地农民施用固体肥的需要。

2. 化学药剂法

化学药剂法有两种处理方式:一是加入化学试剂使粪便发生絮凝作用,并通过沉淀分离液体和脱水污泥。其特点是在短时间内形成固液分离,但操作复杂,机械设备数量较多,分离出的液体BOD在5 000 mg/L左右,比厌氧发酵槽的脱离液要高得多。二是加入杀灭病原体和寄生虫卵的药物,在粪便中加入尿素可使氨的浓度增加,提高杀灭虫卵的效果;加入敌百虫能杀灭钩虫卵;加入碳酸氢铵可杀灭钩虫卵。

8.4.3.4 物理法

1. 脱水干化

脱水干化就是将除去杂质的粪便用污泥泵打入脱水机,在脱水机中进行脱水的过程。粪便是高黏度、富含有机质、粒子细微、含水量高的有机胶体,脱水性能差,脱水是保证后续堆肥质量的关键步骤。脱水设备一般采用滚压脱水机,并采用自动操作系统投加絮凝剂强化脱水效果。滚压脱水机采用压榨脱水,密闭运行,无恶臭污染,尤其适用于粪便脱水。

2. 焚烧

粪便污泥焚烧处理系统的最大特点是实现了粪便污泥的高效综合利用。粪便污泥经高压脱水后,送入干燥机,干燥后的污泥由造粒机制成颗粒状,投入焚烧炉中进行燃烧。颗粒状物质既可作为肥料又可作固体燃料用。干燥时所需要的热风,由焚烧炉中污泥燃烧时所释放出的热量提供;干燥机利用后的热风经热交换器再次反馈给焚烧炉,以实现二次循环。整个系统利用的热风经旋风除尘器除尘,气体冷却器进一步回收余热后由排风机送入排风筒。由于采用了"双闭环"式的热量循环系统,故整个系统的热效率很高。

任务8.5 其他环境设施

8.5.1 水上环境工程设施

水上环境工程设施主要有垃圾码头和粪便码头,它们不属于城市必备的环境卫生设施。这两种设施在南方个别城市有设,但近年来有所减少,尤其是粪便码头已基本消失。这些设有垃圾码头和粪便码头的城市,随着城市环境和市容环境整治的深入,对滨水环境的改善往往作为重点,很多地方取消了这两类码头。现在这些城市旱厕的消亡,农村对人粪便用做肥料需求的减弱,也直接导致了粪便码头的没落。

垃圾码头有两种功能:一是水陆转运,将城市垃圾通过水路运至处理地;二是收集水上垃圾、水生植物及船舶垃圾后转运上岸,通过陆路运至处理地。这类码头对于近水城市有较大实用价值。而粪便码头除个别具备特殊条件的城市外,今后普遍不会再发挥作用。

8.5.2 环境卫生车辆停车场

大、中城市应设置环境卫生车辆停车场,其他城市也可以考虑设置环境卫生车辆停车场。

环境卫生车辆停车场是环境卫生系统的动脉,维系着整个系统的运行。环境卫生车辆是专业化车辆,大型车、特种车较多,除了停放需求外,维护、保养、准备作业也需要专用场地来完成。所以,小城市也宜设置环境卫生车辆停车场。停车场应设置在环境卫生车辆的服务区内,并避开人口稠密和交通繁忙区域。它的选址主要兼顾两个方面:一是位置不能过于偏远,因为出车距离太远造成运行成本增加;二是不能设置在市区中心等人口密度大、交通量大的地区,以免影响城市环境和交通。停车场用地按作业车辆150 m^2/辆选取。对于中、小城市,一般设置一处环境卫生车辆停车场即可,位置可选在中心区以外、出车便利、与居住和公共设施用地保持一定间距的地方。对大城市可多处设置,划定作业范围,根据作业范围确定作业车辆数和停车场面积。

8.5.3 环境卫生车辆通道

环境卫生车辆出行主要依靠城市道路和公路,其次是利用居住区、单位等的内部通道,使用专用的环境卫生车辆通道仅占极小比例。专用的环境卫生车辆通道一般设置在填埋场、焚烧厂、堆肥厂等进场道路及环境卫生设施内部通道上。它们必须满足:

(1)机动车通道:宽度不得小于4 m,净高不得小于4.5 m;

(2)非机动车道:宽度不得小于2.5 m,净高不得小于3.5 m;

(3)机动车回车场地:面积不得小于12 m×12 m;

(4)非机动车回车场地:面积不得小于4 m×4 m。

8.5.4 洒水车供水器

该设施用于向街道洒水、冲洗车供应市政给水。洒水车可以使用能满足《生活杂用水水质标准》的地表水、地下水和中水。取水方式也可多样化，使用洒水车供水器只是其中一种方式。

目前国内城市多数没有在城市道路上设置洒水车供水器，有的虽设置了也远未能达到标准间距要求，原因可能是标准可操作性不强、强制力不足及标准要求过高等。在建有供水器的城市，也多为双方协商及上级协调方式来解决，强制执行的情况极少。洒水车供水器宜设置在城市不太重要的道路上，以免影响交通和市容环境。

8.5.5 车辆清洗站

车辆清洗站分为进城车辆清洗站和市区车辆清洗站两类。

进城车辆清洗站应设置在城市主要对外交通道路的进城一侧，并宜靠近城市规划建成区的边缘。其用地一般为1 000～3 000 m^2。

市区车辆清洗站由于可与加油站、加气站、停车场等合并设置而较为灵活，规划中一般只定原则不选点布局。

项目小结

本项目主要介绍了城市环境卫生设施的组成，生活垃圾收集方式、收集设施的类型和布置、转运流程和运输设备；介绍了城市生活垃圾卫生填埋场的设计，城市公共厕所的设计，其他环境设施。

项目自测题

1. 生活垃圾的收集方式有哪些?
2. 垃圾转运流程是什么?
3. 简述垃圾处理原则。
4. 简述生活垃圾卫生填埋场选址原则。
5. 简述填埋气体产生的五个阶段。
6. 简述公共厕所类型。
7. 简述粪便处理工艺流程。

参考文献

[1] 黎洪光,费秉胜. 市政工程概论[M]. 郑州:黄河水利出版社,2008.
[2] 吴志强,李德华. 城市规划原理[M]. 4 版. 北京:中国建筑工业出版社,2010.
[3] 王佃利. 现代市政学[M]. 4 版. 北京:中国人民大学出版社,2015.
[4] 张旭霞. 市政学[M]. 2 版. 北京:对外经贸大学出版社,2015.
[5] 中华人民共和国交通部. JTG/T F20—2015 公路路面基层施工技术细则[S]. 北京:人民交通出版社,2015.
[6] 中华人民共和国交通部. JTG F10—2006 公路路基施工技术规范[S]. 北京:人民交通出版社,2006.
[7] 张新天. 道路与桥梁工程概论[M]. 2 版. 北京:人民交通出版社,2016.
[8] 刘治新. 公路概论[M]. 北京:人民交通出版社,2017.
[9] 王云江. 市政工程概论[M]. 3 版. 北京:中国建筑工业出版社,2015.
[10] 中华人民共和国交通部. JTG B01—2014 公路工程技术标准[S]. 北京:人民交通出版社,2014.
[11] 中华人民共和国住房和城乡建设部. GB 50010—2010 混凝土结构设计规范(2015 年版)[S]. 北京:中国建筑工业出版社,2016.
[12] 姚玲森. 桥梁工程[M]. 2 版. 北京:人民交通出版社,2010.
[13] 中华人民共和国交通部. JTG D60—2015 公路桥涵设计通用规范[S]. 北京:人民交通出版社,2015.
[14] 中华人民共和国交通部. JTG D62—2012 公路钢筋混凝土及预应力混凝土桥涵设计规范[S]. 北京:人民交通出版社,2012.
[15] 中华人民共和国交通部. JTG/T F50—2011 公路桥涵施工技术规范[S]. 北京:人民交通出版社,2011.
[16] 李绪梅. 道路工程概论[M]. 重庆:重庆大学出版社,2006.
[17] 白淑毅. 桥涵设计[M]. 北京:人民交通出版社,2002.
[18] 王文辉. 公路概论[M]. 北京:人民交通出版社,2005.
[19] 张银峰. 道路桥梁工程概论[M]. 郑州:黄河水利出版社,2007.
[20] 张启海. 城市给水工程[M]. 北京:中国水利水电出版社,2003.
[21] 严煦世. 给水工程[M]. 4 版. 北京:中国建筑工业出版社,1999.
[22] 中华人民共和国住房和城乡建设部. GB 50282—2016 城市给水工程规划规范[S]. 北京:中国计划出版社,2016.
[23] 白建国. 给水排水管道工程技术[M]. 北京:中国建筑工业出版社,2016.
[24] 吴俊奇. 给水排水工程[M]. 3 版. 北京:中国水利水电出版社,2015.
[25] 陈春光. 城市给水排水工程[M]. 成都:西南交通大学出版社,2017.
[26] 邢丽贞. 给排水管道设计与施工[M]. 2 版. 北京:化学工业出版社,2009.
[27] 蒋志良. 供热工程[M]. 3 版. 北京:中国建筑工业出版社,2015.

[28] 蒋英. 建筑设备[M]. 北京:北京理工大学出版社,2011.
[29] 万艳华. 城市防灾学[M]. 北京:中国建筑工业出版社,2016.
[30] 刘兴昌. 市政工程规划[M]. 北京:中国建筑工业出版社,2006.
[31] 陈章潮,程浩忠. 城市电网规划与改造[M]. 3 版. 北京:中国电力出版社,2015.
[32] 北京电力公司. 电力基建工程施工工艺手册 · 土建、电缆沟道分册[M]. 北京:中国电力出版社,2007.
[33] 北京电力公司. 电力基建工程施工工艺手册 · 电气安装分册[M]. 北京:中国电力出版社,2007.
[34] 江日洪. 城市供配电实用技术[M]. 北京:中国电力出版社,2008.
[35] 河南省电力公司. 城市中低压配电网建设改造技术细则[M]. 北京:中国电力出版社,2007.
[36] 于润伟. 通信工程管理[M]. 3 版. 北京:机械工业出版社,2015.
[37] 沈其聪,李有根. 通信系统教程[M]. 北京:机械工业出版社,2008.
[38] 李白萍,王志明. 现代通信系统[M]. 北京:北京大学出版社,2007.
[39] 栾智慧,王树国. 垃圾卫生填埋实用技术[M]. 北京:化学工业出版社,2004.
[40] 李建国,赵爱华,张益. 城市垃圾处理工程[M]. 2 版. 北京:科学出版社,2017.
[41] 张小平. 固体废物污染控制工程[M]. 3 版. 北京:化学工业出版社,2017.
[42] 张益,陶华. 垃圾处理处置技术及工程实例[M]. 北京:化学工业出版社,2002.
[43] 牛冬杰,秦风,赵由才. 市容环境卫生管理[M]. 北京:化学工业出版社 2007.
[44] 蒋建国. 城市环境卫生基础设施建设与管理[M]. 北京:化学工业出版社,2005.
[45] 都伟. 公共设施[M]. 北京:机械工业出版社,2007.
[46] 郑连勇. 城市环境卫生设施规划指南[M]. 北京:中国建筑工业出版社,2004.
[47] 柴晓利,秦峰,赵爱华. 公厕设计与施工[M]. 北京:化学工业出版社,2006.
[48] 余召辉,陶倩倩,许碧君. 我国城市公共厕所发展现状分析[J]. 环境卫生工程,2017(2).
[49] 赵文武. 公厕的节水及冲洗器具的选择[J]. 现代节能,1995(2):13-14.
[50] 王大哲,刘蓉. 公用厕所的用水现状与节水. 西安建筑科技大学学报,1996(1).
[51] 高泳. 无臭公厕设计的几点意见[J]. 新建筑,1995(4):58-59.
[52] 秦峰,柴晓利,赵爱华. 粪便处理与处置技术[M]. 北京:化学工业出版社,2006.
[53] 杨扬. 城乡粪便处理模式分析[J]. 广东化工,2015(4).
[54] 冯建红. 粪便处理的几种方法[J]. 环境卫生工程,2004(12).
[55] 吕璇. 浅议城市粪便无害化处理工艺[J]. 化工管理,2017(7).
[56] 李冠峰,周敬宣,李艳萍. 粪便真空收运系统及生化技术研究[J]. 华中科技大学学报(城市科学版),2003,20(1):44-46.
[57] 陈朱蕾,刘京媛. 城市粪便清运处理系统的数量特征和预测[J]. 武汉城市建设学院学报,1997,14(2):16-19.
[58] 中华人民共和国建设部. CJJ 17—2004 生活垃圾卫生填埋技术规范[S]. 北京:中国建筑工业出版社,2004.
[59] 中华人民共和国建设部. CJJ 113—2007 生活垃圾卫生填埋场防渗系统工程技术规范[S]. 北京:中国建筑工业出版社,2007.
[60] 中华人民共和国建设部. GB 51220—2017 生活垃圾卫生填埋场封场技术规范[S]. 北京:中国计划出版社,2017.

[61] 中华人民共和国交通部. GB 50337—2003 城市环境卫生设施规划规范[S]. 北京:中国建筑工业出版社,2003.

[62] 中华人民共和国建设部. CJJ 27—2012 环境卫生设施设置标准[S]. 北京:中国建筑工业出版社,2012.

[63] 中华人民共和国建设部. CJJ 14—2016 城市公共厕所设计标准[S]. 北京:中国建筑工业出版社,2016.

[64] 中华人民共和国公安部. GB 50974—2014 消防给水及消火栓系统技术规范. [S]. 北京:中国计划出版社,2014.